复杂地质条件工程勘探与原位测试技术创新

李会中　刘冲平　肖云华　编著

武汉理工大学出版社
·武　汉·

内 容 提 要

本书针对西部水利水电工程建设中常遇的深厚松散堆积层、深埋地质体、高陡环境边坡等三大复杂地质条件与工程勘察技术难题,系统阐述了勘探与原位测试技术创新的背景、历程、思路、内容与成果。

主要成果包括:深厚松散堆积层的"高效成孔、原状取样"钻探取样、"孔壁高清可视、孔间高精可测"物探、"超常规动力触探修正、高压大旁胀旁压试验"原位测试等技术;深埋地质体的深孔钻探与高压压水试验、深孔地应力测试、EH-4探测等技术;高陡环境边坡的三维影像地质问题识别、可视化地质编录等技术。并以金沙江乌东德水电站、金沙江旭龙水电站、云南省滇中引水工程、长江穿越等(特)大型水利水电工程为例,全面总结、深入剖析了勘探与原位测试创新技术的应用。

本书可供水利水电、铁路、公路等领域或行业工程地质勘察工作从业者借鉴,也可供工程地质、岩土工程等科研院所科技工作者参考。

图书在版编目(CIP)数据

复杂地质条件工程勘探与原位测试技术创新/李会中,刘冲平,肖云华编著. —武汉:武汉理工大学出版社,2023.10
ISBN 978-7-5629-6867-2

Ⅰ.①复… Ⅱ.①李… ②刘… ③肖… Ⅲ.①复杂地层-地质勘探 ②复杂地层-原位试验 Ⅳ.①P624 ②TU413

中国国家版本馆 CIP 数据核字(2023)第 183941 号

项目负责人:张淑芳　　　　　　　　　　　责任编辑:丁　冲
责任校对:赵星星　　　　　　　　　　　　排版设计:芳华时代
出版发行:武汉理工大学出版社有限责任公司
社　　址:武汉市洪山区珞狮路 122 号
邮　　编:430070
网　　址:http://www.wutp.com.cn
经　　销:各地新华书店
印　　刷:湖北金港彩印有限公司
开　　本:787×1092　1/16
印　　张:18.75
字　　数:480 千字
版　　次:2023 年 10 月第 1 版
印　　次:2023 年 10 月第 1 次印刷
定　　价:98.00 元

前　言

21世纪以来中国水利水电工程建设蓬勃发展,"西电东送"工程建设了一系列"大坝高、库容大、装机巨"的水电站集群,"国家水网"构建则使引调水工程不断向"大、长、深"方向发展。西部作为水利水电工程建设的主战场,地质条件之复杂和特殊众所周知,新构造运动强烈、地震地质灾害多发,常遇覆盖层越来越深厚、地下工程埋深越来越大、环境边坡越来越高陡等地质问题,使工程建设面临一系列新的挑战。工程地质勘察作为工程建设的先行专业,只有持续开展技术创新,才能更好地查明复杂地质条件、解决重大地质问题,而勘探与测试技术作为地质条件认识与地质问题评价的重要手段,开展技术创新意义尤为重大。

长江三峡勘测研究院有限公司(武汉)在金沙江乌东德水电站、金沙江旭龙水电站、云南省滇中引水工程、长江穿越工程等国家(特)大型水电站与引调水工程勘察工作中,针对深厚松散堆积层、深埋地质体、高陡环境边坡等复杂地质条件地质勘察技术难题,开展了较系统的勘探与原位测试技术创新与实践,解决了一些重要问题,积累了一些宝贵经验,取得了一些可喜成果。现著成《复杂地质条件工程勘探与原位测试技术创新》一书,为工程地质勘察从业者提供借鉴与参考。

本书共分6章:第1章为绪论,对勘探与原位测试技术创新研究背景、历程、思路与内容进行了概述和介绍;第2章为深厚松散堆积层勘探与原位测试技术,阐述了深厚松散堆积层钻探与取样、动力触探与旁压试验、钻孔电视与电磁波CT等方面的创新技术;第3章为深埋地质体勘探与原位测试技术,阐述了深埋地质体深孔钻探、定向钻探与高压压水试验、深孔地应力测试、EH-4探测等方面的创新技术;第4章为高陡环境边坡可视化勘察技术,阐述了高陡环境边坡三维影像地质问题识别、可视化地质编录等方面的创新技术;第5章为应用案例,以金沙江乌东德水电站与旭龙水电站、滇中引水、长江穿越等特大型水利水电工程为例,系统总结与深入剖析了上述勘探与原位测试创新技术的应用;第6章为结语,对创新成果与应用前景进行了总结与展望。

本书编著、审校的领导、组织及落实工作由李会中负责,刘冲平、肖云华协助完成;谢实宇、袁宜勋、张海平、郝文忠、郝喜明、孙冠军等参与了编写工作。本书的编写工作由长江三峡勘测研究院有限公司(武汉)主持完成。

本书编著过程中得到了参与或负责乌东德水电站、旭龙水电站、滇中引水工程、长江穿越工程勘察项目的许多同志的帮助(提供资料或提出宝贵意见),在此表示衷心感谢。

因撰写时间仓促及理论水平有限,书中难免存在不妥或错误之处,敬请读者批评指正。

编　者

2023 年 1 月

目　　录

1 绪论

1.1 概　述

1.1.1　我国水力资源储量及分布特点

（1）我国水力资源丰富，总量位居世界首位。我国的水力资源曾经于 1980 年进行了全国普查，最近又进行了全国复查。根据全国水力资源复查成果，我国大陆水力资源理论蕴藏量在 1 万 kW 及以上河流上的水力资源理论蕴藏年电量为 60829 亿 kW·h，平均功率为 69440 万 kW；理论蕴藏量在 1 万 kW 及以上河流上电站装机容量 500kW 及以上水电站的技术可开发装机容量为 54164 万 kW，年发电量为 24740 亿 kW·h，其中经济可开发水电站装机容量 40179 万 kW，年发电量 17534 亿 kW·h，分别占技术可开发装机容量和年发电量的 74.2% 和 70.9%。

（2）我国幅员辽阔，地形与雨量差异较大，从而形成水力资源在地域分布上的不平衡或分布极其不均，水力资源分布是西部多、东部少与南方多、北方少。按照技术可开发装机容量统计，我国经济相对落后的西部云、贵、川、渝、陕、甘、宁、青、新、藏、桂、蒙等 12 个省（自治区、直辖市）水力资源约占全国总量的 81.46%，特别是西南地区云、贵、川、渝、藏就占 66.70%；其次是黑、吉、晋、豫、鄂、湘、皖、赣等 8 个省占 13.66%；而经济发达、用电负荷集中的辽、京、津、冀、鲁、苏、浙、沪、粤、闽、琼等 11 个省（直辖市）仅占 4.88%[1]。

（3）水力资源时间分布不均、季节性明显，需要建设大量水库进行调节。我国位于亚欧大陆的东南部，濒临世界上最大的海洋，使我国具有明显的季风气候特点，因此大多数河流年内、年际径流分布不均，丰、枯季节流量相差悬殊，需要建设调节性能好的水库，以实现径流调节。这样才能提高水电的总体发电质量，以更好地适应电力市场的需要。

（4）水力资源较集中地分布在大江大河干流，便于建立水电基地实行战略性集中开发。水力资源富集于金沙江、雅砻江、澜沧江、乌江、长江上游、南盘江、黄河上游、湘西、闽浙赣、东北、黄河北干流以及怒江等水电基地，其总装机容量约占全国技术可开发量的 50.0%。特别是地处西部的金沙江中下游干流总装机规模 58580MW，长江上游干流 33197MW，长江上游支流雅砻江、大渡河及黄河上游、澜沧江、怒江的规模都超过 20000MW，乌江、南盘江的规模也超过 10000MW。这些河流水力资源集中，有利于实现流域、梯级、滚动开发，有利于建成大型的水电基地，有利于充分发挥水力资源的规模效益。

1.1.2　水力资源时空分布不均、东西部发展不均衡,促生国家发展战略

1."西电东送"工程是"西部大开发战略"的标志与支柱

中国煤炭资源主要分布在西部和北部地区,水能资源主要集中在西部尤其是西南地区,东部地区的一次能源资源匮乏、用电负荷相对集中,能源资源与电力负荷时空分布上的不均衡性,加上东西部经济发展的巨大差距,决定了"西电东送"的必要性。"西电东送"就是把煤炭、水能资源丰富的西部省区的能源转化成电力资源,输送到电力紧缺的东部沿海地区。"西电东送"设想提出始于1986年、电力部门付诸实施始于1996年。

"西电东送"的实施将有利于西部能源资源优势转化为经济优势,减轻了环境和运输压力,对于合理配置资源、优化能源结构、促进中国社会经济可持续发展具有重要意义:

(1)"西电东送"是西部大开发三大标志性工程("西电东送"、"西气东输"、"青藏铁路")之一,"西电东送"也是其中工程量最大、投资最大的标志性工程,从2001年到2010年的十年间总投资将超过5265亿元以上。

(2)"西电东送"在中国版图上可谓"遍地开花"[2],同时开工的工程之多是史无前例的,单个工程的规模之大也是罕见的,在中国电力建设史上,如此大规模的电源、电网建设也从未有过(见图1.1)。

(3)"西电东送"从南到北、从西到东将形成北、中、南三路送电格局:北线由内蒙古、陕西等省(区)向华北电网输电;中线由四川等省向华中、华东电网输电;南线由云南、贵州、广西等省(区)向华南输电。

(4)"西电东送"工程的实施,将为西部省区把电力资源优势转化为经济优势提供新的历史机遇,将改变东西部能源与经济不平衡的状况,对加快中国能源结构调整和东部地区经济发展,将发挥重要作用。与其他西部开发战略的标志性工程相比,"西电东送"工程最大的特点是,它不仅仅是西部的工程,也是东部的工程,充分地体现了党中央提出的"东西部协调发展,共同富裕,共同进退"的战略构思。截至2022年11月"西电东送"特高压工程累计向浙江输电突破5000亿kW·h。

2."国家水网"加快构建,水安全保障更有力

水利部近期发布的《关于实施国家水网重大工程的指导意见》要求:到2025年建设一批国家水网骨干工程,有序实施省市县水网建设;建成一批重大引调水和重点水源工程,新增供水能力290亿m³;城乡供水保障水平进一步提高,农村自来水普及率达到88%;大中型灌区灌排骨干工程体系逐步完善,新增、恢复有效灌溉面积1500万亩;数字化、网络化、智能化和精细化调度水平有效提升。据了解,2021年全国完成水利建设投资7576亿元,150项重大水利工程已批复67项,累计开工62项,见图1.2。

水利部部长李国英在2022年1月6日全国水利工作会议上指出,实施国家水网重大工程,提升水资源优化配置能力,是2022年乃至今后一段时间水利重点工作之一:

(1)加快国家水网建设。编制完成《国家水网建设规划纲要》,加快构建国家水网主骨架和大动脉。科学有序推进南水北调东、中线后续工程高质量发展,深入开展西线工程前期论证。加快推进滇中引水、引汉济渭、引江济淮等引调水工程,以及内蒙古东台子水库、福建白濑水库等重点水源工程建设。加快环北部湾水资源配置、河北雄安干渠引水等重大水利工程前期工作,完善国家骨干供水基础设施网络。

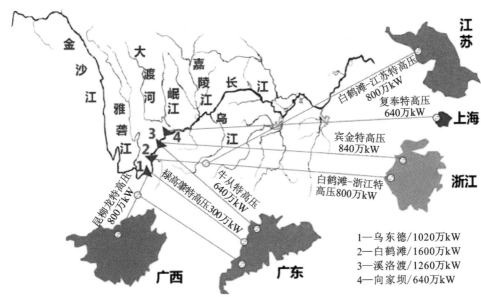

1—乌东德/1020万kW
2—白鹤滩/1600万kW
3—溪洛渡/1260万kW
4—向家坝/640万kW

（a）乌东德水电站

（1020万kW/年均发电量389亿kW·h）

（b）白鹤滩水电站

（1600万kW/年均发电量624亿kW·h）

（c）溪洛渡水电站

（1260万kW/年均发电量616亿kW·h）

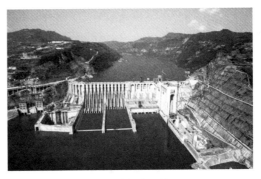

（d）向家坝水电站

（640万kW/年均发电量307亿kW·h）

图1.1　金沙江下游段水资源开发图

（2）推进省级水网建设。各地切实谋划和实施好本地区水网建设任务，做好与国家水网建设布局和重点任务的有效衔接，重点推进省内骨干水系通道和调配枢纽建设，加强国家重大水

图 1.2　引调水工程分布图[3]

资源配置工程与区域重要水资源配置工程的互联互通。

（3）打通国家水网"最后一公里"。依托国家骨干网及省级水网的调控作用,优化市县河湖水系布局。加强大中型灌区续建配套和现代化改造,打造一批现代化数字灌区。推动在东北三江平原、黄淮海平原、长江中下游地区、西南地区等水土资源条件适宜地区,新建一批现代化灌区[4]。

2022 年 10 月 11 日,水利部水利水电规划设计总院李原园副院长在《光明日报》上撰文《国家水网加快构建　水安全保障更有力》指出:

夏汛冬枯、北缺南丰,水资源时空分布极不均衡的基本水情,导致自然条件下我国水旱灾害频发,兴水利、除水害历来是治国安邦的大事。党的十八大以来,习近平总书记站在中华民族永续发展的战略高度,提出"节水优先、空间均衡、系统治理、两手发力"的治水思路,确立国家"江河战略",擘画国家水网等重大水利工程,为新时代水利事业提供了强大的思想武器和科学行动指南。十年来,在习近平新时代中国特色社会主义思想的科学指引下,水利事业取得历史性成就、发生历史性变革,国家水网建设有序推进,建成了世界上数量最多、规模巨大、受益最广的水利基础设施体系,解决了许多长期想解决而没有解决的水利难题,形成了一系列好的经验做法。

（1）从战略思维角度,把国家水网建设纳入国家安全和民族永续发展的总体战略中统筹考虑。水利兴则国家兴,治水对中华民族生存发展和国家统一安全与兴盛至关重要。从统筹发展与安全、拓展发展空间、促进人与自然和谐共生的战略视角,将国家水网建设与国家重大战略实施结合起来,与构建国土空间开发保护新格局结合起来,坚持"四水四定",充分发挥水资源刚性约束作用,提升水资源水生态水环境承载能力和水安全风险防控能力,促进人口经济与资源环境相均衡、经济社会发展与安全风险防控水平相适应。

（2）从系统思维角度，统筹山水林田湖草沙系统治理。统筹考虑自然生态因素和人为因素，突出水这个核心要素，推进全要素、全流域、全过程系统治水，加强前瞻性思考、全局性谋划、战略性布局、整体性推进，兴利除害结合，系统解决水资源、水生态、水环境、水灾害问题。以流域为单元，用系统思维统筹水的全过程治理，强化流域统一规划、统一治理、统一调度、统一管理。坚持全国一盘棋，统筹国家水网建设与新型城镇化建设、农业现代化建设、乡村振兴、生态治理修复，统筹推进水利、水电、水运、城乡、生态保护等涉水基础设施建设，协同推进国家、区域和省市县各级水网建设。

（3）从底线思维角度，增强水安全风险防控的主动性和有效性。立足防御流域性大洪水和区域性大干旱，加强国家水网的大动脉大通道大廊道建设，巩固拓展重要江河洪水宣泄能力和生态保护治理能力，推进南水北调后续工程等跨流域跨区域重大引调水和输配水工程建设，加强互联互通，畅通水流循环；针对我国水情特点和水资源分布，加强控制性枢纽和重点水源工程建设，增强对洪水和水资源的调控能力，为水网畅通提供动力源泉；充分考虑未来极端气候变化、经济社会形势变化、国际环境变化的影响，立足长远和应对风险挑战，谋划国家战略储备水源和战略输排水通道，增强水网的韧性。

（4）从创新思维角度，建立健全有利于国家水网建设的体制机制。坚持两手发力，处理好政府和市场在国家水网建设中的关系，创新水网建设投融资机制，既更好发挥政府作用，加大事关国家安全的战略性、公益性水利基础设施投入，又发挥市场在资源配置中的作用，吸引社会资本投入水利基础设施建设。深入推进水价改革，建立健全有利于促进水资源节约和水利工程良性运行、与投融资机制相适应的水利工程水价形成机制。对于需求旺盛、产出较高的水利工程，通过提高水价保障合理的投资回报；对于公益性、普惠性较强但产出低的水利工程，通过水价改革维持工程良性运行；对于没有或极低收益，但关系安全和民生福祉的水利工程，通过精准补贴等方式，既促进节水，又维持工程基本运行。

实施国家水网重大工程，是以习近平同志为核心的党中央做出的战略部署，是党的十九届五中全会明确的一项重大任务。水网建设起来，会是中华民族在治水历程中又一个世纪画卷，会载入千秋史册。进入新发展阶段，必须加快构建国家水网主骨架和大动脉，全面推进各层级水网建设，加强互联互通，尽早形成"系统完备、安全可靠，集约高效、绿色智能，循环通畅、调控有序"的国家水网，推动新阶段水利高质量发展，为全面建设社会主义现代化国家提供有力的水安全保障[5]。

1.1.3 呼应国家战略发展形势要求，创新引领工程勘察专业发展

无论是"西电东送"工程，还是"国家水网"建设，其主战场均在中国西部。而西部气候环境、地质等条件之特殊或复杂是众所周知的，工程建设会面临一系列问题与挑战，只有通过持续技术创新去应对，而工程地质勘察作为工程设计的基础则更是首当其冲。

1. 西部特殊或复杂环境地质条件，引发众多工程地质或环境地质问题

总体而言，西部地区气候多变、季节分明、日温差大，降雨偏少、季节不均、枯丰悬殊，植被稀疏、覆盖不均、生态脆弱，高差悬殊、沟谷深切、坡降较大，构造作用强烈、新构造运动活跃、地震与地质灾害频发。工程建设中，常遇的工程地质与环境地质问题较多，必须在前期地质勘察工作中予以查明并正确评价。主要表现在以下方面：

（1）构造活动带岩土体动力失稳问题。具体有：断裂带及其影响带内构造破碎岩体特性；

工程活断层活动特征及工程影响问题;河床覆盖层地基动力失稳问题;岩体动力参数与本构关系;断裂或地震活动引发的群发性崩滑流等山地灾害。

（2）高陡边坡易形变及尺寸影响和动力失稳问题。具体有:高地应力下斜坡岩体卸荷及参数影响;高边坡岩体动力形变及破坏;岩体动力参数及其高程效应。

（3）高地应力下岩体性质及应变储能问题。具体有:岩体应变储能和高应变岩体工程行为的推断,如硬岩岩爆、软岩变形问题等;深部高地应力持续影响下岩体与构（建）筑物作用问题。

（4）复杂、大跨度或高边墙洞室群围岩形变及失稳问题。具体有:复杂洞室群围岩形变及失稳;大跨度或高边墙洞室（群）软岩形变及流变问题;大跨度或高边墙洞室（群）围岩形变及失稳问题。

（5）复杂岩溶水文地质问题。具体有:岩溶化岩体的利用与处理问题;故河道、单薄分水岭、构造破碎岩体、易溶或可溶岩导致的水库渗漏及其次生地质或环境灾害问题;含（富）水地层、断裂破碎带、岩溶洞穴导致的地下工程涌水突泥及其可能引发的地面沉降、塌陷及地表水疏干等次生环境灾害。

（6）河床深厚覆盖层问题。西部高山峡谷中的河床覆盖层往往厚达数十上百米,其引发的工程地质问题具体有:工程荷载引起的地基沉降与不均匀沉降问题;地基地震液化问题;地基渗透变形稳定问题;坝基渗漏问题;河床深厚覆盖层防渗及固结灌浆处理问题[6]。

（7）巨型滑坡堆积体稳定问题。具体有:巨型滑坡堆积体在地震、库水等作用下变形稳定问题等。

2.西部大开发或国家水网建设,倒逼工程勘察技术创新发展

中国水利水电工程建设呈现出蓬勃发展趋势,西部大开发中"西电东送"骨干电源点乃至水电基地建设,需要建设一系列"大坝高、库容大、装机巨"的水电站集群,如长江（金沙江）、黄河、雅砻江、大渡河和澜沧江、雅鲁藏布江等多个超大型的水电梯级群;"国家水网"构建则首先需要加快构建国家水网主骨架和大动脉,科学有序推进南水北调东、中线后续工程高质量发展,深入开展西线工程前期论证,加快推进滇中引水、引汉济渭、引江济淮等跨流域或长距离引调水工程,以及内蒙古东台子水库、福建白濑水库等重点水源工程建设,加快环北部湾水资源配置、河北雄安干渠引水等重大水利工程前期工作,等等。因此,水利水电工程建设正呈现出由东部向西部推进或西部渐成主战场、水电站或梯级集群规模越来越大、引调水工程线路长度与埋深愈来愈大的趋势,即工程建设不仅具有不断向"大、长、深"发展趋势、面临更加复杂的环境与地质条件,而且工程建设步伐加快,需要解决的工程（包括地质）难题更趋多样化或复杂化。

为适应或顺应如此水利水电行业发展趋势或工程建设形势,工程地质勘察作为工程建设的先行专业,必须做出积极响应、付诸实际行动、推动技术创新,将更好查明复杂地质条件、解决重大地质问题、服务重点工程建设作为创新动力,将更快捷、更精准的勘测技术作为追求目标,以问题为导向、以创新为引领,推进水电行业工程勘测技术创新与技术进步。

十余年来,我院结合长江三峡工程、金沙江乌东德水电站、云南省滇中引水工程、金沙江旭龙水电站、南水北调中线后续引江补汉工程等国家重大工程建设,开展了较为系统的勘测技术创新与实践,积累了一些宝贵经验,取得了较为丰硕的成果,为"大国重器"铸造、行业技术进步做出了积极贡献。主要表现在以下方面:

（1）复杂地层勘探技术,包括:深厚覆盖层钻探、千米级深孔（定向）取心钻进、深部地球物

理勘探(如 EH-4),等等。

(2)岩土体原位测试技术,包括:超长杆圆锥动力触探试验、高压大旁胀量旁压试验、深孔或高压压水试验,等等。

(3)可视化探测技术,包括:无人机三维高清摄影、平板地质测绘、高陡边坡三维数码照相、无人机倾斜摄影、大(小)断面地下洞室数字化地质编录、深厚覆盖层或破碎岩体钻探彩电、大坝帷幕灌浆三维可视化,等等。

(4)标准化成套技术,包括:《水利水电工程施工地质规程》(SL/T 313—2021)、《水利水电工程钻孔可视化探测规程》(T/CHES 77—2022)、《水利水电工程隧洞超前地质预报规程》(征求意见稿)、《水利水电工程水平定向钻探规程》(征求意见稿),等等。

上述技术创新,基本解决了深厚松散堆积层、深埋地质体、高陡环境边坡等复杂地质条件工程勘探与原位测试难题,为后续地质分析与评价工作提供可靠基石,为设计工作提供准确依据。具体体现在:

(1)针对深厚松散堆积层的厚度大、分布不均、物质组成及结构复杂、成因多样的特点,从钻探取样(钻进成孔工艺、原状取样)、物探测试(钻孔高清可视化、孔间电磁波 CT)、原位测试(超长杆圆锥动力触探锤击数修正、高压大旁胀量旁压试验)等技术方面进行勘探与原位测试创新;

(2)针对深埋地质体如软岩、断层破碎带、岩溶、地下水、差异性风化破碎岩体等的复杂性,对深埋岩体工程特性、深部岩体渗透性、高地应力环境背景及深部不良地质体分布特征研究的重要性,从深孔(定向)钻探、深孔或高压压水试验、深孔地应力测试、EH-4 探测等技术方面进行勘探与原位测试创新;

(3)针对高陡边坡范围广阔、结构复杂、问题多样的技术难题,面对"走不近、看不清、查不明"的尴尬处境,从地质问题识别、可视化地质编录等技术方面进行勘测创新。

1.2　复杂地质条件

地质复杂程度主要指某一地区的地层、岩性、岩相、构造、矿产、水文等各种地质内容的变化程度。相对而言,变化大的复杂,变化小的简单,介于二者之间的为中等。它是影响地质工作方法选择、工作量的大小和工作效率等的重要因素,也是制定地质工作规划的重要依据之一。

地质条件复杂是指地层、岩性、岩相、构造、矿产、水文等各种地质内容变化比较剧烈,包括地形与地貌类型复杂、地质结构与构造复杂、岩性与岩相变化大、岩土体工程特性不均一、工程地质与水文地质条件不良、破坏地质环境的人类工程活动强烈等情况。例如:复杂断块、相变快的陆相沉积,板块边缘或交界处断层(裂)带,地形崎岖、多喀斯特地貌区,山高谷深或深切峡谷区,等等。

水利水电工程按工程性质划分为枢纽工程(包括水库、水电站、其他大型独立建筑物)、引水工程及河道工程(包括供水工程、灌溉工程、河湖整治工程、堤防工程)两大类,前者如长江三峡工程、金沙江乌东德水电站等枢纽工程多呈"点"状分布,后者如南水北调、云南省滇中引水等工程则多呈线(带)状展布。限于研究程度与文字篇幅,本书将主要聚焦山高谷深(或深切峡谷)区枢纽工程、跨流域引调水工程常遇复杂地质条件——深厚松散堆积层、深埋地质体、高陡环境边坡。

1.2.1 深厚松散堆积层

深厚松散堆积层包括深厚河床覆盖层、深厚滑坡或崩塌堆积体等,具有厚度大、分布不均、物质组成及结构复杂、成因多样的特点。

1. 深厚河床覆盖层

水电开发河床覆盖层勘察揭示显示,金沙江、雅砻江、澜沧江、岷江、怒江及大渡河等河谷中普遍存在厚度大于 30m 的河床深厚覆盖层,其厚度一般达 30~80m,局部厚度超过 100m,最厚达 420m。另外,同一河流的河床覆盖层厚度分布不均,变化较大;如金沙江河床覆盖层已揭露的最小厚度仅 8m 左右,最厚则超过 200m,相差近 20 倍;大渡河河床覆盖层的最小厚度仅 13m 左右,最厚则超过 420m,相差近 30 倍;其他的雅砻江、澜沧江、岷江、怒江也都具有这一特点,见图 1.3。

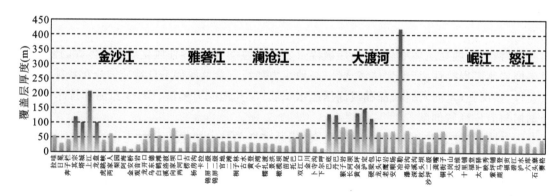

图 1.3　水电工程深厚河床覆盖层厚度

河床深厚覆盖层由不同时期、不同成因的物质叠加组成,具有物质组成复杂、层次多、结构松散程度变化大等特点。

从物质组成特征来说,主要有磨圆度较好的漂石、卵砾石,有呈棱角及次棱角状的块、碎石,有粉砂~粗砂的砂粒类,有粉粒、黏粒组成的细粒土等,且上述物质组成的原岩成分复杂多样。

从结构分层特征来说,河床深厚覆盖层按形成的先后顺序总体可分为三大层:①古河流冲积层,堆积于河谷底部,分布厚度不一,主要为卵、砾石夹碎块石,物质成分混杂,结构一般密实;②崩积、坡积、滑坡积、堰塞沉积与冲积混合堆积层,位于河床覆盖层中部,厚度相对较大,主要为块石、碎石夹少量砂卵石,局部见砂质及粉~黏粒土透镜体,结构一般较密实~密实状;③现代河流冲积层,位于河床覆盖层顶部及江河两岸的漫滩,厚度一般 10~30m 不等,主要为砂卵砾石及少量碎块石,物质成分混杂,结构一般松散~较密实。

深厚河床覆盖层具有分布不均、物质组成及结构复杂、成因多样的特点。利用常规手段及现有技术对其进行工程地质勘察时存在:①钻进成孔难、效率低,②原状取样困难,③钻孔电视及电磁波 CT 物探测试手段受限,④动力触探试验锤击数杆长修正超规范,⑤旁压试验困难、成功率低,⑥天然密度测定困难等问题。

2. 深厚滑坡或崩塌堆积层

松散滑坡或崩塌堆积体的发育与分布不是孤立的,在我国西南地区大江大河两岸都有分布,有其形成的区域规律,其根本原因在于:西部地区受到印度洋板块和欧亚板块在喜马拉雅地区的强烈碰撞,地壳内动力驱动青藏高原快速隆升,同时推动高原附近的大江大河发育并强烈下切,河谷两岸产生强烈的表生改造并发育了大量的松散堆积层,为滑坡的形成提供了很好的物质基础。据不完全统计,长江三峡库区 90% 滑坡是松散堆积体产生滑动所致,藏西地区67% 的滑坡是堆积体滑坡,金沙江虎跳峡河谷地区 70% 的滑坡为松散层滑坡(赫建民,2004;刘衡秋等,2006)。这些地区几乎毫无例外都属于地形高差大、易遭受强烈侵蚀作用的区域,其中松散堆积层强烈发育。

松散滑坡或崩塌堆积体主要发育在斜坡地带,尤其是上陡下缓的复式斜坡,最有利于松散堆积层的发育与分布。一般斜坡下部在 25°以下,上部陡峭部分在 38°以上,如川藏公路的波密地区、金沙江龙蟠地带以及两家人地段。这与构成斜坡的岩石类型有密切的关系,上硬下软的岩性组合是形成此类斜坡及发育大型松散堆积体的最佳条件(殷跃平等,2000;张加桂,2001)。一方面,上部坚硬脆性岩石如灰岩或泥质灰岩受断裂错动的影响,地形陡峭,岩体也更容易碎裂化,不同成因类型的斜坡破坏方式均可形成大量的松散堆积层;另一方面,下部岩性较弱的岩石在河流(侧蚀)作用下易形成宽缓的平台,且利于赋存大量外来物质。如金沙江两家人地段斜坡上部为上泥盆统大理岩,下部为片岩和千枚岩;三峡库区巫山新城址区松散堆积体斜坡和奉节县宝塔坪滑坡为下软(T_{2b}^2)上硬(T_{2b}^3)的"易滑地层组合"。

松散滑坡或崩塌堆积体因其厚度巨大、组分复杂、结构无序、土石混杂堆积、松散易垮塌、对勘探与测试技术要求高,利用常规勘探与测试技术对其勘察难度大。

1.2.2 深埋地质体

深埋地质体是区分于人类工程活动改造所在的浅表层地质体而言的相对定义。近年来,随着我国经济社会的发展,人类的工程活动已经深入到地下逾千米,如水利水电工程埋深逾千米的引水隧道、核废料的深层地质处理问题、深地下防护工程等。在我国西部已建、在建或拟建的拉西瓦、二滩、锦屏二级、滇中引水、引江补汉等大型水利水电工程都遇到有因大埋深而导致的工程地质问题。

深埋地质体具有复杂的空间分布特征,其埋深大、地质构造及水文地质条件更加复杂,深部岩性、岩相复杂多变,岩体工程地质性质不良,既有石英含量很高的坚硬耐磨岩石,也有极软岩(云母片岩、炭质板岩、泥岩等),还有岩溶发育的灰岩等。随着埋深的加大,地应力、地温也明显提高,在深埋地质体中开展人类工程活动,将面临着高地应力下软岩大变形、硬岩岩爆、高外水压力、复杂岩溶、宽厚断裂破碎带部位涌水突泥等突出工程地质问题。

软岩、断层破碎带、岩溶、地下水、差异性风化破碎岩体等是深埋工程建设过程中遭遇工程地质问题较多、施工风险较大的几类典型不良地质体。近年来,伴随着我国水利水电以及其他地下工程建设的快速发展,尤其是大型引调水工程的开工建设,长距离、大埋深的隧洞工程越来越多,深埋隧洞工程面临着"地形地貌复杂、地质环境多变、灾害频发"的严峻考验。人们逐渐认识到对深埋岩体工程特性、深部岩体渗透性、高地应力环境背景及深部不良地质体分布特征研究的重要性,同时也对软弱破碎岩体(含断层破碎带)和深部岩体的压水试验、地应力测试等勘探与测试技术提出了更高要求。

1.2.3　高陡环境边坡

我国西南地区处于青藏高原周边地带,伴随青藏高原第四纪期间的快速隆升,这一地区受其影响最为强烈。青藏高原隆升不仅塑造了西南地区高山峡谷的地貌形态,也决定了西南地区地壳的内动力条件、新构造运动、地震活动规律及地壳浅表层改造,导致西南地区的地质条件异常复杂,生态环境十分脆弱。一方面,周边河谷如澜沧江、怒江、金沙江、雅砻江、大渡河、岷江等强烈快速下切,形成高原东侧横断山系高山峡谷地貌,也导致高地应力区河谷强烈卸荷;另一方面,周边地区高地应力环境的出现及周边断裂体系如龙门山断裂、鲜水河断裂等频繁的新活动,使地壳内动力条件异常活跃,地震频繁。因此,西南地区大中型水电工程建设面临非常复杂的地质条件。

西南地区水电工程两岸边坡高陡,一般临河高度大于1000m,最高可达2000～3000m,坡度一般在50°～60°以上,边坡地质条件复杂,岩体卸荷深度大,松弛破碎,物理地质现象发育,稳定状况差,岸坡崩塌、滑坡等地质灾害频发,滑坡堵江事件时有发生。水电工程规模巨大,各类工程建筑物由于布置需要,不可避免地实施开挖形成大量边坡工程,这些边坡工程的规模越来越大,对于200～300m级的高坝工程,工程边坡将达到300～500m,工程边坡上部还可能存在数百米至千余米环境边坡,边坡稳定问题十分突出。

工程边坡之上的环境边坡安全稳定问题尤为突出。一方面,工程边坡规模巨大的开挖切脚削弱了环境边坡的稳定性;另一方面,环境边坡地形高陡,交通条件差,人员和设备不易到达,其上存在的各类不稳定岩体难以精准识别。由于环境边坡所处位置高,其上不稳定岩体的位置势能非常大,一旦发生失稳破坏形成高位崩落,将严重威胁工程建设与运行安全,高陡环境边坡勘察成为制约水电工程建设的关键与难题,影响和制约着水力资源开发和水电工程建设。

1.3　勘探与原位测试技术研究历程

1.3.1　勘探技术研究历程

1.3.1.1　钻探技术

1. 深厚松散覆盖层钻探技术

西部地区诸多大型水电站,地处高山峡谷,河床覆盖层与滑坡或崩塌堆积体深厚,且分布广泛,对覆盖层的工程地质勘探,要求严格,需要查明厚度、结构成分,通过钻孔取心、进行试验查明其物理、力学特性等。因此,深厚覆盖层尤其是松散的钻进与取心,是水电工程地质钻探的核心问题,其技术水平的发展与创新状况,成了水电水利工程勘察的重要因素。

20世纪50年代以来,在松散覆盖层钻进中采用了常规的钢粒钻进和逐级跟管的方法,在此过程中遇到的主要技术难点是套管如何通过大孤石。由于引进了孔内爆破技术,并且在长期的生产实践中摸索出一整套安全作业技术方法和与之相配套的护壁套管跟进技术,终于使难题迎刃而解,使常规钻进技术穿透覆盖层的最大厚度超过100m。这是深厚河床覆盖层钻探技术的第一次重大变革。

由于常规钻进方法取心质量差,除了了解覆盖层的厚度外,难以提供有关覆盖层的结构、颗粒级配等方面的地质信息,而且由于技术水平和经验不足的原因造成的频繁的孔内套管事故,导致钻进效率低、钻孔施工周期长。为解决覆盖层取心问题,以植物胶为突破口,开发出植物胶金刚石钻进与取样技术,取出了砂卵石层结构清晰、符合地质要求的近似原状样,实现了金刚石钻进技术从基岩向覆盖层移植的第二次重大变革。砂卵石层植物胶金刚石钻进取样技术的开发和推广应用,虽然使这一领域的钻探生产面貌发生了重大的变化,使一些大型水电站重要的工程地质问题得以查明,但是,在架空层及极其松散的严重漏失层,植物胶、金刚石钻进技术高效率和优良取心率的优势难以发挥,仍沿用落后的常规跟管钻进技术,钻孔质量和钻进效率仍处于低水平状态。

2.深孔钻探技术

1920年前后,国外主要将绳索取心钻探技术用于石油钻井,直到1946年,美国宝长年公司在研制出第一套用于固体矿床钻探的绳索取心钻具之后,西方工业国家通过不断改进和完善,到20世纪80年代已经研制成功了一系列多样化、标准化的绳索取心钻具。在一些国家的金刚石岩心钻探中,绳索取心钻探工作量甚至达到90%。此外,还研制出绳索取心定向钻进系统,使得基岩的定向钻进又有了一种新的钻进方法。

1976年我国研制成功第一种规格为"S-56"的绳索取心钻具,至今已形成较完整的系列,其用途日益广泛,可用于地质钻探。历经多年的发展和完善,我国绳索取心钻探技术取得的成果包括:研制成功一系列不同用途的绳索取心钻具系统,研制成功多种样式的绳索取心金刚石钻头,研制成功多种类型的绳索取心钻井液,研究摸索了一整套绳索取心钻进操作技术和钻进工艺。

虽然我国在金刚石绳索取心钻探领域内的钻深记录不断取得突破,但是在深孔和复杂地层地质岩心钻探中,绳索取心钻探工艺的施工效果还不够理想。在施工设备、钻探方法与工艺等方面还存在以下问题:①钻杆材质不佳、强度低。深孔绳索取心钻探所用钻杆和接头需要具备足够的抗压、抗拉、抗弯、抗扭和抗剪强度,而现在国产绳索取心钻具仍因材质低劣、机加工与热处理精度不足等问题不能达到深孔钻探的要求。②钻探工艺的改进。目前我国金刚石钻头制造水平远远不能满足深孔钻进的需要,深孔条件下新的岩石破碎特征使得钻头钻进速率低、寿命短,随着孔深的增加,大大降低了绳索取心钻探不提钻取心的优势,影响了深孔钻探的效果。③泥聚性能不足。现在施工现场使用的低固相和无固相钻井液均不能很好地满足深孔钻进对钻井液护壁性、润滑性以及流变性的要求,不能有效地维持孔壁稳定和降低摩阻以及控制环空压力。特别是针对复杂地层,冲洗液要求具有相应的适应性。

3.定向钻探技术

定向钻进引入石油钻进界约在19世纪后期,有记录的定向井是1932年在美国加利福尼亚亨廷顿海滩油田。二战后随着海洋石油的开发,井下动力钻具的研制和计算技术的进步促进了定向钻进技术的发展。我国第一口定向钻井是1955年在玉门油田完成,水平延伸160m,1987年四川油田实现了穿过长江的定向井,1988年胜利油田实现陆地平台35口定向井。目前我国在资源勘探和开采方面创新出水平井、侧钻井、多底井、分支井、大位移井、侧钻水平井、径向水平井等多种定向井技术,定向钻进技术达到国际领先水平。

水平定向钻机作为管线非开挖施工始于20世纪70年,80年代中期随着技术与装备不断改进和完善,得以迅速发展。目前国外水平定向钻产品规格齐全,自动化、智能化程度高。我国从1985年由中国石油天然气管道局首次从美国引进定向钻用于长输管道黄河穿越施工,近40年来水平定向钻铺管技术在我国发展迅速,技术上日臻成熟,拥有专业化的研究、设备和施工公司,业务范围逐渐拓展到其他地下工程施工领域。随着设备、工具制造、穿越技术、钻井液性能及配套装备的发展和进步,水平定向钻已经能够在粗砂、卵砾石、冰碛和岩石等复杂地层中进行铺管施工,达到国际先进水平。

水平定向钻技术应用于工程勘察领域是近几年涌现的新生事物,目前尚处于初期应用阶段。水平定向钻探与传统水平孔钻探不同,能够实现钻孔轨迹的精确控制。水平定向钻探将传统绳索取心技术与现代水平定向钻技术结合,辅以孔内测试技术,可以有效揭露前方基本地质条件、精准查明不良地质问题。

公路行业——2020年6月,新疆乌尉高速天山胜利隧道,水平定向钻探长度2271m,公路隧道勘察中首次引进水平定向钻,实现了孔深1900m等处多目标段钻孔取心与全孔随钻电视录像。

铁路行业——2020年8月,川藏铁路格聂山隧道进口诞生全孔取心水平孔深度新纪录,达到1616.8m;2021年4月川藏铁路孜拉山隧道采用超长绳索取心定向钻探技术与工艺,全孔取心水平孔的钻探,孔深达到1888.88m。

水利行业——2020年1月,珠江三角洲水资源配置工程狮子洋穿越段,水平定向钻探长度936.2m。

1.3.1.2　物探技术

1.钻孔电视

欧美国家的成像测井技术的研究始于20世纪中期,并且尝试将这种技术引入油气勘探钻孔的探测领域,1969年Mobil公司的Zemanek等人用超声成像技术研究出第一代井下电视(Borehole Televiewer)。到上个世纪80年代该技术已成为西方测井公司主要的商业服务手段,并被广泛地应用在油气资源勘探领域中,但对于大型基础工程钻孔的电视成像技术的成熟应用始于上世纪90年代中期。

目前,国外具有影响的成像测井仪器系统有斯伦贝谢的超声波成像测井仪UBI、哈利伯顿的声波成像测井仪CAST-V、贝克阿特拉斯的超声波井周成像测井仪CBIL和罗伯森声光成像测井仪OPTV/BHTV/CCTV等。多种地球物理探测技术方法组合的成像测井技术也已经被广泛地应用在国际上的油气勘探领域中。美国Geoprobe公司生产的用于工程勘察探测领域的综合工程探测系统,具有钻孔、随钻测试、力学参数检测和地基基础评价等功能,应用了压力、电磁、声、超声和扫描成像等先进技术。国外用于工程钻孔探测的钻孔声波电视成像系统是在近些年开始完善成熟的,它与源自钻孔摄录技术的钻孔电视光学成像系统共同组成了先进的钻孔电视成像系统。

我国于20世纪60年代出现了井孔照相检测技术,70年代末期国内研制出了用于管井检查的黑白井下光学电视系统,80年代末研制出彩色光学井孔电视摄像系统,这些检查摄像系统多被应用在供水管井故障检查和工程钻孔的异常探查中。目前国内市场上的井下电视摄像产品均属于小批量研发性质的中试产品,缺少行业标准体系对其系统性能进行规范、律定和认证。而国外的同类产品早于国内10年出现在国际市场上,其性能品质均优于国内同类产品。

美国、英国、日本、加拿大和韩国等国家在井孔彩色视频摄录系统的研发方面处于领先水平。这期间国外的同类产品已经日趋完善,进入了成熟应用阶段。

国内市场上出现的管井光学电视摄像产品有天津大学电视研究所研制的俯视和侧视井下电视摄像系统、长江勘测技术研究所 ZCD-50 型井下电视仪、冶金工业部武汉勘察研究院 HW-38 型井下电视仪、中科院西北光学所研制开发的 JX-3500 井下电视仪、地矿部水文方法所 TDTV 系列水文水井电视检测系统,等等。

这些管井光学电视摄像仪器通常是以单一光学成像的方式在工业的管井中拍摄录像,缺少更深入的图像数据处理技术和图像数据处理解译软件的支撑。

2. EH-4 探测技术

电磁法的物理基础是:地下分布的各个介质之间的电性以及磁性是不同的。该方法中利用多种频率的谐变电磁场或不同形式的周期性脉冲电磁场,前者称为频率域电磁法,后者称为时间域电磁法。

其中,频率域电磁法有:可控源音频大地电磁测深法、音频大地电磁测深法、大地电磁测深法和 EH-4。上述频率域电磁法的工作频率范围分别是 0.25Hz～10kHz、1Hz～20kHz、0.001～340Hz 以及 10Hz～100kHz。由于上述勘探方法的主要工作频段的不同,因而其勘测目标深度也是不同的。

大地电磁测深法,即 MT,是由苏联学者 Tikhonov(1950)和法国学者 Cagniard(1953)分别于上世纪 50 年代初所提出来的,它是利用研究地球所产生的天然交变电磁场从而达到研究地下介质电性分布特征的一种地球物理勘探手段。由于该方法是以天然交变电磁场作为信号源,勘探成本较低,其相应的设备方便携带,从而减少了地形上的限制,再加之其不受到来自高阻地层的屏蔽作用,对于低阻地层具有较高的识别能力。基于以上优点,该方法在许多地质问题的研究中均得到了广泛的应用。

EH-4 大地电磁测深法的原理是通过测量地下介质的电磁场特性(高频对应浅层,低频对应深层介质),从而推算出地下不同深度介质的阻抗特性,根据不同的野外地貌特征、数据采集的重复次数以及所遇到的特殊条件(布极或干扰等),每一个测点数据采集所需要的时间也从几分到十几分钟甚至几十分钟不等,最后通过傅氏变换将所测数据从时间域序列转换为频率域序列,再通过特定的计算方法,我们可以计算出该测点下方不同深度的阻抗值,它是一个有关于频率的函数。通过相应的研究,我们能够得出,高频较易受到来自浅层地下介质的电性影响,低频则容易受到来自相对于测点所在位置远区地下介质的电性影响。EH-4 大地电磁测深仪能够勘测到测点正下方不同深度介质的电性特征,同时,由于地下介质分布的多样性,通过数据分析,我们能够看到每一个测点下方相应的电性分布也是非常复杂的。

大地电磁测深技术在国外的研究如下:西弗吉尼亚州 Leetown 地区的水文地质调查,调查了切萨皮克湾冲击坑的地质问题;1999 年日本利用大地电磁测深法,探测了乘鞍岳火山的构造及其地热活动,他们将现场所采集得到的数据经过计算求得阻抗张量的数据,然后利用视电阻率、相位数据、二维 MT 反演以及乘鞍岳火山模型进行反演计算,从而达到此次勘探的任务和目的。

与国外同行业相比较,我国大地电磁测深法起步较晚,但从近十几年以来,通过引入国外先进的仪器设备和计算方法,该方法在我国有了进一步的发展。1991 年,中国在位于江苏省的某油田进行了综合型的电法勘探效果调查,其中就包括了大地电磁测深法。这次试验的目的就是利用电法达到探测地下油气地质构造区域的目的,从而验证电法在油气领域的应用前景。通过该项实验,我们清楚地标定了各种油气藏类别所反映的相应的地电模型和它们所产生的电性异常。自 20 世纪 90 年代开始,我国地质勘探行业不断从国外引进先进的勘探设备,从而使得大地电磁法得到了快速的发展,具体应用实例如下:在我国中部地区,利用 YDC-1 型音频大地电磁仪进行了地质勘探,在外部影响不大的条件下,其结论是该方法对于识别地下断层等地质构造具有非常明显的效果;在攀枝花进行的矿产调查中,利用大地电磁法分辨出了目标地层及其周围岩石之间的界限,使得控矿问题的解决得到了充分的科学依据,从而使得该矿场的可持续发展成为现实;在新疆地区的地下水勘探过程中,利用大地电磁测深法得到目标区域地下介质的电性异常分布,从而使我们能够明确划分出该区域地下的水文地质情况,并根据相应的沉积地质资料对该区域古河道的行程和发展进行了分析和评价,为该地区的古地貌研究提供了强有力的科学参考。

3.CT 探测技术

电磁波 CT 是用一定频率电磁波在钻孔间分别发射和接收,通过反演成像,依据接收场强的大小,探明地下介质分布的一种探测方法。总的来说,基于电磁波(频率范围 0.5～32MHz)在岩土体介质中传播的规律,根据地下介质对电磁波的吸收的不同来判定介质异常体,在碳酸盐岩发育地区主要用于探测溶洞位置、规模,还有溶洞充填情况以及破碎带等。电磁波 CT 法当前理论成熟,能较准确探测地下洞穴、洞室及破碎带位置和规模,且相对其他工程物探透射距离更远,并同时具有保持较高的精度的优势。

在国外,电磁波 CT 技术的应用是从 20 世纪 50 年代开始的,苏联在电磁波法理论研究及应用方面比较全面,他们不仅对电磁波幅值的理论进行研究并开发应用,还对电磁波相位进行开发应用,研究了对应的仪器设备。20 世纪 70 年代中期,美国 R. J. Lytle 等提出层析技术应用方法,推动了电磁波层析技术在世界范围内的应用发展。20 世纪 80 年代末期,美国多家单位联合研发了井间低频电磁场层析技术系统,使利用电磁波测量距离取得良好效果。日本OYO 公司开发了相位振幅的低频地下电磁波层析系统。此外,波兰、法国以及德国等也展开研究井间电磁波层析理论并对其展开应用。

在国内,20 世纪 60 年代由原地矿部物探研究所研发出 JWT-1 型电磁波仪,并在工程勘探中进行了研究应用。1982 年我国出版了第一部关于地下电磁波法方面的专著《钻孔电磁波法》。1982 年成功研制了 JWQ-3 型便捷单双孔电磁波仪。

1993 年,吴建平等将井间电磁波 CT 法应用在强不均匀体存在的区域,并采取对测量数据分段反演的新算法,所得的结果与钻探揭露结果一致。2006 年,雷旭友等在南昆铁路威舍车站处,利用电磁波 CT 法探测溶洞,揭露覆盖层 20m 范围内的溶洞的位置、规模、充填情况以及暗河走向等,为溶洞的探测提供了实践依据和研究方法。2008 年,谭捍华等对电磁波速度、衰减、电阻率、相对介电常数共 4 种参数层析成像结果进行对比分析,并利用钻探进行验证,提出了电磁波速度、衰减、电阻率、相对介电常数 4 种参数层析成像综合分析法,提高了电磁波层析成像技术在溶洞探测方面的可靠度和准确性。2009 年,杨曦等分析讨论了各主要正、反演方法在井间电磁波层析成像以及数值模拟方面的应用进展。2017 年,段春龙等采用电磁波 CT 法对安徽某道路改造工程路基岩溶注浆前后进行探测,然后对采集的数据进行处理以及解译,探明注浆前测区内溶洞的规模和空间分布,取得了良好的应用效果。

1.3.2 原位测试技术研究历程

1.3.2.1 圆锥动力触探

圆锥动力触探既是一种简易的勘探手段,更是一种应用广泛的岩土工程原位测试方法,一般分为轻型、重型与超重型三类,分别采用 10kg、63.5kg 与 120kg 重锤,在固定高度自由落下,通过记录贯入一定土层深度的锤击数,经修正后可用于判断各类土层的密度、状态、承载力、变形模量等物理力学性质。

针对圆锥动力触探试验击数的修正与应用,国内外理论界有较大争议,英美国家多以弹性杆波动理论,结合上覆土压力等多种参数对触探成果进行修正,而日本与我国一般基于牛顿碰撞理论,主要对触探杆杆长进行修正。

在国外,美国的太沙基和派克利用标准贯入锤击数来计算地基土容许承载力并通过该锤击数确定了砂土的密实程度。确定黏性土的天然状态时,对触探杆长度的修正问题则没有明确规定。西特通过对 10m、20m 等不同长度的触探杆进行试验时发现,触探杆越长,在中密、松散状态的砂土中得到的锤击数较小。

日本宇都一马对 120m 长的触探杆进行了实测,$L<20$m 时,$N=N_0$;$L\geqslant 20$m 时,$N=(1.06-0.003L)N_0$。日本工业标准(JISA 1219—2001)采用了该公式,规定杆长大于 20m 时,按 $\alpha=1.06-0.003L$ 进行修正,该式折减系数很小,几乎近于不修正。日本《桥梁下部结构设计规范——桩基础设计篇》标贯试验中贯入击数要进行杆长修正,其修正系数与杆长关系为 $\alpha=1-L/200$。

在国内,《岩土工程勘察规范》(GB 50021—2001,2009 年版)附录 B"圆锥动力触探锤击数修正"规定,当杆长为 2～20m 时,$N_{63.5}$ 值应按照下式进行触探杆长度的修正:$N_{63.5}=\alpha \cdot N'_{63.5}$,重型圆锥动力触探修正系数见表 B.0.1。规范中对圆锥动力触探杆长修正深度有一个限值,只给出了杆长 20m 以内的修正系数。深厚覆盖层因其厚度大,动力触探试验实际深度已远远超过 20m,对于超过限定深度的动力触探锤击数如何修正目前尚没有统一规定。

《建筑抗震设计规范》引用标准贯入试验方法以贯入击数 N 判别砂土液化,实测击数 N 不作杆长修正,但要考虑标贯击数测点深度的土层自重压力产生侧压力对 N 值的影响,即深度对 N 值的修正。

《水工建筑勘察规范》以 BBJ7—89 中杆长修正系数 α 为基础,并结合多项式拟合曲线分别推导出杆长大于和小于 21m 时的修正系数公式:

当 $L<21$m 时,$\alpha=0.0007L^2-0.03233L+1.08587$;

当 $L>21$m 时,$\alpha=0.000134L^2-0.015811L+0.976432$。

一些地方性规范采用"有效上覆自重压力"进行修正,上覆自重压力的影响反映在土体的结构、密度等基本性质中,砂土自重压力对 $N_{63.5}$ 值的影响,校正公式为:$N_{63.5}=CN_{63.5} \cdot N'_{63.5}$,$CN_{63.5}$ 为自重压力影响校正系数,是试验所处深度处砂土的有效自重压力的函数。

《公路工程地质勘察规范》(JTJ 064—98)给出了不同方法的杆长修正系数,但仅对标准贯入试验,且未考虑实测锤击数的修正。原机电部第三勘察研究院(简称"机电三院")根据其工程经验建立的动力触探修正系数与杆长(100m 以内)的关系,也未考虑实测锤击数的修正。

1.3.2.2 旁压试验

最早设计出旁压仪器雏形的是德国工程师科勒,他设计了长120cm、直径15cm的圆柱形橡皮套膜,套在一个尺寸稍微大一点的钢架上,两端密封,向其中注入加压气体使其膨胀从而对孔壁加压,并测出了这个模型整个加压过程中压力变化与体积变化的关系。由于设计时材料和成型工艺以及测量结果困难等诸多原因,没有得到推广使用。1977年Amar和Baguen在浅层基础中进行了对比分析试验,对得到的31个点位的旁压试验数据进行了分析,试验证明了由Menard等人提出的有关旁压的经验公式和各种曲线对于浅层地基有着较高的适用性。

近20年来,地基处理实践旁压试验的研究发展迅速并逐步走向成熟,针对实验成果的使用和发展等方面的研究也一直没有中断:张喜发等人试着利用旁压试验来计算地基土的预固结压力,将其预钻孔旁压试验计算出来的临塑压力与固结试验计算出来的预固结压力进行对比,然后验证了自己的观点。国内更多的研究是如何更准确、更有效地获得旁压试验得到的土体参数,20世纪90年代初,林在贯、李玉昌、任剑青利用旁压试验和荷载试验得到的土体参数,得出西安地区黄土的比例界限在两者试验中的相关关系;沈国荣、赵善锐研究在黄土、砂土不同条件下,利用旁压试验得到的旁压模量与变形模量之间的关系,其成果为软土地区地基处理做出很大的贡献;王长科将其旁压试验计算出来的土体参数 c,运用在石家庄和北京两种不同地区,然后将室内试验和旁压试验得到的数据进行整理对比,以此来验证不同地区条件下计算公式的可行性。张新兵等人在旁压试验的有限元分析方面也做出了巨大的贡献;沈国荣研究旁压模量的作用机理,分析变形模量和旁压模量之间的联系,然后对其结果整理分析并提出了有关参数。

1.3.2.3 压水试验

压水试验法是法国科学家Lugeon(吕荣)于1933年在估计坝基岩体稳定性时提出的,并经历了漫长的发展过程。其操作过程为,在完成试验段清水钻进后,对钻孔进行充分清洗,然后下入止水栓塞将试验段与其余孔段隔离,测量到钻孔内地下水的稳定水位,然后用不同的压力向试验段送水,通过压力测量计、水流量测量计测定各阶段的压力值及流量值,以此计算出岩体的透水率。目前,我国有关规范通用三级压力五个阶段的五点法(即 $P_1 \rightarrow P_2 \rightarrow P_3 \rightarrow P_4 (=P_2) \rightarrow P_5 (=P_3)$,$P_1 < P_2 < P_3$)进行试验,试验段透水率采用第三阶段的压力值(一般为1MPa)和流量值来计算,其物理意义为试验段压力为1MPa时,每米试验段的压入水流量(L/min)。吕荣压水试验法具有原理简单、操作方便、适用范围广等优点,是当今世界各国普遍采用的常规性压水试验方法。但同时也存在一些不足之处,首先,该试验对于操作精度具有较高的要求,实践过程中,受洗井质量、止水栓塞的止水效果、地下水水位测量精度、管内压力损耗等因素影响,试验结果可能出现较大误差。其次,该方法不适用于地下水水位埋深过大或水头过高的水文地质背景。另外,该方法的原理是将裂隙发育的岩体等效为一个各向异性的多孔介质,但现实中,这种典型单元体是不存在的,其理论基础仍需完善。

三段压水试验法是Louis和Maini于1972年利用室内物理模型试验测定岩体中一条裂隙渗透性时提出的,其原理是单组裂隙内的水流方向是平行于裂隙面的二维流,用压水试验可准确测量该单组裂隙的渗透系数。通过多次试验,分别获得各组裂隙的渗透系数,将各组裂隙的渗透系数依据各组裂隙产状进行矢量计算,就能够获得岩体的总渗透系数。三段压水试验理论简单,能够准确获取单组裂隙的渗透系数,在裂隙小于3组的地区较为实用。其缺点主要表现在试验设备需特制、费用昂贵,难点在于研究某单组裂隙渗透性时,如何有效地排除其他裂隙组的影响,尤其是在裂隙密集区域,该试验的应用有较大限制。

交叉孔压水试验法是 Hsieh 和 Neuma 于 1985 年为计算各向异性的基岩裂隙含水层的渗透性而提出的。该方法实施时,先打三口钻孔,选择其中一口钻孔下入止水栓塞将试验段同其余孔段隔离开,然后向试验段注水,同时对其余两口钻孔的观测段进行水头监测,经过多次分段试验和注水监测交叉试验,采用理论公式计算即可得到试验段岩体的综合渗透系数。交叉孔压水试验设备简单,试验前不要求预先调查掌握岩体的裂隙发育特征,钻孔方向的布置亦无要求。缺点是其理论复杂,计算较为烦琐。

目前有关规范给出的压水试验方法是低压压水试验方法,其试验压力较低(0.3MPa、0.6MPa、1.0MPa),但对于高坝或高水头电站,岩体内往往要承受较高的压力,此时裂隙岩体内渗流状态不同于低压环境,且高水压下岩体裂隙的状态(开度、充填物等)也会发生变化,影响岩体的渗透性。因此高压条件下裂隙岩体的渗透性与低压条件下岩体渗透性之间存在较大的差异。目前通过压水试验求解岩体渗透系数的公式只限于《水利水电压水试验规程》中的推荐公式,该公式适用范围仅限于低压条件下层流型渗流状态,而对于高压压水试验条件下渗透系数求解公式的研究较少。

关于压水试验,魏龙斌(1993)采用三级压力五个阶段的压水试验方法判别压水试验成果的正误并分析地层在不同压力下的渗透特性,提出了一套保证压水试验精度的措施,包括对压力表、流量表精度的要求以及流量读数方法和稳定标准的要求,并根据压水试验结果对帷幕灌浆效果进行了初步评价,提出了三级压力五个阶段压水试验的适用范围。李念军(2008)对水利水电工程勘察及基础防渗施工中进行钻孔压水试验采用的多点压水试验方法,提出了宜采用 4 个以上的压力点,其压力值的升降压过程交替进行的观点。对计算公式通过理论分析,证明了透水率值的不确定性,同时建议钻孔压水试验成果采用透水系数来表示和计算。

关于高压压水试验,殷黎明(2005)等对于水库大坝、深埋地下工程等水头很高的工程,常规压水试验结果不能反映实际水头压力作用下岩体的渗透特性的问题,通过在某花岗岩地区500m 深孔中进行高压压水试验,结果表明高压压水试验能很好地反映岩体透水性的变化规律。黄勇(2013)等提出,对于高水头的水电工程,现场高压压水试验计算的岩体透水率比常规压水试验计算的透水率小,由此计算的岩体渗透系数也偏小,但在高压水作用下岩体渗透性会不同程度地增加。王化龙(2014)指出裂隙岩体在高压作用下的渗透系数远远大于常规压力作用下的渗透系数。岩体渗透特性的变化规律与岩体裂隙分布以及裂隙连通性、裂隙开度等密切相关。黄勇(2018)等指出在高水压力条件下,岩体的渗透系数会发生明显变化,在进行现场压水试验时,当岩体发生水力劈裂后,渗透系数增加明显,此时可以通过压水量和水压力的变化量来计算裂隙岩体的渗透系数。

1.3.2.4　地应力测试

地应力测量工作起始于 20 世纪 30 年代,首次地应力测量为 Liearace 在胡佛大坝坝底泄水洞开展的,采用的是岩体表面应力解除法。Hast 对斯堪的纳维亚半岛进行了大规模地应力测量,采用的是基于应力计的直接测量法,并通过大量测量数据发现近地表地层中水平应力大多高于垂直应力的现象。此后,随着地应力测量理论和科学技术不断发展,越来越多的测量技术得到应用。在直接测量法方面,扁千斤顶法、光弹应力计法、三维地应力测量技术等方法相继出现并不断发展,例如,代表三维地应力测量技术的水力压裂测量方法,是目前深部地应力测量较为普遍的方法。在间接测量法方面,以测量岩体应变参数为主、基于应力应变本构关系分析应力状态的测量方法,目前有较为广泛的应用,如澳大利亚联邦科学和工业研究组织岩石力学部研制的三轴空心包体应变计取代了三轴孔壁应变计,成为当时最主要的地应力解除测量方法;南非科学和工业研究委员会研制出了三轴孔壁应变计,在世界范围得到广泛应用;瑞典国家电力局研制了水下钻孔三向应变计,同时还开发了带有数据自动采集系统的井下三向应变计探头等。

国内于 20 世纪 50 年代开始地应力测量技术研究及相关设备研发。中国地质科学院地质力学研究所研制出第一代压磁式应力计,随后,国家地震局与地矿部地质力学研究所等成功研制了新一代的 YG-73 型、YG-81 型压磁应力计。中国科学院武汉岩土力学研究所最早研制出 36-2 型钻孔变形计,随后又率先成功研制出空心包体应变计。上述相关技术和仪器的研制与应用,为我国早期采用直接法和间接法开展地应力测量工作奠定了坚实基础。20 世纪 90 年代以来,北京科技大学蔡美峰院士团队致力于地应力测试理论与技术研究,提出一系列提高应力解除法地应力测量精度的技术措施:针对超千米深部地应力测量问题,通过提高测量系统的耐压能力和精度,改进传统水压致裂法测量技术,大幅提高地应力测量深度;针对深部非线性岩体地应力测量问题,在精确测量、完全温度补偿等技术基础上进一步发展测量理论,建立了深部岩体地应力实验标定方法;针对岩体扰动应力长期监测问题,结合空心包体地应力测量理论,提出并应用双温度补偿技术,研发了岩体扰动应力长期监测系统,并获得实时有效监测应用。另外,中国地质调查局地应力测量与监测重点实验室研究团队将基于钻孔岩心的非弹性恢复地应力测试方法(ASR 法)成功应用于塔里木盆地深部地应力测量,获取了 7000m 深部地应力实测数据,标志着我国在地应力测量技术和应用方面已进入世界先进行列。

由于地应力测量目的单一,同时由于地应力成因复杂、影响因素多、地应力场反演重构要求高等因素,国内外在测量方法研究方面的特点及不足等都比较一致,主要表现在以下方面:国内外地应力测量均针对测点瞬时应力、应变信息进行分析以获取单点应力大小,通过试验标定和数据拟合,得到区域地应力场分布规律。未来深部开采将逐步实现信息化、智慧化、无人化,传统的地应力测量方法需在深部开采的测量方法发展趋势上实现点测量向场测量的质变,测量原理上实现瞬态本构向多时效本构研究的发展,测量技术上实现实时信息反馈机制的建立。

目前国内外地应力测量结果在很大程度上仅反映各测点的局部应力,即测量结果有一定的离散性。如何准确反映地下工程中的初始地应力场是地下工程面临的一个重要课题,必须采用科学有效的初始应力场反演重构计算方法。目前国内外地应力场反演重构研究主要基于两种基本思路:一是以实测位移为参考,结合现场地层物理力学特性计算该区域地应力大小以及方向;二是通过代表性测点的实测应力值,考虑地形地貌、地层构造以及岩性等,反演重构出该区域的初始地应力场。目前已有多种方法能够对地应力场进行计算,并且通过引入人工智能算法以及数理计算方法,使得算法的精度和效率不断提升,但是对地应力场形成的各种原因考虑较少,而且很少考虑深部岩体的非线性行为,因此反演重构的初始地应力场可能与实际存在一定差异。未来需要以实际地质构造为依据,综合采用人工智能、数理统计、数值模拟、位移反演、边界荷载反演等方法,同时考虑深部岩体的非线性特征,构建区域三维地应力场的重构算法,建立深部地应力场的重构模型。

近年来,随着国家深地战略的实施,一批大型深部地下工程将陆续兴建,与浅部岩体相比,深部岩体的非线性、不均质性、各向异性更加突出,深部岩体独有的"三高一扰动"特性,即高应力、高地温、高岩溶水压和强烈的开采扰动,对传统的地应力测量理论测试需求和工程实践提出新的要求,改进和发展新的地应力测量理论、仪器和技术方法,已成为科研人员和工程界最为关心的问题之一。

地应力测定方法根据测量内容大致可分为两大类:①按测量方法原理可分为绝对值测量和相对值测量。其中较为常用的绝对应力测量方法主要有水压致裂法和应力解除法。相对应力测量方法包括压磁法、压容法、体应变法、分量应变法及差应变法等。②按数据来源可分为五大类:基于岩心的方法、基于钻孔的方法、地质学方法、地球物理方法(或地震学方法)、基于地下空间的方法。

深埋地质体地应力测试面临以下难题:钻孔欠稳定、软质岩体、深钻孔、低水位、绳索取心钻杆和超高应力量级。其中钻孔穿越断层和软硬岩间隔分布容易导致钻孔不稳定,深钻孔、低水位和超高应力量级对地应力测试技术和设备的可靠性带来极大挑战,绳索取心钻杆的广泛应用也给水压致裂地应力测试带来技术匹配难题。

1.4　勘探与原位测试技术创新思路与内容

1.4.1　创新研究思路

基于深厚松散堆积层、深埋地质体、高陡环境边坡等复杂地质条件的特点与勘察中存在的问题或难题,提出勘探与原位测试技术创新方向,开展系列创新与工程应用实践,为工程地质分析与评价提供可靠依据。

针对深厚松散堆积层的厚度大、分布不均、物质组成及结构复杂、成因多样的特点,及工程地质勘察中遇到的各类难题,从钻探取样(钻进成孔工艺、原状取样)、物探测试(钻孔高清可视化、孔间电磁波 CT)、原位测试(超长杆圆锥动力触探锤击数修正、高压大旁胀量旁压试验)三个技术方面进行勘探与原位测试创新。

针对深埋地质体如软岩、断层破碎带、岩溶、地下水、差异性风化破碎岩体等的复杂性,对深埋岩体工程特性、深部岩体渗透性、高地应力环境背景及深部不良地质体分布特征研究的重要性,从深孔钻探、高压压水试验、深孔地应力测试、EH-4 测试四个技术方面进行勘探与原位测试创新。

针对高陡环境边坡范围广阔、坡面高陡、地质条件复杂、地质问题多样,"走不近、看不清、查不明"的工程地质勘察普遍存在的难题,从三维影像地质问题识别、可视化地质编录两个技术方面进行勘测创新。

复杂地质条件勘探与原位测试技术创新研究思路与技术路线见图1.4。

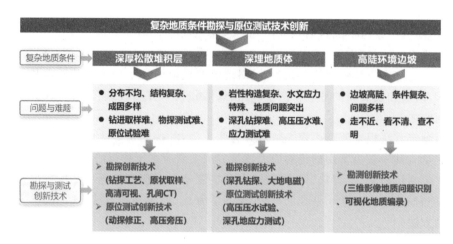

图 1.4 复杂地质条件勘探与原位测试技术创新研究思路与技术路线

1.4.2 创新主要内容

1.4.2.1 深厚松散堆积层

1. 钻探取样技术

(1)钻进成孔工艺

为解决深厚松散堆积层钻进成孔困难的问题,在现有常规钻探工艺的基础上,调研并引进针对复杂地层及覆盖层钻探的多种钻探器具及循环介质开展生产性试验;通过试用、比选、改进、完善,从深厚覆盖层钻探器具、循环介质、钻进操作参数与操作注意事项等方面进行总结,最终形成一套适用于深厚松散堆积层钻探的工艺方法。

(2)原状取样技术

为解决深厚松散堆积层钻孔取样器在取样时易损坏的问题,根据松散堆积层以粗粒为主的地质特性,利用"废旧合金钻头+岩心管"自行研制强度高、适宜在砂卵石地层中取样的锤击取样器,经过反复试验及改进,最终研制定型形成双管内筒式锤击取样器。

2. 物探测试技术

(1)钻孔高清可视化技术

为解决深厚松散堆积层钻孔在无护壁材料下的孔壁稳定问题,通过反复试验,成功研制了强度高,且具良好透光性、加工性及耐久性的透明套管代替钢质套管进行钻孔护壁。为了确保覆盖层钻孔可视化获得清晰可靠的影像资料,在测试钻孔中进行洗孔方法及可视化测试程序研究,对钻孔电视图像拼接、扭曲、亮度及清晰度的处理技术进行改进。最终,总结形成了一套深厚松散堆积层钻孔可视化测试的工艺。

(2)孔间电磁波 CT 技术

为查明松散堆积层中是否存在连续软弱夹层及孔间其他物质界面的空间分布,在深厚松散堆积层中开展电磁波 CT 探测技术研究。通过调研、试验比选确定了理想的测试钻孔护壁材料,通过试验确定了深厚覆盖层中可进行 CT 探测的一般孔距,成功摸索了一套在覆盖层中进行孔间电磁波 CT 探测的方法。

3. 原位测试技术

(1)超长杆重型、超重型圆锥动力触探锤击数修正方法

为解决深厚松散堆积层动力触探试验锤击数修正超规范的问题,将现场试验与数值模拟相结合,通过对动力触探试验杆上各测点应变现场进行实测而获得各测点应力分布,再进行反演分析并确定相关计算参数,而后进行不同杆长的数值模拟计算,得到了重型、超重型动力触探试验杆长适用范围及修正系数,为超 20m 杆长动力触探试验在河床深厚覆盖层中的应用提供了理论与实践依据。

(2)高压大旁胀量旁压试验技术

为解决旁压试验在深厚松散堆积层粗粒土测试中存在的探头易损、测试成功率低的难题,研发了一种端部滑移式的高压大旁胀量旁压仪新型探头,该探头带有刚性可伸缩防护套,能同时适应高压和大旁胀量的试验工况,不仅可测得粗粒土极限压力,而且可保证试验的成功率,可满足各类岩土体的测试要求。

1.4.2.2 深埋地质体

1. 深孔钻探技术

深埋地质体勘察不可能布置太多深钻孔,必须精心设计,将钻孔布置深埋隧洞的关键部位或是地质代表性强的部位及问题较集中、突出的部位,以便研究深埋隧洞可能遇到的最严重的工程地质问题,并尽量一孔多用,除取心外,常常利用钻孔开展物探综合测井、地应力测量、孔内变形试验、孔内电视以及地温、放射性测量等测试工作。绳索取心在深孔钻探中具有明显优势,基于绳索取心工艺在不同复杂地层中钻头、钻具、钻杆的组合优选以及结合利用特制三层管钻具、套制技术、三通管等钻探工艺的超深孔勘探技术,解决了普通钻进工艺在深孔钻进过程每回次取心起下钻具工序占比时间过大、岩心采取率低、深孔成孔保证率低等难题,针对性解决了软岩、断层破碎带、承压水、复杂岩溶地层等深埋(不良)地质体特有的深孔钻进技术难点。

2. EH-4 探测技术

目前大地电磁测深法(CSAMT、AMT 等)具有 1500m 的探测能力,其他方法一般不超过500m,因此对大埋深(>1000m)异常地质体,通过实施电磁测深技术可以了解到一些重要地质现象与界面随深度的变化关系或趋势,如与钻探等其他勘探分析手段结合起来其准确性更高。深埋长隧洞物探勘察适宜采用综合手段,以便不同方法之间相互补充和验证,并采取点、线、面相结合和定性与半定量结合的物探布置原则。EH-4 外业工作方法,形成了一套系统的资料分析与成果分析优化技术,在复杂岩溶水系统边界探测、区域性深大断裂边界勘察、复杂岩溶区地下分水岭判别、大型地下洞室位置与轴线布置等勘察工作中取得良好应用,为前期勘察工作钻孔布置及建筑物设计、施工期隧洞超前地质预报等提供有力地质分析依据。

3. 高压压水试验技术

千米级深钻孔中进行常规压水试验可靠性是个问题:一方面在大埋深和高压力下,岩体透水率小,常规橡胶栓塞的密封性能不满足要求;另一方面,栓塞压力难以控制,可能会被"压翻",导致试验失败,并造成孔内事故。因此,高压压水试验的重点是大埋深和高压力下栓塞的密封性与抗压性。

研发了深孔双塞高压压水试验系统——串联双塞的气/液压加卸压系统,对原压水系统的强度和刚度进行局部改进,实现了封隔气囊、压水管路两个管路系统的单独工作,形成了一套

压力、流量自动采集分析系统,解决了千米级的钻孔高压压水试验难题。深孔压水试验装置及测试方法,按不同工序过程需求适时高压充水、适时解除的单向阀结构,完成了千米级深孔全孔段连续压水试验;深孔压水试验多通道转换快速卸压装置与技术,解决了压水试验中胶囊栓塞卸压困难造成卡孔的技术难题,实现了深孔全孔单次多点灵活依次分段压水,解决了目前复杂地质条件下深钻孔,特别是千米级超深钻孔中地下水埋深大、内外水头高压差条件下的钻孔压水试验过程中止水胶囊卸压困难造成卡孔的技术难题。

4. 深孔地应力测试技术

深埋地质体勘察工作中使用最广泛的是水压致裂法,深埋地质体地质条件和水文地质条件复杂,在采用绳索取心钻进工艺为代表的千米级钻孔中进行水压致裂测试面临不少技术挑战,采用绳索取心钻杆内置式双回路水压致裂地应力测试方法,能较好地适用于复杂地质条件下深孔地应力测试频繁遇到千米级、钻孔深水位、钻孔欠稳定、绳索取心钻进工艺和极高应力等极端测试条件,解决了深埋地质体常见的软岩或软硬相间地层千米级欠稳定钻孔的地应力测试问题,拓展了水压致裂测试技术的适用范围。

1.4.2.3　高陡环境边坡

1. 三维影像地质问题识别技术

高陡环境边坡常规传统调查手段无法做到近距离调查,而远距离调查地质问题识别难度大,尤其对呈"点"状广泛分布于边坡上的危岩体(或块体),识别过程中容易遗漏,且无法识别危岩体(或块体)结构面产状与性状,无法做到精准识别。利用基于小型无人机录像的三维影像获取方法,建立高精度、高清晰度三维实景影像模型,利用基于无人机的结构面产状及性状识别方法和无人机块体识别方法,通过高清三维影像解译,识别危岩体(或块体)并提取其坐标、尺寸、结构面产状等信息,解决高陡环境边坡地质问题无法精细识别的难题。

2. 可视化地质编录技术

高陡环境边坡常规边坡地质编录技术,需室内拼接照片、现场地质编录、室内矢量化,室内与现场反复工作且存在大量内业工作,工作效率低。利用 Windows 平板安装自主研发的编录软件,通过坐标关系和 AutoCAD 对照片进行自动拼接,达到现场一次性完成可视化施工地质编录,以避免多次来回现场和室内而提高效率。控制性结构面性状不均匀性与细观特征,对边坡稳定性评价至关重要,常规地质编录方法不能编录其性状细观特征,利用正射影像的全景与高清可视化特征,对结构面充填物进行细观地质编录。

2 深厚松散堆积层勘探与原位测试技术

2.1 深厚松散堆积层的类型及特点

2.1.1 深厚松散堆积层的类型

堆积层是在一定的地质条件下,通过快速侵蚀、搬运形成的产物,尚未固结或未完全固结的堆积物形成的地层。按成因类型堆积层可分为:崩塌堆积层、滑坡堆积层、泥石流堆积层、冲积堆积层、洪积堆积层、冰水堆积层及混合堆积层等;按结构特征可分为:松散型堆积层、密实型堆积层及胶结型堆积层等。

①松散型堆积层:结构松散,无胶结,如新近形成的崩塌堆积层、滑坡堆积层、冲洪积堆积层、稀性泥石流堆积层、碎屑流堆积层、残积堆积层等。

②密实型堆积层:结构密实,弱胶结(一般为泥质胶结),如古堆积层、深层堆积层、黏性泥石流堆积层、冰水泥石流堆积层等。

③胶结型堆积层:有胶结(一般指钙质或铁质胶结)的堆积层,如有胶结的冰水堆积层、钙华堆积层等。

松散堆积层为介于土、岩之间的过渡类型,是一套成因多样、组分复杂、结构无序、土石混杂堆积的特殊地质体;具有显著的非均质性、非连续性以及与之密切相关的尺寸效应。其衍生地质灾害具有随机性、复发性和多发性的特点,受到了工程地质学、土力学、岩石力学等学科的广泛关注,已成为重要研究对象。

深厚松散堆积层多指厚度大于 30m 的第四纪松散堆积层,具有结构多样、分层不连续的特点,且其成因类型复杂,物理力学性质不均。深厚松散堆积层成因类型多样,河床堆积层、滑坡堆积层、崩塌堆积层及泥石流堆积层较为常见。

2.1.1.1 深厚河床覆盖层

受地质背景、水文地质等影响,总体上我国河床覆盖层按其形成原因、成分结构、分布地区因素,可归纳为四大类:①东部缓丘平原区冲积沉积型深厚覆盖层;②中部高原区冲洪积、崩积混杂型深厚覆盖层;③西南高山峡谷区冲洪积、崩积、冰水堆积混杂性深厚覆盖层;④高寒高原区冰积、冲洪积混杂型深厚覆盖层。我国西南地区主要河流覆盖层厚度统计见表 2.1。

河床覆盖层的特点是①厚度普遍深厚:一般几十米,大者上百至几百米;②物质组成复杂:漂石、卵砾石,块、碎石,砂粒类,粉粒,黏粒;③结构分层复杂:古河流冲积、崩积、滑坡积、堰塞沉积、现代河流冲积。见图 2.1。

表 2.1　我国西南地区主要河流覆盖层厚度统计表[7]

河流名称	坝址	覆盖层厚度（m）	河流名称	坝址	覆盖层厚度（m）
金沙江	拉哇	55	大渡河	双江口	67.8
	日冕	30		金川	80
	奔子栏	42		卜寺沟	19.82
	其宗	120		下尔呷	13.22
	塔城	100.6		巴底	130
	上江	206		丹巴	127.66
	龙盘	100		猴子岩	85.8
	虎跳峡	40		长河坝	79.3
	两家人	62.8		黄金坪	133.9
	梨园	15.5		泸定	148.6
	阿海	17.34		硬梁包	116
	金安桥	8		龙头石	70
	观音岩	24.02		老鹰岩	70
	龙开口	43.1		安顺场	73
	乌东德	80.07		冶勒	＞420
	白鹤滩	54.15		瀑布沟	75
	溪洛渡	40		深溪沟	55
	向家坝	80		枕头坝	48
雅砻江	两河口	12.4		沙坪二级	38
	楞古	59.5		龚嘴	70
	杨房沟	32.1		铜街子	73.5
	卡拉	46.19		大岗山	20.9
	锦屏一级	47		达维	30
	锦屏二级	51	岷江	十里铺	96
	官地	35.8		福堂	80
	二滩	38.29		太平驿	80
	桐子林	36.74		映秀	62
澜沧江	古水	26.8		紫坪铺	31.6
	黄登	34	怒江	鹿马登	28.37
	小湾	30.8		福贡	40.77
	糯扎渡	31.26		碧江	33
	景洪	28		泸水	27.56
	橄榄坝	22.5		六库	35.16
	苗尾	21.2		石头寨	22.58
	托巴	50		赛格	44.3

古河流冲积层

滑坡堆积

崩塌堆积

崩塌堆积

堰塞湖沉积

近代河流冲积层

图 2.1 河床覆盖层组成与结构复杂

河床覆盖层的物理力学特性,如成因、级配、密实度、渗透系数、承载力、抗剪强度、变形模量等因素直接影响建筑物稳定、变形,直接关系到能否对河床覆盖层的合理利用与工程处理措施的实施。受勘察手段和条件限制,通常在浅部取样或钻孔取样,能够获得相应物理力学指标,但对于深部土样是否具有代表性,如何获取工程所需级配组成、密实度、渗透系数和变形等指标,往往成为工程中的难点。

对于深部含漂卵砾石砂层,采用钻孔取样,受机具和取样技术限制,难以获取真实反映地质条件的原状样,且受地下水等条件影响,尤其对密实度、力学等指标难以获取,而密实度又是对力学性能判定的关键指标,所以钻孔取砂砾石或者无黏性土难以较准确地确定深厚覆盖层的密实度,即便进行深部旁压试验,受钻孔及地下水影响,其指标仍有较大局限性。

2.1.1.2　深厚滑坡或崩塌堆积层

松散滑坡或崩塌堆积层是由松散的或相对松散的岩土体构成,组分复杂,其物质成分为碎块石夹细粒土或细粒土夹碎块石,碎块石大小不等,一般为 0.1~1.0m,大者可达数米至10m以上,细粒土主要以黏土或粉土为主,有的基岩滑坡物质为似基岩滑块。这种由于自然变迁所形成的堆积层在性质上既不同于一般的均质土体又不同于一般的碎裂岩体,实际上它似土非土、似岩非岩,为一种介于均质土体和碎裂岩体之间的特殊工程地质材料。见图2.2。

金坪子滑坡堆积体　　　　　　　　　　　千将坪滑坡堆积体

崩塌堆积体　　　　　　　　　　　泥石流堆积体

图 2.2　深厚滑坡或崩塌堆积体

此类松散堆积体属于土石混杂堆积,具有显著的非均质性、非连续性及与之密切相关的尺寸效应。其整体结构松散,内含大量孔隙,透水性较强。受重力分选作用控制,松散堆积体在剖面上具有自上往下土颗粒变粗的规律性,即下部岩土体主要为巨大的碎裂块石组成,甚至保留了基岩的特征,如三峡库区顺层基岩滑坡;上部岩土体主要为含碎块石的细粒土;中间岩土体则介于两者之间。

2.1.2　原有勘探及测试技术特点

1. 钻探及取样技术特点

对于深度大于30m的深厚松散堆积层之前的主要勘探手段还是钻探,虽然钻探施工在深厚覆盖层的勘察中并不十分有效,但其对覆盖层的物质组成及厚度等能提供较为准确的数据,同时钻探孔内还可以进行相应的各类试验、测试工作。

在深厚松散堆积层中,一般孔深达到 40～50m 以后,在钻探的工艺安排上和施工的难度上会越来越大。成都勘测设计院针对深厚河床砂卵石(漂石)层,研制成功了 SM 植物胶无固相冲洗液和 SD 系列金刚石钻具,并总结出一套较完整的操作技术,较好地解决了砂卵石钻进的技术难题,但是该技术使用成本相对较高,且效率较低。

在钻探取样方面,目前对于黏性土、粉细砂层已建立了一套通行的常规取样方法,利用常见的几种覆盖层原状取样器,如双管内环刀式取样器、ϕ108mm 原状样取砂器、双管超前靴式取样器等,可较好地取出砂层、土层或含泥较重的小碎石层样品。其缺点是取样器的切割靴较薄,强度较低,在进行河床覆盖层等粗颗粒为主的地层取样时极易损坏,基本无法取出能够满足室内试验要求的原状及原级配样品。

2.工程特性原位测试技术特点

动力触探、静力触探、载荷、旁压等试验是覆盖层工程特性勘察中常用的原位测试方法。但对于深度超过 30m 的深厚松散堆积层来说,部分测试超出了现有规范规定的适用条件,且在现场操作困难、成功率低,后期资料分析无据可依,限制了相关测试的应用。

深厚松散堆积层动力触探测试在数据整理按杆长进行锤击数修正时,超出了包括《岩土工程勘察规范》在内的相关规程规范对动力触探杆长的最大修正长度 20m,不能满足西南河床深厚覆盖层动力触探试验锤击数修正的需求。在以粗颗粒为主的深厚松散堆积层中进行旁压试验时,普遍存在由于钻孔孔径偏大及旁压探头橡胶膜旁胀量有限而导致试验土层的临塑压力及极限压力无法测得和旁压试验过程中探头的橡胶膜易破而导致试验成功率低的问题。

3.工程特性室内模型测试技术特点

西南地区松散堆积层深厚,物质组成多以粗颗粒为主,且结构复杂,性状不一,钻探取心及取样器取样困难,很难获得"原级配及原状样",不能满足室内试验的需求,采用冰冻法、胶结法、开挖竖井等方法取样不仅成本高,而且受各种条件的限制,实际应用难度大,所以深厚松散堆积层工程特性室内试验一般通过配制模拟级配样进行。

模拟级配样配制的关键参数密度是否与天然密度一致,直接影响室内试验成果的可靠性,目前间接推断缺乏系统的研究和可靠的经验,如何在无法取得原状样品测定覆盖层天然密度的情况下,通过其他方法推求其天然密度成为了试验研究亟待解决的问题之一。

4.物探探测技术特点

在深厚覆盖层的地球物理探测技术之前主要有地震折射波法、高密度电阻率法、探地雷达、钻孔声波以及综合物探方法等,上述方法可以探测覆盖层厚度、分层,确定基覆界面、地下水埋深等情况。与陆相第四纪覆盖层相比,由于河床深厚覆盖层物质组成、结构及成因更为复杂,其测试场地受限(多为水上)等原因,导致物探测试的手段受限,成果可靠性较低。如何将测试精度高的物探技术(如电磁波 CT、钻孔彩电测试等技术)引入到河床深厚覆盖层的测试中,进而提高其直观性及测试成果的可靠度,尚需开展相关的研究及实践。

对深厚松散堆积层工程特性的研究在近 30 年有了较快的发展,特别是在我国西部大开发战略提出之后,西部水电开发加速,极大地推动了有关单位和个人对深厚覆盖层的研究工作。但是,针对覆盖层工程地质特性的研究存在各自为政的现象,未能从勘探及测试等各方面总结形成一套切实可行的深厚松散堆积层工程特性研究的系统方法,进而解决深厚松散堆积层勘察困难这一难题。

2.2　钻探及取样技术

2.2.1　存在问题及解决思路

2.2.1.1　钻探技术难点

松散堆积层的地质结构特性主要表现为结构松散、块石混杂、粒径不一、破碎错动、胶结性差、脆碎酥软、软硬变化等,这类特性造成钻进中容易发生孔内漏失冲洗液无法循环、孔壁失稳、缩径、掉块、坍塌、岩心被冲蚀、被磨损、呈破碎状难以卡取等诸多状况,使得钻进十分困难且严重影响取心质量,一直是工程地质钻探领域的主要技术难点之一。深厚松散堆积层因其固有的地质特性,钻进过程中存在以下困难:

①成孔:由于堆积体结构松散胶结差,块石大小、地层软硬不一的地质特性,使得钻进中碎岩缓慢,而且钻进过程容易发生冲洗液漏失、孔壁掉块、孔内坍塌等情况,因此钻进慢且成孔困难,甚至有时出现严重垮孔越打越浅的现象。

②取心:松散堆积体多呈现为无胶结、松散堆积、软硬变化形态,钻进过程中,块石、卵石、砾石、软硬岩等各种岩心相互碰撞和磨损,时常卡住钻头一起转动,采用常规钻具和取心工具,岩心重复破碎严重,取心困难且采取率很低,也只能取出扰动的岩心,甚至时常出现提出空岩心管的现象。

③护壁:深厚松散堆积层的地质特性,使得钻进过程中发生冲洗液漏失、孔壁掉块、坍塌、垮孔等情况的概率和程度明显增加,需要花费较多的精力与资源并采用正确有效的多种护壁技术措施来很好地解决护壁存在的难题。

2.2.1.2　钻探技术现状

工程地质岩心钻探领域,在结构一致、胶结性好、软硬均质的地层,有着比较成熟的钻进技术方法和适宜的取心器具,但对于深厚松散堆积层的钻进技术和取心方法,却一直是地质钻探中的"老、大、难"问题,普遍存在以下情况:

(1)钻进效率低

采用常规钻探技术,成孔困难钻进效率低,一般台月效率仅几十米甚至更低。

(2)取心质量差

常规钻进工艺岩心采取率一般难以达到50%以上,通过采用回转干烧钻进方法取出的岩心样也已破坏了其原状结构,甚至时常起钻时提出空管,再下钻用钢丝钻头捞取岩心,只能取出较大粒径卵石或块石,从沉淀管内也只能取出已被分选、搅动、层位不清的部分混合颗粒状岩粉岩样,无法取出原状结构样。

(3)生产成本高

钻探机组在深厚松散堆积体钻探,一般比结构单一的软岩和完整基岩地层的钻探其生产成本高十多倍甚至更大。

(4)事故率高

深厚松散堆积层由于钻孔复杂变化的地层情况及结构特性给钻进带来很大的难度,同时也被迫采用复杂的钻孔结构和增加多种护壁方法与繁杂工序。钻探施工中如果对孔内实际状况掌握不清或变化情况判断不准,而出现操作不当与措施失误,均可能造成孔内情况复杂化甚至严重的钻孔事故,轻则需要耗费大量人力、物力和时间进行处理,重则可能直接导致钻孔报废。

深厚松散堆积层钻探及取样技术研究成为当前工程地质勘察领域需要重点解决的问题之一,特别是近年来,随着西部大开发正逐步展开地质勘察的诸多水电站,地处高山峡谷,松散堆积体、滑坡体、河床砂卵石覆盖层大多近百米,有的甚至超过几百米深,在实施工程地质勘测中如何解决深厚松散堆积体的钻进与取样这一难题,更显现出其充分的必要性和紧迫性。

2.2.2 钻探技术改进创新思路

深厚松散堆积层采取一般常规钻进技术,既无法达到地质对钻孔所提供资料的质量要求,也难以满足钻探对生产效率与经济效益的需求,因此针对目前深厚松散堆积层勘探的现状及存在的问题,对原有钻探技术进行改进、创新,逐步形成较为完善和实用的配套钻探技术,成为工程地质勘察复杂地层钻探技术向前发展和进步的一项重要工作。

(1)改进创新的思路

通过调研和收集近年来深厚松散堆积层的钻进及取样所采用的新工艺、新设备、新器具、新材料方面的研究成果和推广运用效果,分析论证其适用性,结合承担的类似工程地质勘察项目,实施有选择性有针对性的引进、吸收、消化、改进、配套、完善等工作。钻进工艺方面,重点针对现有常规的钻进方法、钻孔结构、钻具级配、护壁方式与介质等对深厚松散堆积层特性所造成的特定性需求的不适应性,来开展技术改进与配套完善工作;取心取样技术方面,重点针对特定的岩性特征,开展对现有地质岩心钻具形式、钻头结构、取样器的吸收改进与创新研制工作;并进行对取心钻进技术参数、钻进操作要求方面的改进总结工作。以求获得稳定、配套、完善的深厚松散堆积层钻进与取心技术成果。

(2)改进创新的技术路线

①调研现有深厚松散堆积层常用钻探器具,选择引进并通过针对性应用试验,对其结构合理性、性能实用性、地层适应性等方面进行检验、比较和改进。

②调研目前较常使用的冲洗液循环介质,选择引进并进行试用与比选。

③对钻探工艺技术进行改进,包括钻具及钻头的选择应用、冲洗液介质的选择应用、钻进操作参数与操作技术注意事项的总结与完善。

④研究冲洗液介质、钻具钻头结构性能及钻进操作技术对取心特别是取原状样的影响和适应性。

⑤针对性研发新型取样器。

2.2.3 钻探技术改进

2.2.3.1 常规钻进工艺改进

深厚松散堆积层钻探的难点主要表现为:采用清水循环易出现孔壁失稳、掉块、坍塌或垮孔现象,造成孔内沉淀多、成孔困难,重复钻进回次进尺少、效率低、钻头损耗大等情况;采用一般性能的泥浆在松散较严重地层仍会产生漏失,不能从根本上解决问题。采用一般常规钻具与钻头,岩心岩样易冲蚀、堵塞、脱落,钻头易被松散碎(块)石冲击破坏,进尺慢、寿命低、成本大、取心差。经过反复实践、对比分析和论证总结,对常规钻进工艺进行改进的关键是做好以下几个方面的工作:①选择采用不同结构性能的钻具钻头,来适应不同地层特性。②选择采用性能优异的冲洗液介质,来适应不同地层特性,达到护壁防漏效果,保持孔壁稳定。③选择采用适宜地层特性的钻进参数与操作技术。

1.选择采用适应不同地层特性的钻具及钻头

深厚松散堆积层总体特征是较松散、多破碎、粒径不一、软硬变化大,在钻进过程中,钻具钻头易被冲击损坏,使得进尺慢、寿命低、成本高,因此,要求钻具钻头结构能耐碎块石冲击、可刻取块石及卵石等硬岩,具有较好的耐磨性和韧性等。同时,其层位变化较多,如砂卵石、块石、漂石、碎块石、粗细砂、砾石、泥夹石等,且大小不一、软硬不均、各层夹杂、反复变化,这些层位的自身固有特性对钻进所使用钻具钻头的结构与性能的要求又有所差别,应精心细致地根据层位的改变调整选择,保证采用的钻具及钻头结构与性能满足适应不同地层固有特性的需要,达到提高钻进效率、延长钻具钻头使用寿命的目的。

(1)钻具钻头选择与应用

针对覆盖层故有的地质特性,当前国内常用的复杂地层及覆盖层钻探与取样的钻探器具(包括部分国内专利产品)主要有 ϕ130 金刚石单动双管钻具、ϕ130 合金双管双动内管超前钻具、SDB ϕ114 金刚石单动双管钻具、SBD ϕ114 金刚石半合管式双管钻具、韩国进口 ϕ101 薄壁型金刚石单动双管钻具、孔底局部反循环单管钻具、干烧式单管钻具等。在生产项目中投入钻孔复杂地层深厚覆盖层进行试验应用,在应用中针对其结构合理性、性能实用性、地层适应性等方面进行比选。

上述各种钻具基本结构与性能、优缺点和应用结果对比如下:

①ϕ130 金刚石单动双管钻具,如图 2.3 所示。

图 2.3　金刚石单动双管钻具

基本结构:内、外双管单动结构,配套普通双管金刚石钻头。

优点:钻进时外管转动而内管(及岩心)不转动,可避免岩心被循环液冲刷和重复破碎,起到保护岩心作用。

缺点:钻头不太适应复杂的覆盖层,钻进与取心效果一般。

试用效果:进尺不太理想,取心效果不尽如人意,钻头寿命低。

应用结果:此钻具比较适用于粒径大块石覆盖层或较破碎的基岩地层,但不太适用于粒径不一软硬变化覆盖层特别是砂卵石覆盖层。

②ϕ130 合金双管双动内管超前钻具,如图 2.4 所示。

基本结构:内管外管各自配套单管合金钻头,内管超出外管且超长尺寸可根据地层调节。

优点:钻进时内管外管均回转破岩,通过调节内管超前长度使内管隔水,可起到保护岩心不被循环液冲蚀作用。

图 2.4 合金双管双动内管超前钻具

缺点:易堵钻,进尺短,钻头不适应硬岩类块石类覆盖层。

试用效果:进尺不理想,特别是粒径不一砂卵石层易堵钻,钻头寿命低。

应用结果:适用于软岩类覆盖层;不适用于砂卵石、碎块石类覆盖层。

③SDB ϕ114 金刚石单动双管钻具、SBD ϕ114 金刚石半合管式单动双管钻具,如图 2.5 所示。

图 2.5 金刚石半合管式单动双管钻具

基本结构:由中国电建集团成都勘测设计研究院有限公司研制,采用特制覆盖层金刚石钻头,钻进时与植物胶循环液配套,两种钻具结构基本相同,都是双管单动形式,不同的是后者内管为半合管形式,取出岩心时可通过打开半合管取出管内岩心,避免敲出岩心时的人为破坏。(此两种钻具属一类原理)。

优点:钻具单动性较好,起到保护内管内的岩心作用;特制钻头比较耐冲击、耐磨损,可适应覆盖层钻进。

缺点:钻头壁较厚,进尺较慢;不太适应较大卵石地层。

试用效果:可兼顾一般覆盖层的钻进与取心效果。

应用结果:与植物胶配合使用,钻具与钻头的基本性能较为适应一般覆盖层。

④进口 ϕ101 薄壁型金刚石单动双管钻具,如图 2.6 所示。

图 2.6 进口 ϕ101 薄壁型金刚石单动双管钻具

基本结构:此钻具采用韩国进口的内管材料,与外管的间隔尺寸减小,使得钻头壁较薄,利于钻进碎岩。

优点:进尺较快。

缺点:钻头寿命较低。

试用效果：单动性一般，卡取岩心不易。

应用结果：不太适应砂卵石覆盖层。

⑤孔底局部反循环单管钻具，如图2.7所示。

图2.7 孔底局部反循环单管钻具

基本结构：此钻具冲洗液循环形式为孔底局部反循环，单管式。

优点：在砂层、细砾石类层位取心率较高。

缺点：易堵钻、回次进尺较短，钻头寿命较低。

试用效果：取心率虽高但失去原级配状；回次进尺短，每钻次基本需要一个钻头。

应用结果：可用于"砂层＋细砾石层"或作为捞孔内沉淀的钻具；不适应砂卵石、块石类覆盖层。

⑥干烧式单管钻具，如图2.8所示。

图2.8 干烧式单管钻具

基本结构：此钻具结构为单管式，采用无冲洗液循环，干烧式钻进。

优点：取心率较高，原级配状较好。

缺点：不适用于块石、大卵石层。

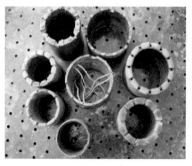

图2.9 各种钻具使用的配套钻头(部分)

试用效果：较好保持岩心原级配状，取心率高，在含泥质覆盖层钻进效率与取心效果较理想。对操作技术有一定要求。

应用结果：较适应一般覆盖层特别是含泥质覆盖层。

⑦各种钻具的配套钻头，如图2.9所示。

(2)不同地层钻具钻头选择

通过引进、应用、筛选、吸收、改进与总结，深厚松散堆积层中具有不同地质特性的地层对钻具钻头的选择及注意点如下：

①大块石、大粒径的砂卵石或漂石层位应选择使用单管钻具与薄壁的电镀金刚石钻头快速通过，钻头胎体硬度选中硬至偏硬(35～40)；取心可采用钻进自然堵钻、卡料卡心或单独下入钢丝钻头捞心等方法。

②砂层、硬质土、碎石土、碎砾石、土夹砾石层及含泥质较多的覆盖层可使用硬质合金单管钻具，钻头结构与合金应考虑抗冲击，可选用八角柱状或方形状合金体，并密集排列焊接，也可选用针状硬质合金钻头；取心可采用沉淀堵心法或干钻干烧式(泥浆护壁无泵孔底反循环钻进)等方法。

③碎石土、密实砂砾层、中小粒径砂卵石、卵砾石等层位，为提高取心质量可使用硬质合金双管钻具。

④一般性覆盖层，多见的砂卵石、漂卵石、碎块石、粗细砂等覆盖层，可使用金刚石单动双管钻具，注意提高钻具的单动性能及耐磨性，钻头结构与金刚石胎体性能应考虑提高抗冲击强度、耐磨性及韧性。成都勘测设计研究院研制的专利产品 SD 系列金刚石单动双管钻具较好地解决了这些问题，对钻进效率、钻头寿命、取心效果作了综合考虑，钻具结构保持较好的单动性、钻头胎体硬度高、耐冲击和耐磨性较好，较适用于一般性覆盖层的钻进需要。

⑤含砂量大的砂卵石层、纯粗细砂层、碎小砂砾石层等情况，孔底沉淀多，不易捞取，可考虑使用孔底局部反循环单管钻具，但由于反循环钻具对孔底的搅动作用，使所取岩样失去原有级配，故一般不适用于覆盖层钻进进尺，多用作捞取孔内沉淀之用。

2. 选择采用性能优异适应地层特性的冲洗液介质

(1)冲洗液介质选择

针对目前深厚松散堆积层较常使用的冲洗液循环介质，选择引进并进行试用与比选。清水无护壁作用，且冲蚀岩心，影响取心效果，不适宜松散破碎地层。目前比较常用植物胶、黏土粉、黏性土等具有护壁作用的介质配制浆液作为冲洗液，先后投入钻孔覆盖层试用，在应用中针对其护壁与保护岩心效果进行检验和比较。各类冲洗液的组成与性能、优缺点和应用结果如下：

①植物胶

植物胶是由胶质含量较高的植物类经特别加工而成的一种粉状物，按一定比例与水充分搅拌配制成液体，通过调整植物胶的添加量达到不同的液体黏度等液体性能，可具有很浓的液体黏度、润滑性好、减阻与携粉能力强，故常作为松散堆积层钻孔冲洗液。

优点：因植物胶冲洗液具备较好的黏度、润滑性和减阻性好、携粉能力强等方面的性能，作为钻孔冲洗液，既有一定的堵漏护壁作用，又可在岩样周围形成一层薄膜保护岩心，从而提高取心率；具有较好的排粉、润滑、减阻、护壁、护心等多重功能。

缺点：成本较高；较大漏失地层堵漏效果不足；气温较高时植物胶液易变质失效。

试用效果：植物胶冲洗液携粉能力强，孔内干净沉淀少；胶状液体可保护岩心不受冲蚀，较好保持岩样的原颗粒级配，取心率高；减阻作用好，钻进阻力小；除较大漏失或架空地层，一般地层有堵漏作用。

应用结果：成本稍高、较适应一般性漏失的各类覆盖层。

钻场配制植物胶浆液及钻进，如图 2.10 所示。

②黏土粉

图 2.10　钻场配制植物胶浆液及钻进

黏土一般分为高岭土类、蒙脱土类和伊利土类,具有较好的亲水性、分散性、稳定性、可塑性和黏着性,经厂家特别加工成一种粉粒状黏土粉,黏粒含量不少于 40%～50%、含砂量少于5%、塑性指数大于14;将黏土粉按一定比例掺入碱与水搅拌配制成一定浓度的泥浆,具有较好的护壁、堵漏、携粉及护心的作用,故较常用作钻孔冲洗液,较为广泛地适用于不同复杂地层的钻进护壁。

优点:因黏土粉泥浆具备较好护壁堵漏与保护岩心方面的性能,作为钻孔冲洗液,可起到一定的防止孔壁坍塌、减少循环液漏失、提高取心率的作用。

缺点:有些厂家生产的黏土粉性能不太稳定,影响到使用效果;对钻孔水文试验有所影响。

试用效果:黏土粉冲洗液护壁堵漏能力强,通过调节浓度可解决一般及较大漏失地层的冲洗液循环问题,还可一定程度提高取心率;但目前厂家生产的部分黏土粉产品质量不稳定,出现不出浆或出浆量低、易沉淀、易分离等情况,影响使用中钻孔的护壁堵漏所需。

应用结果:性能稳定高质量的黏土粉泥浆较适应需护壁堵漏的一般覆盖层。

③黏性土

从生产厂家加工黏土粉的原材料就是黏性土的原理出发,我们认为可以用性能合适的黏性土来替代黏土粉产品。经反复应用试验,当地周边性能优质的黏性土加入适量烧碱与水搅拌配制的泥浆冲洗液,其性能甚至超过厂家的黏土粉产品,完全可以替代高质量黏土粉产品使用,并可降低生产成本。

优点:具有堵漏、防止孔壁坍塌,提高取心率的作用;而且质量性能稳定,运输与储存较黏土粉容易;不因气温高变质,同时也降低了生产成本。

缺点:配制浆液的难度和时间比黏土粉稍有加大。

试用效果:黏性土冲洗液护壁堵漏能力强,可解决一般及较大漏失地层的冲洗液循环问题,还可一定程度提高取心率。

应用结果:现场性能适宜的黏性土配制冲洗液可适应需护壁堵漏的各类覆盖层。

(2)选择采用优质泥浆类冲洗液技术措施

使用本身质量优异、性能稳定且配制保管得当的泥浆类冲洗液作为钻进使用的循环液,并注意随着地层特性变化及时调整其性能参数,可达到防止漏失、保持孔壁稳固及冲洗液正常循环、携粉效果好、孔内沉淀少、减少重复钻进与磨损保护钻具钻头、减少岩心被冲蚀等多重效果,最终获得提高钻进效率及降低成本之目的。具体应重点注意的技术措施如下:

①使用优质黏土粉配制泥浆液;有条件获得高质量性能黏性土的地方,可通过对比确认后替代厂家出售的黏土粉。关键是确保黏土粉的造浆性、出浆率及保持性能稳定。

②配制泥浆。宜采用机械搅拌的制浆方式,按比例先加入 $1/3\sim1/2$ 水量、开动搅拌机,边搅拌边加入黏土粉,并逐渐加水,待搅拌均匀后,再加入碱或其他处理剂充分搅拌,最后测定泥浆性能。

③泥浆性能参数有多种,但从实际生产现场简化操作出发,在保证使用优质黏土粉前提下,重点关注泥浆黏度(常称浓度)即可。为保持泥浆循环液的护壁与堵漏作用,覆盖层钻进宜尽量选择偏浓泥浆的原则,特别是较松散易漏失层位更应使用浓度较大的泥浆。

④在每班钻进过程,特别是较松散易漏失层位中,应注意随时调整泥浆浓度,这样既增强了泥浆携粉能力,保持了孔底清洁,又提高和巩固了泥浆的护壁与堵漏作用。

⑤注意泥浆的净化。钻进过程泥浆循环中携带大量岩粉与砂粒返回泥浆池,为避免对机械的磨损及影响泥浆正常性能的改变,需进行不断的净化。根据生产现场实际情况,简单易行且行之有效的方式是采用循环槽与沉淀坑。

⑥加强生产班泥浆现场管理。生产班应根据地层及泥浆性能的改变做好泥浆的现场管理。包括适时补充新浆、定期测试泥浆性能、适时除砂与净化、随地层变化的需要调整泥浆黏度和相对密度等性能、根据需要加入及调整泥浆处理剂、保持泥浆冲洗液整个循环管路的通畅等各方面的工作。

⑦钻进过程中,当遇块石架空、松散严重等地层时,会出现冲洗液快速漏失而无法循环的情况,此状况是覆盖层钻进的难点,也是容易出问题甚至发生事故的时候。可以采取浓浆顶漏钻进方式,尝试漏浆能否使钻孔周边空间饱和;若泥浆损耗很大仍无法循环,则应立即停钻,采用其他堵漏方法,如泥球堵漏法,将黏性土或黏土粉做成大小合适的泥球,直接投入或用袋装后投入,然后用钻具下入孔内冲击与回转进行捣实,一次不行则反复多次;漏失特别严重,当泥球堵漏方法达不到效果时,应采取水泥封孔的方式。必须完全堵漏成功,冲洗液恢复循环后方可继续钻进,决不可忽视盲进,更不能改用清水顶漏钻进。

3. 选择采用适宜地层特性的钻进参数与技术

松散堆积层钻探技术改进,注意采用适宜地层特性的钻进参数组合并保持正确的钻进操作技术也是重要的技术环节之一。

(1)选择钻进参数组合

①钻进参数包括钻压、转速和泵量。钻进参数选择是在具体约束条件下寻求合理的钻进参数组合,以达到更好的钻进效率和取心质量。

②钻进时应根据岩石的可钻性、研磨性、完整程度、钻进速度、钻头直径、钻头底唇面积、金刚石粒度、品级和数量等条件来选择适宜的钻进参数组合。

③考虑覆盖层的普遍特性,选择钻进参数的基本原则应是中等至偏大的钻压、中等至偏小的泵量、中等至偏小的转速。

④泵量是影响取心质量最关键的钻进参数。不论哪一种冲洗液,泵量越大,冲刷岩心作用越明显,对软弱、破碎的岩心十分不利,因此在保证冷却钻头和排除岩粉的条件下,应尽量采用最小的泵量。

⑤泵压在正常条件下不作为钻进参数的要求,但是泵压在不正常时,会影响取心质量,钻进操作时应加以注意,查明泵压异常的原因,及时采取措施排除。如泵压迅速增高或憋泵,其原因可能是孔壁缩径坍塌或者黏性岩层糊钻及钻头磨损后水口太浅,使得钻具内泵压增高,冲洗液高压会影响软弱、破碎松散的岩心,因而会降低取心质量;如果是钻具或钻杆内堵塞,则可能产生烧钻或金刚石微烧。

应适时根据钻孔结构、层位变化、钻进状态、操作感觉等情况及时调整钻进技术参数,以保持合理的钻进效率和总体取心效果。

(2)钻进操作

针对覆盖层普遍特性,钻进操作技术重点应注意以下事项:

①深厚松散堆积层钻进,保持生产顺利和孔内安全的关键是保证冲洗液的性能稳定和正常循环,采取各项针对性措施,充分实现和完成冲洗液承担的冷却钻头、排除岩粉、护壁防漏和润滑钻具四大功能。这是钻进全过程中应给予高度重视和充分注意的要点所在。

②钻孔结构应采用口径逐级递减、柔性防护与刚性防护相结合的方式。如:尽可能采用大口径规格钻具与套管开孔,优质冲洗液循环柔性护壁防护,至设计孔深或较大裸孔段出现孔壁难以稳定状况时,下入小一级套管进行刚性防护;继续用优质冲洗液循环柔性护壁防护,至设计孔深或较大裸孔段出现孔壁难以稳定状况时,再下入更小一级套管进行刚性防护;如此循环。当预计覆盖层深度很大,冲洗液防护而裸孔段未达到钻孔变径设计孔深时,可先利用其他手段,如特殊材料堵漏护壁或水泥封孔等方法通过,待达到裸孔段设计深度,再下入小一级套管进行刚性防护。

③钻具下入孔内,应待冲洗液循环正常,用低压慢转扫孔到底;孔内负荷正常冲洗液循环通畅无阻后方能开始正常钻进。

④应适当控制回次进尺。金刚石双管在覆盖层钻进,回次进尺低,卵石、砾石容易在短节管或卡簧座内堵塞。若遇岩心堵塞,可适当提动几次钻具,若处理无效时,应立即提钻,杜绝打懒钻。

⑤钻进进尺保持合理速度范围时,不要任意改变钻进参数,也不需随意提动钻具,防止岩心堵塞。

⑥砂卵石层钻进,不必太过控制进尺速度,当进尺突然加快,可能是进入软层,不必立即改变压力和转速,让其自然进尺,但可适当降低泵量,以保证取心。

⑦若孔内漏失严重,孔口不返浆时,应及时采取相应堵漏措施,不宜长时间顶漏钻进,否则易导致孔内事故发生。

2.2.3.2 特定地层的钻进工艺

为满足钻探工艺设计与选择的需要,常常将一些不同地质结构所形成具有自身地质特征的层位划分为不同的特定地层,如:松散严重、粒径不一、软硬不均地层;漏失严重、坚硬块石厚度大的松散堆积层;结构混杂多变覆盖层、河床河滩砂卵石覆盖层;含超大块石、孤石堆积层等。这类特定地层在钻进过程中出现钻进难、坍塌、漏失、垮孔等情况均较严重且方式与程度不一,对钻进和取心带来相应的特殊要求和不同难度。这些特定地层若采用常规普通钻进工艺一般无法满足要求,难以达到理想效果,需要采用能够针对性解决其特定地质特征所带来主要钻探难点的钻进工艺。通过讨论研究、生产试验、反复论证、积累经验,对这些特定地层可选择采用的几种有效特殊钻进工艺总结如下:

1. 多级跟管保直钻进工艺

在松散严重、粒径不一、软硬不均地层,若采用常规钻进工艺钻进一段再用吊锤击打套管进行护壁的方法,常常难以保证钻孔的垂直度,且不易穿过较大的深度。此类地层采用多级跟管保直钻进方法,可成功克服常规工艺在复杂多变、软硬不均地层中套管易偏斜的现象,能够减少孔内事故的发生,进度优于常规钻进方法,且通过连续多级跟管钻进能够达到较大的钻孔深度。

(1)常规方法存在的问题及原因

使用常规钻进成孔,具体工序为先钻进取心后跟入套管护壁,跟套管的方法为常规的吊锤击打法,然后根据孔深及钻进情况逐级变径。此工艺方法在钻进过程中难以保证钻孔的岩心采取率和孔斜,主要是因松散破碎、粒径不一、软硬不均的地层结构使得击打套管向下钻进过程中管脚周围受力不均,从而导致套管容易产生偏斜。

(2)多级跟管钻进工艺特点

实践证明,多级跟管钻进工艺在岩性复杂、变化较大的地层中使用效果较好,其特点如下:

①多级变径、下套管逐层护壁是完成复杂变化地层钻进的有效方法;多级跟管钻头钻进工艺能有效解决常规工艺方法容易出现的孔斜、钻进深度不大等情况。

②配合采用 SM 植物胶循环液,可大大减小跟管钻进阻力和孔底岩粉厚度,并有效防止或减少塌孔、掉块、缩孔等情况的发生。

③使用双管单动钻具配合植物胶,可大大提高复杂地层的岩心采取率。

④多级跟管钻进工艺在较厚砂卵石河床覆盖层的钻进中亦可适用。

(3)多级跟管保直钻进方法

每级套管下部连接特制的跟管钻头,改击打(冲击)套管为回转套管钻进。先用小一级钻具下入套管内进行超前钻进一或几回次形成一段超前孔,再提钻取心,然后在套管上加盖头连接钻机立轴,带动套管以回转方式钻进原有超前孔段,用钻机立轴控制钻孔(套管)的垂直度,如此反复钻进达到合适的深度后,再变径至小一级口径套管和配套的超前钻具,又继续采用这种超前钻进并套管回转钻进跟管方法,如此循环连续进行多级套管的跟管钻进。

多级跟管保直钻进所使用的跟管钻头系列见图2.11。

图 2.11 多级跟管钻进跟管钻头

(4)多级跟管钻进过程中的问题及处理方法

①跟管难度增加

每级跟管到一定深度后会出现跟管变慢、钻机扭矩变大的现象;若遇碎石层时地层变化大、钻机负荷自然加重等情况,会给跟管钻进增加难度。处理时,可选择采用植物胶冲洗液,利用植物胶优秀的润滑和携带砂粉性能,可大大减少钻进阻力,并有效地防止孔内抱管、卡钻等不良情况发生。

②跟管时出现塌孔

地层空洞多,漏浆较多易引起塌孔。钻进时使用的植物胶浆液配比和稠与稀起很大作用,需根据地层而定,并应随时掌握孔内的情况,及时调整配比和浓度。必要时采取相应堵漏失措施后再继续跟管。

③跟进不畅,套管跟不动

出现跟管钻进套管转不动的情况,主要是孔内破碎的岩石较多且钻头与孔壁间隙太小,使得转动阻力过大,此时不得强行跟管钻进,否则会发生掉钻头、套管扭断等孔内事故。处理时先用吊锤起管,再试着转动,多反复几次,待套管能较易转动时再跟管钻进,且此时 SM 植物胶浆量需适当加大。

(5)跟管钻进注意事项

①采用跟管钻进过程中所使用各级套管的材质一定要好,否则在跟管较深、转动扭矩较大的情况下套管易出现扭断等问题。

②跟管钻头胎体硬度应根据地层软硬、粒径大小等情况进行合理选择。

③软硬不均和粒径变化程度大的地层,应尽量选择胎体硬度较大的跟管钻头。

2.潜孔锤取心跟管钻进工艺

在漏失严重、坚硬块石厚度大的松散堆积层,若采用一般常规钻进工艺,常常出现钻进循环液漏失太快供应不上、钻不动、进尺慢、一提钻块石又滚动堵住孔眼难以形成钻孔、普通套管难以下到位、护壁困难、钻进总效率低等情况。此类地层采用潜孔锤取心跟管钻进工艺,可较好地解决这些难点,大大提高钻进效率,并达到较大的钻孔深度。

潜孔锤取心跟管钻进是将空气潜孔锤跟管钻进技术与传统回转取心钻进技术进行组合形成的一种钻进工艺,能综合发挥前者钻进速度快和同步跟管效果好、后者具有较好采集岩心能力的技术优势。解决了松散堆积地层岩心采取困难、钻孔漏失和孔壁坍塌掉块等技术难题,提高了钻进效率和岩心采取率。

(1)潜孔锤取心跟管钻具基本结构

空气潜孔锤取心跟管钻具采用冲击回转钻进原理,属于双动双管结构,钻具照片见图2.12(a),钻具基本结构见示意图2.12(b)。钻具主要由中心取心钻具、套管靴总成、潜孔锤总成等组成,设置了实现各项功能的超前钻进机构、空气分流机构、传扭机构、传压机构、分动机构、取心装置等。钻进时,中心取心跟管钻具实现冲击回转钻进,执行钻进与取心任务,岩心随钻进入岩心管内,套管同步跟进,钻进回次结束,中心钻具可随钻杆提出孔外取出岩心;套管靴总成连接在套管柱下端,在取心钻头带动下,套管钻头执行碎岩钻进和带动套管同步跟管任务,施工期间始终留在孔内承担护壁作业。

(2)配套设备及钻具选型

根据潜孔锤取心跟管钻进工艺的特点,对空压机、钻杆、套管以及卸扣钳进行选型。

①空压机选型见表2.2。

表2.2　空压机选型

潜孔锤取心跟管钻具规格	配备空压机
$\phi168$	$18\sim20m^3$、中风压
$\phi146/\phi127$	优选$20m^3$、中风压;可用$9m^3$、低风压

②钻杆选型见表2.3。

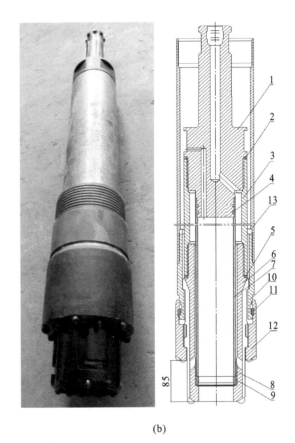

(a) (b)

图 2.12 钻具

(a)钻具照片;(b)钻具基本结构示意图

1—上接头;2—垫圈;3—外管;4—O 形圈;5—垫圈;6—取心钻头;7—内管;
8—短节;9—密封圈;10—套管靴;11—卡环;12—套管钻头;13—套管

表 2.3 钻具选型

钻具规格	优先选择	较先选择	可采用
$\phi168$		$\phi73$ 钻杆	$\phi89$ 钻杆
$\phi146$	$\phi73$ 插接式钻杆	$\phi73$ 钻杆	—
$\phi127$		$\phi50$ 外丝钻杆	$\phi73$ 钻杆

③套管选择

套管选用左旋螺纹连接套管,每根标准长度 1.5m,另适当配备一定数量不同长度的短套管;各级套管内外径尺寸应与取心钻头和套管钻头尺寸相匹配。

④拧卸工具

套管自由钳,根据钻具及套管规格配套的主要规格有 $\phi73/\phi127$、$\phi108/\phi127$、$\phi127/\phi146$、$\phi146/\phi168$ 等。另外,钻杆和钻具的连接与拧卸,可选用液压拧管机,以降低劳动强度并提高生产效率。

（3）钻具操作

将带有套管靴总成的套管直接放到孔位,根据钻孔设计的方位和顶角,采用简易措施将其定位;将中心钻具下入套管内并使其到位,送空气,开动钻机进行冲击回转钻进。

提下钻时准确记录孔内钻具(包括钻杆、机上钻杆)长度 L_z 和套管长度 L_t,并结合机高计算和记录钻具到位情况下的机上余尺 L_y,要求丈量和计算精确到厘米(cm),以此作为判断钻具是否到位的依据。

当每次下钻完成后,采用钻机控制钻具下行,下至接近 L_y+210mm 时,采用管钳扳动钻具旋转,使中心取心钻头(内凹花键槽)进入套管钻头(内凸花键)处于配合状态。这一过程的直观表现是下放钻具遇阻时,使钻具正反旋转,钻具在旋转过程中瞬间往下掉210mm。检查实际机上余尺与计算余尺 L_y 是否吻合(约相等),吻合则说明钻具到位,可以进行正常钻进操作;若实际机上余尺大于 L_y+210mm 时,说明钻具尚未到位,不能进行钻进操作。

（4）钻进参数选择

潜孔锤取心跟管钻进参数见表2.4。正常钻进时,应根据卵砾石等覆盖层的密实程度、漂石和卵砾石的硬度及其大小等地层情况,在表2.4规定的范围内调整钻进参数,调整原则是:地层松散、胶结差,采用小钻压和大风量为主的参数;钻进比较大的漂石和卵砾石,采用低转速和大钻压为主的钻进参数。风量的调节可在输气管线上采用三通控制。采取控制回次进尺钻进,回次进尺长度一般可为1.0m、1.5m、3.0m不等。

表 2.4　潜孔锤取心跟管钻进参数

钻具型号	钻压(kN)	转速(r/min)	风量(m³/min)	风压(MPa)	回次进尺长度(m)
GGQX-168	4～6	20～30	18～20	1.2	1～3
GGQX-146	4～6	20～30	10～20	1.2	1～3
GGQX-127	2～4	20～40	10～20	1.2	1～3

3. SDB系列金刚石钻具钻进工艺

（1）SDB系列金刚石钻具的特点

SDB系列钻具是深厚砂卵石覆盖层钻进专用系列钻具,是配有普通内管和半合式内管互换的两级单动机构的双层岩心管钻具(见图2.13),包括SDB110、SDB94、SDB77三级口径。它适用于未胶结的砂卵石覆盖层钻探,配合植物胶类冲洗液岩心采取率高,可随钻取出原状结构样。

①SDB系列钻具的管材规格见表2.5。

表 2.5　SDB系列钻具的管材规格

管材	口径		
	SDB110	SDB94	SDB77
内管	$\phi89\times4$	$\phi77\times3.5$	$\phi62\times2.75$
外管	$\phi102\times4.5$	$\phi89\times4$	$\phi73\times3.75$

②SDB系列钻具配套钻头的特点

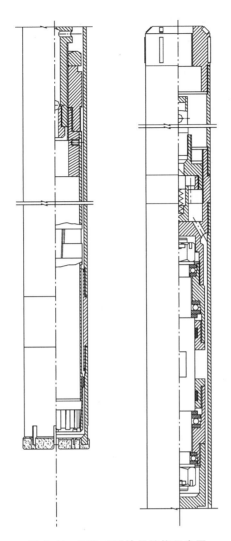

图 2.13　SDB 系列钻具结构示意图

　　SDB 钻具的钻头是非标准钻头,可以是热压金刚石钻头、电镀金刚石钻头、复合片钻头和硬质合金双管钻头。

　　特别研制配套的热压金刚石孕镶钻头(双管或单管)采用了特殊的保径技术,钻头工作层内、中、外同步磨损,钻头使用的过程中近似于平底形,而不是圆弧形。由于内径磨损小,基本解决了堵岩心的问题,1.5m 半合管(内管)可以打满;钻头金刚石层基本能全部磨光,在同等条件下,钻头寿命可提高 30% 以上。

　　③SDB 系列钻具结构的特点

　　A. 双级单动机构。为了提高钻具的单动性能,保障单动机构的可靠性,SDB 系列钻具设计了两级单动机构,同时保持起到单动作用。

　　B. 内壁磨光的内管或半合管。SDB 系列钻具的内管有两种:一种是内壁磨光的普通内管,另一种是内壁磨光的半合管,可以根据需要互换。半合管是在钻进松散、破碎地层时取原状结构岩心时才使用。

C. 单向阀。单向阀使冲洗液在正循环钻进时畅通,而在下钻过程中封闭,防止钻具在接近孔底时孔内高黏度的冲洗液中悬浮的砂子进入钻杆和内外管之间,堵塞过水通道。单向阀的上阀座上面有打捞头,用于打捞钻具。

D. 缩短了岩心管,增设了沉砂管和隔砂管。为了保证钻具有良好的单动性,缩短了内外管长度。在沉砂管内设有隔砂管,进入沉砂管内的钻井液,由于高速转动时的离心分离作用,岩屑分离下沉,避免进入单向阀和内外管之间,起到了除砂作用。

钻进砂卵石地层时,用连接管代替扩孔器,连接外管和钻头。

(2)SDB系列钻具组装和拆卸步骤(半合管式内管)

①组装步骤

检查单动接头的单动性能;组装半合管;(先不装定中环和卡簧座)将半合管(或圆内管)与单动接头连接;将外管装上单动接头;安装连接管(或扩孔器);安装定中环和卡簧座;安装钻头;检查卡簧座与钻头内台阶的距离;安装隔砂管;安装沉砂管和螺丝头。

②拆卸步骤

卸钻头;卸卡簧座、定中环;卸外管和连接管;卸下半合管(或圆内管);拆开半合管,取出岩心。

(3)半合管结构及组装拆卸

①结构

半合管通过销钉定位,上端与内管接头内螺纹相连,下端与定中环及卡簧座相连,装上卡簧座以后,定中环在半合管(或内管)上应是动配合,可以转动。半合管的中部抱紧机构通过开口钩头抱箍与梯形槽相配合。半合管中部不同长度位置车削有五道环槽,每道环槽中开有两条梯形槽缝;开口抱箍两端带钩头。由于梯形槽在不同位置所夹大弧长度不同,当抱箍钩头由上端进入槽缝,然后推动到下端位置,则将半合管抱紧。

②组装步骤

将卡簧装入卡簧座;将半合管通过定位销定位合拢;依次用抱箍从半合管环槽上部装入槽缝,注意抱箍梯形开口钩头与梯形槽缝方向一致。抱箍钩头先插入无倒边的槽缝,然后另一端插入倒边的槽缝。最后用螺丝刀及榔头将卡箍向下推到最紧位置;必要时可在每道环槽中用防水胶带纸缠绕一圈,防止冲洗液进入半合管;将定中环和卡簧座装上半合管。

③拆卸步骤

将装满岩心的半合管平放到预定位置,用螺丝刀依次将抱箍推到环槽上端,把抱箍取出。撬抱箍时应先撬槽缝开有倒角的一端,然后再撬另一端;抱箍卸完后,再拆卡簧座和定中环,然后小心地将半合管打开,取出岩心按顺序装入岩心箱内。

(4)钻具性能调试注意事项

①首先应仔细检查钻具的双单动接头,保证其各项性能正常。

双单动接头的单动性能:分别检查上、下单动接头的单动效果。如果单动效果不好,就应拆卸查明原因,清洗调整以后重新装配,直至转动轻松为准。

双单动接头的轴向窜动距离:双单动接头,使用时间较长,会增大轴向窜动距离。窜动距离过大会降低取心效果,因此应经常检查轴向窜动的距离。新、旧双单动接头轴向窜动距离不应超过1mm。通过调节槽型螺帽调节轴向窜动距离。

检查单向阀是否活动自如:用螺丝刀或其他金属杆压单向阀,检查是否上下活动自如,防止水路堵塞。

②钻具组装好，未装钻头前，用手托起内管或用提引器吊起钻具，转动内管几圈，检查内管转动是否憋劲或摩擦力不均。如果有上述现象，则应拆卸查明原因。一般原因：双单动接头某零件同轴度差或轴承损坏，则应更换。内管或外管弯曲，亦应更换或校直。检查的方法是选一根铅直的标准外管，与被测的内管或外管相靠，并转动，观察是否接触密合。

③卡簧座与钻头内台阶的间隙调整

一般间隙应为 3～5mm，松散粗砂地层应缩小为 2～3mm，泥质地层可增大到 5～6mm。间隙调准以后，应将并紧螺帽拧紧，防止钻进时松动。

④起钻后应注意冲洗干净除砂管内沉积的砂子和岩屑。

（5）钻具的维护保养

①搬迁装运过程中钻具要轻装轻放，内外管要平放，不能重压，半合管要装箱，防止变形弯曲。

②钻具的双单动接头一般在进尺 30～40m 后要进行一次清洗，轴承应加油以及换掉磨损严重的密封圈；如果发现有轴向窜动，应检查轴承是否损坏，要及时更换损坏的轴承。

③清洗单动接头的同时，应检查单向阀是否灵活可靠，如果里面沉渣太多应清洗干净。

④钻具内管或半合管如果有连续一天以上不用，应把内管或半合管内壁擦干再涂上机油，防止生锈。

⑤半合管不用时应组装好，防止变形。

⑥停用时间较长时，应将钻具清洗加油后保管，防止生锈。

（6）钻进参数及注意事项

SDB 钻具采用植物胶冲洗液钻进，钻进参数具有高转速、小泵量、低压力的特点。

①在配制植物胶低固相冲洗液时，必须保证钠土和植物胶干粉全部分散，无结块现象，以免堵塞吸水龙头或者 SDB 钻具；将搅拌槽内的新浆液导入泥浆池之前，先要开动搅拌槽搅匀，以提高新浆液的分散度。

②为了保证冲洗液里的固相含量在适当的范围之内，要在循环系统内挖建沉淀池或沉淀槽，并配置除砂设备，可在浆液中加入高水解度的聚丙烯酰胺水溶液，可以加速岩粉的沉淀，以维护冲洗液的各项性能指标稳定。

③随着冲洗液的不断循环，黏弹性物质含量逐渐降低，其黏度就会随之降低，应定期补充新冲洗液，维持冲洗液的黏弹性等各项指标。

④要防止雨水或者地表污水流入泥浆池稀释冲洗液，防止泥砂或杂物等被冲入到泥浆池中影响冲洗液的性能。做好泥浆池保护措施，必要时可以对泥浆池顶部进行遮盖保护。

⑤要根据具体地层及时对金刚石钻头进行更换，一般在砂夹卵石层采用胎体硬度 HRC50以上的孕镶金刚石钻头。

⑥采用 SDB 钻具钻进，回次进尺根据具体钻进情况而定，为保证取心质量，一般应控制在1～1.5m 范围内。

⑦回次结束要清洗并检查钻具，尤其要清洗并检查钻头、卡簧、卡簧座、SDB 钻具的轴承等易损件，定时为轴承加润滑油保证其灵活性。

⑧对于孔内漏浆严重的地层，要通过投黏土球的方式即时堵漏。效果不明显时，可以缩短回次进尺，不断跟进套管，使裸孔段缩短。禁止在严重漏浆的情况下长期裸孔钻进，防止浆液

由于大量漏失,导致失去护壁效果,发生埋钻事故。

⑨若漏浆钻孔周围的钻孔也存在漏浆现象,根据实际情况,在新开孔时,下入的套管可以将管靴换为跟管钻头,通过回转的方式跟进套管,可以节约跟进套管的时间。但是由于钻头的工作条件较差,一旦发生钻头损坏的情况,套管跟进工作就将随之中断。

4.伸缩扩孔钻头扩孔钻进工艺

河床河滩堆积层中常存在直径超大有时厚度可达十余米以上的块石、孤石,若采用直接跟管法钻进工艺难度较大,且每级口径的跟管长度受到明显限制,而被迫提前变径会大大减小每级套管的护壁深度;若采用孔内爆破方法,一方面存在安全隐患,很多项目或工地由于受资质和爆破品管理办法的约束,也无法具备爆破操作的可行性。此类地层采用伸缩扩孔钻头进行扩孔钻进工艺,可大幅提高钻进总体效率,达到避免或改善这种被迫提前变径的情况。

(1)扩孔钻进工艺方法

①伸缩扩孔钻头结构

可伸缩扩孔钻头主要由钻头体、切削翼、活塞、导向体组成。

②伸缩扩孔钻头工作过程

下钻时伸缩扩孔钻头的切削翼为收缩状态处于钻头体内,通过泥浆泵加压在冲洗液压力的作用下切削翼伸展至钻头体外,两翼型切削翼张开角度可达到180°,然后进行切削扩孔钻进。扩孔钻进结束后,停钻,切断泥浆泵压力,在回位弹簧的作用下,切削翼收缩回到钻头体内后起钻。钻头体扩孔钻进过程如图2.14所示。

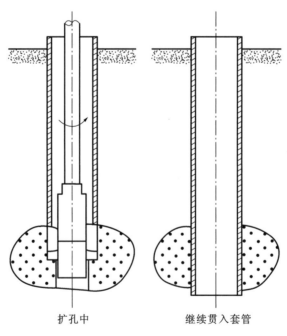

扩孔中　　　　　　继续贯入套管

图2.14　扩孔钻进过程示意图

(2)扩孔钻头钻进优缺点

与常规的深厚覆盖层钻进工艺相比,伸缩扩孔钻探工艺虽然效率较低,但仍有许多可取之处,值得在工程实践中广泛推广和应用。

①结构简单,操作容易

该钻头所使用的配套设备均和常规钻探一样,未增加额外设备,仅要求水泵压力达到1.5MPa即可,伸缩钻头切削翼伸张启动压力为1MPa。

②安全性好

扩孔钻头在水压作用下进行伸张扩孔,工作过程安全可靠,与孔内爆破相比,该工艺省去了火工材料的审批、运输、保管、使用等一系列环节所涉及的烦琐手续,以及使用环节的诸多不安全因素,其安全性极大地提高。

③经济性好

该钻进工艺仅增加设备购置费用,与孔内爆破相比,不涉及火工材料费用,可使综合钻探成本大幅降低。

④效率较低,仍需优化

该钻进工艺效率较低,经过分析,问题主要在于切削翼形状,由于切削刃底唇面积较大,导致在相同压力下产生的切削压强相对较小,直接导致切削速度下降,总体钻进效率较低。

(3)扩孔钻头其他用途

扩孔钻头也可作为处理孔内套管事故之用。深厚覆盖层钻进过程中,采用套管护壁钻进工艺时,因多种原因容易导致护壁套管起拔困难或起拔不动,强行起拔则可能出现套管断裂的事故。在此情况下,可以采用下入伸缩扩孔钻头对套管合适深度位置进行切割钻进,然后采取分段起拔套管的方法,能够避免起拔套管断裂事故,并节约时间和生产成本。

2.2.3.3　新型声波钻进工艺

声波钻进是一种新型钻探技术方法,国外发展较早,目前已较广泛地应用于各业界的钻探领域。近些年,我国声波钻机和声波钻进开始进入研发和应用的起步阶段。由于它具有钻进速度快、岩土心样保真度高、钻孔安全性高和环境污染小等优点,工程地质勘察领域各种深厚复杂地层的钻探选择应用声波钻进工艺,展现出明显的优势和很好的前景。

1.声波钻进工作原理

声波钻进是利用高频振动力、回转力和压力三者结合在一起进行钻探或其他钻孔作业的一种新型钻进技术。钻进时,声波钻机高频振动产生共振能量通过钻柱传递到钻头,同时低速回转的钻柱将能量平均分配到钻头工作面上。由于振动频率属于较低的机械波振动范围,能够引起人的听觉,因此称之为声波钻进,也有称为回转声波钻进或振动钻进。

声波钻进的主要设备是声波动力头(振动回转动力头),由液压马达驱动,主要包括回转机构和振动器,振动器由两个旋转方向相反的摆轮组成,能够产生可调节的高频振动。动力头的高频振动和低速回转作用,再加上向下的压力,使钻管柱和钻头进行钻进。同时,动力头内特有的空气弹簧隔离系统可将振动与钻机本身很好地隔离,而将振动波能量垂直传递到钻柱上(振动频率一般可达到4000～10000次/分)。当振动器的振动频率与钻柱的自然谐振频率一致时,就会产生共振,此时钻柱的作用就像飞轮或弹簧一样,把最大的共振能量直接传递到钻头,以切削、剪切、断裂的方式排开岩土进行钻进,甚至还会引起周围土层颗粒的液化。另外,振动作用还可把土粒从钻具的侧面移开,降低了钻具与孔壁的摩擦阻力,让钻进变得更加容易,达到极快的钻进速度。

2.声波钻进的特点

(1)钻进速度快

声波钻进有效地结合了振动、回转和加压三种钻进力,特别是高频振动作用,可同时将土壤产生液化并使土粒排开,从而获得较高的钻进速度。一般情况下,比常规回转钻进速度快3~5倍,有的特殊地层更高。

(2)岩土样品保真度好

声波钻进过程中对周围地层的干扰小,采用合适的配套钻器具,可在覆盖层和软岩中采集到直径大、代表性强、保真度好的连续岩土样品。适合应用在需要采集原状样及无污染样品的场合。

(3)环境污染少

一般地层正常情况下,声波钻进不需使用泥浆或其他冲洗液介质,少用水或者不用水,钻进产生的废弃物比常规钻进少70%~80%。此外,施工时噪音低,对周边环境影响小,是一种绿色施工法。

(4)钻孔风险小

声波钻进可根据地层情况采用套管跟进护壁工艺,钻进和取心采用双管系统结构,内层钻具取心与外层套管可先后单独推进,提取岩心后立即将套管跟进到孔底,外套管能够很好地保护孔壁,防止孔壁坍塌,减少孔内事故。

(5)配套钻进方法多样

声波钻进根据地层特性和具体条件,可选择使用多种配套钻具和钻进方法,以满足不同的技术要求,高质量达到钻孔目的。如:使用单管钻具、单动双管钻具以及其他常用类型取心钻具(特制取心钻具、绳索取心钻具等),分别进行单独取心钻进或取心与套管跟进护壁同时进行的钻进方法;也能使用较大直径的套管(4~12英寸)进行高效连续钻进,全套管成孔。

(6)钻进成本低

由于钻进速度快,缩短了施工周期,降低了劳动力费用;不用泥浆及少水钻进,材料消耗少,使得钻进综合成本低。

3.声波钻进工艺方法

根据地层条件和取心要求不同,声波钻进可选择采用不同的钻进工艺。在孔壁不稳定地层的钻进过程中,满足护壁需求至关重要,声波钻进最常用的是内层管钻具取心和外层管套管跟进的双层管钻进工艺。

(1)双层管钻进工艺

双层管系统:内层管主要有钻杆、岩心管和钻头,负责钻进和取心;外层管主要有套管、套管钻头,负责钻进和护壁。根据不同目的或需要,双层管的钻进顺序可选择不同的操作方式如下:

①操作内层管和外层管都振动回转同步推进,内钻具和外套管同时完成钻进成孔及取心与护壁动作。此双管系统内、外管同步推进的钻进方式需要的能量最大。

②先操作外层管振动回转推进超前于内层管一定深度完成护壁成孔,再操作内层管振动回转跟进完成取心。此双管系统先外后内分步推进的钻进方式取出心样不是原状结构。

③先操作内层管振动回转超前于外层管一定深度,接着操作外层管振动回转跟进完成钻进成孔及护壁动作,再起钻内层管完成取心。此双管系统先内后外分步推进的钻进方式取出

的是非扰动岩心,且外层管已保证了提取内层钻具后的护壁需求。所以,在松散覆盖层采用声波钻进选择双层管钻进工艺时,常常优先应用这种双管先内后外分步钻进的操作方式。

（2）双层管钻进步骤

声波钻进典型的双层管钻进工艺操作步骤如下（以先内后外操作方式为例）：

①先操作动力头振动回转内层管钻具钻进未扰动地层至一定深度（依地层条件一般为2～6m）,然后在此保持不动,钻进过程视需要不使用或少用冲洗液介质（泥浆、水、空气等）；

②再操作动力头振动回转外层套管与钻头钻进并跟进到此深度,起到保护此段孔壁作用；

③将内层管钻具提出地面并取出岩心；

④又一次下入内层管钻具到孔底进行振动回转钻进至下一深度,如此循环上述操作步骤。

（3）国产小型声波钻机

近年来,国内钻进厂商与相关院校联合开展声波钻机的引进吸收和自主研发,制造出国内第一台 YGL-S100 型声波钻机,以及声波钻机专门针对松散地层钻进的配套钻具。YGL-S100 型声波钻机性能参数见表 2.6。

表 2.6　YGL-S100 型声波钻机性能参数表

序号	项目	参　数
1	钻孔深度	100m
2	钻孔直径	91～130mm
3	动力头	①型式:液压马达驱动/手动开闭式;②回转动作:正转、反转;③最大扭矩:(低速)5400N·m/(高速)2700N·m;④输出转速:(常用)41rpm/82rpm
4	振动器	①型式:偏心重锤式液压马达驱动;②最高振动频率:(高速)4000cpm;③最大起振力:78kN·m(8000kgf)
5	空气减震装置	①型式:(加压时)自给式减震装置;(起拔时)空压机式减震装置;②行程(量):(加压侧)75mm/(起拔侧)25mm
6	动力头开箱	0°～67°(通过直径170mm)
7	给进装置	①型式:液压油缸驱动倍速链条给进;②加压力:max.40kN;③提升力:max.60kN;④行程:3500mm
8	桅杆	①型式:型钢焊接式;②桅杆滑移行程:600mm
9	绞车	①型式:液压马达驱动带机械刹车;②起吊能力:11kN(单绳)
10	孔口装置	①型式:液压油缸式有冲扣装置;②最大通孔直径:230mm
11	履带底盘与动力	①型式:液压驱动履带型;②发动机:6BTA5.9-C125康明斯;③发动机马力:170ps/1800rpm
12	总质量	约8500kg
13	自选项目	①泥浆泵:BW-160(BW-200);②泥浆搅拌机;③配套钻具

（4）声波钻进生产试验情况

2013 年,国产 YGL-S100 型声波钻机结合具体工程,进行了不取样快速成孔和取样声波钻进两种钻进工艺的生产性试验。

①不取样快速成孔声波钻进

此次不取样快速成孔钻进是为埋设地震仪而进行的钻孔施工。采用了全套管不取样快速成孔钻进工艺,配置 BW-200 型泥浆泵清渣。钻进选用了 140mm 特制的厚壁套管(图 2.15)和 160mm 钻头(图 2.16),实现一径成孔钻进。

图 2.15　φ140 特制厚壁套管示意图

不取心快速成孔钻进工艺试验共完成 4 个孔。前 2 个孔分别钻进了 55m 和 67m 深的 2 个地震仪孔,先后穿过了堆石层、松散砂砾层、强风化层后进入基岩。钻进终孔,钻套管保留孔中作为护壁,待测震仪器放入后,再回转振动提出套管。后 2 个孔只穿过了 32.5m 的填方块石覆盖层后到达基岩,改用其他钻机继续施工。图 2.17 为 YGL-S100 型声波钻机进行监测孔不取心快速成孔钻进施工现场照片。

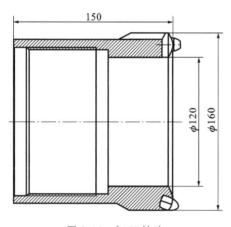

图 2.16　φ160 钻头

图 2.17　监测孔钻进施工现场

②取样声波钻进

根据不同的地层,YGL-S100 型声波钻机可以采用以下取样声波钻进工艺:

A. 单管取样钻进

单管取样钻进比较适合土层的取样,可以采用无水、不回转,振动钻进取出原样土层的工艺。也可以使用少量水,水从取样钻具上部排出,不会冲刷破坏土样。图 2.18 为 DS91 型单管取样钻具结构示意图。

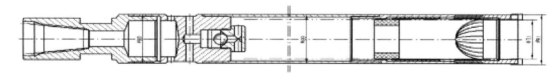

图 2.18　DS91 单管钻具示意图

单管取样钻具钻头上部设计有土样自动装样机构,进入岩心管内的样品自动灌装在塑料样品袋中,既方便从岩心管内取出样品,也有利于保存样品防止土样失水。提取样品后立即将外套管跟进到先前取心的孔底,再进行取样钻进,如此反复,直至达到钻进深度。外套管能够很好地保护孔壁,防止孔壁坍塌。

B. 单动双管取样钻进

在砂砾层或基岩钻进时,需要回转钻进,由于单动双管钻具内管不回转,样品扰动小,达到保真取样的目的。单动双管取样钻进过程同单管取样钻进。使用套管护壁,钻孔稳定,不会塌孔,缩径,保证钻孔能顺利钻进。图 2.19 为 PS91—00 型单动双管取样钻具结构示意图。

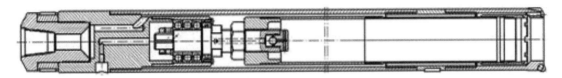

图 2.19 PS91—00 型单动双管取样钻具示意图

C. 绳索取心钻进

YGL-S100 型声波钻机也可配套特制的绳索取心钻具,实现绳索取心取样钻进。在钻进过程中,将绳索取心双管总成放入外钻杆内,取心钻具同外钻杆一起旋转钻进,达到取样长度后,用打捞器将绳索取心双管总成打捞出来,取出其中的样品;重新放入双管总成,加接外钻杆继续钻进,依次钻进、取样。采用绳索取心钻进,不需要提取钻杆,取样速度快,提高了钻进效率。图 2.20 为 SS140—00 型绳索取心钻具结构示意图。

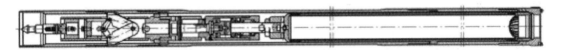

图 2.20 SS140—00 型绳索取心钻具示意图

使用 SS140—00 绳索取心钻具进行取样钻进工艺试验,完成 2 个钻孔。钻进借用了 140mm 特制的厚壁钻杆做外管,使用 155mm 钻头,图 2.21 为钻头结构示意图。为达到保真取样的目的,钻头设计成特殊的底喷结构,以保证循环液不冲刷样品。取出心样直径为 98mm。图 2.22 为进行绳索取心钻进施工现场照片。

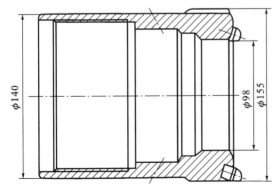

图 2.21 钻头结构示意图

图 2.22 绳索取心钻进施工现场

取样钻进过程显示,在覆盖层(孔深 0~9m)钻进速度快,钻进时效可达 20m,取心率高,可达 95% 以上,且所取的样品呈现完整的圆柱状,保真度好,能够反映地层真实的状况,取出填方层岩心见图 2.23。

进入砂砾层后,钻进同样快速,其钻进时效可达十几米,所取岩样分为两种情况,一部分是较为完整的圆柱状,也有散落的砂砾石。分析其原因是砂砾层胶结性不好,钻头与取样器之间的间隙过大,水流将砂土冲走,只剩下砂砾石,无法形成圆柱状,因此呈现散落状,取出岩心照片见图 2.24。针对该种状况,在第 2 个孔的取样钻进过程中,我们采用少量清水钻进,提高振击力,快速成孔,这样岩样被水冲刷的概率减小很多,岩样可以较为完整地保持圆柱状。

图 2.23　覆盖层岩心　　　　　　图 2.24　砂砾层岩心

在砂砾层的钻进过程中,遇见大块砾石(粒径 30～45cm),此时钻进速度放慢,但取样效果仍很好,岩样较为完整,取出岩心照片见图 2.25、图 2.26。

图 2.25　块状岩石岩心　　　　　图 2.26　直径 30～45cm 块砾石岩心

根据 2 个取样孔钻进情况分析,YGL-S100 型声波钻机可以满足在复杂地质条件下的取样声波钻进工艺,取样率高,效果好。而随着配套声波钻进取样钻具的进一步设计研发,YGL-S100 型声波钻机的取样将达到更好的效果。

2.2.4　取心取原状样技术改进

深厚松散堆积层钻进采用一般常规钻探方法,效率低且取心质量差,一般取心率低于50%,经常只能用沉淀管里的沉淀粉颗粒放入岩心箱充数,有时提出空岩心管,再下钻用钢丝钻头捞取岩心,也只能取出较大粒径卵石或块石,地层中的砂层、细颗粒、含泥层等往往被冲洗液冲跑,严重影响到地质岩心描述的准确性。由于当前常规的取样器普遍存在着地层适应性局限,在混合性硬岩类覆盖层地层也难以取出真正的原状结构样,取样成功率较低;采用回转干烧钻方法,取出的岩心样也已破坏了其原状结构,无法对岩样做进一步试验,难以查明地层真实组成、结构形式和原状级配,无法满足地质对钻孔资料的要求。为此,针对现有钻进取心和取原状样方面进行专门的研究和改进。

采用常规钻探方法钻进的典型钻孔岩心照片见图 2.27。

图 2.27　常规钻探方法钻进典型岩心照片

2.2.4.1　取心技术改进

由于松散覆盖层总体结构特性呈现出不稳定、破碎、松散、胶结差的状态,造成钻进中岩心易破碎、常堵塞、怕冲蚀、难卡取的现象,使得钻进获取岩心难,所以普遍取心率低。影响取心质量因素除地质条件,主要就是技术方面的因素,钻进工艺中冲洗液介质选择、取心钻具钻头结构性能、取心操作技术等方面,都会对钻进取心的效果产生重大影响。掌握影响的不利因素并采取对症措施,就可排除或削弱不利因素影响,探索提高取心质量的方法。

因此,从冲洗液循环介质、取心工具结构性能和钻进取心操作技术等三方面对钻进取心取样环节进行研究与技术改进工作。

1. 冲洗液循环介质

冲洗液是钻探工程中的重要部分,在钻进中具有清洗孔底、冷却钻头、润滑钻具、携带和悬浮岩屑、保护孔壁和实现平衡钻进等功能。同时,不同的冲洗液介质对钻进取心特别是非稳定完整地层的取心带来的影响和效果是完全不同的。常用冲洗液循环介质对复杂地层钻进取心的影响和适用性情况如下:

(1)植物胶冲洗液

①植物胶冲洗液基本性能

国内钻探系统常将 SM、SH、ST 植物胶统称为 S 系列植物胶,它们配制形成的冲洗液都是黏弹性钻井液。由于胶体的吸附成膜作用,失水量较低,一般在 10mL/30min 左右,在钻孔中,尤其是软、酥、脆地层和砂卵石地层护壁效果较好;使用中因为配制的表观黏度比较高,即使采用较小的泵量,携粉排砂的能力也很强,可以排除 3mm 左右的岩粉砂砾;它本身具有一定的润滑性,可降低水的润滑系数,起到很好的润滑钻具作用,因而解决了松散堆积层岩心钻探中一些较难解决的难题。

S 系列植物胶配制的黏弹性冲洗液所具有特殊功能的作用如下:

A. 护胶作用:S 系列植物胶是天然多糖类支链型高分子材料,用水溶胀后形成体型网状结构,在岩心表面吸附形成胶膜,防止水分渗入和穿透,避免液化和崩塌,因此也避免岩心被冲刷,起到隔水的作用。浓度越高,网状胶膜越厚而密实,因而护心、护壁的效果好。同时,这种黏弹性胶体在砂样和软弱岩心表面及一定深度的表层具有胶结作用和黏弹性强度,能抵抗钻具的振动破坏和地表其他外力的破坏,保持原状结构。

B. 黏弹性减振作用:黏弹性是指流体既有黏性又有弹性,是高分子类流体的一种特性。它的性能有一个很重要的特点是时间效应,外力作用于该流体的时间越短,该流体的弹性模量越高,流体的变形和位移也就越小。钻杆在黏弹性冲洗液的钻孔中高速旋转时,转速越高,横向振动力越大,但钻杆某一点横向作用于冲洗液某一点的时间就越短,冲洗液对钻杆的径向反作用力就越大,这个力阻止钻杆弯曲变形就像钻杆在同口径的直孔中旋转一样,这样就增大了钻杆弯曲的半波长度,减小了振动,也减轻了钻杆对孔壁的敲击作用,这就是黏弹性钻井液能减振的原因。现场实践证明,S 系列植物胶钻井液黏度越高,钻杆转速越高,减振的效果越明显,振动越小,越平稳。在同等条件下,与其他冲洗液钻进相比,转速可提高 1～2 档。金刚石钻进需要高转速,才可能高效率,进尺快,减少岩心在钻头处被冲刷的时间,有利于提高取心质量。实践证明,松软地层和软弱岩层钻进进尺很慢时,取心效果就不好。同时,钻具旋转平稳,振动小,减少了钻具对岩心的机械破坏作用,有利于提高取心质量,也减小了动力消耗。

C. 减摩阻效应:润滑冲洗液是为了降低钻井液的摩擦系数,减少在循环通道中的摩擦阻力,达到降低泵压、减小钻具振动的目的,在钻井液中加入润滑剂。S 系列植物胶钻井液具有较好的减摩阻效应,比皂化液、清水、低固相泥浆(含 PHP)的降摩阻效果都好。

D. 植物胶冲洗液具有的上述三项特殊功能,很大程度上解决了松散堆积层提高取心质量、金刚石钻进开高转速和降泵压的问题。

②S 系列植物胶冲洗液基本配方

SH 和 ST 两类胶都可以即搅即用,不须浸泡,比 SM 胶更方便。同时,SH 和 ST 搅制的两类冲洗液比 SM 更稳定,不容易腐化变质,不须加入防腐剂,因此使用更安全。SM 胶已较少应用。

A. SH 胶的配方。配制无固相冲洗液:SH:水=2:100(为质量比);加入烧碱(氢氧化钠),加量为 SH 干粉质量的 8%。配制低固相泥浆冲洗液:SH:水:钠土=1:100:(5～6)(为质量比);加入烧碱(氢氧化钠),加量为 SH 干粉质量的 8%。(SH 胶先制浆加碱,后加钠土)

B. ST 胶的配方。配制无固相冲洗液:ST:水=(0.8～1):100(为质量比),加入烧碱(氢氧化钠),加量为 ST 干粉质量的 8%。配制低固相泥浆冲洗液:ST:水:钠土=(0.4～0.5):100:(5～6);加入烧碱(氢氧化钠),加量为 ST 干粉质量的 8%。(ST 胶先制浆加碱,后加

钠土）

③配方注意事项

SH 和 ST 植物胶使用碱作为促溶剂,只能用烧碱(氢氧化钠)不能用纯碱(碳酸钠)代替。使用水温在 15℃以上配制 SH 和 ST 胶浆液时可以不加碱,直接与水搅拌后使用。配制低固相泥浆时需使用钠土,不宜用钙土。配制好的 S 系列植物胶新浆漏斗黏度需达到 60s 以上,低固相泥浆更高,才能充分表现出植物胶的优异性能。S 系列植物胶配制低固相泥浆时,植物胶的用量不宜低于配制无固相浆液用量的一半,否则植物胶的效果不明显。SH 胶抗盐性能强,可以用于任何泥浆处理剂。用水泥护壁堵漏时,SH 胶浆液保护水泥不被水稀释,效果很好。SH 胶可用于低温条件下钻进;ST 胶不宜用于 5℃以下气温条件下钻进。SH 和 ST 植物胶抗高温性能较差,深孔温度在 60℃以上时不宜使用。

④植物胶配制方法

现场配制 S 系列植物胶钻探冲洗液的搅拌机应采用高速立式泥浆搅拌机,叶轮转速以在 600~900r/min 为宜,但转速不宜超过 1000r/min;亦可采用软轴搅拌器;不宜采用卧式泥浆搅拌机和水泥搅拌机。向搅拌机中加入 1/2 罐清水,先以 600~700r/min 速度高速搅拌,并一次性倒入配比量植物胶粉,搅拌 5min 左右,至干粉充分分散无疙瘩。然后按配比量加满清水继续搅拌,并加入烧碱水溶液以中低速搅拌 5~10min 至形成浆液。不能长时间高速搅拌,否则将造成高分子断链,浆液黏度低。水温较低时,植物胶不易溶胀,可在初搅时加入温水,可以提高溶解效果。搅制的新浆宜用 14~20 目筛网过滤后使用。

⑤浆液的维护要求

应注意及时除砂,利用排砂沟槽、除砂池或安装离心除砂器或除砂机专门除砂。及时排掉循环槽中沉淀的岩粉和砂子。在浆液中加入聚丙烯酰胺水溶液可加速岩屑沉降。浆液含砂量过重,已无法达到净化效果时,应进行部分或全部换新浆。使用中,浆液黏度会逐渐降低,当漏斗黏度降低到 40s 以下时,要补充新的浆液达到黏度指标。泥浆池和循环槽不得有地表水和天上降雨浸入。

⑥结论

搅拌配制好的植物胶循环液为胶体状液体,具很好的润滑性,而且能在岩心周围形成一层胶状的薄膜,可防止岩心被冲刷、被淋蚀、被堵塞,很好地起到了保护岩心的作用,从而可大大提高岩心采取率和保持原状级配。S 系列植物胶钻井液是目前使用最简单有效的黏弹性钻井液,特有的护胶作用、黏弹性减振作用和降摩阻效应这三大特殊功能,为复杂地层提高取心质量创造了重要的先决条件。在复杂地层特别是软弱、破碎、怕冲蚀的覆盖层钻进时,尤其是对取心质量严格或存在取心特殊需要时,应作为保证钻孔取心质量优选采用的冲洗液介质。

(2)泥浆冲洗液

①复杂地层岩心对泥浆性能的要求

泥浆冲洗液的固相含量、失水量以及泥饼性能对钻进影响很大,良好的泥浆性能应是固相含量低、滤失小、泥饼厚度薄而致密;应对岩心起到防止松散、软弱、破碎性质的岩心被冲刷、被淋蚀、被分离、被堵塞、被磨损等作用,从而达到保护岩心及利于采取的目的。

②泥浆的物理化学性质

泥浆的主要成分是由膨润土和各类性能处理剂所配制。膨润土是以蒙脱石为主要成分的黏土岩-蒙脱石黏土岩。蒙脱石的物理化学性质决定了膨润土的一系列工艺技术性能。

蒙脱石的理论化学成分为 SiO_2 66.7%,Al_2O_3 25.3%,H_2O 5%。此外还含有其他的金属氧化物,如氧化铁、氧化钙和氧化钾等。其主要的物理化学性质分为以下几个方面:

A.晶格置换:由于蒙脱石晶格四面体层中的部分 Si^{4+} 可被 Al^{3+} 取代,八面体层中的 Al^{3+} 可被 Fe^{2+}、Mg^{2+}、Zn^{2+} 等阳离子取代,由于高价阳离子被低价阳离子置换了,晶体带负电,能吸附较多的阳离子。晶格的置换增加了蒙脱石矿物单位晶层叠置的不规则性,使其难以形成较大的、完整的聚晶。晶格置换越强,离子性越发达,晶体表面电化学性质就越强,吸附阳离子和极性分子的能力也就加大。

B.负电性:蒙脱石晶体带负电主要有以下几个方面因素:晶格置换作用,如上所述,由于蒙脱石晶格内部的低价阳离子置换高价阳离子,晶体表面带负电,它不受所在介质 pH 值的影响,是蒙脱石负电性的主要方面;离子吸附,在水介质中蒙脱石晶格结构端部发生 Si-O、Al-O 或 Al-OH 化学键断裂,造成破键,因而能吸附一定的离子,在酸性介质中吸附 H^+,使蒙脱石端面带正电荷,在碱性介质中吸附 OH^-,端面带负电荷;晶格解离,在水介质中蒙脱石晶体的铝氧八面体单位中的 Al^{3+} 和 OH^-(或 AlO_3^{3-})发生离解,在酸性介质中 OH^- 或 AlO_3^{3-} 离解占主导,端面带正电,在碱性介质中 Al^{3+} 离解占主导,端面带负电。

C.水化性强:由于蒙脱石晶胞上下两表层为氧离子层,因此当两晶胞重叠时,两晶胞是分子力联结,并且其联结力弱,水分子就容易进入两晶胞之间,使整个晶格产生膨胀,如晶格完全脱水时,两晶胞底面间距为 9.6Å,而吸水后可达到 21.4Å 以上,表现出水化性强、造浆能力强的性能,是配制泥浆的优质材料。

D.离子交换:指膨润土中已吸附的离子与溶液中的离子之间进行的当量交换作用。常见的交换阳离子有 Na^+、Ca^{2+}、Mg^{2+} 等。

③聚合物泥浆

水利水电工程勘察钻探由于水文试验的需要,通常会对泥浆的固相含量要求很严格,原则上不允许使用有固相泥浆,一般要求采用清水、无固相或低固相类型泥浆。清水往往无法满足覆盖层钻进和复杂地层取心的需求,因此无固相或低固相泥浆以适宜的黏度和适宜的护壁堵漏保心性能而成为了松散漏失软弱复杂地层钻进冲洗液的主要选择。

A.不分散低固相聚合物泥浆特性。聚合物泥浆是近年来得以普遍推广和应用的泥浆类型。凡是选择使用线型水溶性聚合物作配制泥浆处理剂的泥浆类型都可称为聚合物泥浆。聚合物泥浆的关键就是利用高分子聚合物对钻屑的抑制作用,尽量减少细颗粒的数量,即保证钻屑不分散实现低固相,再结合特殊的流变特性,实现快速钻进。该类型泥浆具有良好的流变性,主要表现为较强的剪切稀释性和适宜的流型。由于聚合物水溶液为典型的非牛顿流体,剪切稀释性好,卡森极限黏度低,悬浮携带钻屑能力强,洗孔效果好。另外,聚合物泥浆具有较强的触变性。在泥浆停止循环后,岩屑悬浮,不易卡钻,下钻也可一次到底。在易坍塌地层,通过适当提高泥浆的密度和固相含量,可取得良好的防塌效果。聚合物泥浆有利于预防钻孔漏失。对于不十分严重的渗透性漏失地层,采用聚合物泥浆可使漏失程度减轻甚至停止。

B.不分散聚合物泥浆的主要特性如下:密度低,压差小,钻速快;亚微米颗粒的含量低于10%,而分散泥浆中亚微米颗粒可达70%;高剪切速率下的黏度低,钻速快;触变性好,剪切稀释性较强,具有较强的携砂能力;用高聚物作主要处理剂,具有较强的包被作用,可保持孔壁的稳定性;可实现近平衡钻进,且黏土含量低,滤液对地层有抑制膨胀作用。

C.不分散低固相聚合物泥浆组成与指标。不分散低固相聚合物泥浆一般由淡水、坂土、高聚物(选择性絮凝剂)组成。其性能主要控制指标如下:总的低相对密度固相(包括黏土和钻屑)含量在 4%(体积)以下,大约相当于泥浆的相对密度在 1.07 以下。钻屑含量与坂土含量的比值不超过 2:1。动切力达到 1.5~2.9Pa,能够携带岩屑和悬浮重晶石。典型配方:膨润土浆+0.1(0.3%KPAM)+0.4(0.5%NPAN)动塑比值达到 0.48。当动塑比值达到 0.48 以上时,泥浆的流态、携带岩屑的能力可满足施工的需要。失水量以保证孔壁稳定、井下正常为宜。聚合物泥浆具有较强的防塌能力,失水可比普通分散泥浆放宽 1 倍。pH 值为 7~8.5。pH 值过高会造成孔壁水化膨胀,过低则不足以发挥坂土的分散作用。

D. 不分散低固相聚合物泥浆基浆性能。配制不分散低固相聚合物泥浆的基浆主要性能如表 2.7 所示。

表 2.7　不分散低固相聚合物泥浆基浆性能

项目	漏斗黏度(s)	塑性黏度(mPa·s)	动切力(Pa)	静切力(初/终)(Pa)	API 滤失量(mL)
指标	30~40	4~7	4	1~2/1~3	15~30

④结论

优质黏土粉配制的泥浆和不分散低固相聚合物类型泥浆,具有很好的保护孔壁防止漏失的功能,并在孔壁及岩心周围形成一层很薄的泥皮,起到一定的保护岩心作用,利于提高松散堆积层岩心采取率。考虑其护壁堵漏与保护岩心的综合性能,在复杂地层特别是松散、漏失较严重覆盖层钻进时,尤其是对取心要求高且与水文试验不产生严重冲突情况时,可作为提高钻孔取心质量优先采用的冲洗液介质。

2. 取心工具结构性能

(1)取心工具结构性能的要求

钻进取心环节对取心工具(钻具钻头)结构性能的总体要求主要有以下方面:

①钻具钻头结构应可避免或减弱钻进时岩心在钻头处和进入岩心管后的堵塞,以防止岩心被磨损破坏。

②应可避免或减轻钻进时岩心在钻头处和进入岩心管后被冲洗液的冲刷与浸润,以防止岩心被冲蚀损坏。

③应可避免或减弱钻进中回转钻具、岩心管和钻头的摆动及振动,以防止岩心被撞击破坏。

④应可保证或易于提钻前取心动作的卡心可靠和起钻过程的不脱落,以防止岩心卡不住或脱落后被二次破碎。

⑤应可避免提钻后从岩心管内取出岩心操作过程的二次扰动,以保持岩心的原有结构状态。

⑥生产钻具加工制造应能达到设计性能指标,如单动性、同轴度、直线度、光洁度、配合度、装配精度,以保证钻具工作时性能正常、动作可靠。

⑦生产钻具的材质及其热处理,应保证钻具零部件不变形、耐磨损、寿命长。

⑧取心钻具的钻头应根据地层条件和取心需要进行配套,可选择热压孕镶金刚石钻头、电镀金刚石钻头、硬质合金钻头或复合片钻头。

⑨取心钻具的钻头加工应保证金刚石(合金)含量、品级、硬度、工作层高度厚度、出刃、保径、水口等均符合设计指标规定。

（2）不同结构钻具钻头的取心适用性

①单管钻具仅适用于土层、稳定完整岩层和取心质量无严格要求覆盖层的取心。

②金刚石单动双管钻具和绳索取心钻具，是当前国内外普遍使用的取心钻具。它的结构原理一致，但各自的细部结构、技术性能和加工质量不尽相同。在其他条件相同的情况下，取心质量也有较大区别，但基本可适应一般覆盖层的取心要求。

③双管双动内管超前钻具内管外管均回转破岩，可通过调节内管超前长度使内管隔水，起到保护岩心不被循环液冲蚀作用，适用于软岩类覆盖层的取心。

④半合管式二层管、三层管钻具，提钻后取出岩心时可通过打开半合管取出管内岩心，避免敲出岩心时的人为破坏，可很好地保持岩心的原始状态。适用于软弱、破碎、夹层、风化带、滑带结构面等地层的取心。

⑤孔底反循环钻具，因为岩心严重分选和混乱，现在已很少用于取心钻进；可用于砂层、细砾石层或在捞孔内沉淀时使用。

（3）不同地层取心钻具钻头的选择

①在大块石、漂石等层位，因岩性单一、坚硬且不易破碎，可采用普通单管钻具、自带卡簧卡圈单管钻具；硬质合金块、复合片或金刚石钻头。

②结构较松散的覆盖层，为提高取心质量，尽可能使用单动双管钻具和配套的钻头。如：ϕ130 金刚石单动双管钻具、ϕ130 合金双管钻具、SDB ϕ114 金刚石单动双管钻具、韩国进口 ϕ101 薄壁型金刚石单动双管钻具等。

③在软弱、破碎、夹层、风化带、滑带结构面等地层，或对岩心岩样原状结构要求高时，应采用半合管式二层管、三层管取心钻具。

④在黏土层、淤泥层、厚砂层、含泥质密实砂卵石层等结构单一且层位较厚的岩层，可采用当前已使用成熟有效的其他取心与取样钻器具。

⑤需采取原状样时，应选择使用合适的原状取样器进行取样。

3. 钻进取心操作技术

为保证达到较好的取心效果，钻进中选择正确适宜的钻进参数组合并严格遵循正确适宜的操作技术要求也是重要环节。

（1）从提高取心角度考虑，钻进操作参数组合原则应是：选用中等合适的钻压、中等至偏小的泵量、中等至偏小的转速。

（2）适当减小钻具长度、保证钻具单动性能、保持钻具同心度。

（3）注意缩短回次进尺，不打懒钻，遇堵则提。

（4）合理调配卡簧座与卡簧间隙。

（5）提钻操作应稳、准、轻，防止急刹与顿停，防止岩心被抖脱。

（6）退出岩心时应注意避免猛烈敲击，要精心操作防止岩心滚落与混乱。

（7）在纯砂层取样提钻时，由于卡簧部位无卵石依托，砂样易出现脱落现象。防止脱落的有效方法是在回次末停泵钻进 10cm 以上，让其自然堵塞再提钻。

经过对冲洗液介质、钻具钻头结构性能及钻进操作技术方面进行的研究、改进与完善，采取上述综合技术措施，可大大提高松散堆积层钻进的取心质量。

2.2.4.2　取原状样技术改进

1.原有常规取样器

经调研和分析,选择引进并先后投入试用了国内厂家的几种取样器,以比较与论证其有效性及适用性,最终基本结果如下:

(1)双管内环刀式取样器

试用效果:在砂层、砂夹泥层、小粒径碎石层可取出原状样,但其他砂卵石等覆盖层容易破坏环刀,使用效果不好。

应用结果:较适应一般砂层、含泥质覆盖层。

(2)双管超前靴式取样器

试用效果:在砂层、泥层可取出原状样,但其他砂卵石等覆盖层不适用。

应用结果:可适应一般砂层、含泥质覆盖层。

(3)ϕ108 原状样取砂器

试用效果:为某单位专利产品,在三峡等工地取出了强弱风化砂层的原状样。经其他工地试用,在单纯粗、细砂厚层中较为适用;在其他含碎石砂层、砂砾石、砂卵石等覆盖层不太适用。

应用结果:可适应一般纯厚砂层。

由于这些取样器的取样钻头多采用普通钢材,且卡心装置多采用卡簧式、爪簧式、弹簧式等形式,均不宜承受硬岩石块的磕碰、冲击等破坏,因此对于混合性硬岩类如砂卵石层、碎石层、砾石层、砂夹石层、泥夹石层等都效果不佳,在含石块较多的地层及混合性硬岩类地层使用,容易将这些取样器的取样钻头或卡心装置打坏。

2.研制新型取样器

(1)原有取样器存在的问题

目前国内已有的几种原状取样器,经试验应用证明都有一定局限性。这些取样器较适用于单一性的软岩类覆盖层,如较纯的砂层、土层或含泥较重的小粒径碎石层等;对于混合性含硬岩类覆盖层如砂卵石层、碎块石层、砾石层、砂夹石层、泥夹石层等都不太适用,而且在含石块较多的地层使用,还容易损坏取样器,一般难以取出理想的覆盖层原状样。

(2)新型取样器研发

针对地层特性和现有取样器在使用过程中出现的问题,我国自行设计并研制出了 ϕ130 和 ϕ110 双管内筒式锤击取样器,经过反复试用和改进,逐步提高其生产实用性和地层适应性,最终得以基本定型。这种取样器的主要特点是地层适应性较广,能将 ϕ9 以下小粒径的砂卵石层、砂砾石层、小块石夹砂层、小块石夹泥层、砾石夹泥层等锤击装入内管样筒中,对岩样扰动较小,能够保持岩样原级配和原状结构,满足地质和试验要求。

①双管内筒式锤击取样器的主要结构

双管内筒式锤击取样器外管部分由靴式钻头、取样管、余土管、盖头、异径接头组成;内管采用厚 0.5mm×长 300mm 的镀锌铁皮板卷制成圆筒形样盒。取样钻头采用合金钻头料改制加工,底部加工成内外 300 左右的尖靴形,有利于钻头锤击压入岩层和岩样的顺利进入内筒,底部进行正火处理,使得管靴钻头具备合适的硬度、强度和足够的韧性。同时,在钻头底部钻上对称性四组并每组 ϕ4mm 的孔眼 2 个,其内可穿具备适宜强度与韧性且合适长度的钢丝,提钻时易于卡取岩心并防止心样脱落。在外管内壁上位于内管的顶部安装一个防串环,以防止取样筒上下串动。取样管上部接上长度约 300mm 左右的余土管,拆下钻头和余土管即可取出内样筒,避免直接敲打心管而造成心样破坏。在取样器上部与钻杆相连的异径接头处,钻 8 ~10mm 的对称水眼,防止提钻时管内浆液柱压力破坏或压出岩样。双管内筒式锤击取样器结构如图 2.28 所示;取样器实物如图 2.29 所示。

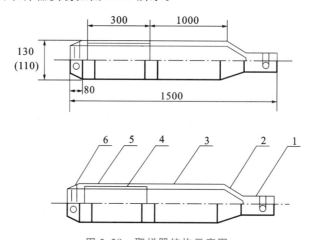

图 2.28　取样器结构示意图

1—异径接头;2—盖头;3—余土管;4—取样内筒;5—取样管;6—管靴钻头

图 2.29　研制的新型取样器

②取样器实际操作步骤

取样前,先用钻具将孔底沉淀捞取干净(沉淀应不超过 0.2m);按孔径将相对应尺寸并组装好的取样器用钻杆连接下入孔底(通过丈量上余确认取样器是否到位);孔上钻杆连接打锤,软岩层位采用 50~100kg 打锤、硬岩层位采用 100~200kg 打锤;通过卷扬机提升与快速下放打锤,锤击钻杆及取样器,调节提升高度,保持适宜合理的锤击进尺速度;丈量计算上余,当孔深锤击进尺达到 300mm 时(应除去少量沉淀孔深尺寸),可停止;记录取样起止深度,平稳提升取样器;卸开钻头及余土管,平稳推出内管样筒,密封包裹好样筒,待描述或送试验。

③研制取样器的改进之处与特点

目前国内原有的几类松散层取样器产品,都有一定的适用范围限制,一般较适用于单一性的软岩类覆盖层,如较纯的砂层、土层或含泥较重的小粒径碎石层等;由于这些取样器的取样钻头多采用普通钢材,且卡心装置多采用卡簧式、爪簧式、弹簧式等形式,其硬度足够但韧性不足,故不宜承受硬岩地层所含大小石块的磕碰、冲击、磨损等破坏,因此在如砂卵石层、砾石层、块石层、砂夹石层等松散混杂地层则使用效果不佳,取样器的取样钻头或卡心装置易被损坏,难以取出理想的心样。而研制的新型取样器采取上述卡心装置、止位环、排水孔等方面的结构设计,同时采取了在材质、热处理、加工尺寸等方面的有效办法,并辅以规定相应使用与操作要求等技术措施,具有适应混杂类松散覆盖层的综合特性,具备了既能在单一性软岩类覆盖层又可在混合性硬岩类覆盖层应用的适应性和实用性。

取样器的外管部分由靴式取样钻头、取样器外管、外管接头、余土管、盖头、异径接头组成;内管部分由心样内筒、止位环组成。靴式取样钻头采用合金钻头料加工,钻头底部加工成合适角度的内、外尖靴形,利于心样顺利进入内筒;将取样钻头进行正火处理,保证取样钻头的硬度、强度和足够的韧性。

在钻头底部采用合适长度与直径的钢丝束作为卡心装置,钢丝具备适宜的强度与韧性,可很好起到可靠的卡心与防脱落作用。心样内筒采用薄镀锌铁板,以减少岩样进入心样内筒的摩擦阻力;其长度根据不同地层和取样需要,分别加工成 300mm、400mm、600mm 等长度。止位环的作用则保证了心样内筒的定位,防止发生串动。异径接头上设置排水孔,可防止提钻过程中钻杆内的冲洗液柱破坏或压出心样。通过加工不同的取样器外径,能够适用于不同的钻孔直径。

④研制的新型取样器取出的覆盖层原状样见图 2.30。

图 2.30 研制的新型取样器取出的覆盖层原状样

2.3 动力触探试验

2.3.1 存在问题及解决思路

松散堆积层的力学性质确定是工程地质关键技术问题之一。由于松散堆积层是以粗粒为主的无黏性散体,深厚松散堆积层钻进(造孔)难,取原状样更难,其工程特性研究主要依赖现场原位测试。然而由于受现场试验条件所限,适于深厚覆盖层原位测试的方法相当少,动力触探(DPT)因操作简单、适用土类多而倍受青睐,成为松散堆积层原位测试最常用方法之一。根据工程手册与现行规范,动力触探应用一般尚局限于深厚覆盖层浅表部(约 20m 范围内),如《岩土工程勘察规范》(GB 50021—2001,2009 年版)附录 B"圆锥动力触探锤击数修正"表 B.0.1、表 B.0.2 重型、超重型圆锥动力触探适用范围分别为杆长 20m、锤击数 50 与杆长 19m、锤击数 40,显然,对于深厚覆盖层的动力触探试验锤击数的修正是不够的。《公路工程地质勘察规范》(JTJ064—98)给出了不同方法的杆长修正系数,但仅对标准贯入试验,且未考虑实测锤击数的修正。原机电部第三勘察研究院(简称"机电三院")根据其工程经验建立动力触探修正系数与杆长(100m 以内)的关系,但也未考虑实测锤击数的修正。个别学者提出简单处理方法(即超过 20m 则以杆长 20m 的修正系数对锤击数进行杆长修正),其他尚无成熟经验借鉴与公认标准可依。因此,对于动力触探杆长适应性及其修正问题研究已成为动力触探试验方法应用扩展亟待解决的难题。

以动力触探试验实测资料为依据,参照现行规程,应用有限元软件 ANSYS/LS-DYNA 建立数值分析模型,进行仿真分析计算,反演相关参数,并利用反演参数进行杆长 25m、40m、60m、80m、120m 的动力触探试验数值模拟,研究了动力触探试验杆长适应性、试验指标与杆长关系等,提出杆长修正系数建议值(图 2.31)。

为研究松散堆积层动力触探修正方法,从两个方面进行了研究:

①采用麦夸特法和通用全局优化法相结合的优化算法,利用 1stOpt 数学优化分析软件,对现行《岩土工程勘察规范》(GB 50021—2001)附录 B 提供的圆锥动力触探锤击数修正表中的锤击数修正系数进行函数拟合,给出了基于杆长和实测锤击数的双因子重型、超重型动力触探修正系数拟合函数、适用范围及锤击数修正表(外延)。

②利用现场试验与数值模拟相结合,通过对动力触探试验杆上各测点应变现场实测并得到各测点应力分布,再利用 LS-DYNA 软件进行反演分析并确定相关计算参数,而后进行杆长 25m、40m、60m、80m、120m 的数值模拟计算得到了杆长适用范围及修正系数。

2.3.2　动力触探锤击数修正系数多项式拟合与外延研究[8]

为了研究深厚松散堆积层动力触探锤击数的修正(即动力触探锤击数修正系数与杆长、实测锤击数的关系),采用麦夸特法(Levenberg-Marquardt)、通用全局优化法(Universal Global Optimization)相结合的优化算法,并利用 1stOpt(First Optimization)数学优化分析软件,对现行《岩土工程勘察规范》(GB 50021—2001)附录 B 提供的圆锥动力触探锤击数修正表中的锤击数修正系数进行函数拟合,并进行误差分析,给出了基于杆长和实测锤击数的双因子重型、超重型动力触探修正系数拟合函数、适用范围及锤击数修正表(外延)。试验深度超过 20m 时,对现行规范提供的数据表进行了扩展充实,扩大了动力触探锤击数修正系数的适用范围。

2.3.2.1　原理方法

根据规范提供的动力触探锤击数修正系数表可知,修正系数 α 与杆长、实测锤击数存在复杂的非线性关系。而对于复杂的多元非线性问题,只有采用合适的处理方法才能建立符合实际的数学模型,并求得最优解。长江科学院采用基于麦夸特法与通用全局优化法相结合的 1stOpt 数学优化软件进行分析。

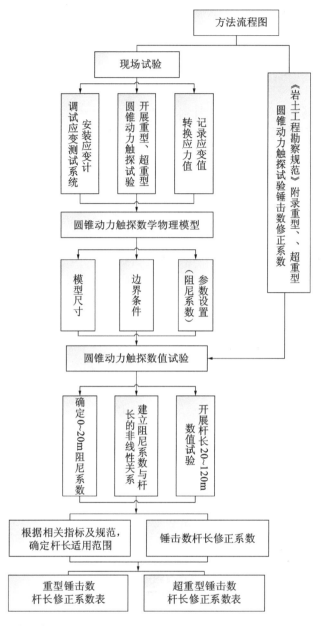

图 2.31　超长杆重型、超重型圆锥动力触探锤击数修正方法研究技术路线图

　　麦夸特法是解决非线性拟合问题的有效方法,也是目前非线性方程求解领域研究和使用最频繁的方法之一。其主要原理就是通过定义合理的目标函数,利用迭代程序计算残差平方和来评估是否达到最佳拟合效果;当残差平方和达到最小值时,迭代过程结束,所得即为最优拟合函数。它的优点在于在极小点附近有较快的收敛速度,从而很快找到最优解。

　　对于工程中的数据拟合问题,可通过定义合理的目标函数,进而可形成非线性函数的平方和,目标函数的最小化形成了非线性最小二乘问题。

　　(1)目标函数的定义最小二乘问题可以写成

$$\text{minimize} f(x) = R^T(x)R(x) \tag{2.1}$$

式中，$R(x) = \overline{y}^p(x) - \overline{y}^m(x)$，$x$ 为未知变量；$\overline{y}^p$、$\overline{y}^m$ 分别为节点位置向量的预测值和真实值。

（2）目标函数的偏导数

目标函数对未知变量 x 的一阶偏导为

$$\nabla f(x) = 2[\nabla R(x)]^T R(x) \tag{2.2}$$

同理，目标函数对未知变量 x 的二阶偏导为

$$\nabla^2 f(x) = 2[\nabla R(x)]^T \nabla R(x) + 2B(x) \tag{2.3}$$

$$B(x) = \sum_i^m R_i(x) \nabla^2 R_i(x) \tag{2.4}$$

（3）搜索方向通过将目标函数的一阶偏导设为 0，以达到将其最小化的目的。即 $\dfrac{\partial f(x)}{\partial x} = 0$，则：

$$\nabla f = \nabla f_n + \nabla^2 f_n(x - x^n) = 0$$

设搜索方向为 D_n，则

$$\nabla^2 f_n D_n = -\nabla f_n \tag{2.5}$$

将（2.5）式代入（2.3）式，得到

$$\{[\nabla R(x)]^T \nabla R(x) + B(x)\} D_n = -[\nabla R(x)]^T \nabla R(x) \tag{2.6}$$

忽略 $B(x)$，上式变为

$$\{[\nabla R(x)]^T \nabla R(x)\} D_n = -[\nabla R(x)]^T \nabla R(x) \tag{2.7}$$

$$x^{n+1} = x^n + a_n D_n \tag{2.8}$$

以上两式为高斯-牛顿法（Gauss-Newton Method）。

麦夸特法搜索方向由下式给出

$$\{[\nabla R(x)]^T \nabla R(x) + u^n I\} D_n = -[\nabla R(x)]^T \nabla R(x) \tag{2.9}$$

式中 $x^{n+1} = x^n + a_n D_n$。

2.3.2.2　函数拟合与误差分析

1. 函数拟合

根据《岩土工程勘察规范》（GB 50021—2001，2009 年版）附录 B"圆锥动力触探锤击数修正"表 B.0.1、表 B.0.2，重型、超重型动力触探锤击数修正系数如表 2.8、表 2.9 所示。

表 2.8　重型圆锥动力触探锤击数修正系数（α_1）

y-L(m)	x-$N'_{63.5}$								
	5	10	15	20	25	30	35	40	⩾50
2	1.00	1.00	1.00	1.00	1.00	1.00	1.00	1.00	
4	0.96	0.95	0.93	0.92	0.90	0.89	0.87	0.86	0.84
6	0.93	0.90	0.88	0.85	0.83	0.81	0.79	0.78	0.75
8	0.90	0.86	0.83	0.80	0.77	0.75	0.73	0.71	0.67
10	0.88	0.83	0.79	0.75	0.72	0.69	0.67	0.64	0.61
12	0.85	0.79	0.75	0.70	0.67	0.64	0.61	0.59	0.55
14	0.82	0.76	0.71	0.66	0.62	0.58	0.56	0.53	0.50

y-L(m)	x-$N'_{63.5}$								
	5	10	15	20	25	30	35	40	≥50
16	0.79	0.73	0.67	0.62	0.57	0.54	0.51	0.48	0.45
18	0.77	0.70	0.63	0.57	0.53	0.49	0.46	0.43	0.40
20	0.75	0.67	0.59	0.53	0.48	0.44	0.41	0.39	0.36

表 2.9　超重型圆锥动力触探锤击数修正系数(α_2)

y-L(m)	x-N'_{120}											
	1	3	5	7	9	10	15	20	25	30	35	40
1	1.00	1.00	1.00	1.00	1.00	1.00	1.00	1.00	1.00	1.00	1.00	1.00
2	0.96	0.92	0.91	0.90	0.90	0.90	0.90	0.89	0.89	0.88	0.88	0.88
3	0.94	0.88	0.86	0.85	0.84	0.84	0.84	0.83	0.82	0.82	0.81	0.81
5	0.92	0.82	0.79	0.78	0.77	0.77	0.76	0.75	0.74	0.73	0.72	0.72
7	0.90	0.78	0.75	0.74	0.73	0.72	0.71	0.70	0.68	0.68	0.67	0.66
9	0.88	0.75	0.72	0.70	0.69	0.68	0.67	0.66	0.64	0.63	0.62	0.62
11	0.87	0.73	0.69	0.67	0.66	0.66	0.64	0.62	0.61	0.60	0.59	0.58
13	0.86	0.71	0.67	0.65	0.64	0.63	0.61	0.60	0.58	0.57	0.56	0.55
15	0.86	0.69	0.65	0.63	0.62	0.61	0.59	0.58	0.56	0.55	0.54	0.53
17	0.85	0.68	0.63	0.61	0.60	0.60	0.57	0.56	0.54	0.53	0.52	0.50
19	0.84	0.66	0.62	0.60	0.58	0.58	0.56	0.54	0.52	0.51	0.50	0.48

　　将杆长(L)和实测锤击数($N'_{63.5}$)作为自变量(x,y),将修正系数(α)作为因变量(z),长江科学院采用麦夸特法与通用全局优化法相结合的优化算法,利用 1stOpt 数学优化分析软件,分别对重型、超重型动力触探锤击数修正进行了多项式、对数多项式函数拟合,分别得出如下多项式(2.10)、(2.11)及对数多项式(2.12)、(2.13)。

$$z = f(x,y)$$
$$= p_1 + p_2 \cdot x + p_3 \cdot x^2 + p_4 \cdot x^3 + p_5 \cdot x^4 + p_6 \cdot y + p_7 \cdot y^2 + p_8 \cdot y^3 + p_9 \cdot y^4 + p_{10} y^5 \tag{2.10}$$

　　式中:$p_1 = 1.3426$,$p_2 = -0.0105$,$p_3 = 0.0001$,$p_4 = 9.2596e^{-7}$,$p_5 = -1.3078e^{-8}$,$p_6 = -0.0938$,$p_7 = 0.0109$,$p_8 = -0.0009$,$p_9 = 3.3395e^{-5}$,$p_{10} = -5.0748e^{-7}$

$$z = f(x,y)$$
$$= p_1 + p_2 \cdot x + p_3 \cdot x^2 + p_4 \cdot x^3 + p_5 \cdot x^4 + p_6 \cdot x^5 + p_7 \cdot y + p_8 \cdot y^2 + p_9 \cdot y^3 + p_{10} \cdot y^4 + p_{11} \cdot y^5 \tag{2.11}$$

　　式中:$p_1 = 1.3435$,$p_2 = -0.0680$,$p_3 = 0.0077$,$p_4 = -0.0004$,$p_5 = -9.4483e^{-6}$,$p_6 = -8.2940e^{-8}$,$p_7 = -0.1510$,$p_8 = 0.0252$,$p_9 = -0.0023$,$p_{10} = 0.0001$,$p_{11} = -1.8491e^{-8}$

$$z = f(x,y) = \frac{p_1 + p_2 \cdot \ln x + p_3 \cdot (\ln x)^2 + p_4 \cdot \ln y + p_5 \cdot (\ln y)^2}{1 + p_6 \cdot \ln x + p_7 \cdot (\ln x)^2 + p_8 \cdot \ln y + p_9 \cdot (\ln y)^2 + p_{10} \cdot (\ln y)^3}$$

(2.12)

式中：$p_1 = 1.0353$，$p_2 = 0.4080$，$p_3 = 0.0396$，$p_4 = 0.0898$，$p_5 = -0.0245$，$p_6 = -0.4064$，$p_7 = 0.0394$，$p_8 = 0.1537$，$p_9 = -0.0582$，$p_{10} = 0.0119$

$$z = f(x,y) = \frac{p_1 + p_2 \cdot \ln x + p_3 \cdot (\ln x)^2 + p_4 \cdot (\ln x)^2 + p_5 \cdot \ln y + p_6 \cdot (\ln y)^2}{1 + p_7 \cdot \ln x + P_8 \cdot (\ln x)^2 + P_9 \cdot (\ln x)^3 + P_{10} \cdot \ln y + P_{10} \cdot (\ln y)^2}$$

(2.13)

式中：$p_1 = 1.0185$，$p_2 = -0.5414$，$p_3 = 0.1950$，$p_4 = -0.0251$，$p_5 = -0.1051$，$p_6 = 0.0041$，$p_7 = -0.5158$，$p_8 = 0.1844$，$p_9 = -0.0237$，$p_{10} = -0.0331$，$p_{11} = -0.0011$

2.误差分析

1stOpt 软件拟合函数误差分析见表 2.7，由表可知：拟合得到的多项式、对数多项式函数计算数值与规范表相比，都具较高的拟合精度，但相对而言，对数多项式拟合效果更优；对数多项式均方差小于 0.0061、残差平方和小于 0.0044、相关系数大于 0.9990、决定系数大于 0.9979，可见其精度极高。

表 2.10　拟合函数误差分析表

特征值	重型		超重型	
	多项式	对数多项式	多项式	对数多项式
均方差（RMSE）	0.0377	0.0033	0.0304	0.0061
残差平方和（SSE）	0.1277	0.0007	0.1218	0.0044
相关系数（R）	0.9761	0.9996	0.9781	0.9990
决定系数（DC）	0.9527	0.9992	0.9566	0.9979

2.3.2.3　适用范围及外延取值

由拟合函数与规范表格数据误差分析表明，对数多项式拟合函数精度极高，这就为确定动力触探方法适用范围与锤击数修正系数外延取值奠定了数学理论基础。

1.适用范围

就数学意义而言，当实测锤击数（x）取规范数据最大值且修正系数（z）趋于零时，由拟合函数 $z = f(x,y)$ 求得的杆长（y）最大值即为动力触探理论上的最大适用范围，即：

①当 $x = 50$、$z = 0$ 时，由式（2.12）可得 $y = 60$，即重型圆锥动力触探适用范围为杆长 0～60m；

②当 $x = 40$、$z = 0$ 时，由式（2.13）可得 $y = 127$，即超重型圆锥动力触探适用范围为杆长 0～127m。

2.外延取值

为便于直接查表引用或内插取值，分别由式（2.12）、式（2.13）计算给出了重型、超重型圆锥动力触探锤击数修正系数外延部分数据（见表 2.11、表 2.12），对表 2.11、表 2.12 进行适当扩展。

表 2.11　重型圆锥动力触探锤击修正系数(α_1)

y-L(m)	x-$N'_{63.5}$								
	5	10	15	20	25	30	35	40	≥50
2.00	1.00	1.00	1.00	1.00	1.00	1.00	1.00	1.00	1.00
4.00	0.96	0.95	0.93	0.92	0.90	0.89	0.87	0.86	0.84
6.00	0.93	0.90	0.88	0.85	0.83	0.81	0.79	0.78	0.75
8.00	0.90	0.86	0.83	0.80	0.77	0.75	0.73	0.71	0.67
10.00	0.88	0.83	0.79	0.75	0.72	0.69	0.67	0.64	0.61
12.00	0.85	0.79	0.75	0.70	0.67	0.64	0.61	0.59	0.55
14.00	0.82	0.76	0.71	0.66	0.62	0.58	0.56	0.53	0.50
16.00	0.79	0.73	0.67	0.62	0.57	0.54	0.51	0.48	0.45
18.00	0.77	0.70	0.63	0.57	0.53	0.49	0.46	0.43	0.40
20.00	0.75	0.67	0.59	0.53	0.48	0.44	0.41	0.39	0.36
22.00	0.73	0.64	0.58	0.52	0.47	0.43	0.40	0.37	0.31
24.00	0.71	0.62	0.55	0.49	0.45	0.40	0.37	0.33	0.28
26.00	0.69	0.60	0.53	0.47	0.42	0.38	0.34	0.31	0.25
28.00	0.68	0.58	0.50	0.44	0.39	0.35	0.31	0.28	0.23
30.00	0.66	0.56	0.48	0.42	0.37	0.33	0.29	0.26	0.20
32.00	0.64	0.54	0.46	0.40	0.35	0.30	0.27	0.23	0.18
34.00	0.63	0.52	0.44	0.38	0.33	0.28	0.25	0.21	0.16
36.00	0.61	0.50	0.42	0.36	0.31	0.27	0.23	0.20	0.14
38.00	0.60	0.49	0.41	0.34	0.29	0.25	0.21	0.18	0.13
40.00	0.59	0.47	0.39	0.33	0.28	0.23	0.20	0.16	0.11
42.00	0.57	0.46	0.38	0.31	0.26	0.22	0.18	0.15	0.10
44.00	0.56	0.44	0.36	0.30	0.25	0.20	0.17	0.13	0.08
46.00	0.55	0.43	0.35	0.28	0.23	0.19	0.15	0.12	0.07
48.00	0.54	0.42	0.34	0.27	0.22	0.18	0.14	0.11	0.06
50.00	0.53	0.41	0.32	0.26	0.21	0.17	0.13	0.10	0.05
52.00	0.52	0.40	0.31	0.25	0.20	0.15	0.12	0.09	0.04
54.00	0.51	0.38	0.30	0.24	0.19	0.14	0.11	0.08	0.03
56.00	0.50	0.37	0.29	0.23	0.18	0.13	0.10	0.07	0.02
58.00	0.49	0.36	0.28	0.22	0.17	0.12	0.09	0.06	0.01
60.00	0.48	0.35	0.27	0.21	0.16	0.12	0.08	0.05	0.00

表 2.12 超重型圆锥动力触探锤击修正系数(α_2)

y-L(m)	x-N'_{120}											
	1	3	5	7	9	10	15	20	25	30	35	≥40
1	1.00	1.00	1.00	1.00	1.00	1.00	1.00	1.00	1.00	1.00	1.00	1.00
2	0.96	0.92	0.91	0.90	0.90	0.90	0.90	0.89	0.89	0.88	0.88	0.88
3	0.94	0.88	0.86	0.85	0.84	0.84	0.84	0.83	0.82	0.82	0.81	0.81
5	0.92	0.82	0.79	0.78	0.77	0.77	0.76	0.75	0.74	0.73	0.72	0.72
7	0.90	0.78	0.75	0.74	0.73	0.72	0.71	0.70	0.68	0.68	0.67	0.66
9	0.88	0.75	0.72	0.70	0.69	0.68	0.67	0.66	0.64	0.63	0.62	0.62
11	0.87	0.73	0.69	0.67	0.66	0.66	0.64	0.62	0.61	0.60	0.59	0.56
13	0.86	0.71	0.67	0.65	0.64	0.63	0.61	0.60	0.58	0.57	0.55	0.53
15	0.86	0.69	0.65	0.63	0.62	0.61	0.59	0.58	0.56	0.55	0.53	0.50
17	0.85	0.68	0.63	0.61	0.60	0.60	0.57	0.56	0.54	0.53	0.50	0.48
19	0.84	0.66	0.62	0.60	0.58	0.58	0.56	0.54	0.53	0.51	0.48	0.46
21	0.83	0.67	0.61	0.58	0.56	0.56	0.54	0.53	0.51	0.49	0.46	0.43
23	0.82	0.66	0.60	0.57	0.55	0.54	0.53	0.51	0.49	0.47	0.45	0.42
25	0.82	0.65	0.59	0.55	0.54	0.53	0.51	0.50	0.48	0.46	0.43	0.40
27	0.82	0.64	0.58	0.54	0.53	0.52	0.50	0.48	0.46	0.44	0.41	0.38
29	0.81	0.64	0.57	0.53	0.52	0.51	0.49	0.47	0.45	0.43	0.40	0.37
31	0.81	0.63	0.56	0.52	0.51	0.50	0.48	0.46	0.44	0.42	0.39	0.35
33	0.81	0.62	0.55	0.52	0.50	0.49	0.47	0.45	0.43	0.40	0.37	0.34
35	0.80	0.62	0.54	0.51	0.49	0.48	0.46	0.44	0.42	0.39	0.36	0.33
37	0.80	0.61	0.53	0.50	0.48	0.47	0.45	0.43	0.41	0.38	0.35	0.31
39	0.80	0.61	0.53	0.49	0.47	0.46	0.44	0.42	0.40	0.37	0.34	0.30
41	0.79	0.60	0.52	0.48	0.46	0.46	0.43	0.41	0.39	0.36	0.33	0.29
43	0.79	0.60	0.52	0.48	0.46	0.45	0.43	0.40	0.38	0.35	0.32	0.28
45	0.79	0.59	0.51	0.47	0.45	0.44	0.42	0.40	0.37	0.34	0.31	0.27
47	0.79	0.59	0.50	0.46	0.44	0.44	0.41	0.39	0.36	0.33	0.30	0.26
49	0.79	0.58	0.50	0.46	0.44	0.43	0.40	0.38	0.36	0.33	0.29	0.25
51	0.78	0.58	0.49	0.45	0.43	0.42	0.40	0.37	0.35	0.32	0.28	0.24
53	0.78	0.57	0.49	0.45	0.43	0.42	0.39	0.37	0.34	0.31	0.27	0.23
55	0.78	0.57	0.48	0.44	0.42	0.41	0.38	0.36	0.33	0.30	0.27	0.22
57	0.78	0.57	0.48	0.44	0.41	0.41	0.38	0.36	0.33	0.30	0.26	0.21

y-L (m)	x-N'_{120}											
	1	3	5	7	9	10	15	20	25	30	35	≥40
59	0.78	0.56	0.47	0.43	0.41	0.40	0.37	0.35	0.32	0.29	0.25	0.20
61	0.78	0.56	0.47	0.43	0.40	0.40	0.37	0.34	0.32	0.28	0.24	0.20
63	0.77	0.56	0.47	0.42	0.40	0.39	0.36	0.34	0.31	0.28	0.24	0.19
65	0.77	0.55	0.46	0.42	0.39	0.39	0.36	0.33	0.30	0.27	0.23	0.18
67	0.77	0.55	0.46	0.41	0.39	0.38	0.35	0.33	0.30	0.26	0.22	0.17
69	0.77	0.55	0.45	0.41	0.38	0.38	0.35	0.32	0.29	0.26	0.22	0.17
71	0.77	0.55	0.45	0.40	0.38	0.37	0.34	0.32	0.29	0.25	0.21	0.16
73	0.77	0.54	0.45	0.40	0.38	0.37	0.34	0.31	0.28	0.24	0.20	0.15
75	0.77	0.54	0.44	0.40	0.37	0.36	0.33	0.31	0.28	0.24	0.20	0.15
77	0.77	0.54	0.44	0.39	0.37	0.36	0.33	0.30	0.27	0.23	0.19	0.14
79	0.76	0.53	0.44	0.39	0.36	0.35	0.32	0.30	0.26	0.23	0.18	0.13
81	0.76	0.53	0.43	0.38	0.36	0.35	0.32	0.29	0.26	0.22	0.18	0.13
83	0.76	0.53	0.43	0.38	0.35	0.35	0.31	0.29	0.26	0.22	0.17	0.12
85	0.76	0.53	0.43	0.38	0.35	0.34	0.31	0.28	0.25	0.21	0.17	0.11
87	0.76	0.52	0.42	0.37	0.35	0.34	0.31	0.28	0.25	0.21	0.16	0.11
89	0.76	0.52	0.42	0.37	0.34	0.33	0.30	0.27	0.24	0.20	0.16	0.10
91	0.76	0.52	0.42	0.37	0.34	0.33	0.30	0.27	0.24	0.20	0.15	0.10
93	0.76	0.52	0.41	0.36	0.34	0.33	0.29	0.27	0.23	0.19	0.15	0.09
95	0.76	0.52	0.41	0.36	0.33	0.32	0.29	0.26	0.23	0.19	0.14	0.08
97	0.76	0.51	0.41	0.36	0.33	0.32	0.29	0.26	0.22	0.18	0.14	0.08
99	0.76	0.51	0.41	0.35	0.33	0.32	0.28	0.25	0.22	0.18	0.13	0.07
101	0.75	0.51	0.40	0.35	0.32	0.31	0.28	0.25	0.22	0.17	0.13	0.07
103	0.75	0.51	0.40	0.35	0.32	0.31	0.28	0.25	0.21	0.17	0.12	0.06
105	0.75	0.51	0.40	0.35	0.32	0.31	0.27	0.24	0.21	0.17	0.12	0.06
107	0.75	0.50	0.40	0.34	0.31	0.30	0.27	0.24	0.20	0.16	0.11	0.05
109	0.75	0.50	0.39	0.34	0.31	0.30	0.27	0.23	0.20	0.16	0.11	0.05
111	0.75	0.50	0.39	0.34	0.31	0.30	0.26	0.23	0.20	0.15	0.10	0.04
113	0.75	0.50	0.39	0.33	0.30	0.29	0.26	0.23	0.19	0.15	0.10	0.04
115	0.75	0.50	0.39	0.33	0.30	0.29	0.26	0.22	0.19	0.14	0.09	0.03
117	0.75	0.49	0.38	0.33	0.30	0.29	0.25	0.22	0.18	0.14	0.09	0.03

续表 2.12

y-L(m)	x-N'_{120}											
	1	3	5	7	9	10	15	20	25	30	35	≥40
119	0.75	0.49	0.38	0.33	0.30	0.29	0.25	0.22	0.18	0.14	0.08	0.02
121	0.75	0.49	0.38	0.32	0.29	0.28	0.25	0.21	0.18	0.14	0.08	0.02
123	0.75	0.49	0.38	0.32	0.29	0.28	0.24	0.21	0.17	0.13	0.08	0.01
125	0.75	0.49	0.37	0.32	0.29	0.28	0.24	0.21	0.17	0.13	0.07	0.01
127	0.74	0.49	0.37	0.32	0.29	0.27	0.24	0.20	0.17	0.12	0.07	0.00

2.3.2.4　方法对比

《公路工程地质勘察规范》(JTJ 064—98)列出了 TJ 7—74 规范、水工公式、有效能公式、宁都-马公式、桩基公式等方法的杆长修正系数,其中,有效能公式、宁都-马公式、桩基公式均给出了 0～102m 的修正系数,但考虑到该修正系数是针对标准贯入试验的,因此,选择机电三院建立的动力触探修正系数与杆长关系方法(简称"机电三院法")与本次研究拟合的函数关系(简称"麦-通拟合法")进行对比分析,如表 2.13 所示。从表 2.13 可以看出:

(1)麦-通拟合法修正系数特征值均小于机电三院法修正系数(α),其中重型动力触探锤击数修正系数(α_1)特征值相对误差在 -3.7%～-85.5%,超重型动力触探锤击数修正系数(α_2)特征值相对误差在 -0.5%～-45.0%;

(2)麦-通拟合法计算得出的修正系数,无论重型(α_1)还是超重型(α_2),其特征值大值平均值与机电三院法修正系数 α 最为接近,其次是平均值、小值平均值。

表 2.13　麦-通拟合法与机电三院法对比分析表

杆长 L (m)	机电三院法修正系数 α	麦-通拟合法修正系数特征值						麦-通拟合法修正系数特征值与机电三院法相对误差					
		α_1			α_2			α_1			α_2		
		平均值	大值平均值	小值平均值	平均值	大值平均值	小值平均值	平均值	大值平均值	小值平均值	平均值	大值平均值	小值平均值
≤3	1.000	0.938	0.963	0.914	0.920	0.935	0.906	−6.2%	−3.7%	−8.6%	−8.0%	−6.5%	−9.4%
6	0.920	0.836	0.890	0.792	0.752	0.805	0.719	−9.2%	−3.3%	−13.9%	−18.2%	−12.5%	−21.8%
9	0.860	0.754	0.829	0.694	0.692	0.757	0.651	−12.3%	−3.6%	−19.3%	−19.5%	−12.0%	−24.3%
12	0.810	0.683	0.773	0.612	0.650	0.725	0.597	−15.6%	−4.6%	−24.4%	−19.7%	−10.5%	−26.3%
15	0.770	0.615	0.720	0.532	0.618	0.687	0.560	−20.1%	−6.5%	−30.9%	−19.7%	−10.8%	−27.3%
18	0.730	0.553	0.668	0.462	0.592	0.679	0.521	−24.2%	−8.6%	−36.7%	−18.9%	−7.1%	−28.6%
21	0.700	0.510	0.631	0.414	0.570	0.665	0.510	−27.1%	−9.8%	−40.9%	−18.6%	−5.0%	−27.1%
25	0.700	0.454	0.582	0.352	0.544	0.646	0.480	−35.1%	−16.9%	−49.7%	−22.3%	−7.7%	−31.4%
30	0.680	0.396	0.529	0.289	0.517	0.626	0.448	−41.8%	−22.2%	−57.5%	−24.0%	−7.9%	−34.1%
35	0.660	0.347	0.483	0.238	0.493	0.610	0.421	−47.4%	−26.8%	−63.9%	−25.2%	−7.6%	−36.2%
40	0.640	0.306	0.444	0.196	0.473	0.595	0.397	−52.2%	−30.7%	−69.4%	−26.1%	−7.0%	−38.0%
45	0.620	0.271	0.409	0.160	0.455	0.583	0.375	−56.3%	−34.0%	−74.2%	−26.6%	−6.0%	−39.5%

杆长 L (m)	机电三院法修正系数 α	麦-通拟合法修正系数特征值						麦-通拟合法修正系数特征值与机电三院法相对误差					
		α₁			α₂			α₁			α₂		
		平均值	大值平均值	小值平均值	平均值	大值平均值	小值平均值	平均值	大值平均值	小值平均值	平均值	大值平均值	小值平均值
50	0.600	0.241	0.379	0.130	0.439	0.571	0.356	−59.9%	−36.9%	−78.4%	−26.9%	−4.8%	−40.7%
55	0.580	0.214	0.352	0.104	0.424	0.561	0.338	−63.1%	−39.3%	−82.1%	−27.0%	−3.3%	−41.8%
60	0.560	0.191	0.328	0.081	0.410	0.552	0.321	−65.9%	−41.5%	−85.5%	−26.8%	−1.5%	−42.6%
65	0.540	—	—	—	0.397	0.543	0.306	—	—	—	−26.5%	0.5%	−43.3%
70	0.520	—	—	—	0.385	0.535	0.292	—	—	—	−25.9%	2.8%	−43.9%
75	0.500	—	—	—	0.374	0.527	0.278	—	—	—	−25.2%	5.5%	−44.4%
80	0.480	—	—	—	0.363	0.520	0.265	—	—	—	−24.3%	8.4%	−44.7%
90	0.440	—	—	—	0.344	0.507	0.242	—	—	—	−21.8%	15.3%	−45.0%
100	0.400	—	—	—	0.326	0.496	0.220	—	—	—	−18.4%	24.0%	−44.9%

综上分析可知,利用基于麦夸特法、全局通用优化法的 1stOpt 数学优化分析软件拟合得到的对数多项式函数,考虑了杆长、实测锤击数,其计算得到的数值,与规范提供的修正系数表相比,具有较高的拟合精度,为测试数据批量化计算处理与修正系数直接查表(或内插)应用奠定了重要基础、提供了便利条件;同机电三院法相比,亦具有较好的拟合效果,且数值结果更符合实际规律。

当然,由于动力触探试验影响因素很多,而本研究拟合得到的修正系数对数多项式成果,应在覆盖层测试中不断检验和完善。

2.3.3 动力触探杆长适应性及其修正试验研究[9]

2.3.3.1 现场试验研究

1.试验设计

现场试验场地土层自上而下依次为回填土—黏土—砂土—砾石,结合工程勘察分别进行了杆长 25.87m、40.92m、46.85m 重型动力触探试验,并通过应变测试系统(沿杆长布置应变计,见图 2.32、图 2.33)来测试试验过程中探杆应力分布情况。

图 2.32 现场试验应变测试系统

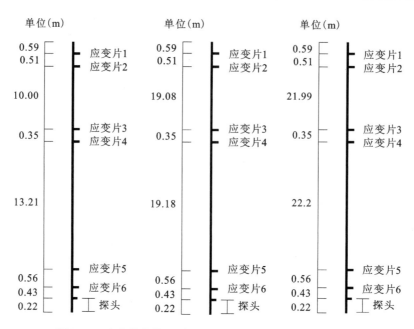

图 2.33　应变计布置图(左 25.87m,中 40.92m,右 46.85m)

2.成果分析

试验过程中,每一锤击各测点应变值均保存在应变测试系统中,应变-应力换算后,可得到应力与时间关系。这里仅列出各测点部分应力与时间关系及应力包络图,如图 2.34~图 2.36 所示。

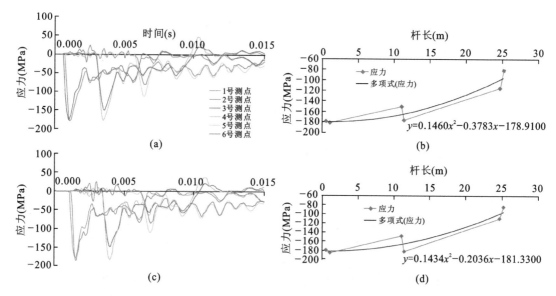

图 2.34　杆长 25.87m 动力触探试验过程沿杆应力分布情况

(a)第 18 次锤击时各测点应力-时间曲线;(b)第 18 次锤击时应力包络线;
(c)第 30 次锤击时各测点应力-时间曲线;(d)第 30 次锤击时应力包络线

从应力-时间关系可以看出:各测点应力随时间推移呈波动性减小,且最终趋于稳定;每次锤击时,各测点应力峰值均不一样,差异约为 15%,究其原因可能为:探杆在被落锤撞击后,再

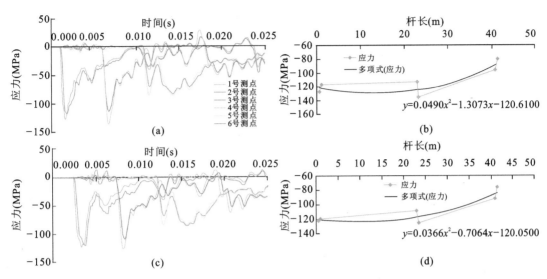

图 2.35　杆长 40.92m 动力触探试验过程沿杆应力分布情况
(a)第 21 次锤击时各测点应力-时间曲线；(b)第 21 次锤击时应力包络线；
(c)第 41 次锤击时各测点应力-时间曲线；(d)第 41 次锤击时应力包络线

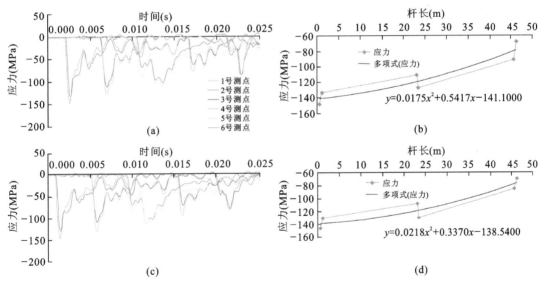

图 2.36　杆长 46.85m 动力触探试验过程沿杆应力分布情况
(a)第 20 次锤击时各测点应力-时间曲线；(b)第 20 次锤击时应力包络线；
(c)第 40 次锤击时各测点应力-时间曲线；(d)第 40 次锤击时应力包络线

次锤击时探杆位置发生偏移，即探杆垂直度及接触条件(落锤与探杆顶部接触面，探杆与侧壁接触面)发生变化。从应力包络图可以看出：不同杆长中 1 号、2 号测点接近探杆顶部，应力最大，接近锤击力；沿杆分布的 1 号至 6 号测点，应力逐渐减小，5 号、6 号测点接近探头位置，应力平均值约为杆顶端应力值的一半，即衰减比例约为 50%，且与杆长不呈线性关系。

由应力包络图拟合得到沿杆长应力变化规律如表 2.14 所示。

表 2.14　　动力触探现场试验应力沿杆长变化规律表

杆长 (m)	杆顶应力 (MPa)	杆底应力 (MPa)	衰减比例 (%)	沿杆长应力变化规律
25.87	160	95	40.63	$\sigma=0.1434L^2-0.2036L-181.33$
40.92	140	70	50.00	$\sigma=0.0485L^2-1.0258L-137.00$
46.85	140	68	51.43	$\sigma=0.0218L^2+0.337L-138.54$

注：σ 为应力，L 为杆长。

2.3.3.2　数值模拟分析

1. LS-DYNA 简介

LS-DYNA 是功能齐全的几何非线性（大位移、大转动和大应变）、材料非线性（140 多种材料动态模型）和接触非线性（50 多种）的通用显式动力分析程序，能够模拟真实世界的各种复杂问题，特别适合求解各种二维、三维非线性结构的高速碰撞、爆炸和金属成型等非线性动力冲击问题，在工程应用领域被广泛认可为最佳的分析软件包，与实验的对比证实了其计算的可靠性。

2. 边界条件分析

通过规程规范与现场试验可知，影响动探试验主要因素有杆长、触探杆垂直度、接头数量与连接程度、贯入器及触探头磨损程度、土体特性等，次要因素为杆径、触探设备、落锤高度、落锤质量、钻进方法及清孔情况、导向杆光滑度等。

从能量角度看，动探落锤锤击能量应包含落锤与探杆的碰撞、探杆的弹性变形、探杆与孔壁土体的摩擦、土体对探头的阻力、探头贯入土体产生的弹塑性变形能等。为使问题简化，数值分析时进行了理想化假定，引入阻尼系数等效综合考虑探杆的实际边界条件和能量耗散效果，主要考虑了探杆的弹性变形能（不考虑接头、探杆垂直度等）、落锤与探杆的碰撞耗散能、探头与土体接触时的弹性变形能、黏性耗散效应和横向惯性引起的弥散效应。

对于边界，土体顶面（即与探杆地面接触的面）为自由面，土体底面为非反射边界，以此减少土的反射波对杆的影响；落锤与探杆、探杆与土的接触均采用自动面接触。

3. 模型尺寸及网格模型

重型动力触探落锤落距为 76.0cm，超重型动力触探落锤落距为 100.0cm，其模型尺寸见表 2.15。

表 2.15　　数值试验模型尺寸表

材料	外径(cm)	内径(cm)	高度(cm)
落锤 63.5kg	28.0	0.0	15.0
落锤 120.0kg	26.0	0.0	24.8
土	150.0	0.0	1000.0

落锤、探杆、土体均采用 SOLID164 单元进行离散，单元水平方向尺寸控制在 10mm 以内，探杆铅直方向控制在 20 倍水平方向尺寸以内，网格模型如图 2.37 所示。其中模型单元 70008 个，结点 101260 个。

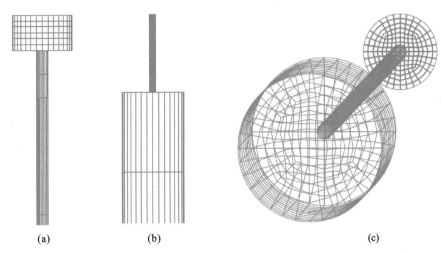

图 2.37 动力触探数值模拟网格模型图

(a)落锤与探杆网格图;(b)探杆与土体网格图;(c)试验整体网格图

4. 计算参数

影响动力触探的因素很多,且具有非常大的随机性。为此,在数值分析模型中引入阻尼系数以等效综合考虑探杆的实际边界条件和能量耗散效果。

杆长 0~20m 阻尼系数主要根据现场试验成果及现行国标《岩土工程勘察规范》(GB 50021—2001)锤击数修正系数反演得到;超过 20m 杆长且无原位试验数据的阻尼系数,则根据杆长变化规律外延得到。同时反演得到落锤、土与杆的相关参数,均假设为弹性材料,由于土体穿透模型不定,不考虑探头贯入土体,具体计算参数见表 2.16 和图 2.38。

表 2.16　主要计算参数

材料	密度(g/cm³)	弹性模量(Pa)	泊松比
落锤	7.85	2.10×10^{11}	0.269
探杆	7.85	2.16×10^{11}	0.269
土	1.80	6.00×10^{6}	0.300

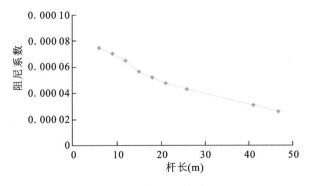

图 2.38　阻尼系数与杆长关系

为探究探杆底端土体参数的应力影响,特别考虑了不同参数的探杆底端土体,其计算参数见表 2.17。

表 2.17　探杆底端计算参数表

序号	弹性模量(Pa)	杆长(m)/杆径(mm)
1	$3.00×10^6$	40/50
2	$6.00×10^6$	40/50
3	$10.00×10^6$	40/50
4	$20.00×10^6$	40/50
5	$30.00×10^6$	40/50

5.分析工况

数值计算工况见表 2.18。

表 2.18　数值计算工况表

工况序号	重锤(63.5kg)		超重锤(120kg)
	杆径 42mm(a)	杆径 50mm(b)	杆径 50mm(c)
工况 1	25	25	25
工况 2	40	40	40
工况 3	60	60	60
工况 4	80	80	80
工况 5	120	120	120

6.成果分析

(1)与现场试验对比分析

为便于与现场试验进行对比,根据现场试验杆长(25.87m,40.92m,46.85m)建立数值计算模型,采用表 2.16 计算参数,计算结果如图 2.39 所示。

可以看出:数值计算结果反映了沿杆长应力逐渐减小的规律,衰减比例为 43%～47%,这与现场试验结果基本吻合;应力包络线较现场试验更具规律性、无波动数据,究其原因:现场试验影响因素过多,并且传感器较敏感,而数值计算过程,影响因素单一可控。

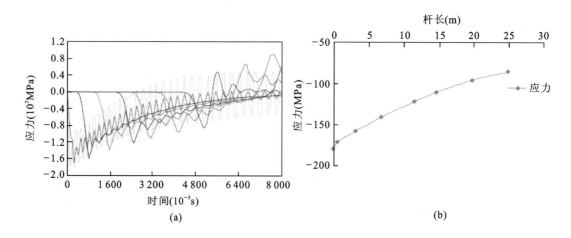

(a)　　　　　　　　　　　　　　　(b)

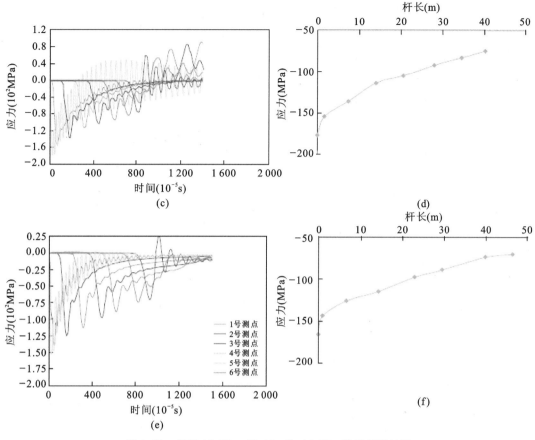

图 2.39 杆长 25.87m、40.92m 和 46.85m 数值模拟结果

（2）杆底端土体参数敏感性分析

由图 2.40 可以看出，土体弹性模量由 3MPa 变化至 30MPa 时，传递至杆底端应力变化范围在 48.39～51.54MPa，即随着土体弹性模量增大，传递至杆底端的应力有所增大，但增加非常缓慢，因而可以认为杆端土体弹性模量与传递到杆底端的应力衰减关系不大。

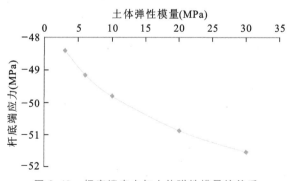

图 2.40 杆底端应力与土体弹性模量的关系

（3）杆长敏感性分析

根据表 2.18 列出工况，进行数值模拟计算，得到不同杆径（42mm 和 50mm）、不同重锤质量（63.5kg 和 120kg）组合条件下杆上各点的应力分布。

　　为了分析动力触探数值模拟中阻尼系数的影响，特考虑无阻尼系数时各工况组合条件下杆上各点应力分布情况，这里仅列出杆径为 50mm、重锤质量为 120kg（有阻尼系数与无阻尼系数）时各工况应力包络图，具体见图 2.41、图 2.42 和表 2.19。

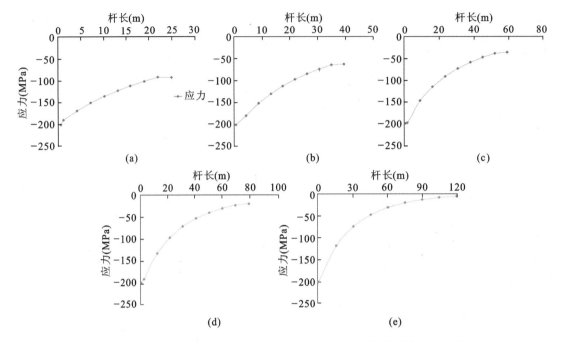

图 2.41　杆径 50mm、落锤质量 120kg 时各工况应力包络线（考虑阻尼系数）
（a）工况 1 应力包络线；（b）工况 2 应力包络线；（c）工况 3 应力包络线；（d）工况 4 应力包络线；（e）工况 5 应力包络线

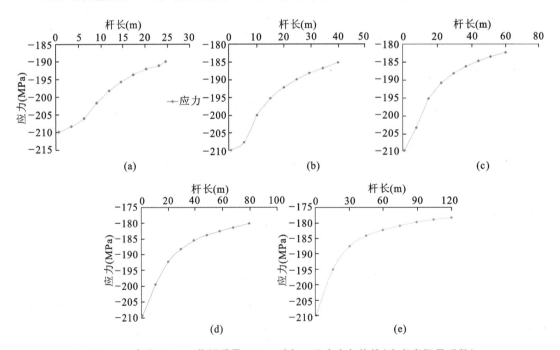

图 2.42　杆径 50mm、落锤质量 120kg 时各工况应力包络线（未考虑阻尼系数）
（a）工况 1 应力包络线；（b）工况 2 应力包络线；（c）工况 3 应力包络线；（d）工况 4 应力包络线；（e）工况 5 应力包络线

表 2.19 动力触探数值模拟应力沿杆长变化规律表

杆长(m)/杆径(mm)	考虑阻尼系数			未考虑阻尼系数		
	杆顶应力(MPa)	杆底应力(MPa)	衰减比例(%)	杆顶应力(MPa)	杆底应力(MPa)	衰减比例(%)
25/50	201	93	53.9	210	190	9.5
40/50	201	64	68.4	210	185	11.9
60/50	198	36	81.7	210	183	12.9
80/50	201	19	90.0	209	180	14.3
120/50	201	5	97.3	210	178	15.2

注:1.换算得到的杆底应力为多位小数,这里只作说明,故取整数;

2.两个方案第一个监测点选取不同,考虑阻尼系数时,第一个监测点距离杆顶0.7m,不考虑阻尼系数时,第一个监测点距离杆顶0.6m。

可以看出,在数值模拟中,无论是否考虑阻尼系数,落锤锤击探杆后,均反映了应力沿杆长逐渐衰减的变化规律,且同一工况下,随杆长增加衰减幅度逐渐减小;应力随杆长的衰减呈非线性关系,其中考虑阻尼系数衰减幅度远大于未考虑阻尼系数的情况。其他工况的组合条件反映的变化规律,与此情况一致。

2.3.3.3 综合分析

1.应力传递规律

由现场试验与数值模拟结果对比分析可知:

①落锤锤击探杆后,应力均沿杆长逐渐衰减,而且应力随杆长的衰减呈非线性关系;

②杆顶应力传递至杆底应力的衰减幅度(比例)随杆长增加而增大,现场试验较数值模拟更为明显。

2.杆长适应性

由于动力触探实际过程相当复杂,在进行数值模拟分析时对边界条件进行了大量简化,并引入阻尼系数等效综合考虑探杆的实际边界条件和能量耗散效果,因而数值分析与现场试验结果存在一定差异,但其所反映的规律是完全一致的。

由于土体穿透本构模型不定,数值分析模型尚不能模拟贯入深度,因而仅能从能量衰减幅度、杆底冲击力贯入土体能力等指标评价杆长适应性。

根据能量衰减规律分析,对于重型动力触探试验,杆长72m时,杆底冲击力约为24kN,能量衰减约73%,参考《建筑桩基技术规范》(JGJ 94—2008)关于桩端阻力的取值建议表和《铁路桥涵地基和基础设计规范》(TB 10002.5—2005)关于桩尖极限承载力的取值建议表,取极限承载力为5000kPa,探头截面积取43cm²,而此时贯入土体所需的冲击力为21.5kN,即表明杆长超过72m后,传至杆底冲击力不易将探头贯入卵砾块石土中;对于超重型动力触探试验,亦是如此,杆长114m时杆底冲击力约为24kN,能量衰减约83%,杆长超过114m后,24kN的冲击力已不易贯入卵砾块石土中。因此,动力触探试验杆长适用性:重型宜控制在72m内,超重型宜控制在114m内。

3.锤击数修正系数

锤击数杆长修正是指对某一均匀土层因深度不同引起锤击数变化,将这种变化与某一标

准深度的锤击数 $N_{63.5}$ 比较而采取的修正,即:

$$N_{63.5} = \alpha N'_{63.5} \qquad (2.14)$$

式中 α——杆长修正系数。

$$\alpha = \frac{\beta_{(L,N)}}{\beta_{(L_0,N_0)}} = \frac{\dfrac{E(L,N)}{MgH}}{\dfrac{E(L_0,N_0)}{MgH}} = \frac{E(L,N)}{E(L_0,N_0)} \qquad (2.15)$$

式中 $E(L,N)$——任意动力触探时有效锤击能(J);

$E(L_0,N_0)$——标准深度 L_0、锤击数 N_0(2m 杆长,5 击/10cm)时有效锤击能;

MgH——锤击能。

根据式(2.14)、式(2.15),以及数值计算结果,得到杆长修正系数如表 2.20、表 2.21 所示。

表 2.20 重型动力触探锤击数杆长修正系数表

杆长(m)	杆底冲击力(kN)	有效能(N·m)	杆长修正系数	水工公式	有效能公式
2	90.954	421.231	1.00	1.00	1.00
4	78.137	383.320	0.91	0.97	—
6	70.640	374.896	0.89	0.92	0.94
9	63.143	358.046	0.85	0.86	0.84
12	57.824	345.409	0.82	0.81	0.79
15	53.698	332.772	0.79	0.77	0.74
18	50.327	324.348	0.77	0.73	0.71
21	47.477	311.711	0.74	0.70	0.68
24	45.008	299.074	0.71	0.67	0.65
27	42.830	290.649	0.69	0.65	0.63
30	40.882	278.012	0.66	0.62	0.61
33	39.120	269.588	0.64	0.60	—
36	37.511	261.163	0.62	0.58	0.57
39	36.031	252.739	0.60	0.57	—
42	34.660	240.102	0.57	0.55	0.55
45	33.385	231.677	0.55	0.54	—
48	32.191	223.252	0.53	0.53	—
51	31.071	219.040	0.52	0.52	0.52
66	26.303	181.129	0.43	—	0.48
69	25.481	176.917	0.42	—	—
72	24.694	168.492	0.40	—	—

表 2.21　超重型动力触探锤击数杆长修正系数表

杆长(m)	杆底冲击力(kN)	有效能(N·m)	杆长修正系数	水工公式	有效能公式
2	136.777	1124.803	1.00	1.00	1.00
4	117.584	1079.811	0.96	0.97	—
6	106.356	1057.315	0.94	0.92	0.94
9	95.129	1034.819	0.92	0.86	0.84
12	87.163	1001.075	0.89	0.81	0.79
15	80.984	967.331	0.86	0.77	0.74
18	75.936	944.835	0.84	0.73	0.71
21	71.667	911.090	0.81	0.70	0.68
24	67.970	888.594	0.79	0.67	0.65
27	64.708	866.098	0.77	0.65	0.63
30	61.791	832.354	0.74	0.62	0.61
33	59.152	809.858	0.72	0.60	—
36	56.742	787.362	0.70	0.58	0.57
39	54.526	764.866	0.68	0.57	—
42	52.474	742.370	0.66	0.55	0.55
45	50.564	719.874	0.64	0.54	—
48	48.776	697.378	0.62	0.53	—
51	47.098	674.882	0.60	0.52	0.52
66	39.958	584.898	0.52	—	0.48
69	38.728	562.402	0.50	—	—
72	37.549	551.153	0.49	—	—
78	35.333	517.409	0.46	—	—
81	34.288	506.161	0.45	—	0.45
84	33.281	483.665	0.43	—	—
87	32.309	472.417	0.42	—	—
90	31.370	461.169	0.41	—	—
93	30.462	449.921	0.40	—	—
96	29.583	427.425	0.38	—	0.44
99	28.731	416.177	0.37	—	—
102	27.905	404.929	0.36	—	0.43
105	27.102	393.681	0.35	—	—
108	26.320	382.433	0.34	—	—
111	25.556	371.185	0.33	—	—
114	24.808	359.937	0.32	—	—

　　需要说明的是,对杆长的修正,我国各行业规范或规程不尽相同,对于超规范杆长的修正系数,目前尚无成熟经验借鉴与公认标准可依。考虑到国内的应用情况,将本文数值分析得到的修正系数与水工公式、有效能公式进行比较:对于重型动力触探杆长在72m范围内,对于超重型动力触探杆长在114m范围内,本文所列修正系数值与水工公式、有效能公式修正系数基本一致。

　　为便于计算,又将表2.20、表2.21修正系数拟合为如下估算公式:

$$重型:\alpha = \begin{cases} 1, & L \leqslant 2 \\ 0.9514e^{-0.012L}, & 2 < L < 72 \end{cases}$$

$$超重型:\alpha = \begin{cases} 1, & L \leqslant 2 \\ 1.0029e^{-0.01L}, & 2 < L < 114 \end{cases}$$

　　4. 成果综述

　　超长杆重型、超重型圆锥动力触探锤击数修正新方法研究表明:

　　①现场试验与数值模拟成果均表明,落锤锤击探杆后,应力沿杆传递呈非线性衰减态势,因而对动力触探试验成果进行杆长修正是必要的;

　　②根据土力学地基临界荷载公式,结合数值计算得到的杆底冲击力分析,重型、超重型动力触探杆长适用范围分别为72m、114m;

　　③根据杆长修正系数定义及数值分析成果,得到重型、超重型动力触探锤击数杆长修正系数(表2.20、表2.21),并分别可用公式估算;

　　④经对比分析,给出的动力触探锤击数杆长修正系数与水工公式、有效能公式所得修正系数基本一致,成果可信度高,可供深厚覆盖层地区工程勘察借鉴。

2.3.4　小结

　　圆锥动力触探试验(DPT)是覆盖层勘察中常用的一种经济、便捷的原位测试方法,在数据整理时需按杆长进行锤击数修正,但包括《岩土工程勘察规范》(GB 50021—2001)在内的相关规程规范对动力触探杆长的最大修正长度仅为20m,不能满足深厚覆盖层动力触探试验锤击数修正的需求。为此,以工程为依托,以动力触探试验实测资料为依据,参照现行规程,应用有限元软件 ANSYS/LS-DYNA,建立数值分析模型,进行仿真分析计算,反演相关参数,进而开展杆长为20~120m的数值试验,成功取得了杆长超20m的重型及超重型圆锥动力触探锤击数杆长修正系数及计算方法,该方法确定的修正系数与水工公式、有效能公式所得修正系数基本一致,成果可信度高,填补了国内岩土工程勘察中动力触探试验锤击数杆长修正系数(杆长>20m)外延的空白。

2.4　旁　压　试　验

　　旁压试验是现场钻孔进行的水平向荷载试验。通过对圆柱形旁压器加压使其横向膨胀,根据试验读数得到钻孔横向扩张体积-压力或者应力-应变关系曲线,据此可用来估算地基承载力,测定土的强度参数、变形参数、基床系数等。旁压仪可分为预钻式和自钻式。预钻式旁压试验适用于黏性土、粉土、砂土、碎石土、残积土、极软岩和软岩。自钻式旁压试验适用于黏性土、粉土、砂土,尤其适用于软土。

旁压试验的仪器设备由气压源、主机控制系统、旁压探头以及连接管路等组成,其工作原理为:首先对地层钻孔至测试深度,然后改用适于旁压探头尺寸的钻头钻取旁压试验孔(一般为1m左右);将旁压探头安装于试验孔内,通过主机控制系统和连接管路向圆柱形旁压探头内注入水和气,使得旁压探头扩张挤压周边的土层,并测定压力与变形的关系曲线,获得接触压力、临塑压力和极限压力及对应旁胀量,计算得到地层的旁压模量和承载力,并根据经验关系式,对地层的密实度、强度和变形特性等进行评价,如图2.43和图2.44所示。

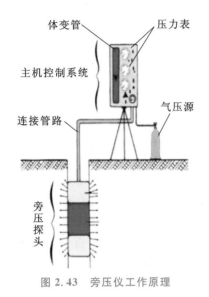

图2.43　旁压仪工作原理

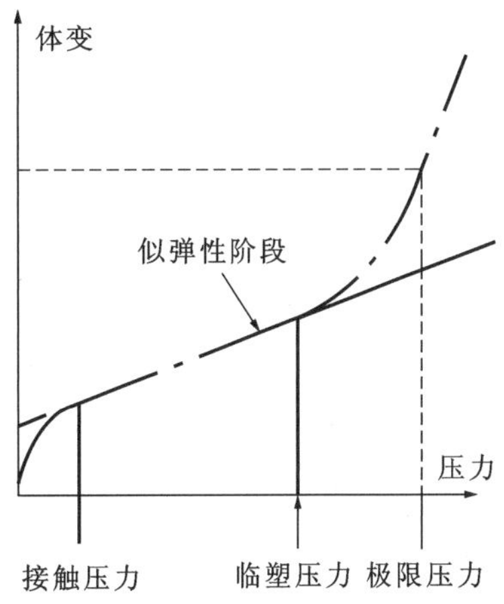

体变

似弹性阶段

压力

接触压力　　临塑压力 极限压力

图2.44　典型旁压曲线

2.4.1　存在问题及解决思路

旁压探头是依靠弹性橡胶膜套的鼓胀而对地层施加压力,因此,要求旁压试验孔必须满足:孔壁光滑、孔径略大于旁压探头且不宜过大等(孔径过大会导致接触压力对应的旁胀量太大,而旁压探头的总旁胀量是有限的,则因旁胀量超限而无法测得临塑压力或极限压力)。

旁压试验成果的可靠性,关键在于成孔质量的好坏,首先,钻孔的直径应与旁压器的直径相配合。若直径太大,则无法保证孔壁土层处在平面轴对称条件下受压变形,会使旁压试验未达到极限压力而充水量太多造成中室膜套破裂,从而影响试验质量;如果钻孔直径太小,无法顺利放入旁压器,只有硬挤压土层放入,因此,不是膜套变形破裂,就是因土层被扰动而难以得到准确结果。此外,旁压钻孔不仅对成孔直径要求严格,而且要求试验孔段土层不能扰动或尽量减小扰动。

松散堆积层物质组成及结构复杂,难以直接获得原状样进行室内试验,这就需要通过原位测试手段确定其物理力学特性,旁压试验成为一种有效的测试手段。但是,以粗颗粒为主的松散堆积层进行旁压试验时,普遍存在以下问题:

①钻孔形成旁压试验孔的孔径偏大,导致接触压力对应的旁胀量偏大,且粗颗粒为主的覆盖层的临塑压力和极限压力较高,从而导致无法测得临塑压力和极限压力。

②钻孔形成旁压试验孔的孔壁并非光滑,存在较多石块棱角,在试验过程中,极易刺破旁

压探头的橡胶膜,而导致试验失败。

③现有的旁压探头采用了两侧完全固定、中部由弹性橡胶膜套组成压力腔的结构型式,现场大量试验数据表明:当旁胀量达到 500mL 且腔体压力超过 1MPa 时,橡胶膜套固定端与中部压力腔的过渡部位,会因局部拉伸应变过大而产生鼓胀破裂,导致试验失败。

针对上述覆盖层旁压试验存在的问题,主要从研制旁压探头入手。研制的探头相对现有探头应具有更大的旁胀量,且能够承受更大的试验压力,以确保其在试验过程中不被刺破,且能够测得试验土层的临塑压力和极限压力。

2.4.2 现场试验改进措施

(1)钻孔质量改进

钻孔孔径与旁压器的直径要匹配,要求成孔直径一般比旁压器公称外径大 2～5mm 为宜,绝不允许过大或过小。若直径过大,无法保证孔壁土层在平面轴对称条件下受压变形,会在较小的压力下使旁压器弹性膜破裂,孔径直径太小,无法顺利放入旁压器,造成弹性膜破裂或土层扰动。

孔壁要求垂直、光滑、圆整,并尽量减小对孔壁土体的扰动。钻进前严格检查钻杆,防止由于钻孔不直引起摆动。钻进过程中试验段上部采用套管进行护壁,试验段钻进过程中注意钻进速度不宜过快,并采用护壁措施(SM 植物胶),深度应比预定测试点位略深,防止沉砂导致试验深度不够同时保证旁压器弹性膜受压膨胀后有足够的空间与上部同时膨胀。

(2)旁压仪探头改进

为了解决粗颗粒为主的覆盖层旁压试验过程中探头橡胶膜易破及试验土层的临塑压力和极限压力难以测得的问题,长江科学院研制了一种端部滑移式高压大旁胀量的旁压仪新型探头。如图 2.45 所示,该探头带有刚性可伸缩防护套,能同时适应高压和大旁胀量的工况,可满足各类岩土体的测试要求。

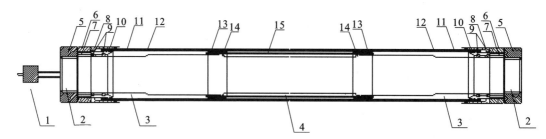

图 2.45 端部滑移式高压大旁胀量的旁压仪新型探头结构示意图

1—水气接头;2—中心轴;3—气腔;4—水腔;5—端部固定环;6—滑移块;7—滑移块紧固环;
8—滑移块、外膜套及钢片压紧卡环;9—橡胶密封圈;10—外膜密封凸起;11—弹性保护钢片;
12—外橡胶膜套;13—内膜套卡环;14—内膜密封凸起;15—内橡胶膜套

上述技术是通过如下措施来达到的:端部滑移式高压大旁胀量的旁压仪新型探头,其特征在于旁压探头主要由中心轴、内橡胶膜套、外橡胶膜套、保护钢片、滑移式固定件、水气管路和快速接头等部件组成;两端由固定式改为滑移式,外膜套在旁胀过程中端部可自由滑动,从而减少膜套的应变,提高膜套应变的均匀性,实现高压下的大旁胀变形;外膜套端部与滑移式固定件联结,滑移式固定件与中心轴之间设止水可自由滑动,止水结构实现高压下(0～10MPa)

止水止气;外橡胶膜套外侧安装弹性钢片束叠层进行保护,防止石块棱角刺破;两端固定环采用内外反弧的导角,防止钢片弯曲折断;旁压探头旁胀量可达 1000mL 以上。

试验显示该旁压探头完全可满足高压和大旁胀量的测试要求,解决了粗粒土旁压试验的难题,不仅可测得极限压力,而且可保证试验的成功率在 90% 以上,可广泛应用于各类岩土体的原位测试中。

2.4.3　室内模型试验

(1)模型设计

长江科学院在室内模拟深厚覆盖层的旁压试验和动探试验在专用模型箱体中进行,由于砂砾石属于粗粒料,尺寸效应对试验结果的影响较大,同时还要承受较大的上覆压力,因此要求模型箱体具备一定的尺寸和较强的刚度,箱体内尺寸为:0.84m×0.86m×1.05m,制作材料采用 60mm 厚钢板。模型竖向加压系统采用 4 个 50t 千斤顶组成的自反力系统,反力架在加压盖上对称布置,加压盖对角设置位移测量系统,在加压盖的几何中心预留旁压孔。

(2)上覆压力选择

在模型试验中,覆盖层的深度是通过在模型上方施加一定的上覆压力来实现的,上覆压力取值为各代表层平均深度处的自重有效压力值。可以钻心取样,获得密度参数。

(3)级配和密度选择

模型试验的级配采用各层平均级配,试验密度根据现场密度试验选取,根据各层平均线密度平均值附近选取 3~5 个试验密度进行室内试验。以金沙江乌东德水电站河床覆盖层为例:其 II 层覆盖层密度平均值在 2.23g/cm³ 附近,室内模型试验密度初步选择 2.21g/cm³、2.26g/cm³、2.31g/cm³ 三个试验密度。III₃ 层覆盖层包络线平均线密度平均值在 2.12g/cm³ 附近,室内模型试验密度初步选择 2.05g/cm³、2.10g/cm³、2.15g/cm³、2.20g/cm³、2.25g/cm³ 五个试验密度。

(4)室内旁压试验

将旁压探头的保护管(开缝钢管)预埋于模型中间,并与加压盖和封盖中心圆孔对应,将模型总的砂砾石量分层(视装样密度而定),每层按照选取级配和控制密度进行配制和装样,逐层夯实。然后加水排气饱和,并加上加压盖,进行加压,压力根据上覆压力确定。加压后将旁压探头置于保护管内,进行旁压试验,每组旁压试验做 2 级上覆压力。旁压试验在上一级压力测试完后,卸掉旁压压力,重新加上覆压力,进行下一级压力的旁压试验,按照压力从小到大依次进行试验,直至完成。

2.4.4　小结

旁压试验是岩土工程勘察中常用的原位测试手段之一,但在以粗颗粒为主的覆盖层中进行旁压试验时,普遍存在由于钻孔孔径偏大及旁压探头橡胶膜旁胀量有限而导致试验土层的临塑压力及极限压力无法测得、旁压试验过程中探头的橡胶膜易破而导致试验成功率低的问题。研制了一种端部滑移式高压大旁胀量的旁压仪新型探头,该探头带有刚性可伸缩防护套,能同时适应高压和大旁胀量的试验工况,可满足各类岩土体的测试要求。结合室内旁压模型试验推算覆盖层密度,解决了粗粒土为主的覆盖层旁压试验的难题,不仅可测得试验土层的临塑压力及极限压力,而且可保证试验的成功率在 90% 以上。

2.5　钻孔电视

2.5.1　存在问题及解决思路

通过覆盖层钻进及成孔工艺的研究,解决了松散堆积层钻探成孔困难的问题,并显著提高了钻孔岩心采取率,但以粗颗粒为主的松散堆积层心样仍多呈散体状,很难取得完整的柱状心样,还是无法准确判断覆盖层的物质组成及结构。为此,提出在松散堆积层钻孔中进行可视化探测来研究覆盖层的物质组成及结构。

在覆盖层钻孔中进行可视化探测,应该解决的问题有:①测试钻孔在无钢质套管及循环介质护壁材料被冲洗后的成孔问题;②如何进行有效的钻孔冲洗,减小钻进循环介质护壁对可视化的影响;③如何在恶劣测试环境下获得高清的可视化成果等。研究过程中,针对上述问题开展透明护壁套管研发、有效洗孔方法研究及高清可视化测试技术的改进研究,进而形成一套深厚松散堆积层钻孔高清可视化测试技术。

2.5.2　深厚覆盖层新型透明护壁套管研发

在深厚覆盖层钻孔中进行可视化探测,首先要解决的问题就是,覆盖层钻孔在无护壁材料下的孔壁稳定问题。为此研制了强度高,且具良好透光性、机加工性及耐久性的透明套管代替钢质套管进行钻孔护壁。选定有机玻璃(PMMA)和工程塑料(PC)进行透光性、化学稳定性、耐久性及机加工性的反复试验,最终选定用有机玻璃(PMMA)作为套管加工材料。

有机玻璃及工程塑料均为可塑性高分子材料,作为钻孔护壁材料而言,前者相对后者具有更加良好的透光性、化学稳定性、耐久性及机加工性(表 2.22);其透光率可达到 92.8% 以上,耐磨性与铝材接近,可抵抗紫外线老化,既可采用冷拔法,也可采用热浇注法成管,成管后机械加工性能良好。最终,采用热浇注法,成功加工了一批大壁厚(7～8mm)且其管径与钻孔孔径相匹配的透明套管,该透明套管可通过加工丝扣进行连接,反复使用(图 2.46)。

表 2.22　有机玻璃(PMMA)与工程塑料(PC)性能对比一览表

材料名称	透光性(%)	化学稳定性	力学性能	耐久性	成型性能	透明套管机加工性
有机玻璃(PMMA)	92.8	不耐碱	质轻,不易变形,硬度较好,耐冲击性稍差	可抵抗紫外线老化,耐久性好	冷拔法、热浇注法均可成型,容易成型,尺寸稳定	好
工程塑料(PC)	89	不耐强碱	质轻,具韧性,耐冲击性较好,硬度不足,易刮花、易裂	易老化,耐久性差	主要为注塑、热成型,成型略有收缩	较差,易裂
备注		钻探循环液为碱性介质				

图 2.46　有机玻璃(PMMA)特制专用透明管使用现场

2.5.3　深厚覆盖层可视化测试洗孔方法研究

覆盖层在钻进过程中为了成孔,一般会采用泥浆或植物胶等护壁材料对钻孔进行保护,后续可视化测试在下入透明套管后需对钻孔进行清洗,以确保获得的可视化成果真实可靠。为此,开展了覆盖层可视化测试洗孔方法的研究工作。主要研究成果如下:

①采用 SM 植物胶作为钻孔护壁材料时,植物胶在孔壁形成的不透明胶黏性膜状物冲洗困难,且在温度较高时,易变质形成絮状物,粘连在孔壁上,悬浮于孔中,可视化测试无法获得清晰可靠的影像。因此,在实施可视化测试的孔段应避免采用植物胶作为护壁介质。

②采用"泥浆护壁＋跟管"钻进时,测试孔段下入透明套管后,起拔外层钢质套管至测试孔段顶部。通过连接透明管的管柱采用由内向外正循环的方式,连续压水洗孔,待孔口返水变清且无杂质时,停止向孔内压水,静待 10～15min 后,再次压水入孔进行洗孔,一般重复 2～3 个循环,可将钻孔护壁的泥皮清洗干净。如遇泥皮较厚,采用上述方法无法清洗干净的情况,可将测试孔段透明套管改为透明花管,然后再用上述方法进行洗孔,可明显改善洗孔效果,但是花管对可视化效果稍有影响。

③洗孔用水透明度要好,采用江(河)水遇水质混浊时,可采取蓄水沉淀法,待水清亮后进行洗孔。在江(河)水混浊严重,无法通过沉淀法达到清亮的情况下,可采取加入化学清水剂来净化水质,目前清水剂产品种类较多,推荐采用液体清水剂,利于溶解及提高净化效果。

2.5.4　高清可视化测试技术改进

1.技术原理

高清钻孔电视检测采用全孔壁数字成像技术。孔壁在摄像头上成的像为一个同心圆环,见图 2.47 高清钻孔电视技术原理示意图,把圆环按成图时刻的数字罗盘所记录的角度差值还原展开,再附加上成图时刻由深度计数器所记录的深度信息,就可以得到环行钻孔孔壁的平面展开图,将钻孔孔壁的平面展开图按深度拼接就可以得到全孔壁的展开图。也可将平面展开图卷曲还原成钻孔壁复原图。探头采集的图片和录像直接存储到计算机里,通过解译软件就可以分析钻孔的情况。

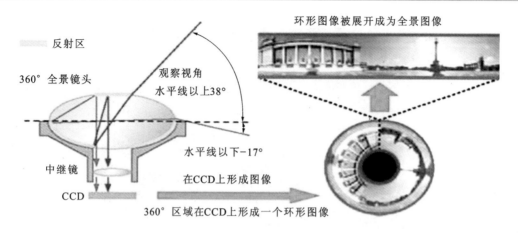

图 2.47　高清钻孔电视技术原理示意图

2.可视化测试技术改进

(1)图像的拼接技术改进

图像拼接:假设在 T 时间时,钻孔电视探头处于钻孔内 X 位置,图像、方位信息应该是处于深度 X 位置时的信息。但是当数据传达到"合成图像系统"时,会因传输时间形成延时,导致图像、方位以及深度信息的延时是不相同的,从而导致拼接时出现超前或滞后的情况,如图 2.48 所示。

为了解决此问题,需要图像拼接更好、采集速度更快,解决的方法是使图像、方位信息到达"合成图像系统"的时间完全一致。一方面提高计时分辨率,将毫秒级提高至微秒级;另一方面,计算图像采集分析延时的时间,将深度、方位信息作相同时间的延时,这样图像拼接时准确度大幅提高,如图 2.49 所示。

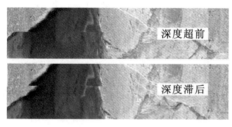

图 2.48　拼接错误问题

图 2.49　图像拼接正常

(2)钻孔电视光源不均匀的改进

普通钻孔电视采集仪均采用冷光源 LED,冷光源 LED 的亮度一般都比较小,为了达到足够的亮度,需要多个 LED 组合。然而 LED 组合是有空隙的,这样就造成光源在孔壁形成的光圈明暗交替,使得钻孔电视图像存在这种光线分布不均匀的情况,如图 2.50 所示。

为了解决钻孔电视图像明暗不均的问题,经过长期的试验发现,LED 距离孔壁的位置越远,光线越均匀。然而在钻孔直径确定的情况下,LED 到孔壁的位置也确定了。采用玻璃镀膜的方法,使 LED 灯经过一次玻璃罩内的反射后到达孔壁,这样就相当于延长了一倍的距离,光线也就更加均匀了。根据上述原理,研发了一种提高钻孔电视光照性能的照明装置,照明装置由探管、透光罩、底座、LED 灯组、散光垫构成,所述透光罩内壁上覆有一层反射层,在透光罩的底部设置有散光垫,使 LED 灯组发出的点光源的光线,在射到反射层上时只透射一小部分,大部分光线留在透光罩内,进行下一次的透射和反射,同时在一部分光线射到透光罩底部的散光垫时,进行进一步的漫反射,LED 灯组发出的点光源在透光罩内充分多次反射和漫反射后达到光线均匀的目的,可以保障摄像头光线充分均匀,从而使透射到钻孔孔壁的光线均匀,进而保证图像无明暗感,亮度一致,成像清晰。改进前后成像效果如图 2.51 所示。

光线不均匀　　　　　　　　　　光线均匀

图 2.50　光线不均匀情况　　　　　图 2.51　钻孔图像亮度均匀

（3）影像的清晰度改进

影响钻孔电视测试影像清晰度的因素主要有:测试摄像头的分辨率、测试钻孔孔内环境、测试过程中探头起雾等。

①测试摄像头的分辨率选择

普通钻孔电视所采用的 CCD 摄像头分辨率仅为 $795\text{pix}/D$（D 为直径）,仅仅只能够满足"看得到",而且还存在由于光线的散射导致图像颜色失真的问题,不能满足覆盖层物质组成及结构的判断。为此,在覆盖层进行可视化测试时应采用高清钻孔电视摄像头,摄像头分辨率可达 $5000\text{pix}/D$,对孔径 56mm 的钻孔来说,图像的分辨率可以达到 0.035mm/pix,能够满足覆盖层物质组成及结构判断的需要。

②浑水钻孔中可视化测试装置的改进

在河床覆盖层钻孔中进行可视化测试时,受钻进循环介质及覆盖层自身影响,孔内测试环境较差,浑水难以全部被置换,电视测试影像质量较差。为了解决这一问题,研制了一种改善钻孔电视成像仪在浑水孔中成像质量的辅助装置。该装置由沉淀管、上连接座、透光罩、下连接座和密封底盖组成;上连接座上部与沉淀管螺旋连接,下部与透光罩之间活动接插连接;下连接座下部和底盖螺旋连接,在下连接座和底盖之间设置有气囊,底盖的轴心上开有水压调节孔。通过调节气囊,可减小彩电测试装置和孔壁之间的距离,增强透光度,解决了因孔内浑水导致光源不足而无法满足测试要求的问题。该装置还具有结构合理、便于携带、加装简便等特点,可满足不同孔径钻孔可视化测试的需要。

③钻孔可视化探头防雾保护装置研制

钻孔可视化测试过程中,由于孔内外温差的存在,以及测试探头在工作过程中部分电路发热,造成测试探头透光罩内外壁起雾,直接影响可视化测试的成像质量。为了解决该问题,研制了一种钻孔可视化探头的防雾保护装置。该装置由外管连接器、密封圈、透明隔层、透光罩、外管尾座及除湿层构成,在透光罩和外管尾座之间形成一个独立的封闭空间,可避免在透光罩内形成雾气,同时置于外管尾座上的除湿层可以最大限度地去除封闭空间内的水气,从而达到防雾的效果。该装置还具有结构简单、安装使用方便等特点。

利用上述技术改进及研发的装置进行深厚覆盖层可视化测试,有效提高了可视化测试影像的质量。典型测试成果见图 2.52。

(4)图像扭曲的改进

在钻孔周围存在强烈的电磁场会影响系统的正常数据采集工作。尤其是在钢套管的周围采集的图像有明显变形,使得观测图像出现扭曲变形,对产状的观测影响很大,如图 2.53 所示。

为了解决图像扭曲问题,消除数据采集过程中的电磁影响,对探头罗盘采用特殊工艺进行了改进,改进后图形扭曲的问题得到解决,改进前后测试效果对比如图 2.54 所示。

图 2.52　提高分辨率后的采集图像　　图 2.53　电磁异常对图像的影响图　　图 2.54　采集正常的图像

3.应用对比

在乌东德水电站某钻孔中,做了改进前和改进后的彩电测试对比,改进后的高清钻孔电视测试效果明显好于改进前的普通钻孔电视测试影像,如图 2.55 所示。

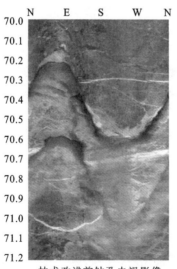 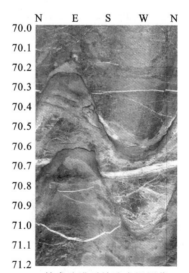

技术改进前钻孔电视影像　　　　技术改进后钻孔电视影像

图 2.55　可视化测试技术改进前后钻孔电视测试影像对比图

2.5.5 深厚覆盖层可视化测试工艺研究

通过反复试验摸索,形成了不同钻进工艺下松散覆盖层可视化的测试工艺。

(1)钻进工艺一:跟管钻进、从下至上测试的主要步骤

①在松散覆盖层中利用泥浆或清水作为循环介质、跟管(钢质)完成全孔的钻进作业。

②根据钻孔深度,配置相应长度的钢质及透明测试护壁套管。测试护壁套管外径应小于钻进护壁套管内径,确保其可下入已完成的钻孔;透明套管一般取2~4m长,通过丝扣连接在钢质套管底部。

③在钢质钻进护壁套管内,将底部连接透明套管的测试护壁套管下入孔中,使透明套管位于测试孔段。

④上提钢质钻进护壁套管,使其管脚低于透明测试护壁套管顶部20~30cm。

⑤对测试孔段进行洗孔作业。

⑥在透明测试护壁套管内进行钻孔彩电测试,获得测试孔段的可视化影像。

⑦上提透明测试护壁套管,使其管脚低于已完成测试孔段顶部20~30cm。

⑧重复上述步骤④~⑦,直至完成整个钻孔的覆盖层彩电测试。

(2)钻进工艺二:跟管钻进、从上至下测试的主要步骤

①在松散覆盖层中利用泥浆或清水作为循环介质、跟管(钢质)进行钻进作业,一般钻进进尺达到2~4m时,停止钻进。如覆盖层成孔条件较好,该孔段可不跟管。

②根据钻孔深度,配置相应长度的钢质及透明测试护壁套管。测试护壁套管外径应小于钻进护壁套管内径,确保其可下入已完成的钻孔;透明套管长度应比上一步骤的钻进进尺长20~30cm,通过丝扣连接在钢质套管底部。

③在钢质钻进护壁套管内,将底部连接透明套管的测试护壁套管下入孔中,使透明套管位于测试孔段。

④上提钢质钻进护壁套管,使其管脚高于透明测试护壁套管顶部20~30cm。如测试段未下入钢质钻进护壁套管,则无需上提。

⑤对测试孔段进行洗孔作业。

⑥在透明测试护壁套管内进行钻孔彩电测试,获得测试孔段的可视化影像。

⑦将透明测试护壁套管提出钻孔。

⑧对测试孔段进行扫孔,并跟管(钢质)进行下一个2~4m的钻进作业。

⑨重复上述步骤②~⑧,直至完成整个钻孔的覆盖层彩电测试。

通过试验比较,松散覆盖层可视化测试一般建议采用从下至上的分段方式进行,即将钻孔钻进至终孔深度,然后从孔底开始向上进行可视化测试,直至孔口;这种分段方式的测试优点是测试效率高,避免了反复扫孔。在特别重要的部位,如条件允许,可采取先从上至下分段的方式进行可视化测试,终孔后再从下至上进行分段补充测试,两次测试成果相互补充,可获得更加优质的可视化成果。如需对覆盖层特定孔段进行可视化测试,上述两种分段方法均可。典型覆盖层可视化成果见图2.56。

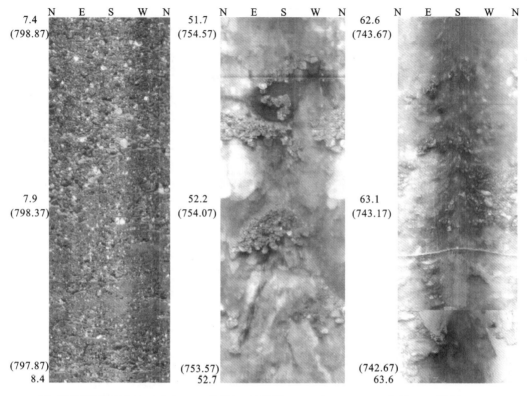

Ⅲ₂₊₃层(ZK80孔深 7.4~8.4m)　　Ⅱ层(ZK80孔深 51.7~52.7m)　　Ⅰ层(ZK80孔深62.6~63.6m)

注：标尺为孔深(及高程)，单位为m

图 2.56　乌东德水电站河床覆盖层 ZK80 钻孔可视化测试成果

2.5.6　小结

通过覆盖层钻进及成孔工艺的研究,解决了松散堆积层钻探成孔困难的问题,并显著提高了钻孔岩心采取率。但以粗颗粒为主的松散覆盖层心样仍多呈散体状,很难取得完整的柱状心样,还是无法准确判断覆盖层的物质组成及结构。为此,创新性地提出在深厚松散覆盖层钻孔中进行可视化探测技术研究。通过研发透明护壁套管解决了测试钻孔成孔的问题;提出了有效的洗孔方法,改进了钻孔电视图像拼接的处理技术,研制提高钻孔电视光照性能的照明装置、探头防雾保护装置及浑水钻孔电视成像辅助装置等,解决了覆盖层可视化测试高质量影像获取的技术难题;总结形成了一套深厚覆盖层可视化的测试方法,弥补了钻探取心的局限性,可直观、全面地反映松散堆积层的物质组成与结构,为深厚覆盖层组成及结构研究开辟了一条新的途径。

2.6　电磁波 CT 探测技术[10]

电磁波在存在物性差异的地质结构中传播时,会发生能量不同程度的衰减现象,该技术基于这一理论,对工作面存在的地质异常和隐伏地质体进行探测,并根据相应数学算法对探测结果进行反演层析成像,从而实现对地质异常的判读和解译。

根据电磁波传播衰减理论,电磁波在介质中传播时会损失部分能量,衰减的大小与介质的导电性、密度和结构等关系密切,也与其本身的频率有关。通常采用在一个钻孔或测井中以发射天线发射电磁波,在其辐射场范围内的另一钻孔或测井中以接收天线接收电磁波。在不考虑电磁波绕行的情况下,即在光学射线近似条件下,根据不同位置上接收的场强大小,来反演分析地下不同介质的分布情况。

具体进行钻孔电磁波 CT 对穿探测时,主要有两种工作方式。一种为水平(或倾斜)同步方式,即发射机和接收机在各自钻孔中保持相对位置不变,按相应步长同步移动进行检测,该探测方式不常用。另一种为定发方式,先将发射机和接收机分别放置到测试孔中预先设定的位置,然后保持发射机不动,按照预先设置的间距移动接收机,每到一个设定的深度接收一次电磁波场强;当完成一个测试孔的测试后,移动发射机到下一位置,接收机按照上述步骤继续接收电磁波场强,直到发射机和接收机完成所有位置的发射和接收(见图 2.57)。该方式是钻孔电磁波 CT 对穿最常用的工作方式,具有探测精度高的特点。将所得探测射线通过的空间划分成如图 2.58 所示的网格化模型,通过建立反演控制方程,即可重建探测区域介质的视衰减系数 β,通过层析成像,得到衰减系数 β 分布云图,用于地质异常体解译。

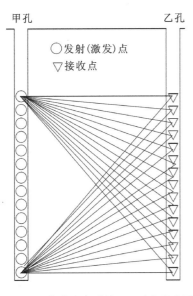

图 2.57　定发式电磁波 CT 对穿示意图

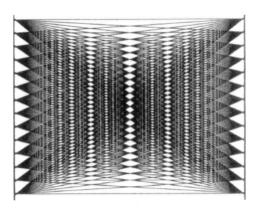

图 2.58　孔间电磁波射线分布图

2.6.1　存在问题及解决思路

随着电磁波 CT 探测仪器的不断发展及完善,测试功率不断增大,精度不断提高,解译理论逐渐完善,各领域应用案例越来越多。孔间电磁波 CT 探测可以获得连续界面,弥补传统钻孔以点代面的不足。测试技术在探测基岩地层中不良地质体(岩溶、断层、岩体破碎带等)空间分布方面取得了良好应用效果,但在覆盖层中的应用较少。究其原因,一方面是因为覆盖层钻孔一般采用跟管钻进,钢管对电磁波具有屏蔽作用,无法进行测试;另一方面,覆盖层结构松散,电磁波穿透距离有限,测试距离难以把握。

为此,通过电磁波 CT 探测技术原理,长江地球物理探测院研究了其在覆盖层中的适用性,并对覆盖层电磁波 CT 测试钻孔护壁材料及有效测试钻孔间距进行了研究,解决了测试钻孔在无钢质套管下的成孔问题及孔间有效测试距离难以确定的难题。

2.6.2 电磁波 CT 探测技术适用性研究

电磁波 CT 探测技术适用性研究主要包括两个方面,其一是该项探测技术可以用,即松散覆盖层的客观条件满足进行电磁波 CT 探测的操作要求,可以进行该项探测;其二是该项探测技术适宜用,这就要求被探测地质体有一定的电性差异,例如地质异常体与外围物质有较明显物性差异,或者不同地层结构较有明显物性差异,便于电磁波 CT 探测成果的解译。

(1)松散堆积层客观条件满足进行电磁波 CT 探测的要求

从电磁波 CT 探测技术原理来说,该方法可在覆盖层中进行测试。电磁波 CT 探测无需传播介质,可在干孔中进行,且电磁波的激发不会对钻孔造成破坏。电磁波在覆盖层传播过程中,其能量损耗要大于完整岩体,考虑电磁波 CT 探测仪的工作频率和钻孔勘探网布置的相邻钻孔间距,进行探测时,电磁波可以穿透相邻钻孔。综上所述,根据河床覆盖层客观条件,该项探测技术可以用。

(2)不同成因、不同岩性的松散堆积层具有较明显物性差异,适宜于电磁波 CT 探测技术

近年来,应用电磁波 CT 探测技术的工程案例越来越多,领域也十分广泛,主要用于岩溶、采空区、断裂带、相对破碎区等勘探,然而应用于覆盖层探测的工程案例较少,在这些仅有的工程案例中,大多数也是利用电磁波 CT 探测进行覆盖层与基岩的界线划分,进行覆盖层内地层结构探测的案例极少。分析原因主要有两个,一是因为多数工程覆盖层成因和成分往往较单一,或者其电性差异不明显,导致衰减系数 β 变化不明显因而解译困难,不适宜采用电磁波 CT。二是覆盖层内有两种以上地层,虽有明显电性差异,但分界面平整简单,仅靠钻孔勘探即可控制,则应用电磁波 CT 探测的必要性不大。

松散堆积层成因和岩性差异大,不同岩性覆盖层物性差异较明显,有利于电磁波 CT 探测成果的解译,说明该技术对于松散堆积层探测有较好的适用性。不同成因松散堆积层之间界线形态起伏变化大,应用电磁波 CT 探测与钻孔勘探相配合,可弥补钻孔勘探以点代面的不足,为孔间覆盖层岩性界线形态提供可靠依据。

2.6.3 覆盖层电磁波 CT 探测钻孔护壁研究

松散堆积层厚度大,岩性主要为冲积卵砾石夹砂、崩积碎石夹土及砾、崩滑碎块石夹土,进行钻孔勘探时钻孔自稳能力差,必须进行套管护壁。传统的覆盖层中钻孔勘探一般选用钢制套管进行护壁,对电磁波造成屏蔽,无法进行电磁波 CT 对穿测试。为解决这一问题,对钻孔护壁材料进行了比选研究,选取经济实用的材料制作电磁波 CT 对穿测试的护壁套管。

根据电磁波 CT 探测技术原理,钻孔护壁应选择绝缘性较好、电导率低、电磁波衰减程度低、易于穿透的材料。在此基础上考虑经济性,选取了玻璃纤维、PVC(聚氯乙烯)、PU(聚氨酯)三种材料进行比选。

三种材料均具有较好的绝缘性。玻璃纤维管的优点是抗拉强度高、弹性系数高、刚性佳;缺点是造价高。PVC 为世界产量最大的通用塑料之一,优点是造价低,材料强度也基本满足要求;缺点是材质偏脆,勘探操作时易裂、易断。PU 管造价比 PVC 略高,材料具有一定弹性,强度可满足要求,勘探操作时适应性强。

经过比选研究,最终选择 PU 材料定制成专用护壁套管,在工程中用作电磁波 CT 对穿的钻孔护壁材料,取得了良好效果。

2.6.4 覆盖层电磁波 CT 探测有效孔距研究

松散堆积层电磁波 CT 的探测孔距既应考虑查明覆盖层地层分布的勘探需求,也要考虑电磁波在介质中的传播距离。

电磁波在介质中的传播距离与发射机功率、工作频率和介质吸收系数有关。发射机功率越大,传播距离越远。采用 JCW4 型电磁波 CT 仪进行试验研究,其发射机功率为 10W,工作频率 0.5～32MHz。研究表明,工作频率影响探测成果的精度,频率越高,电磁波波长越小,对地质异常体越不易产生绕射现象,对地质异常体的分辨率就越高。因此,在满足电磁波穿透距离和分辨精度两方面需求的同时,尽量采用高频进行试验。在理论计算的基础上,统筹分析发射机功率、工作频率和介质性状特征三方面的因素,通过现场反复试验,最终选取工作频率为16MHz,确定电磁波 CT 孔间对穿探测有效孔距一般为 20m 左右,探测效果最理想。

2.6.5 小结

松散堆积层成因和岩性差异大,不同岩性覆盖层物性差异较明显,有利于电磁波 CT 探测成果的解译;另外,电磁波 CT 探测无需爆破发震,测试不会对钻孔造成破坏;原理上电磁波 CT 可用于覆盖层中是否存在软弱夹层及其他物质界面的空间分布的探测。通过调研、试验比选,确定了 PU 可作为理想的测试钻孔护壁材料;在理论计算的基础上,统筹分析发射机功率、工作频率和介质性状特征三方面的因素,通过现场反复试验,确定覆盖层电磁波 CT 孔间对穿探测有效孔距一般在 20m 左右效果最理想,成功实现了在松散堆积层进行孔间电磁波 CT 探测。

2.7 水域地震反射法

浅层地震勘探是根据人工激发的地震波在岩土介质中的传播规律,来研究浅部地质构造的地球物理方法。在水域岩土工程勘察常用的工程物探方法中,作为浅层地震勘探中的主要方法,地震反射波法能探查水下地形、覆盖层分层、基岩面起伏及地质构造情况。水域地震反射波法依据水中无面波和横波干扰的特点,利用小偏移距与等偏移距、单点高速激发、单道或多道接收,经实时数据处理,以密集显示波阻抗界面的方法形成时间剖面,并再现地下结构形态。

1.基本原理

水域地震反射法是一种采用多次覆盖技术的工程物探方法。当震源船激发的入射波向下传播至地层分界面时,由于界面存在波阻抗差异,将在界面处产生反射波,然后通过分析地面接收到的反射波信号可以推断出地下地层的分层情况、构造发育状态等。采用多次覆盖地震反射勘探方法可有效地压制多次波和衰减各种随机干扰,因此该技术已在浅层地震反射勘探中被广泛采用。水域地震反射法原理详见图 2.59。

2.仪器设备

水域地震勘探工作,采用走航式地震共偏移距纵波反射技术。选用 HMS-620 型双源电

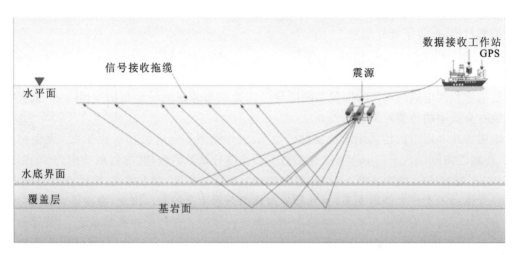

图 2.59   水域地震勘探工作原理示意图

磁气泡震源进行连续冲击激发水下地震波,Geode 型数字地震采集系统实施野外采集,配备 2 条串式检波接收电缆。主要仪器设备介绍如下:

(1)Geode 型数字地震采集系统:由美国 Geometrics 公司研制生产,广泛应用于折、反射地震勘探、面波调查、VSP 或小型海上地震调查,其智能型自触发射装置适合可控源及天然地震监测。每个采集单元配备 24 道,连接各采集单元可扩展到 1000 道甚至更多。内置检波器和排列测试器,全波形噪声监视。主要性能技术指标详见表 2.23,仪器设备详见图 2.60。

表 2.23   Geode 型数字地震采集系统的主要性能技术指标

仪器型号	生产商	A/D 转换器	通频带	畸变	共模抑制	道间串音	噪声背景
Geode	美国 Geometrics 公司	24 位精度	1.75Hz~ 20kHz	0.0005%, 在 2ms 采样, 1.75~ 208Hz 时	>100dB (≤100Hz, 36dB)	−125dB (23.5Hz, 24dB,2ms)	2ms,36dB, 1.75~208Hz 条件下,射频 干扰<0.20μV

(2)串式检波接收电缆:由湖南奥成科技有限公司研发生产,每条电缆配 12 道检波器,道间距 1m,检波器自然频率:5Hz~60kHz,灵敏度:≤1V/(cm·s),具有宽频带、高信噪比、稳定性好等优点。串式检波接收电缆详见图 2.61。

图 2.60   Geode 型数字地震采集系统   图 2.61   串式检波接收电缆

（3）HMS-620型双源电磁气泡震源：由美国HMS公司研制生产。频带宽：20～1700Hz，触发重复率最大1/8s，具有频带宽、穿透力强等优点。仪器设备详见图2.62。

图2.62　HMS-620型双源电磁气泡震源

（4）GNSS型高精度RTK：由广州市中海达测绘仪器有限公司生产，电台模式定位误差3cm，用于导航定位。

3.外业工作方法

外业工作时，震源定时激发，地震仪采集地震数据与RTK导航定位同步进行。工作船牵引测量系统连续、缓慢地沿测线从一端点驶向另一端点，即可完成工程物探勘察及测量。

采集质量通过设置仪器采集参数措施来保证。为抑制环境噪音和走航噪音干扰，同时又兼顾最大限度地提取地层深部反射信号，正式采集前应进行采集参数试验，包括震源偏移距、滤波范围、采样长度、采样间隔等。本次试验采集参数为：24道检波接收、道间距1m、最小偏移距6m、高通滤波频率100Hz、低通滤波频率2000Hz、采样长度200ms、采样间隔0.25ms。从记录效果看，对噪音干扰波的抑制效果较好，相关外业工作详见图2.63。

图2.63　水域地震反射震源及检波系统

4.资料处理流程

水域地震勘探资料的分析过程分两步进行：第一步为采集记录的回放与存储，即资料的整编；第二步为资料的数据处理。

（1）资料整编

对有效（测线范围的）原始采集数据进行归类，根据地震采集数据测量时的工作次序，最后确定地震时间剖面的道号与 GPS 点和物探测线位置的对应关系。

（2）数据处理

数据处理采用专用的水上反射处理软件进行处理和成图，其解译流程如下：

①数据处理：地震直达波拉平→坏道剔除→频谱分析→滤波→动校正→噪音处理→反褶积→多次波消除→时变滤波→偏移→深度衰减补偿→绘制彩色反射图。

②计算各地震道坐标、距离：航迹归一→道与坐标对应点输入→计算各道坐标、离起点距离或中轴线上的里程数。

③确定地震反射图上的各反射层位的同相轴，拾取各反射层位同相轴时间，形成时间数据文件。

④根据各反射层位对应的钻孔资料情况和各反射层波组的能量、频率、相位等特征，确定各反射层对应的地质层位及各层位的纵波速度。

⑤将时间数据文件转换成深度数据文件，绘成地质解译剖面图。

3 深埋地质体勘探与原位测试技术

3.1 深埋地质体的类型及特点

深埋地质体,如软岩、断层破碎带、岩溶、地下水、差异性风化破碎岩体等是深埋工程建设过程中遭遇工程地质问题较多、施工风险较大的几类典型不良地质体。近年来,伴随着我国水利水电以及其他地下工程建设的快速发展,尤其是大型引调水工程的开工建设,长距离、大埋深的隧洞工程越来越多,深埋隧洞工程面临着"地形地貌复杂、地质环境多变、灾害频发"的严峻考验。人们逐渐认识到对深埋岩体工程特性、深部岩体渗透性、高地应力环境背景及深部不良地质体分布特征进行研究的重要性,同时也对软弱破碎岩体(含断层破碎带)、深部岩体的压水试验、地应力测试等勘探与测试技术提出了更高要求。

3.1.1 深埋软岩

1.概念

软岩具有力学强度低,遇水容易软化,并且在外荷载作用下易于产生压缩变形等工程特征,其外在的表现形式具有软的方面,在具体工程上来说,又具有弱的特点,软岩的承受荷载能力低,具有较大的变形能力,软岩的力学性能取决于该软岩的矿物种类及软岩的结构面,因此,软岩一般具有可塑性、膨胀性、崩解性、流变性和易扰动性等工程地质特征。在外部荷载作用下,软岩表现出明显的塑性变形或黏塑性变形特征。"软"体现了岩体的内在特征,即岩石的硬度欠缺;"弱"主要表现岩石在工程上的应用特征,即在软岩承受外界作用力时,它的承受能力和抵抗自身变形能力均较差。因此,软岩大体上可以分为地质软岩和工程软岩。

(1)地质软岩:依据地质学的岩性划分,地质软岩指的是饱和单轴抗压强度小于或等于30MPa的松散、破碎、软弱及风化膨胀性一类岩体的总称。主要包括:①黏土岩、页岩、软质的泥灰岩、凝灰岩、大部分千枚岩、片岩、膨胀岩以及各种成因类型的软弱夹层;②断层破碎带,指在构造运动作用下形成的断层破碎带和岩浆岩侵入所形成的破碎带,一般包括断层泥、糜棱岩、断层角砾岩及构造破碎岩,其中断层泥、胶结不良的糜棱岩和断层角砾岩均可视为软岩;③风化岩,指在各种风化营力作用下,岩石成分、结构与工程性质产生变异的次生岩石,这类岩石力学特征与软弱岩石是相当的,也属软岩。

(2)工程软岩:是指在工程力作用下能产生显著塑性变形的工程岩体。工程软岩不仅重视软岩的强度特性,而且强调软岩所承受的工程力荷载的大小。工程力是指作用在工程岩体上力的总和,它可以是重力、构造地应力、水的作用力、工程扰动力以及岩体膨胀应力等。按照软岩变形的机理,工程软岩又分为四大类型:低强度软岩(膨胀性软岩)、高应力软岩、节理化软岩和复合型软岩。

2.深埋软岩力学特征

大埋深软岩的力学响应明显有别于浅部岩体,深部软岩在高应力作用下,将呈现出与承受低应力时不一样的变形和强度特性,主要特征表现有:一是岩石的流变性明显增大,因大的应力差将产生明显的流变效应;二是岩石强度曲线改变,在低围压下服从线性莫尔-库仑强度准则的岩石,在高围压下存在着明显的非线性,在较高应力状态下其强度随围压增大而增大的趋势有所减缓,一般呈现内摩擦角减小、内聚力增大的特征;三是脆性-延性转化,在较低围压下强度峰值后表现为脆性的岩石,在高围压下转化为延性,高应力下软岩在破坏后期会产生大的塑性变形。

影响深埋软岩大变形的主要因素包括岩石强度、地应力及地下水等。深埋软岩在高地应力和富水条件下大变形一般具有变形量大、径向变形显著、危害巨大等特点,特别是在深埋条件下与水的作用就能明显体现出来,软岩与水的亲和力比较强,遇水后其诸多物理性质发生改变,严重影响软岩工程的稳定性,增加工程施工的难度。

3.原有勘探与测试技术特点

深埋软岩体分布特征、物理力学特征的勘察之前主要是采用物探、深孔勘探相结合的方法,利用大地电磁测深技术(如 EH-4 等)可从宏观上大体查明软岩边界及产出特征,采用深孔勘探进一步查明软弱岩体的地层岩性、地质构造、水文地质(地下水位、岩体透水率等)及岩石物理力学特征。深埋软岩常用的取样方式包括钻孔取样(岩心样)和块石取样(现场岩块)方式,但这两种取样方式都可能存在严重的心样损伤问题,尤其是前期深孔勘探工作中,在软岩类地层中钻进,主要存在冲洗液护壁困难,孔内极易坍塌,掉块引起卡、埋钻和钻杆折断等问题,还存在因机械破碎原因岩屑过多,易引起糊钻、憋泵、岩心采取率低,导致事故频发、无法施钻,因此,深孔勘探工艺的合理选择与原位试验测试技术的进步尤为关键。

3.1.2　深埋断层及破碎带

1.概念

岩层或岩体在构造应力作用下发生破裂,沿破裂面两侧有明显相对位移的构造现象称为断层(图 3.1),由断层所导致的岩体破碎地段为断层破碎带。由于构造应力大小和性质的不同,断层及破碎带规模差异很大,小的可见于一块小的手标本上,大的可延伸数百甚至上千千米。

断层类型按断盘两盘的相对位移可分为正断层、逆断层和平移断层;按断层的走向与区域构造线(如褶皱轴向)的关系可分为纵断层、横断层和斜断层;按断层与地层产状的关系可分为走向断层、倾向断层、斜向断层和顺层断层;按断层产生的力学性质可分为压性断层、张性断层和扭性断层。

断层及破碎带是最常见也是最为复杂的不良地质体之一,在深埋隧洞工程中,断层及其破碎带引起的地质问题有围岩的失稳垮塌、突涌水等,还

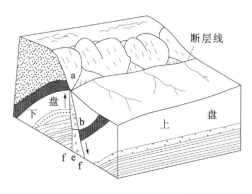

图 3.1　断层要素图

a、b—总断距;e—断层破碎带;f—断层影响带

包括断层带上盘侧过饱水断层泥及破碎岩夹黏土坍塌涌泥和构造岩的失稳垮塌和变形问题，探明深埋条件下断层及其破碎带的特征对工程地质灾害预警与防治具有重要指导意义。

2.深埋断层及破碎带特征

（1）压性断层

发育完整的压性断层通常由主干断层带、断层破碎带和断层影响带组成。

主干断层带多为断层泥和糜棱岩。断层泥的主要成分是黏土矿物，其次为原岩的碎粉和碎砾，是断层剪切滑动、碎裂、碾磨和黏土矿化作用的产物。片状黏土矿物一般定向排列，并且平行或与断面斜交或环绕碎砾。由于断层活动的多期性和复杂性，断层泥条带可发生破碎、混杂、面理弯曲、揉皱等变化。碎裂主要包括岩石的角砾和单矿物角砾，其砾径小至 1mm 以下，大至几厘米以上，形状主要为棱角状、透镜状、浑圆状等。糜棱岩指具有糜棱构造、经强烈破碎塑变作用所形成的岩石，往往分布在断裂带两侧。由于压扭应力的作用使岩石发生错动，研磨粉碎，并由于强烈的塑性变形，使细小的碎粒处在塑性流变状态下而呈定向排列。

相对而言，由断层泥、糜棱岩、碎粉岩等构成的压性断层主干断层带具有隔水作用，而断层破碎带主要由破碎岩体构成，往往具有良好的导水性，甚至可能与地表水系沟通，由于主干断层的隔水性，上盘断层破碎带破碎岩体往往富水并夹黏土；断层影响带主要表现为断层错动的牵引构造和岩体节理裂隙的发育。

（2）张性断层

张性断层主干断层带由张裂角砾岩组成，角砾棱角显著、大小不一、一般无定向排列，角砾的成分与断层两盘成分相同，具有良好的导水特性，同时，由于张性断层主干断层两侧破碎带的岩体破碎，也具有良好的导水性。

3.原有勘探与测试技术特点

深埋断层及破碎带的边界特征、物理力学特征的勘探与测试之前主要是采用物探（如大地电磁测深等）、深孔勘探相结合的方法，大地电磁测深 EH-4 测试技术可从宏观上探测断层及破碎带的边界及产出特征，采用深孔勘探进一步查明断层及破碎带的构造岩物质组成、水文地质（地下水位、岩体透水率等）及构造岩的物理力学特征。在断层及破碎带的勘探与测试工作中，面临与前述软岩类似的技术问题，尤其是深埋条件下的断层破碎带勘探需再深孔勘探的造孔、取心及孔内原位测试技术亟须取得新的突破。

3.1.3 深埋岩溶

1.概念

岩溶是指可溶性岩石长期被水溶蚀以及由此引起各种地质现象和形态的总和，它既包含了地表和地下水流对可溶性岩石的化学溶蚀作用，也包含有机械侵蚀、溶解运移和再沉积等作用，并形成了各种地貌形态，如溶洞、溶隙、堆积层、地下水文网，以及由此引起的重力塌陷、崩塌、地裂缝等次生现象。岩溶作用与其他地质作用的显著区别，在于以化学溶蚀为特征，并在岩体中发育了时代不同、规模不等、形态各异的洞隙和管道水系统。

岩溶发育的基本条件是岩石具有可溶性和透水性、水具有溶蚀性和流动性。岩石具有可溶性才会产生岩溶现象，同时岩石还须具有透水性，使水能够渗入岩石内部产生溶蚀作用。水具有一定的溶蚀力才能对岩石产生溶蚀，当水中含有 CO_2 或其他酸性成分时，其溶蚀力较强。产生溶蚀作用的水还需要有流动性，使其保持不饱和溶液状态和溶蚀能力，岩溶作用才会持续不断。

2.深埋岩溶类型及特征

作为地质体的地下岩溶,在岩体当中,以溶腔(一般宽度10cm至几十米,甚至百米)或岩溶裂隙(一般宽度小于10cm)的形式出现。若溶腔或裂隙为"空腔",腔内或裂隙内基本无充填物,或者仅部分有水体存在,而大部为空腔,称为洞穴式岩溶;若溶腔或裂隙为"实腔",腔内或裂隙内充满石块、泥浆或水体,称为充填式岩溶。地下岩溶的地质类型总体分为洞穴式地下岩溶和充填式地下岩溶两大类型。

(1)洞穴式岩溶:主要分为溶洞和暗河(暗河通道)两种类型。

溶洞:属于其中一种只有进口,没有明显出口的洞穴式地下岩溶。绝大多数溶洞或多或少都有部分水体存在。而真正完全无水的"溶洞",本质上不属于溶洞,而属于以"干洞"形式出现的暗河通道。

暗河(暗河通道):属于既有进口,又有出口的一种洞穴式地下岩溶。暗河本质上是在地下通过岩溶洞穴流经的河流。在暗河的横剖面上,常常河流水体只占一小部分,大部为没有水体的空腔,后者又称暗河通道。有些暗河,经常以"干洞"形式出现,偶尔有水流动,也称暗河通道。这种暗河通道可以在旱季里是"干洞",在雨季里则以有水流动的暗河的形式出现。甚至可以是晴天为"干洞",雨天是有水流动的暗河。

(2)充填式岩溶

充填式岩溶又称塌陷式岩溶,它进一步分为岩溶淤泥带和岩溶陷落柱两种。

3.原有勘察技术特点

深部岩溶勘探之前仍主要采用物探和钻探相结合的勘探方式;对地下水位、溶洞、构造缺口构造形态、溶蚀破碎、相对隔水层顶板等,可以采用物探(EH-4等)方法进行勘探,物探工作布置前,须进行地质宏观分析,结合地下水流向、地质构造走向、岩溶洼地、槽谷方向、管道或暗河分布等布置测线;钻探目前仍是深部岩溶勘探的重要手段,主要用以了解可溶岩地层岩性、地质构造、岩溶洞隙、水文地质特征,查明深部岩溶洞穴发育的分布高程、规模及充填性状,钻探前应做好地质宏观分析与钻进工艺、观测维护等的勘探设计工作,合理布置勘探剖面和孔位,保证勘探质量。

3.1.4 深埋差异性风化破碎岩体

差异性风化主要体现在岩石抵抗风化能力的不一致,普遍发生在含软岩夹层的硬质岩层或软、硬质岩互层中。由于软质岩和硬质岩具有不同的抗风化能力,在同等的风化条件下,风化程度就将不同,从而使二者形成的整体基岩层具有不均匀的工程特性。以滇中引水工程为例,二叠系峨眉山玄武岩中夹有凝灰岩夹层,为硬质岩中含软弱夹层,易发生差异性风化。同时,凝灰岩夹层对周围围岩具有动力蚀变作用,造成凝灰岩周围的玄武岩局部为全风化或强风化,岩体较破碎,不均匀风化明显。

玄武岩属于裂隙块状岩体,原始喷发沉积形成后岩体内部具有原生结构面、残留的原生气腔、凝灰岩软弱夹层。岩体的风化作用首先是沿原生结构面及凝灰岩软弱夹层开始,逐渐向岩体内部发展。裂隙交叉处破裂区矿物开始蚀变,同时凝灰岩夹层对周围岩体开始动力蚀变,岩块的棱角开始破坏,逐渐发展为球状岩块,进一步块状分裂,形成更小的岩块,逐次下去,最终导致全部风化成碎屑状而解体,形成风化囊(图3.2)。囊内物质主要为全风化玄武岩和凝灰岩,呈土状或碎块、碎颗粒状,地下水长期浸泡后呈泥状,力学性质低。在隧洞开挖过程中掌子面揭穿囊体后,囊内散体状物质迅速涌入洞内形成涌水突泥。

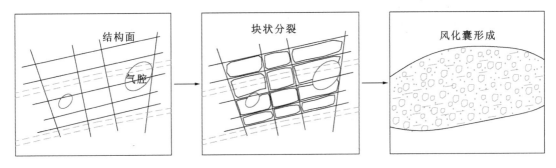

图 3.2 富水风化囊形成示意图

3.1.5 深埋岩体地下水

(1)深埋岩体地下水特征

地下水广泛赋存于岩体孔隙及层面、裂隙等结构面中,在破碎岩体、溶洞空腔中可能存在较大规模的富集,经人工扰动(如洞室开挖)可造成涌水灾害,高外水压力还可能引起洞室围岩变形破坏等问题。岩溶地区当高外水压力超过洞室围岩或混凝土衬砌抗拉强度时将发生劈裂破坏,从而引起围岩或衬砌的破坏,因此,地下水是一类不容忽视的重要地质体。地下水具有双重属性,它既是岩体的赋存环境,又是岩体的组成部分,并且在力学作用上,地下水既可以改变岩体的力学性能,又可以作为岩体中的应力组成部分,复杂地质条件下深埋岩体的地下水分布和富集主要受到以下因素影响:

①深埋岩体中地下水的埋藏和分布极不均匀,主要是由于储水空隙分布不均匀造成的。区域岩体的渗透性能空间差异较大,岩石裂隙发育的地方透水性强,富水程度好。

②深埋岩体中存在多类型的储水结构,与松散沉积物含水层相比具有明显不同的特点,与地层层位关系不密切,有时不受层位限制,而受断层、褶皱、岩脉等构造影响。

③地质构造因素对深埋岩体地下水有非常明显的控制作用,区域级别的大型断裂控制着地下水系统的边界,次一级的构造控制着地下水子系统的形成。此外,岩石中绝大多数空隙的形成和分布特征,都与地质构造作用有关。即使是在表生作用下产生的风化裂隙和岩溶裂隙,大多也是沿着已有的构造裂隙发展起来的。

④深埋岩体中地下水的渗流性质较复杂,即使埋藏在同一层基岩中的地下水也不一定具有统一的地下水位,水的运动状态也比较复杂。这些都是由岩石裂隙本身的形态特殊和分布不规律等特点决定的。

⑤深埋岩体中地下水的富集受水文地质结构(内部因素)和汇水条件(外部因素)共同影响。不同水文地质结构中空隙的大小、多少以及连通性等均不相同,由渗透主体介质空间结构特征及岩体产出状态、空隙类型等构成的水文地质结构决定了能否形成蓄积地下水的空间以及所能容纳地下水量的多少,而地形地貌气象水文等汇水条件又从另一方面决定地下水获得补给的能力。

(2)深埋岩体渗透性

岩体渗透性是指在水压力作用下,岩体孔隙和裂隙的过水能力。岩体透水率是最为重要的水文地质参数。渗流对岩体内的应力和岩体稳定性有重要影响,岩体的渗透特性本身就存在诸多变化,有很多因素都会影响岩体渗透性能的变化。

深埋岩体因地质条件和水文地质条件复杂,受到自重压力、裂隙发育和张开程度以及埋深的影响,岩体渗透性随深度呈现出非均质性的分布规律。

(3)原有渗透性测试技术特点

工程地质钻探是最原始也是获取深埋岩体透水性最直接的勘察方法,深埋岩体透水率测试中通常采用钻孔压水试验。水利水电工程地质勘察领域,在埋深近千米的情况下,钻孔压水试验质量会受到很多不利因素干扰,如自然水头、水位埋深、岩体渗透性、试验设备及人为因素等。在千米级深钻孔中进行常规压水试验,可靠性是个问题:一方面,在大埋深和高压力下,岩体透水率小,常规橡胶栓塞的密封性能不满足要求;另一方面,栓塞压力难以控制,可能会被"压翻",导致试验失败,并造成孔内事故。因此,进一步研究深埋岩体深孔水文地质测试技术,开发适用于深埋隧洞深孔岩体渗透特性的测试技术与设备十分必要。

3.1.6 深埋岩体地应力

1. 概念

岩体地应力或称初始应力、天然应力,处于三维应力状态,一般为压应力,岩体地应力大小主要取决于构造作用的强度和上覆岩层的厚度等。岩体中任何一点都受到力的作用,处于受力状态中,在工程开挖之前岩体中已经存在着的地应力,为初始应力。在工程开挖后,初始地应力场受到影响,产生应力重分布,形成次生(二次)应力场。地应力主要由自重应力、构造应力、变异应力及二次应力等组成,其中,岩体中任一点上覆厚度的岩石产生的重力作用,引起该点的应力状态,称为自重应力;地壳运动在岩体内造成的应力为构造应力;由岩体的物理状态、化学性质或赋存条件变化引起的,称为变异应力;人类从事工程活动时,在岩体天然应力场内,因挖除部分岩体或增加结构物而引起的应力,称为二次应力。

工程岩体的应力状态,是评价岩体工程地质条件的基本资料,也是水利水电工程设计和施工的基本技术参数,因此,对于大型工程或特殊工程,尤其是深埋岩体,应实测岩体初始地应力,以获得其定量数据。高地应力对岩体力学性质的影响是复杂的,在勘察设计中应充分认识和研究,以避弊就利。高地应力常引起坚硬岩体岩爆劈裂和坝基开挖中产生岩体卸荷回弹破裂,对较软弱岩体则可能产生较大变形。实测资料表明,岩爆和岩心饼化的发生部位,大多数最大主应力值在 20～25MPa 以上;在中等地应力范围(10～20MPa)也有局部发生岩爆或岩心饼化的现象;低地应力区(小于 10MPa)未见岩爆或岩心饼化的现象。

2. 原有地应力测试技术特点

地应力的测试方法繁多,但不论采用何种方法,其理论假定均认为岩体呈连续的各向同性体,依据弹性理论广义胡克定理求算地应力。

岩体应力测试方法主要有:孔壁应变法、孔底应变法、孔径变形法、水压致裂法和表面应变法。其中孔壁应变法、孔底应变法、孔径变形法通常在浅钻孔中应用,表面应变法通常在探洞洞壁上应用。深埋岩体前期勘察工作中地应力测试使用最广泛的是水压致裂法,主要采用两个长约 1m 串接起来可膨胀的封隔器阻塞钻孔,形成一封闭的加压段(长约 1m),对加压段加压直至孔壁岩体产生张拉破坏,根据破坏性压力按弹性理论公式计算岩体应力参数。

深埋岩体因其地质条件和水文地质条件复杂,在采用绳索取心钻进工艺为代表的千米级钻孔中进行水压致裂测试面临不少技术挑战。主要包括:测试部位地下水位较低,传统方法水量需求大,试验测试难以实施;钻孔穿越不同地层,遭遇欠稳定钻孔,试验风险大;基于推拉阀控制的传统单管加压系统或由外置式高压软管与钻杆组成的双管加压系统,易出现推拉阀控制或高压软管孔内打结等问题;此外,在利用绳索取心技术进行钻探时,因薄壁绳索取心钻杆系统耐高压性能差,不能直接用作水压致裂试验进水管等。

3.2　钻探技术

3.2.1　钻探技术难点

深埋(不良)地质体因其特有的地质特性,钻探技术方面存在的难点如下:

(1)钻孔深度大

各种深埋地质体具有一个明显的共性:埋深大,这决定了对其开展地质勘探工作需要完成的钻孔都是深孔或超深孔,明显会增加钻进技术难度,也对设备器材、钻进工艺、护壁堵漏、事故预防与处理等方面都提出了更高要求和新的需要。

(2)难点类似

深埋地质体的钻孔上部大多会遇到松散堆积覆盖层,其钻进过程同样也会存在着与深厚松散堆积地层相同的包括成孔难、取心难、护壁难等钻探技术难点。

(3)特点与难点

不同深埋(不良)地质体自身所独有的地质特性,使其钻进过程也会存在不同的特点与难点。如:(深埋地质体)超深孔的钻进效率与护壁难;软岩的取心难;断层破碎带的护壁与取心难;岩溶地层的钻穿通过与隔离溶洞难;承压水(涌水)地层的止水堵漏与平衡钻进难等。

深埋(不良)地质体与深厚松散堆积体这两种地质划分,在地质结构、组成特性方面以及体现在钻探难点上,都存在着既有很多相同或相近、相似之处,却又有着不少差异与区别的地方。因此,深埋(不良)地质体与前面所述深厚松散堆积体的钻探技术,在设备器材和钻进工艺(包括钻进方法、取心钻具、冲洗液介质、护壁方式与材料、操作方法等)方面,也都存在着既有许多相同相似而相互通用或值得互相借鉴的地方,同时,针对不同深埋(不良)地质体所独有的地质特性而具有一些特殊和差别之处。

深埋(不良)地质体深孔总体通用钻进工艺和针对一些深埋(不良)地质体的特殊钻进工艺归纳如下:

3.2.2　绳索取心钻进工艺

1.深孔钻探需解决的重要问题

工程地质岩心钻探采用普通钻进工艺,需要在每回次进尺达到岩心管长度后起钻提出全孔钻杆和钻具以取出岩心,再下钻继续下一回次钻进。如此,起下钻具工序约占纯钻进操作时间的30%~40%,且随钻孔深度的增加起下钻辅助生产时间所占比例更需加大甚至远超过纯钻时间,从而严重影响到深孔钻进的总体效率无法提高,同时也大大增加了操作人员的劳动强度。故此,深埋(不良)地质体深孔特别是超深孔钻探,解决每钻进回次的取心操作工序耗时过大的问题,具有重要的实用价值。绳索取心钻进工艺为解决这个问题提供了一个很好的实用技术,应作为各种深埋(不良)地质体深孔与超深孔总体通用的钻进工艺加以广泛应用。

2.金刚石绳索取心钻进工艺

绳索取心钻进也称不提钻取心钻进,是指在钻进过程中,当钻进回次进尺达到岩心管长度时,全孔钻杆柱在孔内保持不动(不需提出地面),采取从钻杆柱内通孔投入连接绳索(细钢绳)的专用打捞工具,将钻具底部装置岩心的内管打捞挂住并提升到地面的方法。然后再将准备好备用的空内管直接从钻杆柱内通孔投入至钻具底部即可继续钻进下一回次。由于不需要将全孔钻杆柱逐根拧卸提升到地面再逐根连接下放至孔底,只需通过专用卷筒快速投入和提升钢丝绳索,可极大地减少回次间取心工序的操作时间,从而很好地解决了普通钻进工艺在深孔钻探过程每回次取心起下钻具工序时间占比过大的问题,大大提高了深孔钻进的总体效率,且所形成的全孔绳索钻杆柱的钻具结构利于减少孔内事故发生率,故此,绳索取心钻进技术成为深孔超深孔的优选钻进方法。

(1)金刚石绳索取心钻进技术的优点

①钻进总体效率高:绳索取心钻进技术大大减少了钻进中每回次起钻取心的操作时间,很好地解决了深孔起下钻取心工序耗时大的问题,且孔深愈大效果愈明显,使得纯钻进时间增加,总体效率得以大大提高。

②利于提高岩心采取率:由于绳索钻具为双管单动结构,加上钻进过程因全孔钻杆外径与孔壁间隙合理,明显减小钻具晃动和对岩心的破坏,可提高岩心采取率。

③利于减少事故:由于绳索钻具全孔粗径钻杆柱与孔壁间隙较小,十分合理,可很好防止钻进过程的掉块、坍塌、卡钻等情况发生,并使得冲洗液上返速度和携粉能力明显加大,利于减少沉淀保持孔内干净,可大大减少孔内事故发生率。

④降低劳动强度:大大减少了钻杆的逐根拧卸和连接下放操作的工作量,极大地降低了生产人员的劳动强度。

(2)绳索取心钻具钻杆组合优选

①钻头优选

绳索取心金刚石钻头种类齐全且性能多样,已成为各种地层绳索钻具的广谱钻头。选择金刚石钻头需要考虑的因素有:岩石硬度、岩石粒度、地层破碎程度、岩石研磨性、钻机动力、钻进时效、钻头寿命等。

常规金刚石钻头优选原则为:

A.软至中硬和完整均质岩层,一般宜用天然表镶钻头、复合片钻头、聚晶钻头。

B.硬至坚硬致密的岩层(7~12级),一般宜用孕镶钻头、尖环槽钻头,或细粒表镶金刚石钻头。

C.在破碎、软硬互层、裂隙发育或强研磨性岩层,宜用尖齿型广谱钻头或耐磨性好的、补强的电镀孕镶钻头。

D.根据岩石的研磨性、风化和破碎程度选择胎体耐磨性的原则:强研磨性岩层,选用高耐磨性的胎体;中等研磨性岩层,选用中等耐磨性的胎体;弱研磨性岩层,选用弱耐磨性的胎体。

E.复杂岩层,研磨性越强、越硬,选用金刚石晶级好、粒度相对细的钻头。

F.强研磨性、破碎的岩层,选用金刚石浓度较高的钻头;反之,均质致密、弱研磨性的岩层,选用金刚石浓度较低的钻头。

G. 岩层软,排粉多,选用复合片钻头或聚晶钻头,易冲蚀的岩矿层取心,选用底喷式钻头。

H. 钻进超深孔时,宜优先采用加长工作层的长寿命高效金刚石钻头(图 3.3),可减少更换钻头次数,进一步提高深孔钻进效率。

②钻具优选

国内外研发成熟的绳索取心钻具已自成系列,操作原理基本相同,细部结构稍有差异。绳索取心钻具主要由内管总成和外管总成两大部分组成,包括以下

图 3.3　工作层高 25mm 长寿命
孕镶金刚石钻头

机构:铰链式矛头机构、弹卡定位机构、悬挂机构、到位报信机构、岩心堵塞报警机构、单动机构、内管保护机构、调节机构、扶正机构、打捞机构。深孔钻进时钻杆将承受更大的拉力和扭力,取心钻具传递孔内信息的要求比浅孔要有更高的灵敏度。深孔起下钻对孔壁的损害更大,因此还要求绳索取心钻具在打捞岩心工作和内管到位时可靠性要求更高,确保深孔钻进时尽量减少不必要的起下钻操作,优质的钻具可以保持正常工作状态,一定程度上避免孔内故障。

A. 基本结构

以性能优异的 Q3 系列金刚石绳索取心钻具为例,绳索取心钻具基本结构如图 3.4 所示。

图 3.4　宝长年公司生产的 Q3 系列钻具结构图

1—钻具头总成;2—半合管泵头头;3—活塞拉杆;4—"O"形密封圈;5—岩心泵出活塞;6—半合管;7—内管;
8—挡圈;9—卡簧;10—卡簧座;11—锁接头;12—弹卡室;13—挂环;14—外管;15—扶正环;16—外管保护套

此类型钻具为单动双管式结构,内管分普通内管和半合式内管(半合管)两种,半合管可用于极破碎和软弱地层以减少从内管取出岩心时的扰动与破坏。该钻具还可以根据地层条件调整内管长短,最长可以把内、外管加长到 6m,从而增加回次进尺长度,便于超深孔钻进时提高钻进效率。该钻具具有动作反应灵敏、性能稳定可靠、采取率高和钻进速度快的特点,可以满足复杂地层深孔超深孔的钻探需求。

B. 配套规格

钻具与钻头级配尤其重要,扩孔器外径、钻头外径、钻具外径需要合理的匹配,钻头和绳索取心钻具级配如表 3.1 所示。

表 3.1　绳索取心钻具配套规格　　　　　　　　　　　　　　　　单位:mm

规格代号	孔径	岩心直径	外管		内管		金刚石扩孔器	金刚石钻头	
			外径	内径	外径	内径		外径	内径
P	122	82.93	117.50	103.20	95.20	88.90	122.78	122.43	83.19
H	96	60.99	92.20	77.80	73.00	66.00	96.24	95.89	61.24
N	76	45.21	73.20	60.50	55.60	50.00	75.82	75.57	45.21
B	60	36.53	57.20	46.00	42.90	38.10	60.00	59.82	36.53

　　由于小口径钻杆柱强度偏低,一般情况下深孔钻进宜尽量避免使用较小口径 B 规格的钻具。如果必须采用 B 钻具钻进时,应对钻进扭矩进行严格限制,以免因扭矩过大而扭断钻杆。在钻遇较长的易缩径地层时,宜适当增加钻头和扩孔器外径,避免发生卡钻和憋泵情况。

　　③钻具钻杆组合优选

　　深孔钻进施工除保证钻具质量外,同时应保证管材规格配套齐全,做好钻具与钻杆、钻具与套管的匹配等。

　　A.国标与国际系列钻具钻杆配套规格

　　国标与国际系列绳索取心钻具采用的钻杆配套规格和性能参数见表 3.2。

表 3.2　钻具钻杆配套规格和性能参数

绳索取心	钻杆系列	外径(mm)	内径(mm)	螺纹连接形式	热处理方式	材质/钢级	建设使用深度(m)
普通钻杆	S56	53.0	44.0	地标、冶标	正火	45MnMoB	1000
	S59	55.5	46.0	地标、冶标	正火	45MnMoB	1000
	S75	71.0	61.0	地标、冶标	正火	45MnMoB	1000
	S95	89.0	79.0	地标、冶标	正火	45MnMoB	600
加厚钻杆	S75A	两端加厚	61.0	企标	加厚端热处理	45MnMoB	1500
	S95A	两端加厚	79.0	企标	加厚端热处理	45MnMoB	1300
C 系列钻杆	CBH	两端加厚	44.0	企标	整体热处理	30CrMnSiA	2500
	CNH	两端加厚	61.0	企标	整体热处理	30CrMnSiA	2300
	CNH(T)	两端加厚	58.0	企标	整体热处理	BG850	3000
	CHH	两端加厚	77.0	企标	整体热处理	30CrMnSiA	1800
	CPH	114.3	101.6	企标	局部热处理	ZT590	900
	CSH	127.0	114.3	企标	摩擦焊接	S135	3000
国际系列钻杆	BQ	55.6	46.0	参照 ISO 10097-1,1999 标准,与 Q 和 O 系列等效	整体热处理	BG850	2000
	NQ	70.1	60.0		整体热处理	BG850	1500
	HQ	89.0	77.8		整体热处理	BG850	1000
	PQ	114.3	103.2		局部热处理	ZT520	600

　　B.钻具钻杆连接

　　绳索取心钻探的典型钻具钻杆组合连接如图 3.5 所示。

　　(3)绳索取心钻具的组装检查和维修保养

　　①钻具组装与检查

　　绳索取心钻具下孔前,应对照说明书对内、外管及打捞器总成进行认真检查,然后将内管总成装入外管总成,调整内、外管长度的配合尺寸,并用打捞器试捞内管总成,确认合乎技术要求后才能下孔使用。

　　A.外管总成的组成与检查

　　外管总成由钻头、钻具、扩孔器、稳定器(上部)、外管、弹卡室、弹卡挡头、座环及扶正环等

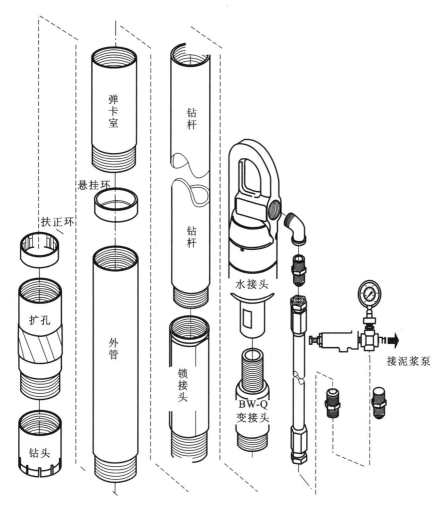

图 3.5 绳索取心钻具钻杆连接示意图

组成。检查时应注意：外管弯曲度须小于 0.3mm/m；扶正环无变形；稳定器的外径略小于扩孔器；所有螺纹处要涂丝扣油，以增强密封性能，方便拧卸。

B. 内管总成的组成与检查

内管总成由捞矛头、弹卡、单动轴承、卡簧座等组成。检查时应注意：各部件丝扣拧紧，尤其是要防止卡簧座倒扣；转入弹卡动作要灵活，两翼张开间距要大于弹卡室内径；钻具有到位报信机构时，宜根据孔深调节工作弹簧预压力，到位机构动作灵活，轴承套内注满黄油；内管平直无弯曲现象和凹坑；卡簧内径与钻头内径合理匹配，比钻头内径小 0.5mm 为宜。

C. 打捞器检查

将打捞器与钢丝绳连接牢固，应注意检查：打捞钩安装周正，无偏斜；尾部弹簧灵活可靠，头部张开距离以 8～12mm 为宜；脱卡管能起到正常安全脱卡作用。

D. 内、外管总成的装配与检查

装配时应注意检查：弹卡及弹卡挡头的顶面应保持一定距离，一般为 3～4mm；卡簧座与钻头内台阶保持合理间隙，一般为 2mm，该间隙可通过内管总成的调节螺母进行调整；内管总成在外管总成中应卡装牢固,捞取时又保持方便灵活。

②钻具的维修与保养

为保证绳索取心钻具的正常使用,防止钻具零部件失灵,捞取岩心失效而导致提钻处理甚至发生孔内事故,必须经常检查钻具,做好维修保养工作。

A.弹卡磨损情况及弹簧是否变形,并经常注油润滑。弹卡处于张开状态时,两翼最大间距应比弹卡挡头内径大1.5mm,否则应及时更换。

B.单动轴承是否灵活,并定期清洗注入黄油。

C.内管有无弯曲和凹坑变形,发现不合用时宜修理或及时更换。内管弯曲变形超过5mm/m,需矫直。

D.每次提钻要检查弹卡挡头拨叉磨损断裂情况,发现磨出圆角要整修,检查出变形或有断裂现象时则需更换。

E.悬挂环和座环磨损情况,发现吻合面已磨成圆锥面时要及时更换。

F.每次捞取岩心前应检查打捞钩头部和尾部弹簧磨损变形情况,如有明显磨损、变形要及时更换。

G.钢丝绳应涂油保养,有损伤断股情况及时更换。

(4)钻进操作和注意事项

①钻进操作要点

应严格遵循金刚石绳索取心钻进操作规程,操作要点如下:

A.绳索取心钻具因环状间隙小,故上、下钻具时引起的压力波动值特别是孔内的动水压力与提、下钻速度成正比,所以应合理控制提、下钻速度。

B.提升钻具及打捞内管总成时,均需向孔内回灌一定量的冲洗液,避免因孔内水位下降过快,形成压差过大造成孔壁坍塌。

C.确认岩钻杆柱内无岩心后,将另一套内管由孔口投入钻杆内,开泵压送内管。下放内管时,为避免内管下滑过程中被钻杆内台阶顶住,可适当开车转动或晃动钻具。如孔内漏失为干孔,则需要使用干孔投放器下放内管。

D.确认内管已可靠到达外管的准确卡位处,方可缓慢开车扫孔及钻进。

E.发生岩心堵塞时应立即捞取内管取心,不可上下窜动钻具或继续加压,否则不仅加大岩心的磨损,还可能造成卡簧座返扣,弹卡板顶死,导致打捞失败。每回次进尺达到内管长度时,需及时停钻进行打捞岩心内管操作。

F.钻进中应注意观察泵压、回水、进尺情况,泵压(增大或快降)突变、回水(加大或不返)突变、进尺(快进或不进)突变等情况,均须立即停钻,检查分析原因,采取相应处理措施,必要时应立即起钻进行检查与处理。

G.合理控制提钻换钻头间隔。通过取出的岩心直径变化判断钻头内径的磨损情况,通过观察泵压的变化及进尺速率变化判断钻头底唇及水口的磨损,合理加大提钻换钻头间隔。

H.加强冲洗液管理,提高和保持冲洗液的携粉能力,并使岩粉在泥浆池内充分沉淀,防止在钻杆内壁形成泥皮,导致打捞内管失败。

I.钻进时严禁盲目加压。压力过大,会压坏双管,带来不良后果。

J.当出现孔内异常或事故,应按照先将钻具提离孔底,然后利用打捞器提升内管总成,最后提出外管总成的顺序,起钻进行检查。

②注意事项

使用金刚石绳索取心钻进应注意关键部位的检查与调整,重点注意事项如下:

A. 钻具内外管必须平直,每米弯曲度小于 0.3mm,经常检查钻杆的平直度及接手丝扣情况,用卡尺检验接手磨损度,磨损严重的,要换成新接手。

B. 出现定位机构失灵、残留岩心、钻杆或内管弯曲等都会造成打单管现象,带来一系列不利影响,应重点检查这些部位情况。

C. 每次取心后,检查卡簧尺寸与岩心的匹配,避免卡簧直径过大使得岩心脱落或卡簧过小造成岩心顶坏卡簧等情况。

D. 注意检查金刚石扩孔器与钻头的磨损情况,并通过更换、调整和排队使用等方法,保持扩孔器与钻头外径以及与孔径孔深的合理匹配。

E. 注意检查钻具、钻杆、钻杆接头等部位的磨损情况,并及时进行修复或更换。

3.2.3　软岩或软弱夹层钻进工艺

1. 钻进技术难点

由于软岩或软弱夹层特定的组成结构及力学性能,使其具有明显的软、弱、薄、层位不清、层数不明、软硬互变快等特点,给钻进与取心带来很大困难,主要难点如下:

(1)怕磨损,易打丢

使用结构不适宜软岩或软弱夹层特性的钻具或钻进方法,钻进过程通过软岩或软弱夹层容易出现岩心的堵塞、对磨、卡不紧、托不住等情况。

(2)怕冲刷,易冲蚀

钻进过程通过软岩或软弱夹层若出现对岩心的严重冲蚀情况,则容易产生把软岩或软弱夹层冲刷破坏取得很差甚至一些薄层或特薄层被冲蚀光的后果。

(3)难拿取,易扰动

使用常规钻具和取拿岩心的操作方法,在从岩心管内拿取岩心时易产生对软岩或软弱夹层的扰动,破坏其原始状态。

2. 针对性技术措施

(1)取心率低的主要原因

依据经验积累和理论分析,取心率低的主要原因如下:

①钻进机械力的破坏作用

钻进过程所产生的磨削、振动、摆动、压裂等各种机械力对进入钻头体的软弱岩心的破坏作用,岩心管上部原有岩心及地面岩心对进入钻头体软弱岩心的压磨、对磨、顶磨等磨灭损坏作用,是对软弱岩心破坏的重要原因。

②水力冲蚀的破坏作用

钻进过程中水力冲蚀使软弱夹层泥质部分被冲洗液带走,粒状或块状部分则被冲散毁坏留于钻头内,发生二次破碎又将再损坏进入钻头的岩心。

③取拿岩心方法的扰动破坏

使用普通岩心内管式的钻具,起钻后从内管取出岩心时,需要采取敲击振动钻具或内管使岩心顺序滚落或滑出,再拿取放入岩心箱的操作方法,此过程对软弱夹层中的薄泥状、粉状、碎石状等岩心均易造成扰动及破坏,无法取得其原始状态的心样。

（2）软岩或软弱夹层钻进针对性技术措施

在钻探作业前需做好各方面的准备，条件允许时尽量加大软岩或软弱夹层孔段的口径，并在实际钻探工作中，对影响软岩或软弱夹层取心率低的上述几方面原因采取针对性技术措施。

①减小钻进机械力破坏岩心的技术措施

A.采用金刚石双管单动钻具或金刚石绳索取心钻具，并对其部分结构及使用性能作针对性改进与调整。

B.岩心管内壁进行磨光或镀铬处理，以减小岩心进入时的阻力，防止内管堵心。

C.缩短钻具长度，并改进钻具多副长轴承结构、钻具下部加装扶正环，使整个钻具提高并保持钻具的单动性及同轴度。

D.钻进至距预测软弱夹层顶部 1.5～2.0m 时，更换改进调整好的钻具，再采用适宜的操作方法进行软弱夹层的钻进。

E.采用较高转速、小泵量、较低钻压的钻进参数；并适当限制回次进尺、缩短回次钻进时间。

F.尽量采取长行程不停车倒杆钻进；发现岩心堵塞现象须立即起钻排除。

G.通过细致观察进尺快慢变化、回水颜色、泵压变化、钻进感觉等情况，来判断钻进所在层位，钻进过程中感觉已穿过软弱夹层时，只要不堵钻或进尺速度陡降，则继续钻进 0.2～0.5m 左右方可起钻，以利于卡取岩心并保证取出夹层岩心的完整性。

②减小水力冲蚀的技术措施

A.调整减小钻头内台阶与卡簧座的间隙，以减少岩心进入卡簧座时被冲蚀情况。

B.选用具润滑性能的循环液介质（如植物胶、皂化油），可起到减少冲洗液的冲蚀作用，并具有减少钻具振动力破坏岩心且能润滑岩心防堵塞作用。

C.先用大泵量冲净孔内沉淀，再采用小泵量钻进通过软弱夹层。

D.选用金刚石双管底喷式钻头，改善岩心进入钻头时被冲蚀状态。

③解决取拿岩心时扰动的技术措施

A.采用内管为半合管式的双层管钻具，或者使用适宜软弱夹层的特制三层管钻具。

B.使用与钻具内管直径相匹配的半圆槽式岩心箱。

C.打开半合管后保持原状态，先进行岩心拍照或录像，再取拿岩心放置于半圆槽岩心箱，重要层位岩心应采用特别保护方法（及时拍照编录、薄膜包裹等）。

3.钻进工艺

钻进工艺应能适应其软、弱、薄的特性，较好地解决上述钻进机械力破坏、水力冲蚀、取拿岩心时扰动等影响取心的主要问题。

（1）特制三层管钻具钻进工艺

特制三层管钻具因其构造具有独特的性能，在软岩或软弱夹层中钻进能够取得高质量原状结构的岩心，再配以特制半圆槽式岩心箱，则可获得呈柱状原状样的保存岩心。

①三层管钻具的结构组成

三层管钻具的基本结构是在单动双管钻具的基础上，在内管中增加一层可由水压法退出的用于装岩心的半合管而组成。普通取心钻进和绳索取心钻进工艺均有不同口径系列的三层管钻具。现以绳索取心钻具为例，其三层管钻具的基本结构为：一层是外管总成，钻进时外管与钻头成回转动作钻进卡取岩石；二层是内管总成，钻进过程中一直保持不转动；三层是半合管,专用于装纳岩心也不转动。外管总成主要由弹卡挡头、弹卡室、扶正接头、外管、扩孔器、钻头等机构装置或部件组成;内管总成主要由捞矛头、弹卡、悬挂环、单动轴承、调节杆、水压退心、内管、到位报信、堵塞报警、扶正环、岩心卡取等机构装置或部件组成;半合管由两块同径对开式半圆弧管组成。

②三层管钻具的优势

A.单动装置的多副轴承较大、岩心管长度较短,钻具的总体单动性能得到提高和保证。

B.钻具的到位报信、堵塞报警装置可有效防止内管不到位打单管和堵塞后岩心对磨等不利情况。

C.通过钻具的调节装置可将内管与钻头的间隙调整合理且最小,使得岩心进入钻头时被冲刷作用大大减小。

D.通过钻具的扶正装置,可保持单动性能并减小钻具和内管的摆动及振动,从而很好地防止或减小了钻进机械力对岩心的破坏作用。

E.通过钻具的内管退心装置利用水压方式将半合管及所装岩心平稳顶出内管,打开半合管上半部,则可显现软弱岩心圆柱状原始状态,很好地避免了取心操作对岩心的扰动破坏。

③取心工作程序

绳索三层管钻具的取心工作操作程序如下:

投放内管总成→内管总成到位→钻进→投放打捞器捞取内管总成→卷扬机钢绳提升出内管总成→拆卸内管总成下端卡簧座及上端机构→装液压堵头及送水接头→开泵液压→顶出半合管→打开半合管取出岩心→放置岩心→投放内管总成

④钻进操作注意事项

三层管钻进,应重视钻进操作技术环节的工作,主要注意事项如下:

A.三层管钻具的正确装配是保证其正常工作的重要工序,应先仔细装配好各总成的部件机构,再认真装配各个相关连接部位,同时按使用要求准确调整好各处配合间隙尺寸。

B.内管总成从钻杆中投放下去,由到位报信机构确认已坐落到外管总成的预定位置后,才能开始正常钻进操作,严防不到位形成单管钻进情况。

C.根据钻进感觉和对穿过软弱夹层情况的判断,合理控制回次进尺长度。

D.选择适宜地层特性的钻进参数,并注意随着地层变化情况进行及时调整,尽量一直保持合理的进尺速度和纯钻进时间。

E.采用性能适宜的润滑型循环介质作为冲洗液,每回次钻进前使用大泵量冲孔清除沉淀保持孔内干净;钻进中注意根据钻进感觉和进尺情况判断地层软硬状态并随之调节相适应的冲洗液流量,避免钻进较硬岩层时泵量过小或穿过软弱夹层时泵量过大对进尺或岩心的不利影响。

F.出现进尺速度突降、不进尺或堵塞报警信号发出讯息等情况时,则须立即停钻开始打捞内管总成操作,防止岩心对磨打丢软弱夹层。

G.钻具下钻或每回次投入内管总成前,均应对三层管钻具或内管总成进行全面检查,包括各总成组件的组装与动作、各连接部位的装配与紧固、各处配合间隙的调整与锁定等方面,均须符合相关使用标准和技术要求,确保每回次钻进过程钻具的各个装置其动作和功能达到正常可靠。

(2)套钻技术钻进工艺

采用套钻技术也是一种专门对付软弱夹层(滑带)行之有效的钻进工艺。

①套钻技术操作方法

A. 在拟采用套钻取心的钻孔段(孔径110mm),先使用带扶正置中器的钻具在孔底中心位置钻取直径40mm左右、长度为1～2m的小孔。

B. 使用合适方法与措施,在小孔中心位置竖直插入一根细杆件(如细钢筋、细钢管、细有机杆等),其长度与小孔一致。

C. 采用合适方法与措施,将数量适宜的黏结剂导灌注入小孔内(包裹细杆)。

D. 待黏结剂完全凝结后,使用直径110mm特制钻具对小孔孔段进行套钻取心操作。

E. 由于黏结剂已使中心细杆和周边的软弱夹层凝结形成一体,易于钻取并获得完整且基本保持原状结构的软弱夹层岩心。

②套钻技术注意事项

A. 套钻技术方法宜在软弱夹层的基本深度已大致判断清楚条件时采用,若取出带中心细杆岩心中没有软弱夹层,则说明位置判断失误。必要时宜采取在一定孔段范围连续进行套钻以获取软弱夹层的方法。

B. 在先导小孔插杆的方法与措施,应尽量使杆件位于小孔中心并保持竖直状态。

C. 黏结剂性能应易于与软弱夹层及岩石牢固凝结,且终凝时间合适方便操作;注入方法与操作应易于流入细杆四周且不影响其位置和状态。

D. 套钻可保证取出的岩心有一定环状厚度,利于对其中软弱夹层的保留和钻取。有条件时,可采用特制专用钻具进行先导小孔和套钻孔的钻进。

E. 采用套钻技术,在套钻取心时若使用定向取心钻具,还可同时获得软弱层带的构造形迹以及产状要素。

3.2.4　岩溶地层钻进工艺

1. 钻进技术难点

由于岩溶独有的特征与形态,钻进过程带来对应的技术难点如下:

(1)漏失严重、封堵隔离难度大

岩溶地层冲洗液容易漏失,增加了钻进过程中保持冲洗液循环的难度,特别是进入较大溶洞可能会一下全漏光,再钻进时冲洗液根本无法循环,只能采取顶漏(冒漏)钻进的方法。在溶洞形态特殊怪异或溶洞过大时,进行漏失通道封堵和溶洞隔离的实施难度较大,也给后续钻进的恢复冲洗液循环和护壁带来困难。

(2)成孔不易、取心难

由于岩溶岩性强度低、性脆易破碎,充填物成分杂、胶结差,带来钻进成孔不易和取心难度。

(3)溶洞中易孔斜、钻具易折断

岩溶地层钻进过程中进入溶洞特别是较大溶洞,钻具失去周围孔壁的稳固和导向作用,容易产生孔斜,不注意时还会出现猛然掉钻,造成钻具折断,或操作不当时孔底形成多个新孔的情况。

(4)地下水影响带来钻进难度

因异常地下水活动,若带来严重稀释冲洗液、严重涌水或突水等影响,均会增加钻进成孔难度。

(5)钻孔事故率高、处理难度大

岩溶地层特别是遇到大溶洞,易引起断钻杆或套管、掉钻具或套管、垮孔、埋钻等孔内事故,且溶洞里面的事故比一般地层处理难度更大。

2.针对性技术措施

岩溶地层钻进工艺,最重要的是如何选择适宜的大溶洞护壁、封堵和继续钻进的技术措施,做到准确、实用、有效。实际钻探工作中,以复杂地层深孔钻探通用钻进工艺为基础,并对岩溶地层钻进中存在的上述技术难点采取针对性技术措施。

(1)防漏失、溶洞封堵隔离的技术措施

①选择采用各种类型的优质冲洗液介质配制泥浆,以防止或减少岩溶不同类型充填物钻进时的漏失。

②漏失严重时,应分析不同漏失原因和程度,有针对性采用不同堵漏失材料,例如稻草、锯末、泥球、黏土团、快干水泥惰性材料堵漏,其他方法无效或达到计划变径孔深时可采用下入套管护壁堵漏,再继续钻进的方法。

③钻穿通过溶洞后,应根据其形状大小(孔向厚度)、充填物情况和地下水条件,采用适宜的封堵材料进行漏失封堵或溶洞隔离。如泥球、黏土团、快干水泥、布袋水泥等封堵和套管隔离方法。

(2)提高取心率的措施

针对岩溶地层和充填物特性选择使用适宜的取心钻具,调整冲洗液保护岩心性能并精心操作。如单动双管或三层管取心钻具、绳索半合管取心钻具等。

(3)保持钻孔垂直度、防止钻具套管折断的措施

①采用加长钻具钻进,增加钻具导向作用。

②达到计划变径孔深下入套管后尽量选择绳索钻杆、内丝钻杆钻进,以减少钻杆在钻进过程中对套管敲打造成的套管折断。

③遇到溶洞时,应随着孔深同步加长钻具,钻具总长度必须超过溶洞最大孔向厚度,一直保持钻具顶部不进入溶洞,可采用套管接长作为穿过溶洞的钻具;或采用绳索取心钻具,操作方式为轻压慢转钻进。

④遇溶洞底部或突出的岩溶洞壁应立即减压钻进,待钻头在岩石上刻取出台阶后再逐步加大钻进压力,防止产生孔斜或钻具折断。

⑤溶洞穿过后钻进完整岩层不少于 1 m,再提钻下入套管隔离溶洞,起到钻具导向作用,防止在洞底又钻出新孔。

⑥隔离溶洞的套管,在空洞中尽量无接头或将接头部位置于空洞下部,套管丝扣使用高强丝扣胶黏结,以防洞内套管脱扣或折断。

(4)防止地下水异常影响顺利钻进的措施

①钻进过程密切注意泥浆性能变化,浓度下降过快说明出现地下水稀释,应及时调整处理,以保持泥浆功能正常不影响后续钻进。

②出现承压水或涌水情况,应停钻进行对症处理后再实施后续工作。

3.岩溶地层钻进工艺

岩溶发育地区的钻进工艺,其重点在于:采用优质泥浆;选择加长双管取心钻具或绳索取心钻具;各种材料和方法护壁堵漏;超过洞身厚度的特殊长钻具穿越溶洞;布袋法水泥封堵或

套管隔离等。钻孔结构设计时应充分考虑孔深和溶洞采用多级套管护壁的需要,应尽量加大上部钻孔口径及变径深度,为下部钻孔口径留有余地。

（1）岩溶地层取心钻进方法

①选择采用各种适应地层的冲洗液介质配制优质泥浆,如植物胶类复合泥浆、低固相高分子泥浆、低固相高聚合物泥浆、高触变性胶冻型泥浆等,起到应有的冲洗液功能和防漏护心作用。

②针对岩溶地层和充填物特性选择使用适宜的取心钻具,如单动双管或三层管取心钻具、绳索半合管取心钻具等。

③出现漏失影响钻进时,采用各种材料进行堵漏,或使用水泥封孔及套管护壁等方法。

（2）溶洞穿越钻进方法

①钻进过程中遇到溶洞先进行探孔,视有无充填物改用性能适宜的泥浆或顶漏钻进。

②使用加长钻具、长套管型钻具或绳索取心钻具,钻具的长度必须一直超过溶洞的深度,上部不能进入洞顶、下部应超出完整岩石洞底至少1m,利用长钻具导向作用保持钻孔直线度。

③采用轻压慢转钻进参数,在操作中应注意防止突然掉钻情况。

④到溶洞底部或突出的岩溶洞壁应立即减压减速,并钻具上下多次反复钻进。

⑤钻穿溶洞后（进入洞底完整岩石1m）,视洞身大小和充填物情况,有充填物时可采用合适材料进行洞内封堵或灌注水泥封孔;无充填物时可采用布袋水泥法进行洞内造壁,待凝固后再透孔;或采用套管隔离溶洞。

（3）穿越溶洞后钻进方法

①较小充填型溶洞,采用合适封堵材料充填洞内后,可继续采用优质泥浆护壁钻进;遇连续多个小溶洞,视需要可下入套管进行隔离串珠状溶洞群。

②下入套管后尽量选择绳索钻杆或内丝钻杆,钻进操作应注意防止钻杆柱对套管连续敲击情况。

（4）岩溶钻进注意事项

①岩溶发育地层钻进过程应注意观察存在溶洞的预兆,以便分析溶洞的规模及特点,为采取护孔措施提供依据。正常钻进中,钻速突增或发生"掉钻"、冲洗液漏失或涌水;从取出岩心可看到其顶底板有溶蚀面、断面粗糙、凸凹不平,呈蜂窝状,与新鲜断面明显不同等,则预兆可能遇见了溶洞。

②向无充填物溶洞内下降钻具探底时,可一边转动钻具,一边（卷扬或立轴）缓慢下放,注意防止掉钻;如钻具遇阻严禁猛力冲击或强行开车。

③有充填物溶洞漏失严重,无法循环时,应采用泥浆顶漏钻进或无泵钻进方法,禁止换用清水冲洗液,防止发生坍塌涌渣等。

④钻穿溶洞时,必须使粗径钻具比溶洞总厚度长出3m以上,这样钻进超出洞底1m时钻具上部利用洞顶之上岩石的导向作用保证与洞底钻孔的竖直度,避免在溶洞底板上打出不同心的钻孔。

⑤采用水泥封孔或布袋水泥法造壁,应选用性能适宜的水泥类型,如油井水泥、速凝早强水泥、超早强水泥等。地下水活动剧烈孔段或遇地下河以及规模较大又无充填物的溶洞,不宜采用灌注水泥或布袋水泥法。

⑥使用套管隔离溶洞时,套管下头应进入溶洞底板以下完整岩石中,一般溶洞可采用单层套管,最好在溶洞内为一整根套管,或其接头尽量接近溶洞顶底两端;大溶洞可采取下入加厚

套管、特制套管或双层套管等办法,以防止发生套管折断事故。

4.事故预防与处理

岩溶发育地层钻进特别是钻穿溶洞过程中,容易发生孔斜、钻具与套管脱扣或折断、埋钻、烧钻、套管起拔不动等孔内事故。不同事故给继续钻进会带来一系列困难,事故处理不但耗时、费力、增成本,处理不当可能造成更大损失甚至报废钻孔,对施工进度和生产成本带来不可挽回的恶劣影响和更大的浪费。所以事故预防与处理成为钻探技术方面的重要环节之一。

前面所述其他复杂地层和深孔钻探中,同样存在着由于相近相似的影响因素可能带来这些相同的事故类型,故此事故预防与处理的工作原则和技术方法在其他地层钻探过程可以互相借鉴或通用。

(1)事故预防措施

钻探工作对于孔内事故同样应贯彻"安全第一,预防为主"的总体方针,通过制订方案、细致准备、积极落实、稳妥实施等工作环节,把不同事故预防的针对性技术措施落到实处,以求避免或减少各种孔内事故的发生率。主要孔内事故的预防相关技术措施如下:

①埋钻(烧钻)的预防措施

A.钻进过程坚持使用适应地层特性、护壁携粉性能优良的泥浆,并随着地层与返浆情况变化进行必要的性能调整和堵漏处理,保持泥浆循环起到正常的护壁及清洗孔内岩粉的功能。

B.出现提钻后孔内沉淀过多、钻进时返浆量减小、钻机回转阻力明显加大、钻具回转或提动时出现卡阻现象等情况时,则存在埋(烧)钻可能,应立即起钻采取相应措施排除隐患。

C.起下钻具时要保持较慢匀速,避免对冲洗液形成回抽吸力或激荡压力,影响孔壁稳定。

D.孔壁不稳定时不得强行超长裸孔段钻进,适时分级下入套管进行护壁,以防发生孔壁坍塌、埋钻事故。

E.钻具连接防事故安全拉头,可大大减小出现埋(烧)钻事故后的处理难度。

F.钻进过程中出现机械故障或停待、冲洗液异常等情况,必须及时将钻具提升到安全孔段位置或地面。

②钻杆及套管脱扣或折断事故的预防措施

A.岩溶钻探须使用达到国家质量标准的钻杆和管材;带有明显磨损、丝扣损伤、变形的钻杆钻具和套管严禁下入孔内。

B.条件具备或有特殊情况需要时,可使用公母连接的反扣厚壁套管,以有效防止套管脱扣或折断。

C.如果使用管箍连接的正丝套管,下入套管应将接头丝扣连接到位并缠麻防松动。

D.钻杆和套管下入孔内时,控制钻杆柱不得转动以防脱扣;应保持较慢匀速下降,特别是孔内台阶处或孔底附近不得猛撞。

E.溶洞内套管使用高强丝扣胶黏结,洞形特殊时视需要可采用高强材料或加厚套管,以防止套管脱扣或折断。

③套管起拔不动的预防措施

溶洞发育地区(或复杂地层深孔)钻进工艺中,采用多级多层套管护壁及隔离溶洞的方法,容易出现套管起拔不动或打锤强力起拔时打断套管的事故。

A.有条件或特别需要时,使用高强材料或厚壁套管。

B.下入套管时丝扣部位连接须到位并扭紧,使用皮带蜡烧封;溶洞内套管若有接头丝扣使用高强胶黏结。

C. 有条件时,下入套管前在套管外侧均匀涂抹一层润滑剂,如润滑膏、润滑油、黄油、机油等。

D. 起拔不动时不能一味采用打锤法强力上打,应采用葫芦上拉静力起拔配合打锤动力起拔同时动作,或液压千斤顶静力起拔配合打锤动力起拔同时动作的方法。

（2）事故处理措施

由于地层特性各异、钻孔结构不一、下入管材多样,加上出现的孔内事故看不见、摸不着,有些事故之间又征兆相近、结果相似,不易明确分辨,使得孔内事故处理起来难度大技术复杂,因此需要高度重视和认真对待,按照正确的步骤、细致的分析、准确的判断、精准的方案、实用的办法、合适的工具、稳妥的实施等程序和要求,投入到事故处理的全过程。

①事故处理注意事项

A. 事故处理四个原则

a. 安全原则:事故处理的措施制订、选用处理工具、实际操作等过程,应遵循使事故程度逐渐降低、不会加重事故、不会产生新的事故或事故套事故等情况,安全为上、循序渐进。

b. 科学诊断原则:发生事故后不能靠主观臆断、无根据猜测。事故处理前应认真收集各项第一手资料,然后通过科学分析、讨论论证、去伪存真、必要的计算与绘图等手段,尽量还原孔内实际情况和事故状态,作为制订事故处理方案、准备器材、选用处理工具等工作的基础,使之达到切合实际、事半功倍的效果。

c. 快捷原则:钻孔事故特别是复杂事故的处理,不可拖拉延误使事故恶化,不能走一步看一步试错再来,旷日持久、劳师无功会影响信心使士气低落。必须积极准备、迅速组织,快捷紧凑地实施事故处理方案。

d. 经济原则:事故处理方案和实施不能完全脱离成本概念,需符合经济合算要求,应考虑尽可能做到成本低、效果好。存在几套或多套方案时,按技术与操作先易后难、成本消耗先低后高的次序实施。事故处理过程中,若出现处理难度过大成本太高或处理时间过长继续坚持处理费用太高等情况,则应中止此处理过程,另想其他办法（如回填、扩孔、侧孔、移孔等）,不可无止境消耗时间和成本。

B. 制订方案前先三清

制订处理方案前要先摸清三方面情况:事故部位要清;事故原因要清;孔内情况要清。

C. 事故处理过程三个重点

事故处理过程中关键的三个重点是:准确分析判断出事故类型和程度;制订正确的处理方法并选用合适的处理工具;事故处理全过程认真记录、精心操作。

②主要事故处理方法

A. 埋（烧）钻事故处理方法

根据钻具埋（烧）钻程度和孔内情况,可采取处理措施如下:

a. 钻具在提钻中遇阻时,应设法转动和串动钻具,并送入冲洗液,禁止猛拉硬提操作。

b. 金刚石钻进出现烧钻征兆时,应立即将钻具提离孔底,禁止先停车再提顶钻具。

c. 发现钻具回转遇阻时,应立即上下活动钻具,并尽量保持冲洗液循环,禁止无故关泵。

d. 在加大冲洗液流量的情况下,尝试上下顶提活动钻具、钻机回转钻具等操作。

e. 采用吊锤上打法、葫芦拉扯配合吊锤上打法、液压千斤顶配合吊锤上打法等办法;上打过程中有一定空间后可尝试下打及送浆冲洗,再向上打的办法。

f. 利用安全接头或反丝钻杆对孔内钻杆进行拧卸后提出,再使用公、母锥打捞钻具。具备相应条件时可采用特制爆破杆和高能炸药放入钻杆内炸断钻杆的方法。

g. 反出钻杆后,使用特制磨孔钻头对被埋(烧)钻具进行磨光处理。

h. 反出钻杆后,使用小一级钻具掏心钻进透过被埋(烧)钻具。

i. 利用大一级口径的钻具进行扩孔套钻。

j. 其他方法:回填、侧钻、移孔等。

B. 钻杆及套管脱扣或折断事故的处理方法

a. 钻杆及套管脱扣事故,应先使用完好丝扣的对应接头进行对扣打捞,注意做好记录和标记以利于反复对扣和拧紧;对扣无效时,可使用专用公、母锥打捞处理。

b. 钻杆折断事故,断口整齐时可使用专用公、母锥进行打捞处理;断口不整齐时使用卡瓦打捞筒打捞。

c. 较小口径套管折断事故,可直接利用合适的套管公锥进行锥取;薄壁套管由于其抗扭强度较低,在套取时不可使用钻机立轴强行扭转,应使用管钳通过人力进行上扣拧紧,然后通过钻机卷扬或吊锤上打起拔套管。

d. 大口径的套管(如 φ168 套管以上),没有专用的套管公锥,只能利用其他工具或自制器具进行打捞。可利用比套管小一级的盖头或短钻具,放入套管内合适位置,投入卡料使两者卡紧起到类似公锥的作用,再用吊锤上打起拔。

e. 采用吊锤上打法时,可使用葫芦拉扯配合吊锤上打或液压千斤顶配合吊锤上打等办法。

f. 利用专门定做的打捞器进行套管打捞。目前部分厂家可以定制针对不同直径套管的打捞器,使用也比较方便。

3.2.5 承压水(涌水)地层钻进工艺

承压水地层是指钻进过程中遇到地下承压水,因压力差使得地下承压水通过钻孔上返涌出地面,所以钻探上习惯称为"涌水"地层。

1. 涌水的影响

钻孔出现涌水,会使泥浆很快稀释,其相对密度、黏度大大下降,失水量增大,成分和性能被改变;冲洗液无法送到钻具底部再返回形成孔内循环,会完全失去冲洗液在钻进过程中的重要功能;涌水严重时可能会引起孔壁坍塌或冲垮钻孔;带有压差的涌水上返会使钻具下放、钻进加压也出现困难等不利影响,造成钻孔难以继续钻进。出现涌水情况钻孔现场如图 3.6 所示。

2. 涌水的治理方案

地下承压水从钻孔或钻具涌出,是因为地下水系的压力平衡被破坏所致,治理承压水的方案应针对如何重建其压力平衡来展开。一般有效、实用的治理方案是采用压力平衡法或隔离法。

①压力平衡法:是指利用压力平衡原理,调整加大泥浆相对密度(可称为加重泥浆)来抵消压差,保持冲洗液的液柱压力与孔内地下水压力基本相当,重建钻孔中钻具内外的水力平衡的方法。

图 3.6　涌水钻孔照片

②隔离法:是指采用各种方法堵住钻孔周边地下承压水来源通道,把承压水阻挡隔离在钻孔外的地层中,不让其进入孔内的方法。常用的隔离法有黏土夯实法、水泥浆凝固法、超快干水泥灌注法、套管隔离法等。

③交叉使用。根据承压水压力和涌水量大小与变化情况,选择分段单独实施压力平衡法或隔离法;或者两种方法进行交叉配合实施;有特别需要时则先在周边实施钻孔泄压法,再采用压力平衡法进行本孔钻进;甚至实施钻孔泄压法后仍可能需要采用此两种方法配合实施。

3. 钻进工艺

涌水地层钻进工艺的关键,就是在整个钻进过程中坚持采用正确的涌水治理方案,并根据孔深、岩石、涌水量、孔壁稳定等钻孔综合状况和变化情况,选择合适的涌水治理方法与实施顺序。其钻进工艺重点环节如下:

(1)设置三通管

钻进过程中发现泥浆被稀释无法正常钻进,并逐渐出现涌水现象时,说明遇到了承压水地层。应立即调整原钻进工艺改用涌水地层钻进工艺。首先需在孔口设置三通管封闭装置,其基本结构如图 3.7 所示。

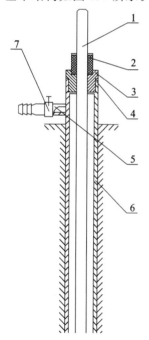

图 3.7 孔口三通管示意图
1—钻孔;2—垫圈;3—接手;
4—胶塞;5—三通;
6—套管;7—阀门

(2)采用加重泥浆、调节控制涌水通道

调节阀门控制涌水量,并按以下步骤操作:

①配制好加重泥浆,将钻具下入孔内;

②利用立轴油缸压缩胶塞,封闭孔内套管与钻杆间的环状间隙使涌水通过闸阀泄出;

③调节闸阀控制涌水量保持在 50L/min 左右;

④向孔内持续加压泵送加重泥浆,此时加重泥浆逐渐顶住承压水流,迫使其从套管外侧通道涌出地面,直至浓浆返出三通管口。

(3)承压水地层钻进方法

①使用双循环通道钻具钻进。该钻具主要是通过接头上内外管间配置的多个孔道对涌水给钻具内的阻力进行泄压,通过钻具外孔壁与钻具的间隙形成了双循环泄压通道,利于减小钻具下放和钻进时涌水对钻具产生的阻力。

②采用加重泥浆循环实施压力平衡钻进法通过承压水层。

③涌水地层加重泥浆的配制

A. 高固相大密度优质泥浆

配比:原生钙质膨润土基浆固相含量 15%～20%＋0.5%～1%纯碱＋3%～5%中黏纤维素溶液＋0.5%广谱护壁剂。

浆液主要性能:漏斗黏度 50s 左右、密度 1.3～1.35kg/cm³、失水量 10～12mL/30min、pH 值 9 左右。

B. 重晶石加重泥浆

因涌水压差大,普通加重泥浆仍达不到压力平衡钻进效果时,可采用专门对付涌水地层的重晶石加重泥浆。

配比:膨润土基浆固相含量 30%左右＋1%～1.5%纯碱＋10kg 纤维素溶液(CMC5%浓度)＋40～50kg 重晶石粉。

浆液主要性能:漏斗黏度 60~70s、密度 1.4~1.45kg/cm³、失水量 8~10mL/30min、pH值 9~10。

④适时采用灌注水泥隔离法处理承压水层

采用加重泥浆压力平衡钻进过程中,或通过承压水层进入相对隔水层后,可视需要适时采用灌注水泥隔离法处理上部的承压水层。

为提高水泥灌注隔离承压水层的成功率,水泥浆的性能须具备以下条件:

A. 配制的浆液具有良好的可泵性。

B. 浆液凝结时间要适当。以满足灌注操作时间需要来调控浆液的合适初凝时间;初凝时间与终凝时间间隔愈短愈好。

C. 早期强度要较高。可采用优质速凝剂、超早强水泥。

D. 有较好的黏结强度,水泥固结过程中要求与孔壁岩层表面有较好的黏结强度。

E. 灌注水泥浆液置换孔内加重泥浆后,仍需继续向孔内泵送水泥浆一定时间。灌注结束后,保持孔内浆液处于封闭状态,防止孔内浆液返流溢出。

⑤适时采用套管隔离法处理承压水层

采用加重泥浆压力平衡钻进过程中,视变径需要适时采用套管隔离法处理上部的承压水层;或通过承压水层进入相对隔水层后,视刚性封堵需要适时采用套管隔离法处理上部的承压水层。

3.2.6 断层破碎带地层钻进工艺

1. 断层破碎带的影响

断层破碎带的宽度不一,小的几米至几十米,大的上百米甚至几千米,长度可为数十米乃至几千米。与断层相伴生的破碎带内充填有由断层壁撕裂下来的岩石碎块、碎石和断层作用而成的黏土物质,有的被重新胶结起来形成破碎岩、断层角砾岩等。断层破碎带地层的地质特性使得钻进过程中孔壁极易失稳,造成钻孔缩径、掉块、坍塌、埋钻等发生。

2. 钻进工艺

断层破碎带与深厚堆积体中破碎、松散地层呈现为相似的结构特性:孔壁不稳定、易坍塌、岩石破碎难取心,因此在钻进工艺方面可以相通与借鉴。其重点是解决钻进过程的护壁与取心问题。

①选择采用防漏护壁性能良好的冲洗液,如优质黏土粉泥浆、添加植物胶的泥浆、添加纤维素 CMC 泥浆、聚合物泥浆等。

②采用适时分级下入套管刚性护壁的方法。

③选择采用防冲蚀、防堵塞的钻具保护岩心,如单动双管二层管、三层管钻具,SD 类型钻具,绳索取心钻具,半合管式钻具等。

3. 针对性技术措施

(1)钻进工艺技术措施

①根据断层破碎带钻孔深度选择合适的钻孔结构,上部尽量保持较大的孔径及变径深度,为分级下入套管护壁留有余地。

②在破碎带含碎块、碎石硬岩地层,采用添加植物胶的低固相泥浆或聚合物泥浆作为钻进循环液,起到良好的护壁、防漏及护心作用;采用单动双管二层管或绳索取心钻具,减少钻进过程对岩心的冲蚀和磨损破坏。

③在断层破碎带含黏土、断层泥地层,采用植物胶类无固相冲洗液,起到对钻具、钻杆的黏弹性减振及优异的护心作用;采用 SD 系列取心钻具或半合管式取心钻具,减少钻进过程对岩心的破坏和退心过程对岩心的扰动,提高岩石质量指标(RQD)。

④结合钻孔结构设计并根据地层岩石变化和冲洗液漏失情况,适时采用分层分级下入相应规格套管的方法,达到刚性护壁和完全止漏的效果,然后继续钻进。

(2)操作方法技术措施

①钻机设备安装稳固,采用适宜的钻进参数组合,保持钻具平稳匀速钻进。

②钻进过程严格控制回次进尺,防止岩心对磨。

③及时调整泥浆性能,保持泥浆基本性能指标达到:泥饼厚度 $0.5\sim1\text{mm}$;含砂量 $<0.1\sim0.3$;失水量 $6\sim10\text{mL}/30\text{min}$;黏度 $18\sim30\text{s}$;密度 $1.1\sim1.2\text{kg}/\text{L}$;保证泥浆起到良好的护壁防漏作用。

④钻进参数组合宜采用中等的钻压、偏小至中等的泵量、中等的转速;并注意根据钻进感觉进行及时调整,保持正常匀速进尺。

⑤利用沉淀坑、槽和沉淀池作用,做好泥浆岩粉的沉淀、清理工作,并注意泥浆的补充和换浆,保持泥浆正常性能。

3.3 定向钻探技术[11]

定向钻探技术最早应用在石油矿产行业,随着钻井技术、导向技术、探测技术的不断发展,水平定向钻现已广泛应用于各种线缆、管道铺设和地下工程施工领域。现代水平定向钻技术由定向钻井技术演变而来,在设备智造、导向技术、工程管理等方面日臻成熟,通过适当技术改进与配套技术创新广泛应用于工程勘察领域和在水利行业推广应用,见图 3.8。

图 3.8 定向钻探技术

3.3.1 定向钻探设计

（1）钻孔轨迹设计

对于深埋长隧洞，应根据地形、地质条件采用不同的轨迹形式，宜采用"一"形、"＼＿"形、"人"形或"L"形，见图3.9；当隧洞轴线高程平面内存在距轴线较近的冲沟时，可充分利用冲沟地形条件从冲沟内开孔，宜采用"人"形或"L"形组合钻进，见图3.10。

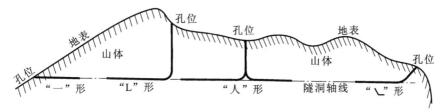

图3.9 深埋长隧洞水平定向钻孔轨迹剖面示意图

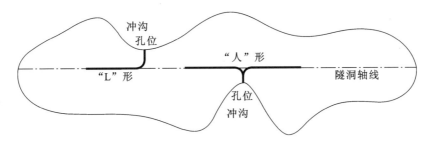

图3.10 深埋长隧洞水平定向钻孔轨迹平面示意图

对于跨江（海）穿越工程，钻孔轨迹宜沿着穿越工程的轴线进行，进口段宜采用"L"形或"＼＿"形钻进，见图3.11。

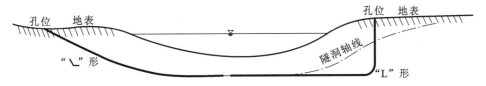

图3.11 跨江（海）穿越工程水平定向钻孔轨迹剖面示意图

对于枢纽工程地下洞室群，应根据地形、地质条件采用不同的轨迹形式，可采用开孔水平的"一"形、垂直方向的"L"形或倾斜方向的"＼＿"形钻进，见图3.12。

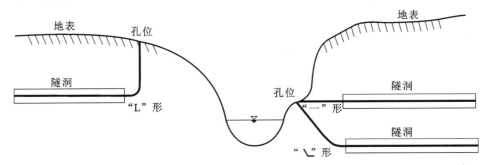

图3.12 地下洞室群水平定向钻孔轨迹剖面示意图

在确定钻孔轨迹后,应进一步确定以下设计内容:定向孔轨迹设计计算方法;偏差要求;定向钻孔轨迹控制点;造斜点或分支点的位置;弯曲孔段的曲率和长度;各孔段空间要素,包括各孔段的长度、各孔段始末点的顶角和方位角、各孔段始末点垂深和水平移距;绘制设计的钻孔轨迹三维曲线图或二维投影图;校核孔身曲率。

钻孔轨迹偏差应符合下列规定:钻孔轨迹每1000m最大允许偏差为±5m;岩层分层长度量测最大允许偏差为±5cm;取心钻进每25m宜测量一次钻孔的顶角、方位角,钻孔顶角和方位角的测量精度分别为±0.1°和±3°,并宜在地层交界面处校核钻孔三维坐标;当钻孔轨迹(顶角、方位角、深度)偏差超过规定时,应找出原因,并立即采取纠偏措施、及时更新记录报表。

(2)钻孔结构设计

水平定向钻探应根据场地条件、地层岩性、钻孔轨迹、钻机类型、钻进工艺、冲洗液种类和护壁方式、取心取样技术要求、原位测试与孔内试验技术要求等因素综合考虑,进行钻孔结构设计。

水平定向钻探不取心施工方法的成孔口径应根据专项任务书要求、岩土特性、钻机类型、钻具及钻铤钻杆、造斜方式与器具、定向方法与测量技术等确定。

水平定向钻探取心施工方法的成(终)孔口径应根据钻孔取心技术要求、孔内测试技术要求、地层岩性以及水平定向钻进取心方法与器具等确定,并宜符合表3.3的规定。

表3.3　水平定向钻探钻孔成(终)孔口径

钻孔类型	口径(mm)	
取心取样钻孔	≥76	
原位测试、综合测井钻孔	大于测试探头直径	
压水、抽水试验钻孔	软质岩石≥96	硬质岩石≥76

钻孔结构图或级配表应根据地质条件、钻孔轨迹、成(终)孔口径、钻机能力、钻进工法、造斜方式等要求拟定。

(3)钻探工法设计

水平定向钻探应根据地层岩性、钻孔轨迹、钻机类型、取心取样技术要求、原位测试与孔内试验要求等综合因素,选择钻进方法、确定钻进工艺。

水平定向孔钻进方法和工艺设计应包括以下内容:设备、器具和仪器类型选择及性能规格匹配;不取心钻进工艺方法、钻具结构组合形式与规格选择;取心钻进工艺方法、钻具结构组合形式与规格选择;造斜、稳斜、纠斜的方法选择和技术措施;定向方法及器具,测量技术及仪器;主要技术参数选择;冲洗液配制及护壁、堵漏方法和技术措施;原位测试要求和技术措施;调整或改变钻进工艺方法预案。

3.3.2　定向钻探设备与器具选择

(1)钻机

水平定向钻探钻机类型选择应综合考虑施工场地条件、地质条件、钻孔结构、埋深和长度、钻进工艺、护壁方式等因素,并宜选用调速范围大、装有钻进参数仪表的液压钻机。

水平定向钻机的性能参数应充分满足钻进需要,可根据岩土特性、钻孔结构、孔径、埋深与孔深和钻进工艺等因素选择。

地质条件复杂、钻孔结构复杂、轨迹设计变化多的钻孔,宜选择钻深能力强、推位力和扭矩大、高低转速调速范围广、钻进工艺适应性强的钻机型号与性能参数。

钻孔部分孔段存在特殊工艺或试验内容情况时,可另外特别选择具备适应和满足特定工作需要的钻机型号与辅助设施,专门单独承担完成此孔段的专项特殊工艺或试验工作。

(2)钻具

水平定向钻探施工应综合考虑地质条件、钻孔结构、钻进工艺、定向方法与器具、测斜方法与仪器、取心取样技术要求、原位测试与孔内试验技术要求等因素,合理选择钻具结构组合形式和规格。

水平定向钻探采用不取心钻进工艺时,钻具组合宜选择"全面钻头+螺杆马达+无磁钻铤+钻杆"的结构组合形式。

水平定向钻探采用取心钻进工艺时,钻具组合宜选择"取心钻头+取心钻具(绳索取心钻具)+螺杆马达(液动冲击器)+钻杆(绳索钻杆)"的结构组合形式。

钻头类型与规格选择应根据设备情况、钻孔结构、岩土特性、钻进工艺、取心取样技术要求、原位测试要求、钻进效率和钻头寿命等因素综合考虑。

在水平定向钻进施工中,可根据岩土特性变化及实际钻进效果,对钻头类型进行更换或调整,钻头类型宜按照表 3.4 选择。

表 3.4 不同岩质类型钻头选择

岩质类型	钻头类型	
	钻头材质	钻头结构
极软岩、软岩	钢质	钢质的斜板式导向钻头
软岩、较软岩	硬质合金 金刚石复合片	镶嵌硬质合金齿斜板式导向钻头 镶嵌金刚石复合片的斜板式导向钻头 堆焊有碳化钨颗粒的钢质铣齿式牙轮钻头 镶嵌有片状硬质合金齿或复合片的环状取心钻头
较软岩、中硬岩	硬质合金	堆焊有碳化钨颗粒的钢质铣齿式牙轮钻头 镶嵌有硬质合金齿的镶齿式牙轮钻头 镶嵌有柱状硬质合金齿的环状取心钻头
中硬岩和坚硬岩	硬质合金 金刚石	镶嵌有硬质合金齿的镶齿式牙轮钻头 钢质钻头体上烧结有大颗粒天然金刚石的表镶全面钻头 或环状取心钻头 钢质钻头体上烧结或电铸有粉末状天然、人造金刚石的 孕镶全面钻头或环状取心钻头

为防止出现泥浆泵憋压、螺杆扭矩不足等状况,水平定向钻钻进时宜选取扭矩大的螺杆马达。

(3)冲洗液设备

冲洗液设备主要包括泥浆泵和冲洗液处理系统,其选择应综合考虑场地环境、地质条件、钻孔轨迹、钻孔结构、钻进工法等因素。

泥浆泵类型与性能参数应根据钻孔深度、钻孔结构、钻进工法、冲洗液类型、试验要求等选择;冲洗液设备选择应综合考虑施工场地、地质条件、埋深与长度、钻进工艺、冲洗液种类和护壁方式等因素,合理选择泥浆泵和冲洗液处理系统的类型与性能参数。

水平定向钻探施工应综合考虑场地条件、冲洗液类型和用量、环保要求,配置地面冲洗液处理系统或设置弃渣处置区,并应符合下列规定:地面冲洗液处理系统应配置除砂或除泥单元设备,并在吸水管和输出管路中配置过滤装置,确保冲洗液循环使用;冲洗液处理系统宜采用振动筛、压滤机、离心机等固控脱水设备,或脱水设备与絮凝剂、助滤剂等结合,或直接采用固化剂对冲洗液固化脱水。当脱水后弃渣采用车载外运时,弃渣含水率宜低于30%;地面冲洗液处理系统宜采用有废浆零排放处理设备,处理后的余水达到循环使用或排入城镇下水道水质标准相关要求;地面冲洗液处理系统或弃渣处置区应满足建筑施工场界环境噪声排放、一般工业固体废物储存、处置场污染控制等相关法规及标准要求。

(4)造斜器具

造斜器具主要包括斜面导向板、偏心楔、连续造斜器、螺杆钻具等类型。造斜器具应根据地层坚硬程度和完整性选择,并应符合下列规定:斜面导向板钻具应在软地层或(及)松散地层中使用,造斜强度宜为 3°/3m～15°/3m;偏心楔造斜应在中硬及以上较完整岩层中使用;楔尖角宜为 1°～3°;连续造斜器应在中硬、完整岩层中使用,造斜强度宜为 0.5°/m～2°/m;螺杆钻具应在中硬及以下地层或中硬以上破碎岩层中使用;造斜强度宜控制在 3°/30m～15°/30m。

(5)测控仪器

水平定向钻探应根据钻孔结构、钻进工艺、造斜器具类型、定向偏差要求和是否有磁场干扰等因素选择测控仪器种类与型号。非磁性区宜选用磁感应式测量仪器,如单点测斜仪、多点测斜仪等;磁性区宜选用不受磁场干扰的测量仪器,如陀螺测斜仪、光电测斜仪、应变片式测斜仪。使用偏心楔和连续造斜器定向时,宜采用单点定向仪;使用螺杆钻具造斜时,宜选用随钻测量仪。

3.3.3　定向钻探实施

(1)钻进作业

钻探控向仪器选择宜符合下列要求:对于距离长、埋深大、地面无通行条件,且无电磁干扰的钻孔,宜采用有缆地磁导向仪;对埋深较浅的钻孔,有电磁干扰时,宜通过布设电缆圈制造人工磁场,采用有缆式导向仪;无电磁干扰时,宜采用无线导向仪;对有强电磁干扰且埋深较深的钻孔,宜采用陀螺导向仪;应根据钻孔轨迹设计、地层类型、穿越长度及钻杆尺寸选择合适的导向钻具组合。

定向孔钻进应符合下列规定:施工前钻机应进行试运转,时间不少于 15min,确定机具各部分运转正常方可钻进;开孔钻进时应轻压慢转、稳定入土位置,符合设计开孔角后方可继续钻进;钻进时,直线段轨迹测量计算频率宜每根钻杆一次;按要求记录相关导向数据;控向员应及时将测量数据与设计值进行对比,引导司钻员调整钻孔轨迹;钻进至既有管线或障碍物临近区域时,应慢速钻进并复核超前孔轨迹,测算与交叉管线或障碍物的距离,确认在安全许可范围后再恢复正常钻进;曲线段钻进时,一次顶进长度宜小于 0.5m,同时应观察延伸长度顶角变量,顶角变量应符合钻杆极限弯曲强度要求;所需顶角变量较大时,应采取分段施钻,使延伸长度顶角变化均匀;钻进遇到异常情况时,应停钻查明原因,问题解决后方可继续施工;定向孔纠偏应平缓,避免出现大的转角。

（2）轨迹控制

水平定向钻孔轨迹控制精度应符合以下要求：应围绕设计轴线，建立地面、孔内测量控制系统；导向、控向使用的仪器、测具应经过检查校正，精度应符合现行国家标准；施工中应对钻孔轨迹的垂直与水平偏差、钻头的位置与俯仰角、导向的钻具面角等参数进行测量；水平定向钻孔实际轨迹偏离设计轨迹和设计要求时，应及时采取纠偏措施。

水平定向钻孔轨迹控制操作宜符合下列规定：地形条件允许时，宜布置人工磁场增强导向信号；安装导向孔定位套管；水平定向钻机固定牢靠，钻进过程中不应摆动和移位；操作人员应依据导向系统显示的偏差数据及时调整孔内钻具姿态，保证钻孔轨迹偏差控制在允许范围以内；每钻进一根钻杆，宜进行一次钻孔轨迹校核。

（3）特殊地层钻进

特殊地层钻进应符合下列规定：随时观察孔口返浆量情况及钻进参数情况，如有异常及时停钻；分析特殊地层的具体情况，选择合适的处理方法；钻进过程中遇特殊地层，出现异常时应及时处理并记录。

破碎地层钻进应符合下列要求：孔口返浆量增加或减少时，应及时查明原因；存在塌孔风险时，宜在冲洗液中添加防塌护壁材料或进行水泥浆固结护壁；出现冲洗液漏失时，宜在冲洗液中添加堵漏材料或进行水泥浆固结堵漏；出现钻孔涌突水时，立即关停钻机和泥浆泵，关闭止水装置，通过钻杆将水泥浆泵入孔内进行封堵，封堵加固成功后，继续钻进施工。

瓦斯地层钻进应符合下列要求：发生瓦斯涌出、喷出异常状况时，应立即采取阻断火源、加强通风、抽排瓦斯、撤离人员等措施；瓦斯较多时，喷出持续时间较长，应将孔口处防喷器关闭，排空孔内冲洗液后，再用抽放瓦斯设备抽排；瓦斯不多时，可让瓦斯自然排放，或采用注浆方法将周围通道堵住，阻止瓦斯喷出；封闭环境施工应保持正常通风，通风系统因故中断、恢复正常通风后，应进行瓦斯专项检测，确认安全后方可恢复施工。

岩溶地层钻进应符合下列要求：孔口返浆量减少时，应及时查明原因；钻遇岩溶洞穴时，应立即关停钻机和泥浆泵；溶洞较小且不影响钻进成孔时，可继续钻进；溶洞较大或影响钻进成孔时，宜采取泵入混凝土进行填充封堵。

3.3.4 定向钻探取心取样

水平定向钻探取心钻进应符合下列规定：取心方法应根据现场地形条件、地层特性、钻孔目的及技术要求选择确定；取心钻器具选择应满足钻孔取心质量的技术要求与标准，并宜根据实际使用效果及地层变化情况做出必要调整或更换；钻进参数、冲洗液类型及性能参数宜通过试钻或经验确定；取心钻进方法应能配合及满足钻孔原位测试、水文试验等技术工作的要求；断层、破碎带、软弱夹层和滑动面等取心难点孔段，宜采用针对性的钻器具与操作方法提高岩心采取率；钻探班报应按钻进回次及时填写，对地层变化、钻进参数、钻进感觉、钻具状态、循环液情况、进尺快慢、机械状况、孔内异常、重要现象、取心情况等方面，宜做出准确及仔细的描述记录；岩心制作样品的毛样尺寸应满足试块加工的要求；有特殊要求时，试样形状、尺寸和方向应按岩石力学试验设计要求确定；取出的岩心应按钻进回次先后顺序排列装箱，回次之间用岩心牌隔开，岩心牌内容填写齐全并做好防水，岩心和岩心箱应及时编号标示。

采用分段取心钻进时，应符合下列规定：钻进段岩性较为单一的条件下，宜采用分段取心；分段取心宜在每一种岩性地层中至少取心一次，在需重点查明的部位宜增加取心频次；取心岩心管长度不宜小于 2m,直径应满足室内岩石试验要求,单回次进尺不得超过岩心管长度;非取心段应及时采集岩屑样品进行地质描述与鉴定;当需确定岩石质量指标 RQD 时,应采用不小于76mm 口径双层岩心管和金刚石钻头;取心钻具下钻时,应控制下放速度,不得猛推快放;下钻遇阻明显时,宜开泵循环,慢转推送钻具;若遇阻严重,宜及时起钻选换合适钻头进行通孔操作。

采用连续取心钻进时,应符合下列规定:岩性类型变化较频繁、特殊地质条件及不良岩体影响范围较大的条件下,宜采用连续取心;连续取心钻进可根据钻孔结构选择采用普通取心钻具、单双管取心钻具、半合管式取心钻具、绳索取心钻具等钻器具,及适宜配套的取心钻头;连续取心钻进可使用水平定向钻机于地表提供钻进所需动力,也可使用孔内钻具于孔底提供钻进动力,亦可同时使用地表与孔底两种动力提供钻进复合动力;为了随时掌握孔内情况,取心钻进孔段应做好定向测量现场数据观察与记录。

取心钻进操作应符合下列要求:取心钻进操作须由具备资质及经验的专业人员负责;起钻下钻操作应平稳匀速,不猛刹猛放,不强拉强压,避免钻具摆动过大。下钻遇阻时不可强行加压推送钻具,应查明原因及时处理;需要转动钻具时,严禁钻具猛烈反转,防止松扣、倒扣、脱扣情况;下钻完毕钻头接近孔底,开泵压送冲洗液至充分清洁孔底,并形成内外循环,然后轻压慢转开始钻进;钻进过程中钻压和转速应根据地层条件及时调整,并宜均匀控制,减少整钻、跳钻现象;保持控制钻孔循环冲洗液介质性能满足钻进与护壁需要,注意根据地层变化及时进行参数测试及调整;加强观察,防止断水、停泵、整泵、堵钻、停钻等情况,发生异常状态应及时处理排除;严禁加足钻压状态时启动钻具回转;钻进过程中,注意观察动力负荷、机械钻速、泵压钻压的各种变化,发现异常应果断处理,需要时宜停钻排查或起钻检查。

3.3.5　优点与问题

(1)优点

①勘探"点"成为"线",大幅提升深埋长隧洞勘探成果质量与工作效率

目前隧洞地质勘察主要采用地表调查、工程物探、工程钻探、室内外测试等手段。其中钻探主要为铅直孔,深埋长隧洞勘探深度大,但有效孔段主要为洞身附近或钻孔末端,钻孔利用率极低,一个孔相当于一个"点",大部分洞段缺乏可靠勘探确定围岩级别;而采用水平定向钻技术,钻进可完全沿隧洞轴线进行,一个孔相当于一条"线",无效进尺和工作量大大减少,综合效率高,较传统的以点带线的勘探可以更完整、真实揭露隧洞沿线的地质情况,达到传统铅直孔无法达到的效果。

②部分替代枢纽工程平洞勘探,大幅缩短勘探工期

传统的地下洞室群工程勘察中往往需开挖大量平洞,平洞开挖一方面受火工品管控影响,施工成本高、进度慢,另一方面受困于地形、环境等条件控制,平洞实施难度大,同时由于弃渣的随意堆放往往会带来一些环境问题。而采用水平定向钻探,可以通过灵活的造斜设计,从多个部位进入勘察区域内进行水平定向钻探,某种程度上可代替部分平洞勘探工作。

③"异位开孔",有效克服工程勘探环境制约

地面重要建筑物密集区、文物保护区、军事保密区、穿越铁路公路等重要建筑物区域受各种环境因素制约,往往无法开展钻探工作。跨江(海)穿越工程传统的勘探手段主要是在水域内搭建勘探平台,以铅直孔进行勘探,受控于河流、航道限制等因素往往无法实施。采用水平定性钻探,通过合理的造斜设计,可以避开上述无法实施区域后顺利地进入勘察区域内再进行

钻孔取样、试验等,具有很好的灵活性。

④"有效规避交互影响",是地质复杂洞段长距离超前地质预报最可靠手段

常规钻探法进行隧洞超前地质预报时,是在隧洞掌子面上布置钻孔实施,对隧洞的施工干扰大,严重影响施工进度。采用水平定向钻技术,可在隧洞掌子面附近或地表等部位,通过灵活的造斜设计后,使水平定向钻沿隧洞轴线或平行隧洞轴线进行,具有钻进深度大、长距离预报、不影响隧洞掘进施工等优点,不但可以提高隧洞预报准确率,还可以提高隧洞施工效率。

⑤"综合效益显著",有利于推动水利工程勘察技术进步

定向钻井技术是钻井工程领域的高新技术,代表着世界最先进的钻井发展方向。将水平定向钻探技术应用到工程勘察行业,可以创新定向钻探技术、取心技术和原位测试技术,提高勘察成果质量,提升工作效率,推动行业的科技进步。同时还可以推动人才培养,促进勘察行业的良性循环发展,具有良好的综合效益。

(2)问题

①交通不便,装备整体化零——模块化

大型水利枢纽、跨流域引调水等项目大都位于高山峡谷区,自然环境恶劣,交通不便,在前期勘察过程中大型设备的搬运十分困难;这就要求装备具备方便拆卸组装的功能,需进行模块化、轻型化装备的研发。

②场地局限,装备大型化小——小型化

同样受场地自然环境恶劣、交通不便等影响,水利工程尤其山区水利枢纽、引调水隧洞前期勘察多位于峡(沟)谷斜坡部位,场地狭窄,不便进行大型设备的安装与施工,这就要求装备向小型化发展,以适应勘察场地的限制。

③钻进取心,主要矛盾缓解——绳索化

工程勘探孔首要任务是取好岩心,定向钻机非取心段钻进效率较高、取心段钻进效率相对较低,目前已实施水平定向钻探的工程项目中多采取重点部位取心方式,现在一些工程项目水平定向钻探采取绳索取心,提高了钻进效率、提升了取心质量、降低了钻探成本,使钻进与取心矛盾在一定程度上得到缓解,见图 3.13。

图 3.13　水平定向钻探采取绳索取心

④钻孔测试,分离实施转同——集成、随钻、无缆化

钻孔综合测井、彩电录像、声波测试、压水试验、地应力测试等均是在钻孔成孔后再依次实施,需分批次提取试验仪器设备,有缆测试还需提钻穿杆等,这些无疑都增加了钻孔卡孔与测

试时间、仪器安全风险,因而孔内测试集成化、随钻化、无缆化将成为仪器设备研发的方向,见图 3.14。

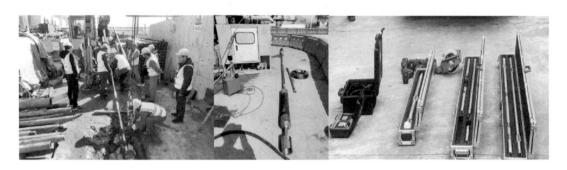

图 3.14　孔内测试集成化、随钻化、无缆化

⑤无规可依,经验积累转标——规范化

目前,水平定向钻探应用于工程勘察行业仍处于起步阶段,尚无相关成熟的国标、行标等规范化指导文件,需要在工程勘察实践中积累水平定向钻进、取心取样、试验测试等方面的技术经验,进行相关规程规范的编制与完善。

⑥价格昂贵,成本高位转低——专业化

水平定向钻探设备一般一台数百万,而常规钻机一般一台仅一二十万,成本过高;现已实施水平定向钻探的工程项目,钻探成本均不是一般勘察单位能够负担;现有定向钻机大多用于资源勘查开采和非开挖施工,研发适合工程勘察的定向钻探设备、配套培养专业人才队伍非常必要和十分紧迫。

3.4　压 水 试 验[12]

钻孔压水试验是工程地质勘察中获取岩层水文地质资料的一项重要工作内容,按试验压力可分为常规钻孔压水试验(试验压力最大为 1MPa)和高压压水试验(试验压力超过 1MPa)。水文地质结构构成了地下水的赋存空间,控制着地下水的贮存和运移。在各类孔深裂隙岩体渗透特性测定方法中,钻孔压水试验由于不受孔深、孔径和水位的限制而应用广泛。目前在埋深较浅、水压较低地质条件下,采用常规钻孔压水试验即可获得岩体透水率,而在埋深大、高水头地质背景条件下,岩体承受较高的压力,此时常规压水试验已不能准确反映实际水头压力作用下岩体的渗透特性,且在高水压条件下裂隙岩体的渗透特性与低压条件下具有较大差异,此时需进行高压压水试验。无论常规水试验、高压压水试验,随着孔深的增大,高地应力、高地下水压力的出现,压水试验难度不断增大,对深孔水试验装置及其卸压方法提出了更高要求,此类关键技术研究尤为重要。

3.4.1　常规钻孔压水试验

钻孔压水试验是一种在钻孔内进行的岩体原位渗透试验,主要任务是测定岩体的透水性,为评价岩体的渗透特性提供基本资料。钻孔压水试验一般随钻孔的加深自上而下地用单栓塞分段隔离进行，对于岩体完整、孔壁稳定的孔段，可在连续钻进一定深度(不宜超过 40m)后，用双栓塞分段进行压水试验，试验段长一般为 5m，同一试段不应跨越透水性相差悬殊的两种岩层，压水试验的钻孔孔径一般采用 59～150mm 之间。钻孔压水试验宜按三级压力五个阶段进行，三级压力宜分别为 0.3MPa、0.6MPa 和 1.0MPa。止水栓塞是压水试验的重要组成部件，常用的止水栓塞见表 3.5。

表 3.5　常用止水栓塞

序号	止水栓塞类别	适用条件
1	XSQ75 绳索取心气压封隔器	孔深 300m 内绳索取心钻进不提钻压水试验
2	XS75 型水压封隔器	孔深 300m 内自上而下逐段压水试验
3	S75 气压式绳索压水试验封隔器	孔深 300m 内自上而下逐段压水试验
4	ZYF-1 型水压单双封隔器	适用孔径 59～150mm
5	油压封隔器	适用于高压压水试验

工程地质勘察生产机组在选择钻孔压水试验技术方案时，根据试验器栓塞的类型和适用条件，一般浅孔多采用机械顶压式栓塞法，深孔多采用水压式或气压式栓塞法；由于采用气压式栓塞法需另外配备一套高压充气泵或高压气罐作为供气源，从尽量减少试验设备器材配置及现场安全性因素考虑出发，对气压式栓塞法基本已少有选择，目前最广泛使用的多为水压式栓塞法技术方案。工程地质勘察深孔钻探技术按钻进工具可划分为两大类：常规钻具钻进法、绳索钻具钻进法。这两类钻进方法的钻孔压水试验技术方案按栓塞类型多选择采用以下两种：

①水压式单栓塞法：钻孔从上至下每钻进达到一个试段长度孔深，随即下入水压式单栓塞，进行一次压水试验，然后提出单栓塞试验器，再钻进下一个试段孔深，如此循环直至全孔。

②水压式双栓塞法：钻进完成全孔后，下入水压式双栓塞，按要求的每一试段长度，沿全孔深逐段分别连续实施完成全孔的压水试验。

单栓塞法和双栓塞法均采取先由一根全孔长度单独高压管路供水，通过压水充胀栓塞(单或双)胶囊，使其膨胀起到封隔试验段作用，然后关闭并密封此高压水通道，再通过全孔钻杆柱(压水管)水流通道向压水试验孔段送水进行压水试验。

水压式的橡胶封隔器单栓塞及双栓塞当前国内均有完善的配套定型产品，试验器栓塞耐压一般可达 10～30MPa 压力值，生产机组按所需孔径规格及压力值指标进行型号选择，购置配备投入使用即可。然而，这些钻进工艺所采用的水压式单栓塞和双栓塞压水试验现有技术方案已广泛使用且成熟可靠。

钻孔压水试验作为一种岩体原位测试技术，已经被广泛应用到工程地质勘察，主要工作原理是用栓塞将钻孔隔离出一定长度的试验段，并向该试验段压水，根据压力与流量的关系确定岩体渗透特性的一种原位渗透试验。试验资料的整理包括校核原始记录，绘制 P-Q 曲线类型和计算试段透水率等内容。P-Q 曲线分为五种类型，即：A 型(层流型)、B 型(紊流型)、C 型(扩张型)、D 型(冲蚀型)和 E 型(充填型)。P-Q 曲线的类型及特点见图 3.15。

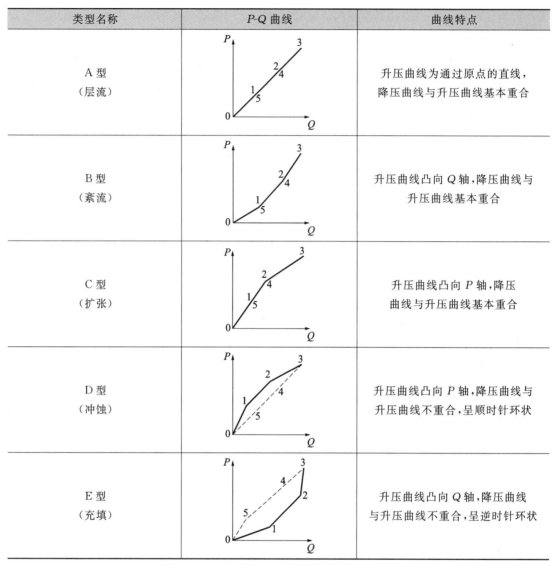

类型名称	P-Q 曲线	曲线特点
A 型 （层流）		升压曲线为通过原点的直线， 降压曲线与升压曲线基本重合
B 型 （紊流）		升压曲线凸向 Q 轴，降压曲线与 升压曲线基本重合
C 型 （扩张）		升压曲线凸向 P 轴，降压 曲线与升压曲线基本重合
D 型 （冲蚀）		升压曲线凸向 P 轴，降压曲线与 升压曲线不重合，呈顺时针环状
E 型 （充填）		升压曲线凸向 Q 轴，降压曲线 与升压曲线不重合，呈逆时针环状

图 3.15　压水试验 P-Q 曲线类型及曲线特点

3.4.2　高压压水试验

（1）概述

高压压水试验是指测定岩体在高水头作用下的渗透特性、渗透稳定性及其结构面张开压力的现场压水试验。当试验压力超过 1.0MPa 时，进行钻孔高压压水试验。高压压水试验压力可分为 5～10 级（按最大试验压力等分）。根据试验目的不同分循环和非循环加压。对确定结构面张开压力的可进行非循环试验，压力可分 10 级施加；对确定岩体渗透稳定性和临界压力的，可进行多循环试验，一般为 4 循环，第 1 循环加压段和第 4 循环卸压段，压力可分 10 级，第 2、3、4 循环的加压可分 5 级，按最大试验压力值等分，第 1、2、3 循环的卸压可分 1～5 级。

大埋深、高水压条件下裂隙岩体的渗透特性与低压条件下具有较大差异，目前高压压水试验是获取深埋岩体水文地质参数的一种重要途径，孔深 500m 级的高压压水试验已见报道，但千米级深孔压水试验还较少见，深孔岩体渗透特性的测试技术方法与设备尚存在较大局限。

（2）技术改进

针对复杂地质条件下勘探试验孔深度大、岩体破碎、地应力环境复杂、孔内地下水位低、钻探工艺与浅孔的差异大等特点及难点,开发研制的深孔双塞高压压水试验系统适合深孔钻探工艺与干孔等情况,可进行千米级的高压压水试验。该系统开发了一套串联双塞的气/液压加卸压系统,该系统适合绳索取心钻探工艺,最高压力可超过 10MPa;实现了封隔气囊、压水管路两个管路系统的单独工作,全过程可单独控制,提高了试验效率;形成了一套压力、流量自动采集分析系统;对原压水系统的强度和刚度进行局部改进,该系统可进行千米级的钻孔高压压水试验。试验装置如图 3.16 所示。

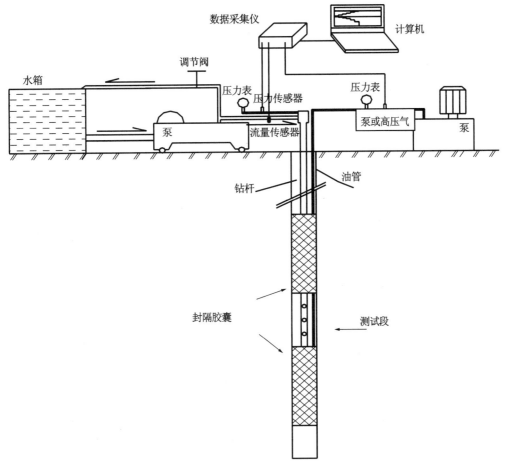

图 3.16　双栓塞高压压水试验装置示意图

（3）试验方法

①确定测试段:钻孔成孔后,根据钻孔地质资料和任务要求选择测试段,测试段长一般为 5m,如遇断层破碎带、裂隙密集带等强透水带的孔段,可根据现场情况进行调整。

②坐封:采用两个可膨胀的特制橡胶封隔器,通过钻杆将其放置到选定位置,加强使封隔器膨胀坐封于孔壁上,形成测试段。

③通过钻杆和液压泵对试验段注水,采用逐级加压的方式对测试段加压,采用五点法进行压水试验。

④压力和流量观测:调整调节阀,使试验压力达到预定值并保持稳定后,尽量进行流量观

测,流量观测工作应每隔 1min 进行一次,当压力与流量达到稳定标准后,本级试验即可结束,可进行下级试验。

⑤解封:测试完毕后,排出封隔器内液体或气体使之恢复原状,封隔器解封后,将设备移至下一级测试段测试。

(4)试验资料整理

压水试验一般选用最大压力阶段的流量和压力计算岩体的透水率,岩体透水率的单位为吕荣(Lu),其定义为在 1MPa 单位试验压力下,平均每米试验段的渗透水量为 1.0L/min。依照相关规范要求,结合高压压水试验方法,试验段岩体透水率计算公式为:

$$q = \frac{Q_{max}}{L \times P_{max}}$$

式中　　q——为试验段岩体的透水率(Lu);

　　　　Q_{max}——为最大压力阶段对应的计算流量(L/min);

　　　　P_{max}——为最大压力阶段对应的试验段压力(MPa);

　　　　L——为试验段的长度(m)。

3.4.3　深孔压水试验技术难点及问题

基于特定复杂地质条件,大埋深岩体进行压水试验过程中,试验质量会受到很多不利因素干扰,比如自然水头、水位埋深、岩体渗透性、试验设备及人为因素等;尤其是在千米级深钻孔中进行压水试验可靠性是个问题:一方面在大埋深、高压力、高地下水头作用下,岩体透水率小,常规橡胶止水栓塞的密封性能不满足要求;另一方面,止水栓塞压力难以控制,可能会被"压翻",导致试验失败,并造成孔内事故。

栓塞是压水试验阻塞隔离试验段的主要设备,经过现场大量试验,水压式栓塞较其他类型栓塞可靠、灵活,但深孔压水试验需配备一套单独的高压充水泵以及全孔深的高压供水管路,压水试验过程很难一直保持密封状态,且栓塞水压软胶管与钻杆(压水管)极易发生降速不均及缠绕现象,下入和起出试验器时需进行捆扎固定和拆分,操作烦琐和费时,同时也存在试验结束后排水卸压难题,特别是在地下水较深的钻孔中进行压水试验后,由于钻杆中的水头较高,而钻孔内没有相应高的地下水位平衡压力,在试验段内外形成较大的水头差,胶囊栓塞受钻杆内的高水头压力作用始终处于膨胀状态,很难卸压恢复原状,造成试验器栓塞难以顺利起拔的情况,极易造成胶囊卡孔事故,甚至导致整孔报废。

水压式的橡胶封隔器单栓塞及双栓塞当前国内均有完善的配套定型产品,试验器栓塞耐压一般可达 10~30MPa 压力值,生产机组按所需孔径规格及压力值指标进行型号选择,购置配备投入使用即可。然而,这些钻进工艺所采用的水压式单栓塞和双栓塞压水试验现有技术方案,虽已广泛使用且成熟可靠,但实施应用中仍存在以下问题:

①需配备一套单独的高压充水泵以及全孔深的高压供水管路(一般为通水孔约 $\phi6mm$ 内径的耐压软胶管或钢编软管)。

②在进行试段正式压水试验工序时,为保证栓塞封隔试段的性能可靠,整个全孔长度高压软管至栓塞胶囊内腔范围均呈高压区,压水试验过程须一直保持密封状态,若出现管路破损或接头漏水使高压区发生泄压情况,将会影响栓塞的密封性,需作多次补充加压操作,甚至可能出现密封性不够致使影响试验,需检查泄压原因及部位,再作修理或更换处理。

③每段压水试验结束,由于单或双栓塞胶囊被高压水膨胀后的泄压回复原状动作,需从地面打开阀门让水在压差作用下沿全孔深的高压软管缓缓流出,所以泄压过程较为费时,特别是深孔条件下,等待泄压的时间过长,且有时出现孔内水位压差异常或地层特殊孔壁不规则影响等情况,使栓塞胶囊不易完全泄压回复原状,造成试验器栓塞难以顺利起拔的情况。

④在每段下入压水试验器时,为防止全孔深的栓塞水压软胶管与钻杆(压水管)发生降速不均及缠绕现象,需每隔数米与钻杆作细致的捆扎固定,起出试验器时又需将每处捆扎拆分,从而使得下入和起出试验器操作过程较为烦琐和费时。

鉴于此,解决深孔压水测试技术难题的研究重点和主要思路是寻求通过独立且可适时打开或封闭、适时转换的水流通道,实现高压水充胀栓塞封隔试验段,进行试验压水,并能快速排水卸压,拟解决深钻孔,特别是千米级超深钻孔中地下水埋深大、内外水头高压差条件下的钻孔压水试验过程中止水胶囊卸压困难造成卡孔的技术难题。

3.4.4 深孔压水试验装置及方法改进

在大型水利水电工程、复杂地质条件下特大型跨流域引调水工程深埋长隧洞地质勘察研究过程中研发了一种深孔压水试验装置,创新提出了按不同工序过程需求适时高压充水、适时解除的单向阀结构,可实现千米级深孔全孔段连续压水试验;同时,还研发了一种钻孔压水试验多通道转换快速卸压装置,解决了压水试验中胶囊栓塞卸压困难造成卡孔的技术难题;提出了一种钻孔压水试验多通道转换快速卸压技术,可实现深孔全孔单次多点灵活依次分段压水,获取深部岩体水文地质参数,有效解决了目前复杂地质条件下深钻孔,特别是千米级超深钻孔中地下水埋深大、内外水头高压差条件下的钻孔压水试验过程中止水胶囊卸压困难造成卡孔的技术难题,该装置与技术具有操作简单、劳动强度小、减少工序、节约上下钻时间、节约成本等优点,可选择常规钻具或绳索钻具钻进工艺,适用不同钻孔口径,并可灵活采用单栓塞或双栓塞试验方案,实现了千米级深孔全孔单次多点灵活依次分段压水试验,快速准确获取深部岩体水文地质参数,在大埋深隧洞水文地质参数测试技术方面取得了重大突破。

1.深孔压水试验装置及使用方法

该试验装置包括变径接头、活塞组件、单向阀组件和栓塞胶囊体,省去现有方法中专为压水充胀栓塞所配备和使用的另一套高压充水泵以及全孔长度高压供水管路,减少所需设备器材配置且降低成本、简化操作;通过两条独立且可适时打开或封闭、适时转换的水流通道,操作单向阀功能实现高压水充胀栓塞、充塞水道封闭、单向止流密封、快速可靠卸压,对钻孔深度适应性好,深孔条件下优势尤为明显;可直接适用常规钻具或绳索钻具钻进工艺,灵活选择单栓塞或双栓塞试验方案,不同钻孔口径均可适用,并可实现全孔连续压水实验。试验装置结构示意图见图3.17,局部结构放大示意图见图3.18。

此装置可同时满足选择采用常规钻具或绳索钻具钻进工艺、选择采用水压式单栓塞或水压式双栓塞的深孔压水试验技术方案的需要,在多种不同条件情况下均可分别适用,满足多用途的要求;此装置可省去现有技术方案中水压膨胀栓塞所需的单独一根高压管路,达到了减少配置、降低成本、简化操作的效果,还具备提高和保持栓塞胶囊膨胀后高压区密封性的作用,另外还具有保证压水试验结束后栓塞胶囊的泄压过程快速、可靠的功效,满足多功能的要求。

(1)工作原理

该深孔压水试验装置为达到减省一套高压供水管路且仍满足压水充塞和试段压水试验不

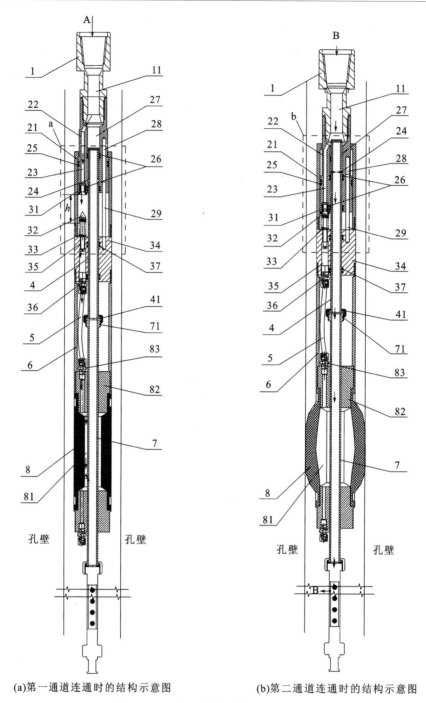

(a)第一通道连通时的结构示意图　　　　(b)第二通道连通时的结构示意图

图 3.17　深孔压水试验装置结构示意图

同工序时不同压水通道的需要,设计成具有两条独立水流通道(第一通道和第二通道),并使其具备分序畅通或封闭、适时转换到位、操作简单可靠的功能,可适时承担压水充胀栓塞胶囊、试段压水试验、高压区快速泄压三个不同工序过程的水流通道作用。为满足整个压水试验工作中压水充塞、封闭高压区、保持密封性、试段压水试验、快速泄压等各道工序的不同需要,设计成具有适时转换、适时封闭的单向阀组件作用,通过简单操作即可做到按工序分别实现高压水

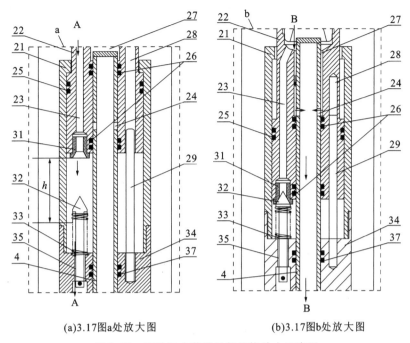

(a)3.17图a处放大图　　　　(b)3.17图b处放大图

图 3.18　深孔压水装置局部结构放大示意图

充胀栓塞、充塞水道封闭、单向止流密封、快速可靠泄压等多项功能,这种按不同工序过程需求适时形成或适时解除单向阀作用的设计构思,称为适时单向阀结构,与常见的普通固定式单向阀结构的单一流向性能有明显区别,工作原理如下:

①压水充胀栓塞胶囊过程:开泵送水至孔内试验器进行充胀栓塞胶囊工序,此过程全钻杆柱的水流通道路径 A 为:钻杆内径孔—变径接头 1 内的过流通道 11—活塞体偏心孔 23—阀座偏心孔 35(此时单向阀座 31 与单向阀 32 阀盖为分开状态)—单向阀弹簧座体出水接口 36—高压短管 5—栓塞胶囊内腔进水接口 83—进入胶囊内腔 81,开始压水充胀栓塞胶囊体 8 动作。

②形成适时高压单向阀过程:压力表达到试验压力值并基本稳定后,操作钻机立轴控制使钻杆柱缓慢下降 h,此时栓塞胶囊体 8 已被压水充盈膨胀后与孔壁接触压紧,活塞座套 21、单向阀弹簧座体 24、连接套 6、栓塞试验器上连接套 82 与整个栓塞试验器为丝扣连接一体装配,此时均随栓塞胶囊体 8 与孔壁的接触压紧呈固定不动状态;而活塞体 22 在活塞座套 21 内则可随钻杆及变径接头 1 同步下降,单向阀座 31 随着下降动作及移动距离 h 与单向阀 32 的阀盖接触压紧并继续压缩单向阀弹簧 33 到设计受压位置,使得单向阀座 31 与单向阀 32 的阀盖锥面达到密封状态,此时单向阀 32 的阀盖以下至栓塞胶囊体 8 膨胀后的胶囊内腔 81 范围呈高压水密封区,且单向阀座 31、单向阀 32 的阀盖、单向阀弹簧 33 之间适时形成单向阀结构作用,封闭充胀栓塞水流通道路径 A 停止压水充胀栓塞胶囊体 8 动作,胶囊内腔 81 的高压水也保持不会向外泄流。

③开启试段正式压水试验通道过程:活塞体内环密封圈组 26 随活塞体 22 下降到位后,芯管壁对通水眼 24 与活塞体中心孔 27 的上部大孔对应,芯管壁对通水眼 24 的密封同时随之解除,水流通道适时转换成开启试段压水试验水流通道,此过程全钻杆柱的水流通道路径 B 为:钻杆内径孔—变径接头 1 内的过流通道 11—活塞体中心孔 27—芯管壁对通水眼 24—芯管内径孔—芯管出水接口 41—栓塞试验器芯管进水接口 71—通过栓塞试验器芯管至试验段花管出水口。

④泄压过程:压水试验结束,水泵停止送水并打开分水盘阀门,操作钻机立轴上拉全钻杆柱 h,使得单向阀座 31 与单向阀 32 阀盖完全分开,适时单向阀组件作用消失,活塞体偏心孔 23 打开,同时活塞体内环密封圈组 26 随活塞体 22 上行密闭芯管壁对通水眼 24,此时水流通道与所述①压水充胀栓塞胶囊工序过程通道路径 A 相同但却为相反流向,水流通道由 B 适时转换成 A 并起到泄流通道功能,胶囊内腔 81 的高压水在压差下高速流向钻杆柱大内径孔水道:在采用普通钻杆时通水内径孔是 $\phi22mm$,水道面积则为约 $3.8cm^2$;若采用绳索钻杆时通水内径孔约为 $\phi65mm$,水道面积则为约 $34cm^2$;而现技术方案中采用高压软管的通水孔内径约 $\phi6mm$,水道面积则约为 $0.28cm^2$,本试验装置其泄压水流通道面积增加约 $13\sim120$ 倍,故此使得整个泄压过程能够迅速可靠。

(2)具体实施方式

试验装置的具体实施方式简述如下:

深孔压水试验装置包括由上至下设置的变径接头 1、活塞组件、单向阀组件和栓塞胶囊体 8,变径接头 1 与钻具连接,不同型号的钻具选用对应的变径接头 1,活塞组件包括活塞座套 21 和套设在活塞座套 21 内的活塞体 22,活塞体 22 上端伸出活塞座套 21 外与变径接头 1 下端固定连接,活塞体 22 沿轴线方向上设有活塞体中心孔 27 和活塞体偏心孔 23,活塞体中心孔 27 和活塞体偏心孔 23 相互平行且偏心设置,活塞体中心孔 27 设置在活塞体 22 中轴线上,活塞体偏心孔 23 上端与变径接头 1 的过流通道 11 连通,下端通过单向阀组件与栓塞胶囊体 8 的胶囊内腔 81 连通;水流从变径接头 1 的过流通道 11 上端流入活塞体偏心孔 23,单向阀组件导通时,经单向阀组件后进入胶囊内腔 81 内,形成第一通道(图中的 A 通道)。

活塞体中心孔 27 上端与变径接头 1 的过流通道 11 连通,活塞体中心孔 27 内设有芯管 4,活塞体中心孔 27 为阶梯孔,上部孔径大于下部孔径,初始状态时,芯管 4 上部与活塞体中心孔 27 的下部小孔之间通过两组活塞体内环密封圈组 26 形成密封,两组活塞体内环密封圈组 26 之间设有芯管壁对通水眼 24,钻具通过变径接头 1 带动活塞体 22 相对活塞座套 21 向下运动,下降到芯管壁对通水眼 24 与活塞体中心孔 27 的上部大孔对应,活塞体中心孔 27 通过芯管壁对通水眼 24 与芯管内腔孔连通,此时单向阀组件处于关闭状态(第一通道关闭)。芯管 4 下端穿过单向阀组件与栓塞试验器芯管 7 连通,栓塞试验器芯管 7 下端穿过胶囊内腔 81 与试验段花管出水口连通;水流从变径接头 1 的过流通道 11 上端流入活塞体中心孔 27,经芯管壁对通水眼 24 进入芯管内腔孔,后流入栓塞试验器芯管 7,形成第二通道(图中的 B 通道)。

装置中单向阀组件包括单向阀座 31、单向阀 32、单向阀弹簧 33 和单向阀弹簧座体 34,单向阀座 31 设置在活塞体偏心孔 23 出水口,单向阀弹簧座体 34 上端通过螺纹与活塞座套 21 下端固定连接,单向阀弹簧座体 34 下端通过螺纹与连接套 6 的上端固定连接,连接套 6 的下端通过螺纹与栓塞试验器上连接套 82 固定连接,栓塞胶囊体 8 与栓塞试验器上连接套 82 固定连接;单向阀弹簧座体 34 中部设有阀座偏心孔 35,高压短管 5 设置在连接套 6 内,高压短管 5 的上端与阀座偏心孔 35 下端的单向阀出水接口 36 连通,下端与栓塞试验器上连接套 82 上端的胶囊内腔进水接口 83 连通,即高压短管 5 连通阀座偏心孔 35 与胶囊内腔 81。单向阀 32 的阀杆设置在阀座偏心孔 35 内,单向阀弹簧 33 上端抵靠在单向阀 32 上端的阀盖上,下端抵靠在单向阀弹簧座体 34 上;单向阀 32 阀盖与单向阀座 31 分离,活塞体偏心孔 23 与阀座偏心孔 35 导通,即第一通道(A)导通,第二通道(B)关闭;单向阀 32 阀盖与单向阀座 31 贴合,活塞体偏心孔 23 与阀座偏心孔 35 截断,即第一通道(A)关闭,第二通道(B)导通。

装置中芯管 4 下端的芯管出水接口 41 与栓塞试验器芯管 7 上端的进水接口 71 连通；活塞座套 21 内壁与活塞体 22 外壁之间设有活塞体外环密封圈组 25，单向阀弹簧座体 34 与芯管 4 外壁之间设有单向阀弹簧座芯管密封圈组 37；单向阀弹簧座体 34 与活塞体 22 之间设有定位杆 29，定位杆 29 上端伸入到活塞体 22 的定位孔 28 内，下端与单向阀弹簧座体 34 固定连接。

起下试验器时，活塞体 22 与活塞座套 21 呈悬挂状态。活塞体外环密封圈组 25 起到活塞体 22 与活塞座套 21 之间的密封作用，活塞体内环密封圈组 26 起到活塞体 22 与芯管 4 之间的密封作用，单向阀弹簧座芯管密封圈组 37 起到单向阀弹簧座体 24 与芯管 4 之间的密封作用。钻进采用常规钻具或绳索钻具时，本压水试验装置上部需连接与其钻具相对应的钻杆变径接头 1；选择采用水压式单栓塞法或水压式双栓塞法时，试验装置下部则连接技术参数与试验段相匹配的相对应单栓塞或双栓塞试验器（定型产品）。

2.钻孔压水试验多通道转换快速卸压装置及使用方法

该装置包括芯管、芯管套、下芯管孔和上芯管孔，有上芯管套联结口、中芯管套联结口和下芯管套联结口至上而下依次设置于密封件上，胶囊通道孔包括排水孔和进出水孔，试验工作结构与充塞状态见示意图 3.19，试验状态与卸压状态见示意图 3.20。

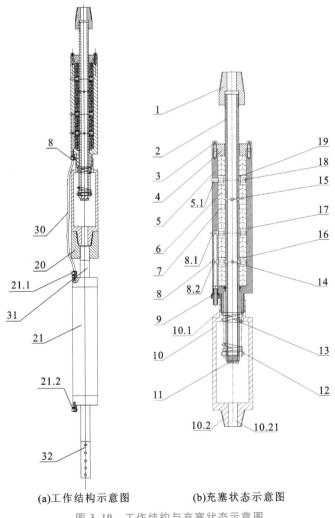

(a)工作结构示意图　　　　(b)充塞状态示意图

图 3.19　工作结构与充塞状态示意图

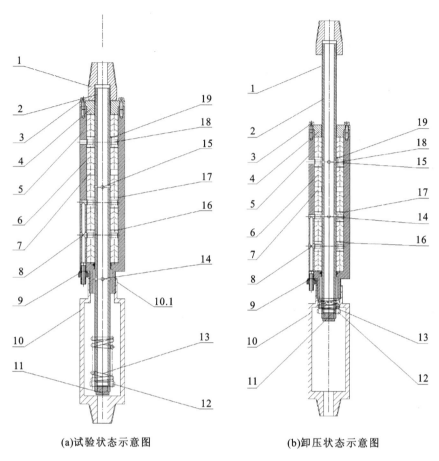

(a)试验状态示意图　　　　　　　　(b)卸压状态示意图

图 3.20　试验状态与卸压状态示意图

　　该装置通过上下运动芯管,使芯管上芯管孔、下芯管孔与胶囊通道孔相互配合进行多通道转换,实现胶囊充水封隔试验段、试验压水和胶囊快速排水卸压;装置密封性好,可调节密封效果,能有效按要求随意地切换管路通道,具有操作简单、劳动强度小、减少工序、节约上下钻时间、节约成本等优点;主要解决深钻孔,特别是千米级超深钻孔中地下水埋深大、内外水头高压差条件下钻孔压水试验过程中止水胶囊快速排水卸压难题;也适用于水利水电工程灌浆孔,水力劈裂试验、孔内旁压试验和其他工程地质渗透试验等领域,试验设备安装示意图见图 3.21。

　　该试验装置及卸压方法具体实施方式简述如下:

　　(1)试验装置

　　钻孔压水试验多通道转换快速卸压装置,包括芯管 2、设置于芯管 2 下端的芯管堵头 11、套于芯管 2 外周的芯管套 5,还包括下芯管套联结口 16、中芯管套联结口 17、上芯管套联结口 18、上芯管孔 15、下芯管孔 14;栓塞接头 10 呈中空结构,栓塞接头 10 上端设置有与芯管套 5 连通的第一连接口 10.1,下端设置有与试验段连通的第二连接口 10.2;芯管套 5 顶部设有压盖 4、底部设有栓塞接头 10,栓塞接头 10 与芯管套 5 相连通,有压盖 4 通过压盖紧定螺钉 3 固定连接于芯管套 5 上端。

　　芯管 2 上端向上伸出压盖 4 且连接有变径接头 1,芯管 2 下端向下伸出芯管套 5 且位于栓

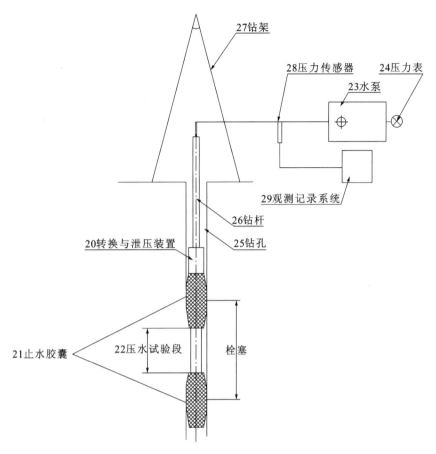

图 3.21 试验设备安装示意图

塞接头 10 内;有密封件 6 设置于芯管 2 与芯管套 5 之间;芯管 2 上设有下芯管孔 14 和上芯管孔 15,下芯管孔 14 和上芯管孔 15 呈间隔布置,芯管 2 下部设有芯管回位弹簧 13 和芯管位置调节螺母 12。

芯管套 5 上设有胶囊通道孔 8,有上芯管套联结口 18、中芯管套联结口 17 和下芯管套联结口 16 至上而下依次设置于密封件 6 上,芯管套 5 上设有与钻孔 25 连通的芯管套排水孔 5.1,上芯管套联结口 18 与芯管套排水孔 5.1 相连通,实现试验结束后的卸压排水。

有胶囊进出水接头 9 设置于芯管套 5 的侧壁下端,且位于胶囊通道孔 8 下方;胶囊通道孔 8 包括排水孔 8.1 和进出水孔 8.2,排水孔 8.1 位于进出水孔 8.2 上方,排水孔 8.1 与中芯管套联结口 17 相对应,进出水孔 8.2 与下芯管套联结口 16 相对应;排水孔 8.1、进出水孔 8.2 与胶囊进出水接头 9 通过管道连通,排水孔 8.1 主要提供高压排水通道,进出水孔 8.2 可提供胶囊充水又可提供胶囊初排水,目的在于为试验胶囊通道既提供进水,又能有效完全排水。

下芯管套联结口 16、中芯管套联结口 17、上芯管套联结口 18 内均设有减阻套 19,减阻套 19 设置于芯管 2 外壁上,减阻套用于减少芯管 2 与芯管套 5 及密封组件 6 之间相对滑动阻力,达到很好的密封效果,延长使用寿命。

有间隔套 7 设置于密封件 6 上,间隔套 7 设置于上芯管套联结口 18 与中芯管套联结口 17 之间,间隔套用以提供芯管套腔内密封件与芯管套联结口之间的距离调节。

上芯管套联结口 18、中芯管套联结口 17、下芯管套联结口 16 和间隔套 7 均环向设置于芯管 2 的外周并依次上下排列，相互分隔呼应，以达到使上芯管孔与上芯管套联结口按需要连通与有效分隔的目的。

套于芯管 2 上的芯管位置调节螺母 12 位于芯管回位弹簧 13 下方，且位于芯管堵头 11 上端，用以调节多通道转换快速卸压装置下部配重，以达到多通道转换快速卸压装置芯管在不同载荷条件下，能处于正确的位置状态，提高工作状态的可靠性。

下芯管孔 14 与上芯管孔 15 之间的距离小于上芯管套联结口 18 与下芯管套联结口 16 之间的距离，根据上芯管套联结口 18、上芯管孔 15 与下芯管套联结口 16 与下芯管孔 14 相互隔离与连通需要而设计，以达到确保有效隔离区间，防止互串泄压的目的。

第一连接口 10.1 套于芯管套 5 的下端连接口外壁上，芯管 2 外径小于芯管套 5 下端连接口内径，第二连接口 10.2 内设置有连通孔 10.21，主要为多通道转换快速卸压装置的芯管轴满足下部工作室和下部胶囊试段连通需要，以实现钻杆通过芯管轴孔内经接头与试段连通，达到为试段供水的目的。

密封件 6 为 V 形密封圈组，密封圈组件通过芯管轴 2、芯管套 5、间隔套 7、减阻套 19 等相关组件的有效配合，达到芯管轴在芯管套上下既能有效滑动又能在高压力下有效密封的目的。

上芯管孔 15 和下芯管孔 14 孔径的大小和排列主要是根据装置的外径和芯管的大小来确定，上芯管孔 15 和下芯管孔 14 一般呈十字形，也可呈品字形或多孔排列形。芯管材质为高强度不锈钢，其抗拉、光洁度、加工配合精度符合实际需求，芯管加工精度高、调压弹簧与下部配重适应性较好。

有第一充水孔 21.1 设于止水胶囊 21 上部，有第二充水孔 21.2 设于止水胶囊 21 下部；高压软管 30 一端连接于胶囊通道孔 8 上、另一端连接于第一充水孔 21.1 上，第二充水孔 21.2 可用于连接另一止水胶囊 21 上的充水孔。

有止水胶囊芯管 31 连接于栓塞接头 10 下端，且与所述栓塞接头 10 相连通，止水胶囊芯管 31 下端穿过止水胶囊 21，且与栓塞试验花管 32 相连通；栓塞试验花管 32 下端可用于连接另一个止水胶囊 21。

(2)钻孔压水试验多通道转换快速卸压装置的卸压方法具体实施步骤如下：

①将多通道转换快速卸压装置 20 安装于止水胶囊 21 上，钻杆 26 连接于变径接头 1 上，止水胶囊 21 和胶囊通道孔 8 之间通过高压软管 30 连接；将钻架 27、压力传感器 28、观测记录系统 29、水泵 23、压力表 24、多通道转换快速卸压装置 20 和止水胶囊 21 按压水试验全套安装完成连接就绪，这时多通道转换快速卸压装置的芯管 2 处于初始状态，管路通道中的下芯管孔 14 对准下芯管套联结口 16 并与胶囊通道孔的进出水孔 8.2 和胶囊进出水接头 9 及止水胶囊 21 形成通道，止水胶囊 21 为充水预备状态，开动水泵 23 向管路送水加压，止水胶囊 21 逐步充胀，水泵压力表 24 读数达 10～15MPa 稳定后，止水胶囊 21 充水完成。

②止水胶囊 21 充胀结束，两个止水胶囊 21 紧贴钻孔 25 的孔壁，压水试验段 22 通过充胀且紧贴钻孔 25 孔壁的两个止水胶囊 21 与上下孔段隔离，这时水泵压力表 24 读数仍保持稳定，操作钻机把钻杆 26 下移约 8cm，多通道转换快速卸压装置 20 中的芯管 2 下行，下芯管孔 14 与下芯管套联结口 16 隔离，且与栓塞接头 10 接通，即关闭止水胶囊栓塞进水通道，打开压水试验段 22 接口，接通压水试验段 22；刚接通压水试验段 22 时水泵压力表 24 读数会出现短

时段下降,随后即上升,同时调整水泵压力读数至试验所需压力且保持稳定,压水试验段 22 封堵完成;经试压确认,转入压水试验阶段。

③压水试验结束后,停止水泵 23 供水加压,打开地面排水阀,使钻杆 26 内的注水通过排水阀与大气相通泄压,待钻杆 26 内水压稳定后,上提钻杆 26 约 8cm,这时多通道转换快速卸压装置 20 中的芯管 2 上行至管路通道中的下芯管孔 14 对准下芯管套联结口 16,这时压水试验段 22 接口关闭,接通下芯管套联结口 16,胶囊内高压水泄压,处于相对松弛恢复状态。

④当钻孔 25 深在 100m 以内、地下水位较高时,水头压力不高,胶囊内压与孔内压力基本相等,胶囊可快速自行恢复,即可操作钻机上提或下放钻杆,孔内设施按需要转入下一试验段,按上述操作继续孔内另一选定试验下段试验,试验从步骤①中开动水泵 23 向胶囊冲水加压开始即可;当钻孔 25 深在 100m 以上乃至 1000m,钻孔 25 内水位很低,钻杆内水柱压力使胶囊仍然充胀,胶囊仍紧贴钻孔 25 的孔壁,胶囊难以收缩或恢复不理想而导致提动胶囊遇阻,这时采用多通道转换快速卸压装置 20 实施卸压排水操作,继续上提钻杆 26 约 8cm,使芯管 2 压迫栓塞接头 10 内的芯管回位弹簧 13 上行,这时上芯管孔 15 和中芯管套联结口 17 与止水胶囊 21、钻杆 26 与钻孔 25 形成通道,工作管内水头通过上芯管套联结口 18 外侧连通口连通钻孔 25 快速卸压,同时压水试验段 22 随通道排到钻孔 25 内,止水胶囊 21 快速卸压回缩,止水胶囊 21 与钻孔 25 孔壁形成空隙而松弛;止水胶囊 21 处于自由活动状态,在芯管回位弹簧 13 作用下多通道转换快速卸压装置 20 自行恢复至初始状态。

⑤重复上述操作,直至完成钻孔 25 其他段压水试验,必要时可重复试验对比,也可与常规顶压式压水试验数值对比。

3.5　地应力测试[13]

3.5.1　概况

岩体应力测试方法主要有:孔壁应变法、孔底应变法、孔径变形法、水压致裂法和表面应变法等,详见表 3.6。其中孔壁应变法、孔底应变法、孔径变形法通常在浅钻孔中应用,表面应变法通常在探洞洞壁上应用。深埋地质体勘察工作中使用最广泛的是水压致裂法。

地应力测定方法根据测量内容大致可分为两大类:①按测量方法原理可分为绝对值测量和相对值测量,其中较为常用的绝对值应力测量方法主要有水压致裂法和应力解除法。相对值应力测量方法包括压磁法、压容法、体应变法、分量应变法及差应变法等。②按数据来源可分为五大类:基于岩心的方法、基于钻孔的方法、地质学方法、地球物理方法(或地震学方法)、基于地下空间的方法。

(1)水压致裂法原理及方法

水压致裂测量法是国际岩石力学学会测试方法委员会于 1987 年颁布的测定岩石应力的建议方法之一,该建议方法还包括 USBM 型钻孔孔径变形计的钻孔孔径变形测量法、CSIR(CSIRO)型钻孔三轴应变计的钻孔孔壁应变测量法和岩体表面应力的应力恢复测量法。与其他三种测量方法相比,水压致裂法具有以下突出优点:①测量深度深;②资料整理时不需要岩石弹性参数参与计算,可以避免因岩石弹性参数取值不准引起的误差;③岩壁受力范围较广(钻孔承压段长),可以避免"点"应力状态的局限性和地质条件不均匀性的影响;④操作简单,测试周期短。因此,水压致裂法被广泛地应用于水利水电、交通、矿山等行业岩石工程以及地球动力学研究的各个领域。

表 3.6　岩体地应力测试方法

测试方法			说明	测试方法		说明
钻孔应力解除法	孔壁应变法(三孔交汇)	浅孔孔壁应变计测试	采用孔壁应变计,即在钻孔孔壁粘贴电阻应变计,量测套钻解除后钻孔孔壁的岩石应变,按弹性理论建立的应变与应力之间的关系式,求出岩体内改点的空间应力参数。为防止应变计引出电缆在钻杆内被绞断,要求测试深度不大于30m	水压致裂法		采用两个长约1m串接起来可膨胀的橡胶封隔器阻塞钻孔,形成一封闭的加压段(长约1m),对加压段加压直至孔壁岩体产生张拉破坏,根据破坏压力按弹性理论公式计算岩体应力参数
		深孔孔壁应变计测试	由于测试技术和水下粘贴技术的进步,本测试可用于测试水下深孔岩体的应力状态。由于受测试设备的限制,本测试只适用于铅锤向的钻孔内进行,目前尚不能应用于任意向钻孔。测试深度大于30m	表面应变法	表面解除法测试	通过量测岩体表面的应变,计算岩体或地下洞室围岩受扰动后应力重分布后的岩体表面应力状态。岩体表面应力测试是一种简单有效的方法,可以求得沿长度方向的应力状态变化规律
	孔底应变法(单孔)		采用孔底应变计,即在钻孔孔底平面粘贴电阻应变片,量测套钻解除后钻孔孔底的岩石平面应变,按弹性理论建立的应变与应力之间的关系式,求出岩体内该点的平面应力参数		表面恢复法测试	
	孔径应变法(三孔交汇)		采用孔径变形计,即在钻孔内埋设孔径变形计,量测套钻解除后钻孔孔径的变形,经换算成孔径应变后,按弹性理论建立的应变与应力之间的关系式,求出岩体内该点的平面应力参数	声发射法测试		承受过应力作用的岩石,当再次加载时,如果这一荷载没有超过以前的应力状态,此时没有(或很少)发生声发射(AE)现象。所以AE现象明显增加的起始点就可认为岩石的先存应力

水压致裂法地应力测试原理是利用一对可膨胀的橡胶封隔器,在预定的测试深度封隔一段钻孔,然后泵入液体对该段钻孔施压,根据压裂过程曲线的压力特征值计算地应力。图3.22、图3.23为水压致裂测试装备以及典型曲线图。

(2)围岩应力状态

采用水压致裂法进行地应力测试时,对岩体作了下列假定:围岩是线性、均匀、各向同性的弹性体;围岩为多孔介质时,注入的流体按达西定律在岩体孔隙中流动。另外,当钻孔为铅直方向时(如本次测试孔),假定铅直向应力 σ_v 为主应力之一,大小等于上覆岩层的自重压力,则水压致裂法地应力测试的力学原理可以简化为弹性平面问题。如图3.24所示,含有圆孔的无限大平板受两向应力 σ_A 和 σ_B($\sigma_A > \sigma_B$)的作用时,则孔周附近的二次应力状态为

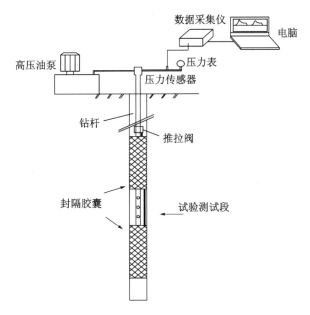

图 3.22 水压致裂测试装备

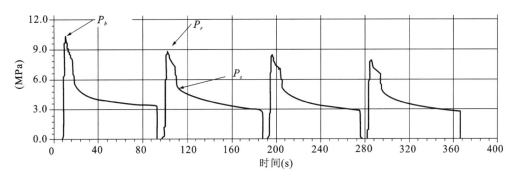

图 3.23 水压致裂典型曲线图

$$
\left.
\begin{aligned}
\sigma'_\theta &= \frac{\sigma_A + \sigma_B}{2}\left(1 + \frac{a^2}{r^2}\right) - \frac{\sigma_A - \sigma_B}{2}\left(1 + \frac{3a^4}{r^4}\right)\cos 2\theta \\
\sigma'_r &= \frac{\sigma_A + \sigma_B}{2}\left(1 - \frac{a^2}{r^2}\right) + \frac{\sigma_A - \sigma_B}{2}\left(1 + \frac{3a^4}{r^4} - \frac{4a^2}{r^2}\right)\cos 2\theta \\
\tau'_{r\theta} &= \frac{\sigma_A - \sigma_B}{2}\left(1 - \frac{3a^4}{r^4}\right) + \left(\frac{2a^2}{r^2}\right)\sin 2\theta
\end{aligned}
\right\}
\tag{3.1}
$$

式中：a 为钻孔半径，r 为径向距离，θ 为极径与轴 X 的夹角，σ'_r、σ'_θ 和 $\tau'_{r\theta}$ 分别为径向应力、切向应力和剪切应力，σ_A 和 σ_B 分别为钻孔横截面上最大和最小主应力。

在孔周岩壁（$r=a$）的应力状态为

$$
\left.
\begin{aligned}
\sigma'_\theta &= (\sigma_A + \sigma_B) - 2(\sigma_A - \sigma_B)\cos 2\theta \\
\sigma'_r &= 0 \\
\tau'_{r\theta} &= 0
\end{aligned}
\right\}
\tag{3.2}
$$

水压致裂测试时，施加液压 P_w 产生的附加应力为

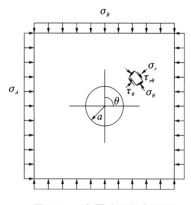

图 3.24　含圆孔无限大平面
的应力状态

$$\left.\begin{array}{l} \sigma''_\theta = -\, P_w \dfrac{a^2}{r^2} \\[2mm] \sigma''_r = P_w \dfrac{a^2}{r^2} \end{array}\right\} \tag{3.3}$$

在孔周岩壁 $(r=a)$ 的附加应力为

$$\left.\begin{array}{l} \sigma''_\theta = -\, P_w \\[1mm] \sigma''_r = P_w \end{array}\right\} \tag{3.4}$$

由此,钻孔孔岩壁上的应力为

$$\sigma_\theta = \sigma'_\theta + \sigma''_\theta = (\sigma_A + \sigma_B) - 2(\sigma_A - \sigma_B)\cos 2\theta - P_w \tag{3.5}$$

破裂缝产生在钻孔孔壁拉应力最大的部位。因此,围岩二次应力场中最小应力出现的部位最为关键。由式(3.5)可见,在孔壁 $\theta = 0$ 或 $\theta = \pi$ 处切向应力为最小。

$$\sigma_\theta = 3\sigma_B - \sigma_A - P_w \tag{3.6}$$

（3）水压致裂法地应力测试基本公式

由于深孔围岩存在着孔隙水压力 P_0,因此岩体的地应力由有效应力(岩石晶格骨架所承受的应力)和孔隙水压力(岩石孔隙中的液体压力)组成,即有效应力为 $\sigma - P_0$,在压裂过程中,随着压力段的液压增大,孔壁上有效应力逐渐下降,最终变为拉应力,当切向有效应力值等于或大于岩石的抗拉强度 σ_t 时,孔壁上开始出现破裂缝,岩石破裂出现的临界压力 (P_b) 由海姆森给出

$$P_b - P_0 = \frac{3(\sigma_B - P_0) - (\sigma_A - P_0) + \sigma_t}{K} \tag{3.7}$$

式中:K 为孔隙渗透弹性系数,可在试验室内确定,其变化范围为 $1 < K < 2$。对非渗透性岩石,K 值近似等于 1,故上式简化为

$$P_b - P_0 = 3\sigma_B - \sigma_A + \sigma_t - 2P_0 \tag{3.8}$$

在测试钻孔为铅直向情况,σ_A 和 σ_B 为最大和最小水平主应力 σ_H 和 σ_h,若以地应力代替上式中的有效应力,得

$$P_b = 3\sigma_h - \sigma_H + \sigma_t - P_0 \tag{3.9}$$

根据破裂缝沿最小阻力路径传播的原理,关闭压力泵后,维持裂隙张开的瞬时关闭压力 P_s,就等于垂直破裂面方向的压应力,即最小水平主应力

$$\sigma_h = P_s \tag{3.10}$$

按式(3.9)确定最大水平主应力

$$\sigma_H = 3\sigma_h - P_b - P_0 + \sigma_t \tag{3.11}$$

式(3.11)中的抗拉强度 σ_t 采用以下方法确定:在现场对封隔段的多次循环加压过程求出。在第一次加压循环过程中,使完整的孔壁围岩破裂,出现明显的破裂压力 P_b,而在以后的加压循环过程中,因岩石已破裂,故其抗拉强度 $\sigma_t = 0$,则重张压力 P_r 为

$$P_r = 3\sigma_h - \sigma_H - P_0 \tag{3.12}$$

这样在求解最大水平主应力时,也可直接采用重张压力计算

$$\sigma_H = 3\sigma_h - P_r - P_0 \tag{3.13}$$

比较式(3.9)和式(3.12)可近似得到孔壁岩石的抗拉强度

$$\sigma_t = P_b - P_r \tag{3.14}$$

　　水压致裂破裂面一般沿垂直于横截面上最小主应力方向的平面扩展（一般形成平行于钻孔轴线的裂缝），其延伸方向为钻孔横截面上的最大主应力方向。

　　（4）测试步骤

　　在进行水压致裂测试之前，必须对钻孔进行检查，包括岩心获得率 RQD、透水率 ω、钻孔倾斜度等，然后根据工程的需要选择合适的压裂段。同时，在现场对压力传感器进行标定，对每根加压钻杆进行密封检验。

　　水压致裂法测试步骤如下：

　　①坐封：通过钻杆将两个可膨胀的橡胶封隔器放置到选定的压裂段，加压使其膨胀、坐封于孔壁上，形成承压段空间。

　　②注水加压：通过钻杆推动转换阀后，液压泵对压裂段注水加压（此时封隔器压力保持不变），钻孔孔壁承受逐渐增强的液压作用。

　　③岩壁破裂：在足够大的液压作用下，孔壁沿阻力最小的方向出现破裂，该破裂将在垂直于截面上最小主应力平面内延伸。与之相应，当泵压上升到临界破裂压力 P_b 后，由于岩石破裂导致压力值急剧下降。

　　④关泵：关闭压力泵，泵压迅速下降，然后随着压裂液渗入到岩层，泵压下降缓慢。当压力降到使裂缝处于临界闭合状态时的压力，即垂直于裂缝面的最小主应力与液压回路达到平衡时的压力，称为瞬时关闭压力 P_s。

　　⑤卸压：打开压力阀卸压，使裂缝完全闭合，泵压记录为零。

　　⑥重张：按②～⑤步骤连续进行多次加压循环，以便取得合理的压裂参数，以判断岩石破裂和裂缝延伸的过程。

　　⑦解封：压裂完毕后，通过钻杆拉动转换阀，使封隔器内液体通过钻杆排除，此时封隔器收缩恢复原状，即封隔器解封。

　　⑧破裂缝方向记录：采用定向印模器，通过扩张印模筒外层的生橡胶和能自动定向的定向器记录破裂缝的长度和方向。

3.5.2　深埋岩体地应力测试技术难点

　　水压致裂法是目前深埋岩体地应力测试的主要方法，是学术界研究及工程应用中的重要测试方法。深埋地质体地应力测试频繁遇到千米级、钻孔深水位、欠稳定钻孔、绳索取心钻进工艺和极高应力等极端测试条件，对现有水压致裂测试技术带来巨大挑战。

　　水压致裂法地应力测试原理是利用一对可膨胀的橡胶封隔器，在预定的测试深度封隔一段钻孔岩体，然后泵入液体对该段钻孔施压，直至岩石产生破裂，根据压裂过程曲线的压力特征值与压裂缝方向，确定地应力量值、方向及其沿深度的变化规律。

　　传统水压致裂法地应力测试技术可分为单回路法和双回路法，其中单回路法采用钻杆为压力通道，仅在底部进行压力通道切换，对钻孔孔壁岩石进行压裂，要求钻杆承受较高压力。双回路法采用二条通道，其一为高压软岩，对密封钻孔岩石区间的封隔胶囊加压和监测；其二为钻杆，对钻孔区间岩石进行压裂，从而获得特征压力并确定岩体应力矢量。双回路法将高压软管固定在钻杆外，以上两种方法均需把钻杆作为高压通道，需将钻杆全部接头螺纹密封，形成高压通道，不适用于薄壁的钻杆，否则钻杆易产生破裂，且地应力设备和加压管道，易受压膨胀变形而滑脱。试验前需对钻杆接头进行拆卸与密封，且钻杆接头拆卸困难，费时费力。

　　目前,地应力测试深度大于500m的深钻孔,大多采用绳索取心钻杆进行造孔,鉴于绳索取心钻杆比较薄,用现有的水压致裂法地应力测试均需要把钻杆作为高压通道,地应力试验需要的高压力下,对绳索取心钻杆施压易产生压裂,因钻孔较深,每根3m钻杆之间的接头为螺纹连接,钻杆的螺纹连接部位,因膨胀变形而易于滑脱,易造成钻杆与地应力试验设备丢失,这是深钻孔中一般不能直接测试地应力的最大难题。

　　深孔地应力测试面临以下难题:钻孔欠稳定、软质岩体、深钻孔、低水位、绳索取心钻杆和超高应力量级。其中钻孔穿越断层和软硬岩间隔分布容易导致钻孔不稳定,深钻孔、低水位和超高应力量级对地应力测试技术和设备的可靠性带来极大挑战,绳索取心钻杆的广泛应用也给水压致裂地应力测试带来技术匹配难题。对此,亟须发展新的测试方法和实用技术。

3.5.3　深孔地应力测试技术改进

　　为应对复杂地质条件下深孔地应力测试频繁遇到千米级、钻孔深水位、欠稳定钻孔、绳索取心钻进工艺和极高应力等极端测试条件对现有水压致裂测试技术带来的巨大挑战,以解决千米级欠稳定钻孔的地应力测试难题为目标,采用绳索取心钻杆内置式双回路水压致裂地应力测试方法,长江科学院研发了相应测试技术设备并获得成功应用。该测试技术设备拓展了水压致裂测试技术的适用范围,为复杂水文地质条件下工程岩体的地应力测试提供了新的手段。

　　(1)测试装置设计要点

　　①采用国际常用的双管方式,保证测试结果可靠性;②与钻探操作工艺相匹配,保证操作的安全性和便捷性;③尽可能减少与钻机匹配的设备数量。

　　改进完成后的双管高压软管置入绳索取心钻杆内,通过管路卡子和特制钻杆接头实现管路在钻杆内的固定。为方便软管内穿钻杆,将双管软管匹配钻杆长度设计,软管之间采用螺纹或快速接头连接。压裂段高压软管内径13～15mm,外径小于35mm。封隔器回路高压软管内径大于2mm,外径小于15mm。软管承受压力大于30MPa。封隔器和印模器匹配钻孔直径,特制钻杆接头螺纹匹配钻杆。适用于欠稳定地层千米级绳索取心钻杆内置双管测试技术设备连接如图3.25所示。

　　(2)试验装置的安装和回收工艺

　　当进行试验时,首先将图3.25中变

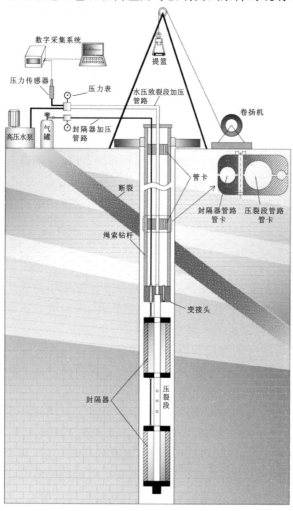

图3.25　千米级欠稳定地层绳索取心钻杆
应力测试技术设备连接图

接头、封隔器、连接油管等连接,使用钻机及附属设备整体起吊后放进孔内并利用钻杆卡座放置在孔口。随后将双管软管固定在下一根连接钻杆中从顶端固定,然后连接双管软管,再拧紧钻杆。重复上述动作,逐根连接双管软管和钻杆,直至将上述设备放到指定孔深。也可在每根钻杆连接之前先将特制钻杆接头连接每根钻杆,并将双管软管用卡环固定放入每根钻杆中。随后即可进行正常的地应力测试程序。

试验完成后,先将钻杆螺纹拧开,提升少许高度,解开双管软管的连接,将双管软管从钻杆顶部取出。重复上述动作,即可回收试验设备。最大水平主应力的方位测试仅需要一根软管提供加压通道,工作程序类似。特别说明,钻机及附属设备的提篮、蘑菇头应采用方便双管软管的穿进和拉出的类型。

3.6 EH-4 探测技术[14]

3.6.1 概况

深埋长隧洞工程地质勘察比较成熟的物探方法为大地电磁测深,大地电磁探测主要是通过测试获得地下岩石电阻率的分布规律,利用岩溶洞穴等不良地质体与正常岩体的电阻率差异,推测岩溶发育的空间位置。大地电磁测深也是利用电磁感应效应,即高频电磁场穿透浅、低频电磁场穿透深,在场源和接收点间距不变的条件下,改变电磁场的频率来达到测深的目的,应用于隧洞工程勘察领域的大地电磁测深技术主要有 CSAMT、EH-4。

CSAMT 法是可控源音频大地电磁法的简称,最早是由加拿大多伦多大学的 D. W. Strangway 教授和他的学生 Myaron Goldtein 于 1971 年提出。CSAMT 法采用可控制人工场源,是利用不同岩石的电导率差异观测一次场电位和磁场强度变化的一种电磁勘探方法。该方法是 20 世纪 80 年代末兴起的一种地球物理新技术,具有抗干扰能力强、探测深度范围大(一般可达 1~2km)、横向分辨率高、高阻屏蔽作用小等特点。地球物理工作者可以利用 CSAMT 法在许多工业、科研领域作业,主要包括地下水勘察、地热勘察、矿产勘察及深埋长隧洞勘察等领域。

EH-4 高频大地电磁测深技术是采用上世纪 90 年代由美国 EMI 公司和 Geometrics 公司联合推出的新一代电磁仪——EH4 型 StrataGem 电磁系统,能观测到离地表几米至 1000 m 内的地质断面的电性变化信息,EH-4 是研究地壳和上地幔构造的一种地球物理探测方法,它是以天然交变电磁场为场源,当交变电磁场以波的形式在地下介质中传播时,由于电磁感应作用,地面电磁场的观测值将包含有地下介质电阻率分布的信息。通过实施电磁测深技术可以了解到深埋地质体一些重要地质现象与界面随深度的变化关系或趋势,如侵入岩体与其他岩类界面、软岩与其他岩类界面、碳酸岩与其他岩类分界面等地质界面位置及随深度变化,断裂构造位置、倾向、宽度及随深度变化,含水构造位置及随深度变化,等等。如与钻探等其他勘探分析手段结合起来其准确性更高,能够解决不少工程地质问题。

该项测试技术基于对断面电性信息的分析研究,可应用于地下水研究、环境监测、矿产与地热勘察以及工程地质调查等。该方法同其他地球物理方法相比具有抗干扰能力强、横向分辨率高、高阻屏蔽作用小、勘探深度范围大等优点,因此,在深部地质、油气勘探、固体矿产等方面都得到了广泛的研究与应用。目前 EH-4 大地电磁测深法在深埋地质体工程地质勘察,如深部岩溶、宽大断裂边界范围、断层产状性质、破碎带宽度、富水地层及构造、地层岩性分界、风化层厚度、围岩分级、侵入岩范围等勘察工作中发挥了理想效果,为前期勘察工作中钻孔布置及建筑物设计、施工提供了地质分析依据。但同时应该注意到,其对地层岩性、地质构造的划分主要依据电性,一般而言,电性差异大,且有一定厚度时,其对地层、构造的分辨率也大大提高,根据资料推断的地质规律比较符合实际。同一岩性,或电性差异较小的岩性、构造等勘探对象就存在不确定性。因此,大地电磁测深资料必须结合地质测绘、钻探和综合测井等验证资料综合分析,才能取得较好的效果。在一般情况下,存在断层、岩性发生变化、岩溶、裂隙发育、岩石破碎含水时视电阻率会呈现相对低阻状态,岩体完整、贫水状态下会表现为高阻状态,一些物探异常区域可以此辅助来判定,具体情况应结合实际地质测绘资料来进行判断。

该系统适用于各种不同的地质条件和比较恶劣的野外环境。其方法原理与传统的 MT 法一样,它是利用宇宙中的太阳风、雷电等入射到地球上的天然电磁场信号作为激发场源,又称一次场,该一次场是平面电磁波,垂直入射到大地介质中,由电磁场理论可知,大地介质中将会产生感应电磁场,此感应电磁场与一次场是同频率的,引入波阻抗 Z。在均匀大地和水平层状大地情况下,波阻抗是电场 E 和磁场 H 的水平分量的比值。

$$Z = \left| \frac{E}{H} \right| e^{i(\varphi_E - \varphi_H)} \tag{3.15}$$

$$\rho_{xy} = \frac{1}{5f} \mid Z_{xy} \mid^2 = \frac{1}{5f} \left| \frac{E_x}{H_y} \right|^2 \tag{3.16}$$

$$\rho_{yx} = \frac{1}{5f} \mid Z_{yx} \mid^2 = \frac{1}{5f} \left| \frac{E_y}{H_x} \right|^2 \tag{3.17}$$

式中 f 是频率(Hz),ρ 是电阻率($\Omega \cdot m$),E 是电场强度(mV/km),H 是磁场强度(nT),φ_E 是电场相位,φ_H 是磁场相位,单位是 mrad。必须指出的是,此时的 E 与 H,应理解为一次场和感应场的空间张量叠加后的综合场,简称总场。在电磁理论中,把电磁场(E、H)在大地中传播时其振幅衰减到初始值 1/e 时的深度,定义为穿透深度或趋肤深度(δ):

$$\delta = 503 \sqrt{\frac{\rho}{f}} \tag{3.18}$$

由式(3.18)可知,趋肤深度(δ)将随电阻率(ρ)和频率(f)变化,测量是在和地下研究深度相对应的频带上进行的。一般来说,频率较高的数据反映浅部的电性特征,频率较低的数据反映较深的地层特征。因此,在一个宽频带上观测电场和磁场信息,并由此计算出视电阻率和相位,可确定出大地的地电特征和地下构造,这就是 EH-4 观测系统的简单的方法原理。

一般情况下,大地是非均匀的,波阻抗是空间坐标的函数,此时必须用张量阻抗来描述。此外,大地电性分布的不均匀性,会引起电场的梯度变化,由此又产生磁场的垂直分量。在解决一般性的工程地质调查中,做标量或张量观测即可。

StrataGem 电磁系统野外工作有两种工作方式:一种是单点测深,另一种是连续剖面测深,选用何种方式由研究任务确定。该系统通常采用天然场源,只有在天然场信号很弱或者根本没有信号的频点上,才使用人工场源,用以改进数据质量,提高数据信噪比。StrataGem 电磁系统可以在 10Hz 至 92kHz 的宽频范围内采集数据,为确保数据质量与工作实效,上述频带又分成三个频组,其中:一频组为 10Hz~1kHz;二频组为 500Hz~3kHz;三频组为 750Hz

～92kHz。

具体观测中使用哪几个频率组,可视情况灵活掌握。在野外能实时获得的 H_y、E_x、H_x、E_y 振幅,φ_{H_y}、φ_{E_x}、φ_{H_x}、φ_{E_y} 相位,一维反演和二维电阻率成像结果。在室内数据处理后,可获得二维正、反演结果等。

观测过程中,严密监视采样叠加过程中的均方误差,以获得合格的数据。对于畸变点进行重复观测,消除因偶然因素引起的假异常,确保野外资料的质量。

3.6.2 外业工作方法与技术

(1)观测点的布置:通过 GPS 进行定点,要求点位差小于 0.5m,方位差小于 0.2°。

(2)开展工作前应做平行试验,检测仪器是否工作正常,要求两个磁棒相隔 2～3m,平行放在地面,两个电偶极子也要平行。观测电场、磁场通道的时间序列信号。

(3)电极的布置技术:图 3.26 中所示的四个电极,每两个电极组成一个电偶极子,为了便于对比监视电场信号,其长度等于点距,与测线方向一致的电偶极子叫作 X-Dipole;与测线方向垂直的电偶极子叫作 Y-Dipole。为了保证 Y-Dipole 电偶极子的方向与 X-Dipole 的相互垂直,用森林罗盘仪确定方向,误差<±0.5°;电偶极子的长度用测绳测量,误差<0.5m。

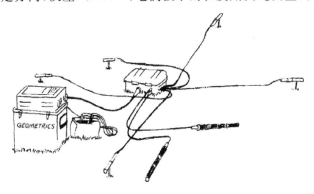

图 3.26　EH-4 工作连接图

(4)磁棒布置:磁棒离前置放大器应大于 5m,为了消除人为干扰,两个磁棒要埋在地下至少 5cm,用地质罗盘定方向使其相互垂直,误差控制在<±2°,且水平。所有的工作人员要离开磁棒至少 10m,尽量选择远离房屋、电缆、大树的地方布置磁棒。

(5)AFE(前置放大器)布置:电、磁道前置放大器放在测量点上,即两个电偶极子的中心,为了保护电、磁道前置放大器应首先接地,远离磁棒至少 10m。

(6)主机布置:主机要放置在远离 AFE(前置放大器)至少 20m 的一个平台上,而且操作员最好能看到 AFE 和磁棒的布置。

(7)资料数据处理方法:野外采集的时间序列的数据进行预处理后,再现场进行 FFT 变换,获得电场和磁场虚实分量和相位数据。并且,进行现场一维 BOSTIC 反演;在一维反演的基础上,利用 EH-4 系统自带的二维成像软件进行快速自动二维电磁成像。为了提高分辨率,二维电磁成像的系数选为 0.5。同时,选择较小的像素(横向和纵向都为 93),使反演数据得到加密,从而突出相对微弱低阻异常。

(8)测线布置:根据地质要求进行测线布置,选择勘探点距,并对测线进行定位。面临勘察工期紧、任务重等不利因素时,可选择在不同工区进行多台仪器同时勘探。但为了保证数据质量,不同仪器之间要进行一致性检测,符合标准才能进行勘探任务。

3.6.3 资料处理与成果分析

(1)资料处理

EH-4 高频电磁法探测是根据电磁波在地质体中传播时存在的时差性来反映地下介质的物性差异,即地下介质电场强度、磁场强度和相位的差异;资料处理就是依据电场强度、磁场强度和相位的差异来计算视电阻率值和相位值。其步骤如下:

① 采用在野外实时获得的 H_y、E_x、H_x、E_y 振幅,φ_{H_y}、φ_{E_x}、φ_{H_x}、φ_{E_y} 相位,通过 ROBUST 处理等,计算出每个频率(f)点相对应的平均电阻率(ρ)与相位差(φ_{EH})。

② 对每个频率(f)点相对应的平均电阻率(ρ)与相位差(φ_{EH})数据,通过二维反演,获得深度-视电阻率数据。

首先对原始数据进行编辑,绘制频率-视电阻率等值线图,综合地质资料及现场调查的情况,在等值线图上划出异常区,做出初步的地质推断。然后根据原始的电阻率单支曲线的类型并结合已知地质资料确定地层划分标准;最后进行 Bostick 反演,确定测深点的深度,绘制视电阻率等值线图,结合相关地质资料和现场调查结果进行综合解释和推断。

数据处理流程见图 3.27。

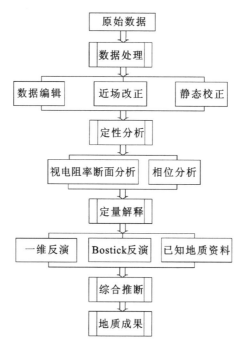

图 3.27　数据处理流程图

③绘制剖面成果图,用反演输出的深度-视电阻率反演数据绘制出视电阻率等值剖面图。首先在 Surfer 软件中绘制电阻率等值图,再转换到 AutoCAD 中,经修整完成最后的成果图,供分析、解释。

有了成果资料后可通过常规的解释方法,就能分析研究视电阻率等值剖面图上的电阻率分布特征。由于岩石视电阻率值与地层岩性、结构、构造等关系密切,在视电阻率等值剖面图上可从电性层的倾向以及视电阻率等值线的疏密程度来分析地下介质存在的物性差异。特别是电性的不连续现象显示出视电阻率等值线的密集带、横向斜率突变带或高电阻率区内出现的低电阻率区域等都说明在该处或两侧存在着不同的地质体和地质构造迹象。

（2）成果分析

深埋地质体由于成因环境不同，同时受构造运动的影响，从而在纵向和横向上产生视电阻率和相位上的变化；此外，岩层视电阻率值不仅与地层结构、构造、成分、成因有关，还与其岩石的颗粒大小、密度、地下水含量等因素有关。研究这些物性特征，可以推断地下地层的分布规律、断裂构造、富水性等。

在剖面上，视电阻率等值线密集带或横向斜率突变带，说明在该处两侧存在不同地质体，往往是不同电性地层、岩性的分界处或断裂带；在推断断裂中，低阻显示区范围广，视电阻率值过低，很可能为断裂破碎严重区且富水。

大地电磁探测主要是通过观测、研究地下岩石电阻率的分布规律，根据正常岩体与岩溶洞穴、断层破碎带等电阻率差异，推测断层、岩溶发育的空间位置及规模等。一般情况下，存在断层、岩性发生变化、岩溶、裂隙发育、岩石破碎含水时视电阻率会呈现相对低阻状态，岩体完整、贫水状态下会表现为高阻状态，一些物探异常区域可以此辅助来判定，具体情况应结合实际地质测绘资料来进行判断。

图 3.28 所示为 EH-4 大地电磁测深剖面电阻率反演图，图中不同颜色代表岩土体电阻率的高低，其中蓝绿色区域表示岩体电阻率较低，深红色区域表示岩土体电阻率较高。对隧洞稳定较不利的各不良地质体，如断层破碎带、软弱岩层、岩溶发育区、地下水富集区等，通常表现为低电阻率区域；此外，各不良地质体与周围岩体界面通常表现为电阻率突变特点。由图 3.28 的 EH-4 纵断面图可见，该隧道洞身明显存在多处异常带，即图中所示黄-绿分界面，推测为不良地质体（如断层破碎带）。针对以上不良地质带，后续地质勘察工作中布置钻孔进行针对性勘察验证。

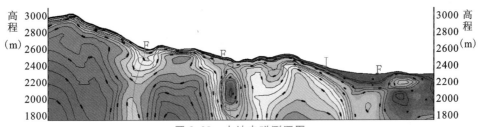

图 3.28　大地电磁测深图

高陡环境边坡可视化勘测技术

4.1 高陡环境边坡的类型及特点

水电工程近年来在建设期均遇到过不同程度的环境自然边坡问题,环境自然边坡的滑坡、崩塌、落石给下方施工人员和设备造成了危害,甚至工期延误。2008年汶川大地震灾后调查表明,水电站的工程边坡稳定状态一般较好,但其环境边坡遭遇地震后发生了滑坡、崩塌、落石等灾害,造成建筑物不同程度损坏,影响工程正常运行。因此,特高陡环境边坡不仅关乎工程安全与投资,甚至可能决定工程选址选线,其防治问题逐渐受到重视。特高陡环境边坡如图4.1、图4.2所示。

图4.1 金沙江下游乌东德水电站高陡环境边坡　　图4.2 金沙江上游旭龙水电站高陡环境边坡

4.1.1 高陡环境边坡地质问题类型

环境自然边坡局部稳定性问题主要有:块体(危岩体)、变形体、高位堆积体、顺向坡、坡面危石与浮石等。

(1)块体(危岩体)

块体(或危岩体)是指由结构面完全或基本完全切割组合形成(相对孤立的、与母体隔离)可能产生向临空方向变形、失稳的岩体。块体的失稳模式主要有如下几种:

①单面滑动型:主要发生在倾坡外结构面控制的岩体中,破坏方式为沿外倾结构面发生单面滑移。

②双面(楔形体)滑动型:多发生在边坡的块状岩体中,受两组或两组以上、倾向与坡面斜交,且其交线倾向坡外(倾角小于坡角)的结构面控制。破坏方式为沿两条底滑面组成的交棱线向临空方向滑移。

③倾倒型：倾倒型块体是指结构面完全或基本完全切割组合形成的孤立的可能产生变形、倾倒的岩体。

④坠落型：主要发生在倒悬的岩体中，表现为沿竖向结构面张拉破坏自由坠落，或沿陡峻斜坡滚落。

（2）变形体

岩体变形是指岩体承受的外力不超过抗压、抗剪强度极限时表现出的结构和形态的改变。高位自然边坡常见的变形体有倾倒变形体与蠕滑变形体。

①倾倒变形体

倾倒变形体一般发育在反倾和斜反倾的陡立层状结构边坡中，或被陡倾优势裂隙切割的岩体中。表部岩层发生向坡外弯曲、倾倒变形，直至岩层折断，形成变形体。

②蠕滑变形体

蠕滑变形体多见于均质或类均质体斜坡中。潜在滑移面受坡体最大剪应力面的位置所控制，该面以上坡体实际为一自地表向下递减的剪切蠕变带。随蠕滑进展，坡面下沉，后缘张力带发育拉裂面并向深部逐渐扩展与潜在滑移面相连，造成沿潜在滑移面剪应力集中并有利于地表水渗入。最后潜在滑移面被剪断而发展为滑坡。在高陡的斜坡中，尤其当坡体具脆性特征时，常常发展成剧冲性崩滑，甚至演变为高速碎屑流。

（3）高位堆积体

高位堆积体是指在工程部位以上环境自然边坡第四系堆积体，它的整体稳定性与局部稳定性直接影响枢纽区下方施工人员及建筑物的安全。

堆积体按成因类型可分为崩坡积、残坡积、洪积、冲积、冰积等。高位堆积体最常见的类型为崩坡积体，特征为碎屑物岩性成分复杂，与高处的岩性组成有直接关系，从坡上往下逐渐变细，分选性差，层理不明显，厚度变化较大，厚度在斜坡较陡处较薄，在坡脚地段较厚。

（4）顺向坡

顺向坡是层面走向与边坡走向夹角小于30°、倾向一致的边坡。顺向坡为对边坡稳定性最不利的边坡结构，尤其在下方施工扰动的情况下可能出现失稳。

根据层面倾角，可分为陡倾顺向坡、中倾顺向坡、缓倾顺向坡；根据层面倾角与坡度的关系，分为层面倾角小于坡度（即层面在坡面出露）、层面倾角与坡度接近一致、层面倾角大于坡度；根据层面性状，分为软弱层面、硬性层面顺向坡；根据边坡侧向特征，分为侧向临空、切割、约束。

（5）坡面危石与浮石

高位自然边坡坡面随机广泛分布危石与浮石，危石是附着于陡峻岩质边坡表面，具突出、临空、悬空、张开等特征，稳定性差的极小方量岩体；浮石是附着于较缓覆盖层上或散落在基岩上的孤石，多部分嵌植于下方覆盖层内。

危石与浮石在卸荷、风化及降雨等自然因素的作用下，可能产生滚石及落石现象。坡度较陡的部位，如陡崖、陡坎部位边坡易发育危石；坡度较缓的部位，如缓斜坡崩塌堆积体易发育浮石。危石或浮石虽然体积小，一旦从高位滚下或落下，出现滚石或落石，仍对下方存在安全隐患。

4.1.2 传统勘测技术特点

水电工程对开口线内的工程边坡稳定性给予了足够重视,勘测技术较成熟;开口线以外至一级剥夷面或分水岭之间的环境边坡以前未引起足够重视,因水电工程中环境边坡引起的安全事故频发,近年来对环境边坡逐渐重视,开始了环境边坡勘测技术探索与研究;但由于环境边坡勘察系统研究时间较短,环境边坡勘测技术不系统、不深入、不成熟、无针对性。

水电工程特高陡环境边坡范围广阔、坡面高陡、地质条件复杂、地质问题多样,"走不近、看不清、查不明"是环境边坡工程地质勘察普遍存在的难题。常规地质勘察一般采用远距离地质调查或地质测绘手段,工作缺乏针对性,存在地质问题识别不清、地质编录不细的问题。

地质勘察思路不系统、重点不突出、层次不分明,不分主次、无差别地开展地质勘察工作,勘察方法无针对性,地质问题易遗漏。常规传统调查手段无法做到近距离调查,远距离调查地质问题识别难度大,尤其对呈"点"状广泛分布于边坡上的块体,识别过程中容易遗漏,且无法识别块体结构面产状与性状,无法做到精准识别。

常规边坡地质编录技术,需室内拼接照片、现场地质编录、室内矢量化、室内与现场反复工作且存在大量内业工作,工作效率低;无法对重要地质结构面进行精细编录,而无法准确获取主要结构面力学参数。

4.2 无人机高清三维影像地质问题识别技术[15]

4.2.1 环境边坡地质问题识别思路

以控制性不利地质因素为依据进行"重点分区",以工程地质问题为依据进行"点、面、体"的"层次分类"。采用无人机高清三维地质影像对环境边坡进行粗识别,对地形不利、不利结构面发育、岩体质量差或覆盖层等地质问题易发的重点部位"重点分区",并采取针对性调查;针对重点部位不同层次开展"细识别"工作,对块体等"点"逐一识别,表层潜在不稳定区等"面"系统调查,变形体与堆积体等"体"结合勘探;做到了重点突出、层次分明地采取针对性地质调查,由"粗"到"细"的地质问题识别方法,显著提高大范围环境边坡地质问题识别的速度与精度,减少了问题遗漏。基于"重点分区、层次分类"的地质问题识别技术路线图见图4.3。

1.控制性不利地质因素为依据的"重点分区"

环境边坡由于没有人工开挖,为自然地形,工程地质问题很大程度上受地形因素影响,在突出山梁部位、上缓下陡或坡顶部位、地形缺失部位,由于缺少约束作用,卸荷作用一般较强烈,加之由于地形不完整,增加临空条件,更容易形成块体等工程地质问题,是工程地质调查的重点部位。

岩质边坡的稳定很大程度上受控于不利结构面,在顺坡向结构面发育部位或顺向坡部位、长大小夹角结构面发育部位,倾坡外的不利结构面可为岩质边坡破坏提供底滑面,亦是工程地质调查的重点部位。

岩体结构是岩质边坡稳定性的另一个关键因素,在碎裂结构边坡部位,由于岩体结构面发

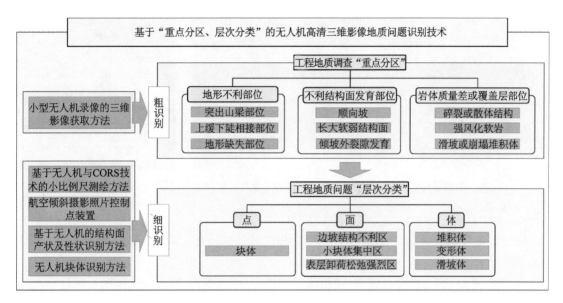

图 4.3　基于"重点分区、层次分类"的地质问题识别技术路线图

育,岩体宏观的工程力学特性已基本不具备由结构面造成的各向异性,边坡稳定性较差;在散体结构边坡部位,边坡岩体由碎屑泥质物夹大小不规则的岩块组成,软弱结构面发育成网,边坡稳定性差。这两种岩体结构边坡部位,易出现碎块崩落问题,当碎裂或散体发育较深,达到一定厚度时,亦可能出现似土质边坡的滑移破坏。散体结构和碎裂结构边坡部位也是高位边坡重点调查部位。

以上重点部位稳定性均受岩体自身条件因素影响,往往这些部位不是单一存在的,地形不利部位可能叠加有不利结构面发育或岩体结构不利的情况。

除此之外,环境边坡上还可能分布有滑坡体、崩塌堆积体等,这些部位在降雨、地震、爆破震动、开挖切脚等外部营力作用下亦可能出现失稳,也是环境边坡工程地质调查的重点部位。

环境边坡工程地质调查中,需要结合边坡稳定性影响因素,系统梳理边坡稳定性不利条件,针对地形不利部位、结构面不利部位、岩体结构不利部位、第四系这些重点部位开展相关工作,做到工程地质调查"重点分区"。

环境边坡多范围广高差大、地质特征差异大,为有针对性地调查识别工程地质问题,抓住核心即"控制性不利地质因素"进行调查分区,包括突出山梁部位、上缓下陡地形变化部位、地形缺失部位等地形不利部位,倾坡外裂隙发育部位、顺向坡部位等不利结构面发育部位,岩体质量差或覆盖层部位等,见图 4.4。同一分区地质调查侧重点为其"控制性不利地质因素",具有相同的工程地质问题,采取相同的调查手段与评价方法,使地质调查识别工作重点突出、工序节省、精度提高。

(1)地形不利部位

地形为自然边坡在重力与风化卸荷及地震等作用下经历地表改造、滑坡崩塌等后形成的平衡或相对平衡的地形地貌,自然状态下的地形坡度多直观反映了边坡地质特征。硬岩多形成高陡边坡,软岩或碎裂散体结构岩体多形成较缓边坡,上硬下软地层形成陡缓相间边坡,软弱夹层或层间剪切带在高陡边坡多夹层风化形成悬空状,覆盖层多形成缓斜坡。

(a)地形不利部位

(b)不利结构面发育部位

(c)岩体质量差部位

图 4.4　控制性不利地质因素为依据的"重点分区"

地形坡度可划分为倒坡-悬坡（≥60°）、峻坡-陡坡（30°～60°）、斜坡-缓坡（≤30°），对应不同的地质特征：

①倒坡-悬坡：多为相对较完整（块状或层状结构）硬岩形成，卸荷松弛作用相对强烈，多存在空腔形成局部悬空状，或形成孤立突出的岩体，块体稳定问题突出，易较密集发育潜在不稳定块体（或危岩体），稳定性多较差或差，尤其在倒坡-悬坡顶部或突出部位形成块体稳定性差；对该类地形需重点调查其长大结构面，并详细调查其发育的块体。

②峻坡-陡坡：相对较完整（块状或层状结构）硬岩、镶嵌或碎裂结构硬岩、软岩、软硬相间岩体均可能形成，硬岩主要受卸荷作用影响，软岩主要受风化作用影响，特征不一，可能形成各种类型的局部稳定问题，潜在不稳定块体（或危岩体）；对该类地形除调查长大结构面外，尚需对碎裂散体结构硬岩与软岩的岩体质量进行调查，并调查各种类型局部稳定问题。

③斜坡-缓坡：多为覆盖层、散体结构硬岩、强风化软岩形成，可能发育高位滑坡、崩塌堆积体、崩坡积物等，应重点调查分析其地质特征与稳定性。

地形不利部位提供了临空边界，也直观反映了地质问题，易形成规模较大或稳定性较差的潜在不稳定块体（或危岩体）。突出山梁部位地形陡峭、多面临空、部分倒悬，底面或后缘卸荷张开强烈；上缓下陡地形变化部位顶部卸荷张开强烈，地表水易汇集充填后缘卸荷裂缝；地形缺失部位多为附近已发生类似模式块体崩塌，空腔处提供临空边界与地表水汇集条件；为潜在不稳定块体（或危岩体）的形成或发育提供了条件，为块体较密集发育部位，也是地质调查重点部位与工作重点。

（2）不利结构面发育部位

对边坡稳定性起主控作用的是控制性结构面，对边坡稳定性产生影响的层面、长大软弱结构面、优势倾坡外裂隙等不利结构面；对不利结构面发育部位，重点调查对边坡稳定产生影响的不利结构面。

按控制性不利结构面类型与发育部位，分为层面控制部位、长大软弱结构面控制部位、顺坡向倾坡外裂隙发育部位。层面控制部位，包括中陡倾顺向坡与反向坡，整体稳定性取决于层面倾角陡缓及性状，沿层面的块体稳定问题突出，缓倾顺向坡与反向坡因稳定性好层面不起控制作用，侧重调查层面的交切组合形式及其与坡面的关系、倾角、充填、卸荷张开等特征。长大软弱结构面控制部位，包括断层、层间剪切带或错动带、软弱夹层等与边坡形成不利组合，对边坡整体稳定性存在影响，侧重调查长大软弱结构面的交切组合形式及其与坡面的关系、倾角、长度、性状等特征。倾坡外裂隙发育部位,整体稳定性较好,但易以倾坡外裂隙形成块体稳定问题,侧重调查倾坡外裂隙的产状、长度、性状、连通等特征。

(3)岩体质量差或覆盖层部位

岩体质量差部位,包括碎裂或散体结构部位、强风化软岩部位。碎裂或散体结构部位是指破碎的岩体或影响带等,因岩体质量差需考虑可能形成圆弧滑移或结构面与破碎岩体组合滑移,侧重于调查碎裂或散体结构岩体分布、特征及对边坡稳定性的影响;强风化软岩部位需考虑因软岩抗剪切强度低可能发生滑移,侧重于调查软岩的分布、强度、风化及对边坡稳定性的影响。

覆盖层部位,分为高位滑坡、崩塌堆积体、崩坡积物、弃渣等,需考虑沿基岩面发生滑移,侧重于调查并分析评价覆盖层的特征与基岩面形态及稳定性。

2.工程地质问题为依据的"层次分类"

对工程地质问题进行分类,归纳为"点、面、体"三大类,见图4.5,不同类型采取不同的针对性地质调查与识别方法、稳定性分析评价方法,使地质调查分析与稳定性评价具有针对性与准确性。

  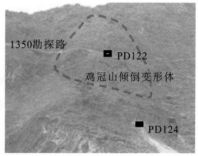

(a)"点"——块体　　(b)"面"——表层卸荷松弛强烈区　　(c)"体"——倾倒变形体

图4.5　工程地质问题为依据的"层次分类"

(1)"点"的调查与识别

"点"主要指潜在不稳定块体(或危岩体),呈"点"状广泛分布于边坡上,同时具备规律性与随机性,需采取现场调查与三维影像技术结合识别。对于人可以到达的部位,可近距离对构成块体的结构面的产状及性状等进行现场调查,从而可准确识别块体、判断其边界条件并评价其稳定性。对于人无法到达的部位,则只能通过望远镜进行远距离识别与判断,远距离观察难以准确、全面地判断块体的特征,所以对于地质人员无法到达的部位,采用三维影像技术进行识别。该方法是利用无人机或者高清照相机对选定区域进行全方位多角度的摄像或拍照,并在该区域制作像控点并对其进行测量,然后生成三维影像。通过三维影像块体识别技术,量取构成块体的结构面产状、长度等特征信息,并识别块体,进行块体稳定性评价。

(2)"面"的调查与识别

"面"主要指具有相同工程地质问题的小规模与厚度"点"的集中区域,包括边坡不利结构区、小块体集中区、表层卸荷松弛强烈区等表层潜在不稳定区,可对"面"进行系统性的地质调查与分析,针对性查明其范围与特征并进行宏观评价,提出综合性的防护治理措施建议。

边坡不利结构区,指中陡倾角的顺向坡与反向坡,层面对边坡稳定性产生影响,侧重于调查层面产状与特征；小块体集中区，指边坡倾坡外短小裂隙发育，与层面等组合形成相同破坏模式的小块体集中发育区，不适宜于单个小块体的"点"定位，需进行集中区定位，侧重于调查倾坡外短小裂隙发育特征、小块体发育密度与大小；表层卸荷松弛强烈区，指卸荷松弛程度高，卸荷裂隙张开宽度大，多发育于突出山梁、上缓下陡等地形不利部位，易于形成卸荷松弛强烈张开，侧重调查强卸荷松弛深度与特征。

（3）"体"的调查与识别

"体"主要指较大规模与厚度的不良地质体，包括变形体、崩塌堆积体、滑坡体等，需开展地质调查与勘探及试验结合等专门勘察研究工作。

变形体包括蠕滑变形体、倾倒变形体等不同破坏模式变形体。蠕滑变形体表现为软弱结构面向临空方向的倾角足以使下滑力超过抗剪强度时导致变形破坏，倾倒变形体表现为层面向临空面产生逐级后退式倾倒破坏并伴随有明显的张拉裂缝；变形体侧重于调查分析边界与形态、软弱结构面或层面产状与性状、裂缝等变形特征、变形破坏模式等。第四系崩塌堆积体或滑坡体采取常规的地质调查与测绘、勘探及试验等，查明边界与形态、地质结构及物质组成、基岩面形态与水文地质特征等。

4.2.2　无人机高清三维影像地质问题识别方法

以"重点分区、层次分类"地质问题识别思路为指导，采取地质问题普查"粗识别"与详查"细识别"。

（1）地质问题普查"粗识别"方法。研发了基于小型无人机录像的三维影像获取方法，采用无人机自带高清相机进行录像，设定固定时间间隔提取图片，保证图片之间的重合度，合成获取目标区的三维影像，可快速建立全坡面一般精度的三维实景影像模型（见图4.6），现场采集影像速率达 $2km^2/h$。

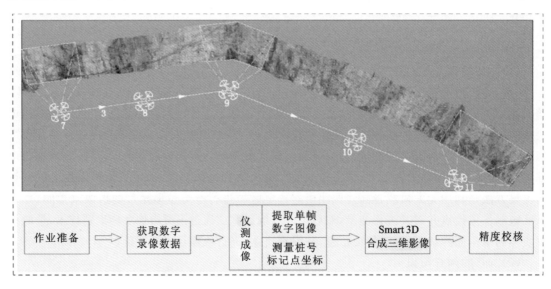

图 4.6　小型无人机录像的三维影像获取方法

（2）地质问题详查"细识别"方法。研发了"高精航拍、精细识别"无人机高清三维影像地质问题识别成套方法，主要包括：

①高精航拍。发明了基于无人机与 CORS 技术的小比例尺测绘方法和航空倾斜摄影数字影像采集布设照片控制点的装置,前者通过 CORS 技术快速获得测区高精度控制点,后者利用激光光斑为航拍影像提供照片控制标记,在控制点使用全站仪测量光斑地理信息坐标,在快速获得高精控制点、陡立坡面布置像控点的基础上,建立高精度、高清晰度三维实景影像模型,并对地质对象进行识别和标记。这两项技术分别实现控制点精度达 5mm 和于陡立坡面布置像控点,可使三维影像模型精度达到 1～3cm。

②精细识别。发明了基于无人机的结构面产状及性状识别方法和无人机块体识别方法,通过高清三维影像解译,识别结构面产状、性状以及块体问题,攻克了无人机调查无法精细识别的难题,将千米级特高陡环境边坡调查精度提高至 0.1m,见图 4.7。

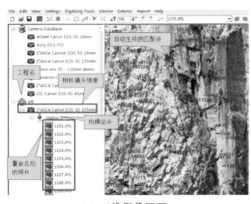

(a) 三维影像匹配

(b) 三维影像合成

(c) 读取产状和坐标信息

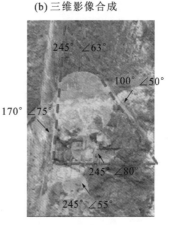

(d) 识别块体

图 4.7　高清三维实景影像的地质问题识别过程

1. 高清三维影像获取技术

利用专利"一种工程地质调查中基于小型无人机录像的三维影像获取方法",使用无人机自带的高清相机在飞行过程中对目标区域进行录像,然后在获得的录像数据中设定固定时间间隔提取图片,保证图片之间的重叠率达到 70% 以上,快速合成目标区的三维影像。技术流程见图 4.8。

首先,影像匹配须寻找不同站点拍摄影像之间的相互匹配关系,包括宏观上影像间相互位置和同一位置出现在不同影像上的特征点(匹配点)。在完成匹配后,各影像中的相同点被自

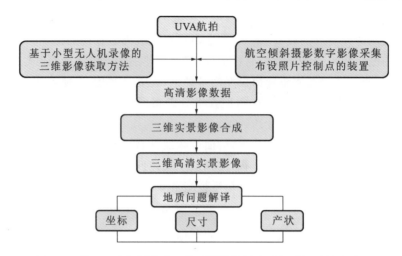

图 4.8　基于无人机源高清三维实景影像的地质问题识别技术流程

动鉴别出来,即寻找到了影像的匹配点。影像间关系可以由匹配点关系控制,因而在完成影像匹配后,系统提供了影像自动拼接功能,即把同一区域影像拼接成为一张或几张影像,这样的拼接精度很高,同时自动进行了色彩平衡处理,拼接后的影像依然保留了原始影像的全部信息,甚至是匹配信息(参见图 4.7(a))。

　　然后,进行三维影像合成,它是以匹配点为特征点,生成三维地形坐标点,系统会自动用三维网格把这些点连接起来,形成三维数字化地形模型,这是合成三维影像的实质,也控制着三维影像的精度。系统显示的三维影像实际上是根据 DTM 模型读取相应的影像资料,将这些影像资料放置到了三维地形中,最终形成了完整的边坡三维网格图形及照片(参见图 4.7(b)),合成的各方向的三维影像见图 4.9。

图 4.9　合成的三维影像(从上、下、左、右四个方向观察三维影像)

2.高精航拍技术

通过 CORS 技术快速获得测区高精度控制点,在控制点使用全站仪测量光斑地理信息坐标,在快速获得高精控制点的基础上,建立高精度、高清晰度三维实景影像模型,并对地质对象进行识别和标记。利用专利"航空倾斜摄影数字影像采集布设照片控制点的装置",进行无人机数字影像采集控制点布设,可安全、高效、灵活、准确地在陡立坡面布设三维影像采集照片控制点,辅助三维影像合成成果获取空间地理坐标信息。

3.三维影像地质问题识别技术

利用专利"一种基于无人机的块体识别方法",从各个方向直观地旋转观察三维影像,并在三维坐标高清影像中读出结构面的产状、空间位置和出露迹长等信息(见图 4.7(c)),并进行块体搜索工作(见图 4.7(d)),其过程(技术流程见图 4.10)为:

①通过 Smart 3D 或 ADAM 软件打开三维实景影像图,选取需要识别的结构面;

②读取结构面出露端点空间坐标,明确结构面出露位置,根据空间两点坐标,计算结构面的出露长度;

③读取结构面上不在一条直线上三点的空间坐标,根据三点空间坐标,计算结构面的倾向和倾角,或通过加载程序直接通过三点读取结构面的倾向和倾角;

④根据无人机拍摄的多角度的近景照片,确定结构面充填物,以明确结构面性状,给出结构面参数;

⑤根据产状对可能构成块体的结构面进行组合切割分析,判断能否构成块体,并确定块体失稳模式;对块体进行计算,得出块体最大水平埋深、方量及稳定性。

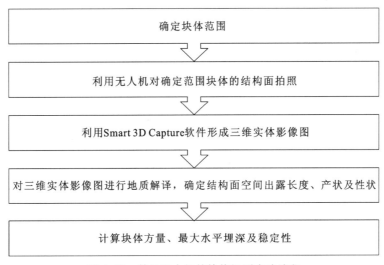

图 4.10　基于无人机的块体识别方法流程

4.3　快速精细可视化地质编录技术[16]

常规地质编录需依次进行室内拼接照片、现场地质编录、室内矢量化,工作效率低,且无法对结构面进行精细编录。针对以上问题,研发了照片自动拼接和影像细观解译可视化地质编录方法。

①照片自动拼接可视化地质编录方法。研发了"基于 Windows 的平板式施工地质可视化快速编录方法",相比传统地质编录方法,该方法可现场一次性快速生成 AutoCAD 地质高清线绘影像图,将原来需回到室内完成照片矫正拼接的步骤,在现场通过坐标关系和 AutoCAD 自动拼接,现场一次性完成地质编录,解决了传统米格纸编录不直观的问题,免除了纸质图件扫描与矢量化步骤,编录误差<10cm,工作效率提高 50%以上,大幅提高了地质编录精度和效率(图 4.11)。

②影像细观解译地质编录方法。研发了"基于正射影像的结构面充填物细观地质编录方法",现场拍照获取高分辨率影像,借助 AutoCAD 构建现场 1∶1 影像图形,进行结构面充填物高精度编录,可对结构面性状进行直观且高精度解译与地质编录,编录精度可达 3~5mm,突破了手工编录无法精细编录的难题(图 4.12)。

该技术成果解决了特高陡环境边坡现场地质编录效率低、不直观、精度差的难题。

图 4.11　平板地质可视化快速编录

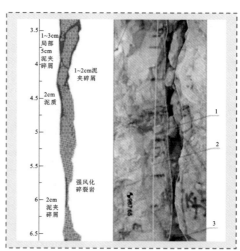

图 4.12　结构面充填物细观地质编录

4.3.1　可视化快速地质编录

基于 Windows 的平板式施工地质可视化快速编录方法,提出的可视化地质编录系统主要技术特征如下:①根据控制点拟合边坡面,分析确定地质编录平面,建立编录坐标系;②采用地质编录程序,将控制点三维坐标自动换算为编录坐标,在 AutoCAD 中自动绘制地质编录图边框;③根据控制点的编录坐标,采用 VPstudio 软件对拍摄到的数码图像进行几何校正处理;④根据控制点的编录坐标,在 AutoCAD 中自动插入校正后的图像作为地质编录图的背景,见图 4.13~图 4.15。

常规边坡地质编录技术,是需要人工在室内根据控制点进行照片校正拼接,将拼接后的照片进行打印,再次回到施工现场,在打印出来的照片上手工绘制编录图,再进行图形矢量化的过程。本项目研发出在施工现场将照片通过坐标关系和 AutoCAD 自动拼接,在 AutoCAD 中直接绘制施工地质编录图,现场一次性完成施工地质编录,免除了纸质图件扫描的步骤,无需多次来回现场和办公室内,更几乎省去了内业整理时间。

图 4.13 特高陡环境边坡可视化快速精细编录成果

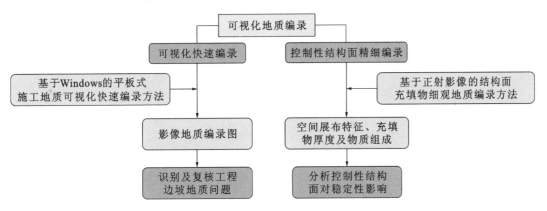

图 4.14 特高陡工程边坡可视化快速精细编录技术流程

4.3.2 结构面精细地质编录

针对影响工程边坡稳定性的控制性结构面性状的重要性与不均匀性,研发了"基于正射影

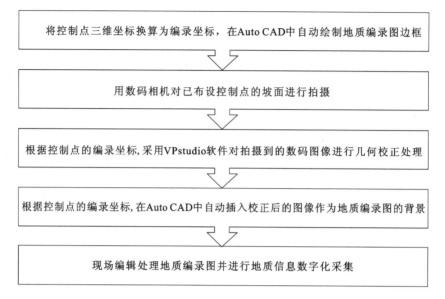

图 4.15　可视化快速地质编录过程

像的结构面充填物细观地质编录方法",对高分辨率正射影像中结构面尺寸标记,借助 Auto-CAD 对影像构建现场 1∶1 影像图形,对控制性结构面空间展布特征、充填物厚度及物质组成等进行直观且高精度解译与地质编录,突破了手工编录无法精细编录的难题,有利于分析评价控制性结构面对边坡稳定性的影响。

　　传统米格纸手工编录方法是现场通过肉眼识别,对结构面进行绘制编录图,但对于结构面内充填物进行描绘时,现场很难进行肉眼识别,且在米格纸上绘制充填物精度过低。本发明通过现场拍照获取高分辨率正射影像,影像中包含结构面及顺结构面走向和垂直结构面走向的尺寸标记,内业处理中,借助 AutoCAD 对影像进行处理,利用尺寸标记,构建与现场 1∶1 的图形,而后对高分辨率影像通过放大照片的方式进行结构面充填物高精度解译与地质编录,突破了传统手工编录无法精细化绘制结构面充填物的难题,获取的编录资料更为直观、可靠。

　　其特征在于包括如下具体步骤:①利用高清相机或无人机拍摄高清结构面照片;②对照片处理,获取结构面正射影像,利用尺寸标记,构建 1∶1 图形;③结构面性状正射影像精细解译。

5 应用案例

5.1 乌东德水电站

5.1.1 工程地质[17]

乌东德水电站是金沙江下游河段(攀枝花市至宜宾市)四个水电梯级——乌东德、白鹤滩、溪洛渡和向家坝中的最上游梯级,坝址所处河段的右岸隶属云南省昆明市禄劝县,左岸隶属四川省会东县。电站上距攀枝花市213.9km,下距白鹤滩水电站182.5km,与昆明、成都的直线距离分别为125km和470km,与武汉、上海的直线距离分别为1250km和1950km。

乌东德水电站设计正常蓄水位975m,水库总库容74.08亿 m^3,装机容量10200MW,多年平均发电量389.1亿 kW·h,为一等大(Ⅰ)型工程。枢纽工程由混凝土双曲拱坝、泄水建筑物及两岸地下引水发电系统等建筑物组成,见图5.1、图5.2。

图 5.1 乌东德水电站全景

5.1.1.1 工程地质概述

1.区域稳定与地震

乌东德水电站处于川滇菱形块体内部,区域地壳稳定性分区位于攀枝花地块(I32)的会东-禄劝亚块(I32-13),属稳定性较差区。场址区无活动断裂,近场区无 6 级以上地震记录;7级以上地震震中距坝址50km以远,地震影响至坝址的峰值加速度不超过 0.15g。

图 5.2　乌东德水电站枢纽布置

坝址地震基本烈度为Ⅶ度,50 年超越概率 10% 和 5% 时,坝址基岩水平峰值加速度分别为 0.129g 和 0.169g;100 年超越概率 2% 和 1% 时,坝址基岩水平峰值加速度分别为 0.285g 和 0.348g。

2.坝址区基本地质条件

坝址区属中山峡谷地貌,河谷呈狭窄"V"形,谷坡高陡、基本对称,见图 5.3、图 5.4;坝址河床覆盖层深厚,一般厚 52～65m;主要工程岩体为一套走向与河流大角度相交的前震旦系浅变质碳酸盐岩;断层不发育、规模小,走向多与河流近正交;地层中透水层、微～弱透水层与隔水层相间分布,褶皱基底呈近直立的垂河向带状水文地质结构,盖层呈缓倾左岸偏上游的层状水文地质结构;岩溶以顺层溶蚀为主,除发育规模较大(K25)外,其余规模均较小;两岸近岸区地下水水力坡度平缓,平缓区以远水力坡度略大;地下水中 SO_4^{2-} 含量普遍较高;地应力水平总体属低～中等水平;基底岸坡结构以横向坡为主,岩体卸荷轻微,整体稳定性好。

3.主要工程地质问题及评价

(1)高边坡稳定问题

坝址区左、右岸自然边坡分别高达 1036m 和 830m。多为陡峻坡。自然高边坡在边坡中部偏下即高程 1150～1200m 一带的平(缓)台将边坡总体上分成两部分。平(缓)台以下为陡峻岸坡,坡角 60°～75°,主要为落雪组灰岩、大理岩组成近横向谷,岩质坚硬;平(缓)台以上边坡总体较缓,左岸总坡角 30°～35°,为震旦系和二叠系硬岩组成的反向坡,右岸总坡角 35°～45°,右岸顶部为顺向坡,但地层倾角平缓、厚度小、远离河谷;断层不发育,且走向多与边坡走向大角度相交;边坡岩体多为微新岩体;岩体卸荷深度不大,强卸荷不发育,仅零星分布,强、弱卸荷带内岩体卸荷裂隙延展性差;岸坡地应力水平不高。因此,高边坡整体稳定性好,但存在局部坡面浮石、块体及潜在不稳定倾倒岩体、变形体、第四系堆积体等局部稳定问题,须采取清除、系统与随机锚索(杆)加固及多层柔性防护等防治措施,确保施工期和运行期人员、设备及建筑物的安全。

人工边坡主要有左右岸拱肩槽边坡、地下电站引水洞进口边坡、尾水洞出口边坡(导流洞出口边坡)、泄洪洞进出口边坡、水垫塘边坡、导流洞进口等。边坡岩质多坚硬;主要为横向坡

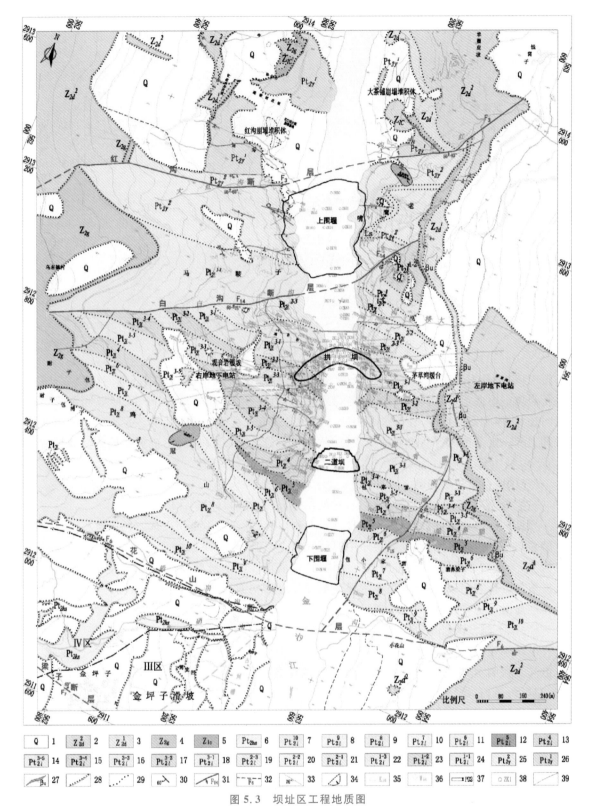

图 5.3　坝址区工程地质图

1—第四系；2—灯影组上段；3—灯影组下段；4—观音崖组；5—澄江组；6—黑山组；7—落雪组第十段；8—落雪组第九段；
9—落雪组第八段；10—落雪组第七段；11—落雪组第六段；12—落雪组第五段；13—落雪组第四段；
14—落雪组第三段第五亚段；15—落雪组第三段第四亚段；16—落雪组第三段第三亚段；17—落雪组第三段第二亚段；
18—落雪组第三段第一亚段；19—落雪组第二段第三亚段；20—落雪组第二段第二亚段；21—落雪组第二段第一亚段；
22—落雪组第一段第三亚段；23—落雪组第一段第二亚段；24—落雪组第一段第一亚段；25—因民组第二段；
26—因民组第一段；27—辉绿岩脉；28—不整合地层界线；29—岩性分界线；30—岩层产状；31—断层编号及产状；
32—推测断层编号；33—裂隙；34—变形体；35—溶洞及编号；36—泉点及编号；37—平洞及编号；38—钻孔编号；39—勘探路

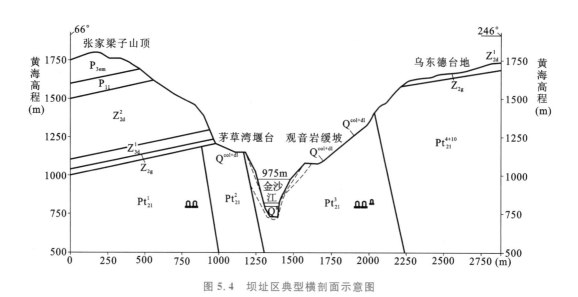

图 5.4　坝址区典型横剖面示意图

和斜向坡,少量为顺向坡及反向坡;断层、裂隙不发育;主要由非卸荷及微卸荷岩体组成;多为微新岩体。因此,人工边坡不存在整体稳定问题,但存在顺向坡切脚问题、反向坡倾倒变形稳定问题、块体稳定问题等,开挖过程中应注意及时采取工程措施,同时,需注意人工边坡的开挖对其上部一定范围内自然边坡的稳定也存在影响,需采取必要的措施,确保边坡施工及运行期的安全。

(2)拱座抗滑稳定问题

拱坝最大高度 270m,属特高拱坝,对两岸坝肩和拱座岩体条件要求高。

坝址区河谷狭窄,两岸地形完整且基本对称,坝后深切冲沟距坝较远。两岸拱座地层陡倾下游并与河流近垂直,岩性以厚层～中厚层灰岩、大理岩和巨厚层白云岩为主,岩体质量以Ⅱ级为主,未见贯穿性的断层(Ⅲ级以上结构面)构成可能的侧滑面和底滑面,侧滑面、底滑面层次搜索与分析表明,拱座抗滑稳定主要受局部Ⅳ级结构面和Ⅴ级结构面(随机裂隙)组合形成的非连通滑动边界控制,拱座抗滑稳定条件好。

(3)地下洞室围岩稳定问题

电站规模巨大,大量建筑物布置于两岸地下山体内,主要有:引水发电建筑物——两岸地下电站三大洞室(主厂房、主变室、调压室)、两岸各六条引水洞和三条尾水洞;左岸三条泄洪洞;左岸两条、右岸三条导流洞等。

两岸地下电站三大洞室属大跨度、高边墙的大型地下洞室群。三大洞室群围岩为陡倾角、中厚层为主的硬岩,为Ⅱ类与Ⅲ类围岩,围岩整体稳定性较好。但主要存在如下工程地质问题:①三大洞室轴线与岩层走向总体夹角较小,岩层倾角陡倾,存在高边墙变形稳定问题;②6♯尾调室边墙距离落雪组第四段岩体较近(最近处仅 19.3m),该部位围岩变形稳定问题较突出;③较长大结构面与随机结构面、随机结构面间相互切割在洞室形成半定位块体和随机块体,存在洞室局部块体稳定问题;④大型洞室洞间岩体两面临空,间距较小,临空高度大,洞挖卸荷后洞间岩墙应力状态调整,特别是洞室群交叉部位多面临空卸荷,变形稳定问题需重视;⑤局部岩体质量相对较差部位:左岸主厂房局部 B 类角砾岩、右岸主厂房局部 f42 断层附近岩体完整性差,存在局部变形稳定问题。

其他地下建筑物,其隧洞轴线大多与地层走向大角度相交,围岩以Ⅱ类及Ⅲ类围岩为主,局部洞段为Ⅳ类围岩,隧洞整体稳定性较好。但在隧洞穿越(尤其是小角度)较大断层(如红沟断层 F_3、白沟断层 F_{14}、雷家湾沟断层 F_{15} 等)洞段,以及 Pt_{2y}^{2-1}、Pt_{21}^{4-1}、Pt_{21}^5 等Ⅳ类围岩不稳定洞段,围岩稳定问题相对突出;另外,隧洞穿越Ⅱ类和Ⅲ类围岩洞段时,局部有随机块体的稳定问题。

(4)河床深厚覆盖层与堰基稳定问题

大坝上游围堰堰顶高程873m,堰体高度约72m,堰下基岩面最低高程为735.46m;下游围堰堰顶高程847m,堰体高度约41m,堰下基岩面最低高程为738.38m。基坑形成后,基坑上、下游围堰内边坡(含围堰)将高达109~140m。因此,必须对由深厚覆盖层可能带来的堰基压缩变形、堰基抗滑稳定、基坑边坡稳定、渗透变形稳定、基坑涌水等问题引起高度重视。

上、下游围堰堰基覆盖层物质组成主要为粗粒土,不存在连续分布的粉细砂层和粉土、黏土层,除表层(0~16m)局部为稍密状外,绝大部分为中密~密实状,压缩性低,变形模量、承载力、抗剪强度等物理力学参数较高。堰基覆盖层在堰体作用下的变形量不大;在围堰防渗体系正常运行各工况下,上、下游围堰在正常运行期和非常运行期各工况下抗滑安全系数均满足规范要求,围堰边坡稳定性较好;在不采取防渗措施的情况下,上、下游围堰河床覆盖层一天最大的渗漏量约为 $10×10^4\ m^3$,因此,围堰堰基需采取防渗措施;在采取防渗墙防渗的条件下,上、下游围堰边坡出逸比降大于出逸点覆盖层允许比降,存在渗透稳定问题,应采取适当措施进行处理。

(5)地下水腐蚀性问题

坝址区地下水化学类型主要为 $HCO_3 \cdot SO_4$-$Mg \cdot Ca$ 型和 SO_4-$Mg \cdot Ca$ 型,地下水中 SO_4^{2-} 含量普遍较高,多对混凝土具结晶类硫酸盐型弱~强腐蚀性,应采取抗腐蚀性的相应措施。

5.1.1.2 深厚河床覆盖层

1.地质结构

乌东德水电站坝址区河床覆盖层深厚,一般厚达55~69m;其物质组成有河流冲积成因的砾、砂、卵石及少量漂石,两岸崩塌入江的块碎石及金坪子滑坡堆积形成的碎块石等,成分混杂,结构不均,成因及工程特性复杂,从下至上总体可分为三大层:Ⅰ层主要为河流冲积堆积层,卵、砾石夹碎块石;Ⅱ层为崩塌与河流冲积混合堆积层,崩塌块石、碎石夹少量含细粒土砾(砂)透镜体;Ⅲ层主要为现代河流冲积物,按物质组成及工程地质特性细分为Ⅲ₁、Ⅲ₂及Ⅲ₃三个亚层。其中Ⅲ₂、Ⅲ₃层(以16m左右为界)物质组成相同,为砂砾石夹卵石及少量碎块石,Ⅲ₁层为黏土透镜体。如图5.5、图5.6所示。

上游主体区河床覆盖层自下而上按物质组成可分为Ⅰ、Ⅱ、Ⅲ三层;而下游围堰一带受金坪子滑坡影响,河床覆盖层中部与上游河床覆盖层差别较明显,可分为①、②、③三层,其中①层与上游主体区Ⅰ层同属古河流冲积层、③层与上游主体区Ⅲ层同属近现代河流冲积层。各层特征分述如下:

(1)Ⅰ层(或①层):分布在河床覆盖层底部,主要为古河流冲积物、砂卵砾石夹碎块石。该层一般厚3~16m,最厚20.89m;卵石、砾石原岩成分复杂,为灰岩、大理岩、白云岩、玄武岩、辉绿岩等(图5.7)。

(2)Ⅱ层(上游主体区覆盖层中部):分布在河床覆盖层中部,为崩塌与河流冲积混合堆积层,主要由崩塌的块石、碎石组成,其间夹少量含细粒土砾(砂)透镜体等。该层厚度变化大,一般为11~40m,最厚达58.01m,该层主要为右岸灯影组白云岩及观音崖组页岩、炭质页岩崩塌形成(图5.8)。

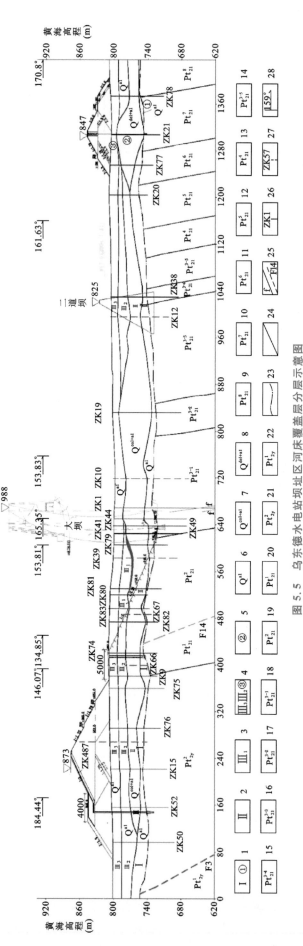

图 5.5 乌东德水电站坝址区河床覆盖层分层示意图

1—卵砾石夹碎块石;2—块石,碎石(卵石)夹少量碎块石;3—黏土透镜体(红色);4—砂砾石夹卵石及少量块石;5—含细粒土砾夹碎块石;6—河流冲积层;
7—崩塌与河流冲积混合堆积层;8—滑坡与河流冲积混合堆积层;9—落雪组第八段;10—落雪组第七段;11—落雪组第六段;12—落雪组第五段;13—落雪组第四段;14—落雪组第三段第五亚段;
15—落雪组第三段第四亚段;16—落雪组第三段第四亚段;17—落雪组第三段第三亚段;18—落雪组第三段第二亚段;19—落雪组第三段第一亚段;20—落雪组第二段;21—因民组上段;22—因民组下段;
23—基岩与第四系界线;24—地层分界线;25—断层/推测断层及编号;26—钻孔及编号;27—投影钻孔及编号(红色钻孔为施工期补充钻孔);28—剖面拐点及走向

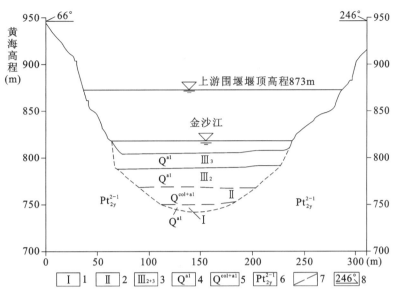

图 5.6 上游围堰(轴线)堰基河床覆盖层地质结构示意图(横河向)

1—卵、砾石夹碎块石;2—块石、碎石夹少量含细粒土砾(砂);3—砂砾石夹卵石及少量碎块石;4—河流冲积层;
5—崩塌与河流冲积混合堆积层;6—因民组上段;7—基岩/第四系分界线;8—剖面走向

图 5.7 河床覆盖层第Ⅰ层(即最下部)典型砂卵砾石照片

图 5.8 上游河床覆盖层第Ⅱ层崩塌堆积层(原岩为观音崖组及灯影组岩石)典型照片

(3)②层(下游主体区覆盖层中部):为金坪子滑坡与河流冲积混合堆积,以滑坡堆积为主,为含细粒土砾夹碎块石,厚16～48m。细粒土多为灰黑色及浅黄色粉土,由观音崖组地层中炭质页岩、灰岩及灯影组地层中白云岩在金坪子滑坡滑动过程中挤压破碎形成(图5.9)。

ZK21孔深44.4～50.5m原岩成分为炭质页岩　　ZK21孔深14.0～17.5m原岩为白云岩

图 5.9　下游围堰附近河床覆盖层第②层滑坡堆积层典型照片

　　(4)Ⅲ层(或③层):分布在河床覆盖层上部,主要为现代河流冲积物,按物质组成及工程地质特性细分为Ⅲ₁、Ⅲ₂及Ⅲ₃三个亚层。其中Ⅲ₂、Ⅲ₃物质组成相同。局部分布的Ⅲ₁层为粉质黏土透镜体,为中等压缩性土,位于大坝基坑上游边坡靠近左岸Ⅲ层底部;顺河向长约160m、横河向宽约40m、厚约10m,呈舌状分布;发育高程782～762m(图5.10),基坑开挖后下游较厚部分黏土透镜体基本被挖除,上游较薄部分约有30～60m长留于边坡内;Ⅲ₂₊₃层:为砂卵石夹砾石及少量碎块石,一般厚20～40m,最厚达43.01m,卵石及砾石原岩成分总体较复杂,为灰岩、大理岩、砂岩、白云岩及辉绿岩等(图5.11),其中下部靠近河床左岸见中细砂层分布,顺河向长约170m、横河向宽约45m、厚约25m,发育高程796～765m,基坑开挖后下游较厚部分中细砂被挖除,上游局部有约40m长留于边坡内。

图 5.10　上游主体区河床覆盖层Ⅲ₁层典型粉质黏土照片

图 5.11　上游主体区河床覆盖层Ⅲ₂₊₃层典型砂卵砾石照片

2.物理性质

(1)颗分

坝址区河床覆盖层共采取钻孔颗分样 266 组,均是采用干烧或锤击取样方法获得,受取样器口径的限制(取样器直径 ϕ130mm(内径 ϕ104mm)、ϕ110mm(内径 ϕ88mm)),一般只能取出地层中颗粒粒径小于 70mm 的样品,未能包含粒径 70mm 以上的漂石、块石、卵石或碎石。其中锤击取样可基本保持原级配;干烧样可保持细粒成分,但有一定破碎效应。颗分试验成果统计分析见表 5.1,各层颗分曲线见图 5.12～图 5.15。

表 5.1 河床覆盖层颗分成果统计分析表

分层代号	地层代号	土的名称	试验组数	颗粒组成(%)				特征描述
				卵石碎石	圆砾或角砾	砂粒	粉粒黏粒	
				200～60mm	60～2mm	2～0.075mm	<0.075mm	
Ⅲ$_{2+3}$ 或③	Q^{al}	砂砾石夹卵石及少量碎块石	125	0～75.0	6.1～96.9	2.7～82.5	0.1～24.6	总体属粗粒土,又以砾类土中的砾为主,少量为含细粒土砾或卵石混合土。P5 多大于 30%,表明此层部分为粗料、细料颗粒相互填充,共同起骨架作用,土体的工程特性主要取决于粗、细料两者的特性;部分由粗料形成骨架,粗料之间孔隙基本被细料充填或部分充填,土层的主要工程特性主要取决于粗料
Ⅲ$_1$	Q^{al}	黏土透镜体	4	0	0	0	100	黏土透镜体塑性指数 24.7～27.4,流限 44.8%～50.3%,塑限 20.1%～22.9%,透镜体总体属高液性黏土,呈可塑～硬塑状
Ⅱ	Q^{col+al}	崩塌块石、碎石夹少量含细粒土砾(砂)透镜体	126	0～7.6	25.9～73.3	8.5～51.0	3.8～45.9	总体属粗粒土,该层白云岩块石、碎石含量在 50% 以上。受取样手段限制,颗分成果仅能反映夹于块石、碎石间的含细粒土砾(砂)或崩塌风化块碎石机械破碎后的物质组成
②	Q^{del+al}	含细粒土砾夹碎块石	8	0～28.7	43.2～85.5	11.9～39.8	2.6～17.0	总体属粗粒土,又以砾类土中的含细粒土砾为主。P5 总体在 30%～70% 范围内,表明此层主要为粗料、细料颗粒相互填充,共同起骨架作用,土体的工程特性主要取决于粗、细料两者的特性;局部 P5 大于 70%,由粗料形成骨架,且粗料之间孔隙基本被细料充填,土层的主要工程特性主要取决于粗料
Ⅰ或①	Q^{al}	卵砾石夹碎块石	3	0～92.6	7.41～96.1	0～16.6	0～3.9	属粗粒土,为粗粒土中的砾类土的砾。P5 为 71.6%～93.8%,即此层主要由粗料形成骨架,粗料之间孔隙基本被细料充填或部分充填,土层的主要工程特性主要取决于粗料

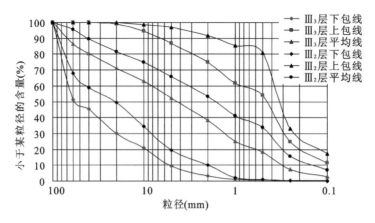

图 5.12　河床覆盖层Ⅲ₃、Ⅲ₂(含③)层级配包线图

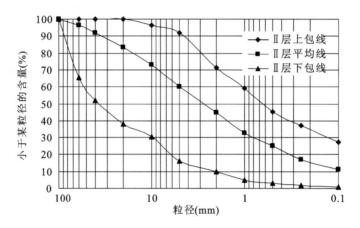

图 5.13　河床覆盖层Ⅱ层级配包线图

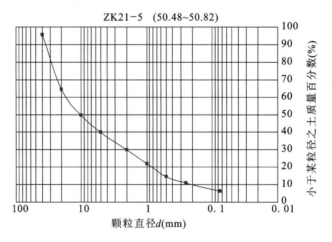

图 5.14　河床覆盖层②层代表颗分曲线

（2）天然状态物理性质指标

利用河床钻孔部分锤击及干烧试样进行了 46 组干密度试验、34 组天然密度试验、38 组天然含水量试验、16 组相对密度试验、16 组孔隙比试验及 16 组饱和度试验,成果统计见表 5.2。

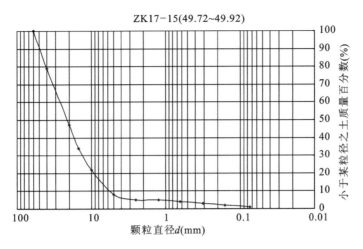

图 5.15　河床覆盖层 I 层代表颗分曲线

表 5.2　河床覆盖层物理性质指标试验成果统计表

分层代号		干密度 （g/cm³）	天然密度 （g/cm³）	天然含水量 （％）	相对密度	孔隙比	饱和度 （％）
上游围堰	Ⅲ₃	$\dfrac{2.11\sim2.12}{2.12(2)}$	$\dfrac{2.24\sim2.26}{2.25(2)}$	$\dfrac{6.38\sim6.55}{6.47(2)}$			
	Ⅲ₂	$\dfrac{2.00\sim2.32}{2.16(2)}$		6.75(1)			
	Ⅲ₁	$\dfrac{1.50\sim1.66}{1.56(3)}$	$\dfrac{1.95\sim2.05}{1.98(3)}$	$\dfrac{22.90\sim29.70}{27.37(3)}$	$\dfrac{2.70\sim2.72}{2.71(3)}$	$\dfrac{0.622\sim0.812}{0.745(3)}$	$\dfrac{99.4\sim99.9}{99.6(3)}$
	Ⅱ	$\dfrac{1.96\sim2.41}{2.20(32)}$	$\dfrac{2.16\sim2.55}{2.36(25)}$	$\dfrac{6.00\sim12.90}{9.86(28)}$	$\dfrac{2.70\sim2.73}{2.72(13)}$	$\dfrac{0.187\sim0.384}{0.300(13)}$	$\dfrac{48.5\sim99.8}{89.4(13)}$
下游围堰	②	$\dfrac{1.91\sim2.34}{2.23(7)}$	$\dfrac{2.08\sim2.50}{2.35(4)}$	$\dfrac{5.80\sim9.17}{7.28(4)}$			

注：表中分式表示$\dfrac{最小值\sim最大值}{平均值（统计组数）}$。

　　试验成果表明，覆盖层上部Ⅲ₃干密度均值为 2.12g/cm³，天然密度均值为 2.25g/cm³，Ⅲ₂层干密度均值为 2.16g/cm³，表明河床覆盖层表层相对较松散；天然含水量均值为 6.47％。中、下部（Ⅱ层、②层）则密度相对较大，干密度均值为 2.20～2.23g/cm³，天然密度均值 2.35～2.36 g/cm³，表明河床覆盖层的密实度随埋藏深度增加而增加；天然含水量均值为 7.28％～9.86％，表明覆盖层天然含水量随深度增加，略有增大；相对密度均值 2.72，孔隙比均值 0.300，饱和度均值 89.4％。另外，Ⅲ₁层黏土透镜体干密度均值为 1.56g/cm³，天然密度均值 1.98g/cm³，天然含水量均值 27.37％，相对密度均值 2.71，孔隙比均值 0.745，饱和度均值 99.6％。

　　（3）相对密度和击实试验

　　对上游围堰河床覆盖层中的Ⅱ层和Ⅲ₂、Ⅲ₃层的模拟级配试样进行了 2 组相对密度试验和 2 组击实试验。

　　相对密度试验中分别采用振击和松填法得出最大和最小干密度。Ⅲ₃层平均线级配试样的最大和最小干密度分别为 2.369g/cm³ 和 1.909g/cm³；Ⅲ₂层平均级配试样的最大和最小

干密度分别为 $2.284g/cm^3$ 和 $1.756g/cm^3$。

根据上游围堰Ⅲ₂、Ⅲ₃层平均线级配相对密度试验测得的最大及最小干密度,计算得:相对密度为 $0.51\sim0.81$(表 5.3),属中密~密实。

表 5.3　河床覆盖层Ⅲ₃、Ⅲ₂(含③)层模拟试样相对密度计算成果表

分层代号	试样级配	试样干密度 γ_d (g/cm³)	试样最大干密度 γ_{dmax} (g/cm³)	试样最小干密度 γ_{dmin} (g/cm³)	试样孔隙比 e	试样最大孔隙比 e_{max}	试样最小孔隙比 e_{min}	试样相对密度 D_r (%)
Ⅲ₃	平均线	2.12	2.369	1.909	0.283	0.425	0.148	51
Ⅲ₂	平均线	2.16	2.284	1.756	0.259	0.549	0.191	81

对Ⅱ层试样采用重型击实标准进行击实试验,得出Ⅱ层平均线级配试样的最大干密度为 $2.443g/cm^3$,最优含水率为 5.5%;Ⅱ层下包线级配试样的最大干密度为 $2.412g/cm^3$,最优含水率为 5.2%。Ⅱ层钻孔心样的平均干密度为 $2.20g/cm^3$,相对于平均级配试样,其压实度达 90%。

(4)声波纵波波速

20 个河床钻孔中进行覆盖层声波纵波波速测试,总进尺 586.70m,测试成果见图 5.16。从测试结果可以看出:

①河床覆盖层声波波速一般集中在 $1850\sim2650m/s$ 区段,平均值为 2560m/s,大值一般为 $4651\sim6190m/s$,最大值为 6290m/s,为所含块石的反映,这与钻孔取心中存在的柱状岩心块石和超重型动力触探所反映的情况相一致。

②总体上河床覆盖层由浅及深声波纵波波速值呈缓慢递增趋势,说明河床覆盖层的密实度总体随深度的增加而增加,与土层密实度由稍密~中密~密实的变化相对应。

③从声波波速变化情况看,上游围堰附近河床覆盖层单孔声波曲线变化较小说明其物质组成相对均匀;部分钻孔声波纵波速度总体偏高,说明河床覆盖层局部块石相对集中或较密实。下游围堰附近声波曲线变化较大,有较多高值段,说明河床覆盖层物质组成均匀性较差,这与下游围堰附近覆盖层受金坪子滑坡影响有关,其中块石含量较高。

3.力学性质

采用标贯、重型动力触探、超重型动力触探、旁压试验等多种现场原位测试与室内三轴剪切试验、压缩试验相结合的手段,进行了大量的河床覆盖层力学性质试验研究。

(1)原位测试参数

①变形模量 E_0

以旁压试验为主要手段,并结合重型及超重型动力触探试验来确定河床覆盖层的变形模量。在上、下游围堰及大坝泄洪消能区的 9 个钻孔中共进行旁压试验 61 点。

对旁压试验成果分层进行统计(表 5.4),旁压模量、变形模量总体上有随深度增加的趋势:Ⅲ层或③层表层 16m 以内(Ⅲ₃)的旁压模量平均值为 12.17MPa,变形模量平均值为 30.43MPa;16m 以下(Ⅲ₂)及Ⅱ层的旁压模量平均值为 $15.40\sim18.05$MPa,变形模量平均值为 $38.49\sim45.12$MPa;下部Ⅰ层或①层旁压模量平均值达 23.99MPa,变形模量平均值达 59.97MPa;②层旁压模量和变形模量随深度增加,明显增大,旁压模量平均值为 $13.73\sim42.63$MPa,变形模量平均值为 $34.31\sim106.56$MPa,可以看出该层越是底部,受金坪子滑坡影响越大,结构越密实。

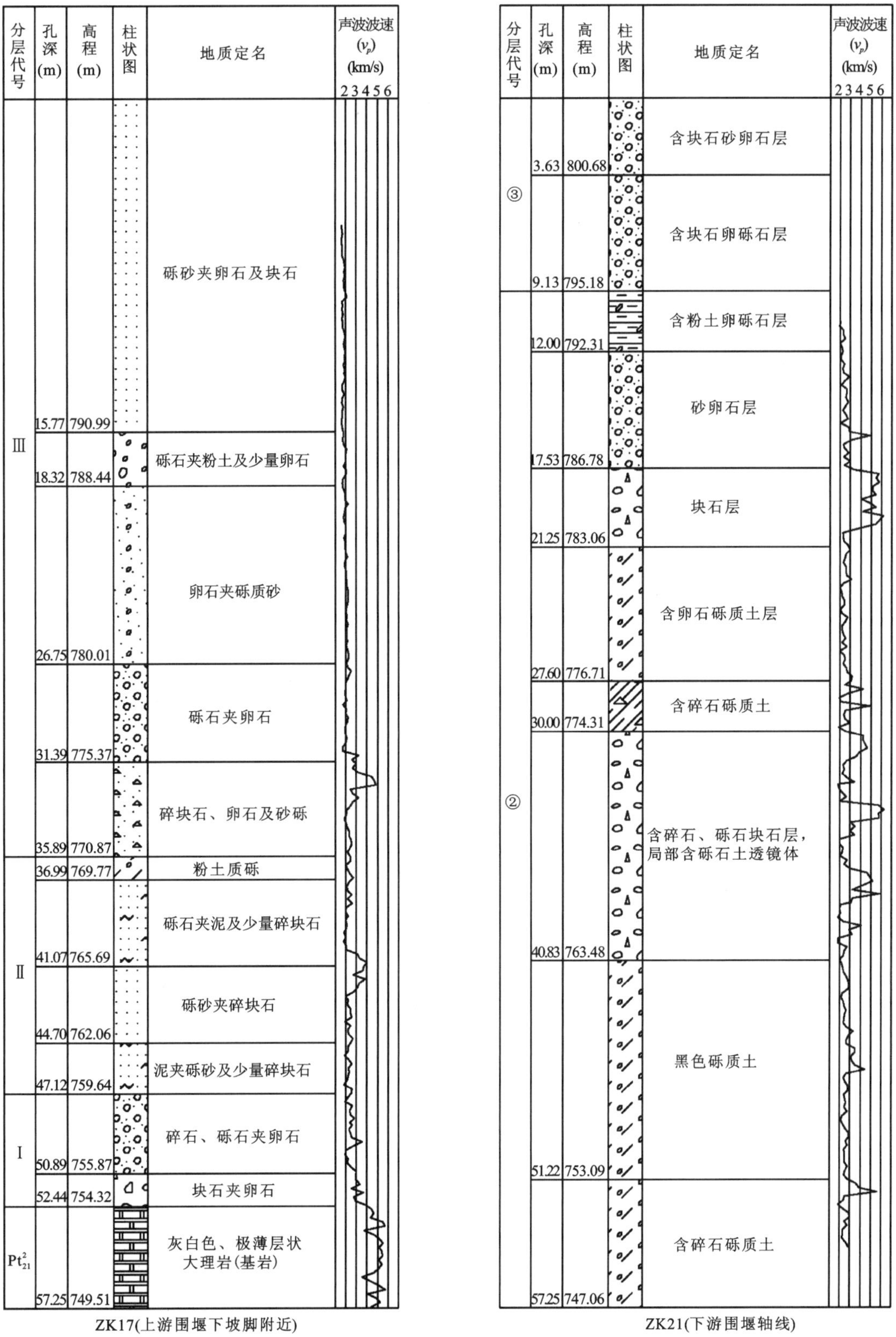

分层代号	孔深(m)	高程(m)	柱状图	地质定名	声波波速(v_p)(km/s) 2 3 4 5 6
Ⅲ				砾砂夹卵石及块石	
	15.77	790.99			
	18.32	788.44		砾石夹粉土及少量卵石	
				卵石夹砾质砂	
	26.75	780.01			
				砾石夹卵石	
	31.39	775.37			
				碎块石、卵石及砂砾	
	35.89	770.87			
	36.99	769.77		粉土质砾	
Ⅱ				砾石夹泥及少量碎块石	
	41.07	765.69			
				砾砂夹碎块石	
	44.70	762.06			
	47.12	759.64		泥夹砾砂及少量碎块石	
Ⅰ				碎石、砾石夹卵石	
	50.89	755.87			
	52.44	754.32		块石夹卵石	
Pt_{21}^2				灰白色、极薄层状大理岩(基岩)	
	57.25	749.51			

ZK17(上游围堰下坡脚附近)

分层代号	孔深(m)	高程(m)	柱状图	地质定名	声波波速(v_p)(km/s) 2 3 4 5 6
③	3.63	800.68		含块石砂卵石层	
				含块石卵砾石层	
	9.13	795.18			
	12.00	792.31		含粉土卵砾石层	
				砂卵石层	
	17.53	786.78			
				块石层	
	21.25	783.06			
				含卵石砾质土层	
	27.60	776.71			
	30.00	774.31		含碎石砾质土	
②				含碎石、砾石块石层,局部含砾石土透镜体	
	40.83	763.48			
				黑色砾质土	
	51.22	753.09			
				含碎石砾质土	
	57.25	747.06			

ZK21(下游围堰轴线)

图 5.16 河床上、下游围堰典型钻孔声波曲线图

表 5.4   河床覆盖层旁压模量与变形模量分层统计表

分层代号			旁压模量 E_m(MPa)	变形模量 E_0(MPa)
上游围堰及消能区		Ⅲ₃	$\dfrac{8.26\sim18.42}{12.17(13)}$	$\dfrac{20.66\sim46.06}{30.43(13)}$
		Ⅲ₂	$\dfrac{12.11\sim25.47}{18.05(9)}$	$\dfrac{30.28\sim63.68}{45.12(9)}$
		Ⅱ	$\dfrac{12.89\sim22.13}{15.40(13)}$	$\dfrac{30.68\sim52.26}{38.49(13)}$
		Ⅰ	$\dfrac{13.84\sim36.67}{23.99(9)}$	$\dfrac{34.61\sim91.67}{59.97(9)}$
下游围堰	③	深度 0～16m	与Ⅲ₃层成果相同	
		深度 16m 以下	与Ⅲ₂层成果相同	
	②	深度 30m 以上	$\dfrac{10.04\sim15.80}{13.73(4)}$	$\dfrac{25.10\sim39.50}{34.31(4)}$
		深度 30～45m	$\dfrac{18.14\sim26.61}{22.38(2)}$	$\dfrac{45.35\sim66.53}{55.94(2)}$
		深度 45m 以下	$\dfrac{42.02\sim43.23}{42.63(2)}$	$\dfrac{105.05\sim108.08}{106.56(2)}$
	①		与Ⅰ层成果相同	

注:表中分式表示 $\dfrac{小值平均值\sim大值平均值}{平均值(统计组数)}$。

②密实度和基本承载力

以重型及超重型动力触探试验为主要手段,来确定河床覆盖层的密实度和基本承载力。在河床覆盖层 45 个钻孔内共计完成重型动力触探 1230 段、超重型动力触探 139 段。剔除试验数据中部分明显异常的试验值(如动力触探遇块石等)后,按以上方法分别对重型和超重型动力触探进行整理统计(表 5.5、表 5.6)。

表 5.5   河床覆盖层重型动力触探成果统计表

河段位置	分层代号	$N_{63.5}$	$N'_{63.5}$	密实度	基本承载力(kPa)	变形模量 E_0(MPa)
上游围堰及消能区	Ⅲ₃	$\dfrac{16.18\sim50.56}{28.32(187/19)}$	$\dfrac{11.24\sim34.59}{19.48(187/19)}$	稍密～密实	704	43.6
	Ⅲ₂	$\dfrac{24.07\sim73.61}{39.34(146/19)}$	$\dfrac{15.36\sim47.04}{25.12(146/19)}$	中密～密实	852	52.7
	Ⅱ	$\dfrac{25.97\sim70.56}{40.27(346/20)}$	$\dfrac{14.83\sim38.85}{22.88(346/20)}$	中密～密实	802	49.3
	Ⅰ	$\dfrac{34.45\sim101.23}{56.36(64/12)}$	$\dfrac{16.33\sim49.81}{27.84(64/12)}$	中密～密实	898	56.3

续表5.5

河段位置	分层代号		$N_{63.5}$	$N'_{63.5}$	密实度	基本承载力(kPa)	变形模量 E_0(MPa)
下游围堰河段	③	深度 0~16m	与Ⅲ₃层成果相同				
		深度>16m	与Ⅲ₂层成果相同				
	②		$\dfrac{48.20\sim105.18}{64.48(14/1)}$	$\dfrac{28.91\sim62.15}{40.7(14/1)}$	密实	>1000	>64
	①		与Ⅰ层成果相同				

注:1. 表中击数修正采用机电部第三勘察研究院修正法;

2. 密实度根据《岩土工程勘察规范》确定;

3. 基本承载力根据铁道部行业标准《铁路工程地质原位测试规程》确定;

4. 变形模量根据铁道部《动力触探技术规定》(TBJ 18—87)确定;

5. 表中分式表示 $\dfrac{\text{小值平均值}\sim\text{大值平均值}}{\text{平均值(统计组数/统计孔数)}}$。

表5.6　河床覆盖层超重型动力触探成果统计表

河段位置	分层代号	N_{120}	N'_{120}	密实度	基本承载力(kPa)	变形模量 E_0(MPa)
上游围堰及消能区	Ⅲ₃₊₂	$\dfrac{44.6\sim70.7}{52.2(48/8)}$	$\dfrac{29.4\sim47.5}{35.0(48/8)}$	很密	>1000	>65.0
	Ⅱ	$\dfrac{44.3\sim66.8}{52.0(76/8)}$	$\dfrac{26.2\sim42.0}{32.2(76/8)}$	很密	>1000	>65.0
	Ⅰ	$\dfrac{49.0\sim91.8}{77.5(9/8)}$	$\dfrac{31.2\sim63.7}{42.0(9/8)}$	很密	>1000	>65.0
下游围堰河段	②	$\dfrac{170\sim330}{250(2/1)}$	$\dfrac{100.5\sim183.8}{142.2(2/1)}$	很密	>1000	>65.0

注:1. 表中击数修正采用机电部第三勘察研究院修正法;

2. 密实度、基本承载力及变形模量均根据《岩土工程试验监测手册》确定;

3. 表中分式表示 $\dfrac{\text{小值平均值}\sim\text{大值平均值}}{\text{平均值(统计组数/统计孔数)}}$。

重型动力触探试验成果表明,河床覆盖层密实度随深度增加逐渐密实,总体为中密~密实状,Ⅲ₃层局部为稍密。Ⅲ₃稍密试段占该层统计试段的20%,中密~密实试段占76%;其余各层稍密以下试段所占各自统计试段的比例均小于10%,中密~密实试段所占比例大于85%;下游围堰②层最为密实,密实试段占该层统计试段的93%。

基本承载力、变形模量总体上有随深度增加而增加的趋势,Ⅲ(含③)层表层(Ⅲ₃)的基本承载力平均值704kPa,变形模量平均值43.6MPa;Ⅲ₂及Ⅱ层的基本承载力平均值为802~852kPa,变形模量平均值为49.3~52.7MPa;下部Ⅰ(含①)层基本承载力平均值898kPa,变形模量平均值56.3MPa;②层基本承载力平均值大于1000kPa,变形模量平均值大于64MPa。

对比重型动力触探求得的变形模量与旁压试验求得的变形模量,可以看出其值基本处于同一水平,重型动力触探变形模量略大于旁压试验的平均变形模量,相当于其大值平均值。在一些重型动力触探锤击无明显贯入的土层中,采用超重型动力触探进行试验,试验成果表明,这些部位土层的密实度多呈很密状态,基本承载力和变形模量很高,反映出在这些土层中局部存在以碎块石为主的土层,这与钻孔取心中存在柱状块石岩心的情况相一致。

(2)室内原状样试验参数

①抗剪强度指标

为了查明Ⅲ₁层黏土透镜体的抗剪强度指标,在钻孔中采取原状样,进行了固结不排水剪切试验(总应力强度指标)、饱和固结快剪试验、三轴饱和固结排水剪切试验。

试验成果可以看出,总应力强度指标 $c_{cu}=14.1\sim34.5$ kPa、均值为 23.6kPa, $\varphi_{cu}=25.1°\sim27.6°$、均值为 26.7°;饱和固结快剪试验强度指标 $c_{cq}=23.5\sim30.6$ kPa、均值为 27.5kPa, $\varphi_{cq}=17.1°\sim27.0°$、均值为 21.2°;三轴饱和固结排水剪切试验强度指标 $c_{CD}=30.9\sim44.0$ kPa、均值为 38.2kPa, $\varphi_{CD}=25.0°\sim29.4°$、均值为 26.6°。

②压缩性指标

为了解河床覆盖层的压缩性,采取原状样进行了 3 组室内压缩试验,试验成果见表 5.7。

表5.7　河床覆盖层室内原状样压缩试验成果表

土样编号	取样深度 (m)	分层代号	饱和压缩指标	
			a_{v1-2}（MPa^{-1}）	E_{s1-2}（MPa）
ZK79-1	23.90～24.50		0.220	8.18
ZK79-2	24.50～24.75	Ⅲ₁	0.272	6.67
ZK79-3	27.00～27.30		0.193	8.43

试验成果可以看出,Ⅲ₁黏土透镜体的饱和压缩系数 $a_{v1-2}=0.193$ MPa$^{-1}\sim0.272$ MPa^{-1}、均值为 0.228MPa^{-1},压缩模量 $E_{s1-2}=6.67\sim8.43$ MPa、均值为 7.76MPa,属中等压缩性土。

(3)室内模拟级配试验参数

由于无法在深水中获得足够的室内力学试验所需的级配样,根据规范建议,采用原土材料现场级配和密实度制备试样进行室内试验。级配控制方法:将钻孔取得的河床覆盖层试样,分别进行颗粒级配分析,根据颗粒级配分析试验成果,选择上包线级配、平均级配或下包线级配制备试样,再以现场测定的密度或以相对密度、密实度控制试样密度。对试样中超出仪器尺寸允许的部分颗粒,按试验规程进行等量替代。

预可行性研究阶段,对Ⅱ层和Ⅲ₂₊₃层(下游围堰③层)的模拟级配试样进行了 7 组室内三轴剪切试验和压缩试验。室内试验级配采用该阶段级配包络线的上包线(或偏上包线)和平均线的模拟级配曲线,试样的密度是根据其天然状态(中密～密实)及相应级配的相对密度和击实试验成果所对应的压实度确定的。Ⅱ层试样选取了 4 种密度进行试验,均处于钻孔心样的平均密度偏上水平,换算其压实度在 93%～100% 之间;Ⅲ₂₊₃层试验试样选取了 3 种密度进行试验,其相对密度在 0.5～0.7 之间。

可行性研究阶段,对Ⅱ、Ⅲ₂及Ⅲ₃层的模拟级配试样进行了 8 组室内三轴剪切试验和 6 组压缩试验。室内试验级配选择时综合分析了所有的颗分资料,得出各层筛分级配包线成果。采用平均线的模拟级配曲线进行试验,试样的密度根据其天然状态(中密～密实)及相应级配的相对密度和击实试验成果所对应的压实度确定。Ⅱ层试样选取了 3 种密度进行试验,压实度在 90.5%～95.0% 之间;Ⅲ₂层试验试样选取了 2 种密度进行试验,其相对密度在 0.84～0.89 之间;Ⅲ₃层试验试样选取了 3 种密度进行试验,其相对密度在 0.51～0.70 之间。

①抗剪强度指标

抗剪强度指标由三轴剪切试验获得,并采用饱和固结排水剪,预可研阶段对Ⅲ$_{2+3}$(含③)层和Ⅱ层模拟级配试样尺寸分别采用:一、直径为 30cm、高度为 60cm,试验最大围压为 1.2MPa;二、直径为 15cm,高度为 30cm,试验最大围压为 0.1MPa 进行试验。其中,第Ⅲ$_{2+3}$(含③)层进行了两种级配(接近上包线和平均级配)的试验,并对平均级配又分别考虑了两种不同密度(相对密度分别为 0.5 和 0.7)的试验;对第Ⅱ层则分别按 4 种不同密度(实测干密度和控制压实度分别为 93％、97％、100％)进行试验。

可行性研究阶段,采用试样尺寸 ϕ300mm×H600mm,覆盖层Ⅲ$_3$ 层的围压为 0.3MPa、0.6MPa、0.9MPa 三级,覆盖层Ⅲ$_2$ 层、Ⅱ层的围压为 0.25MPa、0.5MPa、0.75MPa、1.0MPa 四级,剪切速率均为 0.4mm/min 进行三轴饱和固结排水剪切试验。

从试验成果可以看出,预可行性研究阶段,模拟级配试验抗剪强度指标:Ⅱ层线性 $c'=94$ ~125.2kPa,$\varphi'=37.1°$~43.1°;非线性 φ_0 为 48.7°~53.1°,$\Delta\varphi$ 为 7.8°~9.7°。Ⅲ$_{2+3}$(含③)层线性 $c'=118$~138kPa,$\varphi'=40.1°$~42.6°;非线性 φ_0 为 51.8°~52.6°,$\Delta\varphi$ 为 7.1°~8.3°。总体上显示抗剪强度指标随密度的提高而有所增加。从体变与轴向应变关系曲线看Ⅲ$_{2+3}$层和Ⅱ层模拟级配试样具有明显的剪胀性。

可行性研究阶段,模拟级配试验抗剪强度指标:Ⅱ层线性 $c'=98$~152kPa,$\varphi'=37.8°$~39.5°;非线性 φ_0 为 47.4°~50.2°,$\Delta\varphi$ 为 7.8°~9.3°。Ⅲ$_2$ 层线性 $c'=165$~170kPa,$\varphi'=39.1°$~40.2°;非线性 φ_0 为 50.8°~51.9°,$\Delta\varphi$ 为 8.3°~8.9°。Ⅲ$_3$ 层线性 $c'=56$~84kPa,$\varphi'=37.5°$~38.6°;非线性 φ_0 为 43.8°~47.3°,$\Delta\varphi$ 为 5.1°~7.4°。总体上显示抗剪强度指标随密度的提高而有所增加,均具有较高的抗剪指标,但略小于预可研阶段试验成果,其原因是可研阶段试验采用的级配样其细粒含量略高,干密度略小所致。

②压缩性指标

压缩变形试验用浮环式压缩仪进行,预可研阶段及可研阶段各进行 6 组试验:12 组压缩试验的压缩系数均远小于 0.1MPa^{-1},说明Ⅱ层、Ⅲ$_2$ 及Ⅲ$_3$ 层均属于低压缩性土。

从力学性质试验结果看,表现出与河床覆盖层各层颗粒组成特征的一致性,即河床覆盖层主体以粗料为骨架,且粗料以坚硬岩为主,加上各层含泥量较低,除Ⅱ层部分和②层含泥量大于 10％外,一般小于 10％。因此河床覆盖层总体承载力较大,压缩变形模量和抗剪强度较高。

③室内旁压、动探模型试验

为了反演坝址河床覆盖层Ⅱ层的密度,针对Ⅱ层模拟级配样进行了室内旁压和动探模型试验,进而比较现场与室内模型动探和旁压试验成果,推断河床覆盖层深层的物理指标。

根据室内模型试验和现场原位测试成果,由室内旁压试验推测第Ⅱ层的密度值为 2.261g/cm^3,由室内动探试验推测Ⅱ层的密度值为 2.281g/cm^3,两者得到的密度值接近,略大于该层实测干密度 2.20 g/cm^3。

用同样的方法针对Ⅲ$_3$ 层进行旁压试验及超重型动力触探试验,根据室内模型试验和现场原位测试成果,由旁压试验推测现场深厚覆盖层第Ⅲ$_3$ 层的密度值为 2.120g/cm^3。由超重型动力触探试验推测现场深厚覆盖层第Ⅲ$_3$ 层的密度值为 2.149g/cm^3,略大于该层实测干密度 2.12 g/cm^3。

4.渗透特性

为了准确了解坝址河床覆盖层的渗透特性,采用现场钻孔抽水试验与室内渗透试验相结合的方法来确定其渗透参数。

(1)渗透系数

①钻孔抽水试验

抽水试验是求算含水层的水文地质参数较有效的方法,本次河床渗透系数的确定主要就是采用钻孔抽水试验。总计在 9 个河床钻孔中进行抽水试验 24 段,其中覆盖层内 23 段,覆盖层与基岩综合抽水试验 1 段,具体试验层位为Ⅲ$_{2+3}$、Ⅱ、Ⅰ层分别有抽水试验 5 段、5 段、4 段,③、②、①层分别有抽水试验 3 段、6 段、1 段。

从抽水试验 Q-S 曲线形态基本符合要求来看,抽水试验成果可靠;对试验成果分层进行统计(表 5.8),可见抽水试验所获得的渗透系数与钻探揭露的各层物质组成、动力触探所揭示之密实度等基本相匹配;分层内各段抽水试验所得渗透系数变幅不大;上游主体河段Ⅲ$_{2+3}$层渗透系数均值为 1.25×10^{-2} cm/s,属强透水地层;Ⅱ层渗透系数均值为 4.67×10^{-4} cm/s,属中等透水地层;Ⅰ层渗透系数均值为 2.23×10^{-3} cm/s,属中等透水地层;下游围堰③层渗透系数均值为 1.59×10^{-3} cm/s,属中等透水地层;②层渗透系数均值为 3.66×10^{-5} cm/s,属弱透水地层;①层渗透系数均值为 3.78×10^{-5} cm/s,属弱透水地层;②、①层渗透性较小的原因可能是受金坪子滑坡的影响。

表 5.8　河床覆盖层抽水试验成果分层统计表

分层代号		试验地层	渗透系数(cm/s)
上游围堰	Ⅲ$_{2+3}$	砂砾石夹卵石及少量碎块石	$\dfrac{1.99\times10^{-3},9.68\times10^{-3},1.56\times10^{-2},1.75\times10^{-2},1.77\times10^{-2}}{1.25\times10^{-3}(5)}$
	Ⅱ	块石、碎石(卵石)夹少量含细粒土砾(砂)	$\dfrac{3.80\times10^{-4},4.61\times10^{-4},5.09\times10^{-4},5.41\times10^{-4},4.44\times10^{-4}}{4.67\times10^{-4}(5)}$
	Ⅰ	卵、砾石夹碎块石	$\dfrac{1.02\times10^{-3},3.23\times10^{-4},7.28\times10^{-3},2.77\times10^{-4}}{2.23\times10^{-3}(4)}$
下游围堰	③	砂砾石夹卵石及少量碎块石	$\dfrac{3.95\times10^{-5},1.16\times10^{-4},4.61\times10^{-3}}{1.59\times10^{-3}(3)}$
	②	含细粒土砾夹碎块石及卵石	$\dfrac{3.91\times10^{-5},2.64\times10^{-5},2.26\times10^{-5},6.95\times10^{-5},2.55\times10^{-5},3.67\times10^{-5}}{3.66\times10^{-5}(6)}$
	①	卵、砾石夹碎块石	$3.78\times10^{-5}(1)$

注:表中分数表示 $\dfrac{\text{试验值}}{\text{平均值(统计组数)}}$。

②室内渗透试验

Ⅲ$_1$ 层 3 组室内渗透试验,成果见表 5.9。

表 5.9　河床覆盖层室内渗透成果分层统计表

土样编号	取样深度(m)	分层代号	渗透系数 K_{20}(cm/s)
ZK79-1	23.90~24.50		8.01×10^{-7}
ZK79-2	24.50~24.75	Ⅲ$_1$	7.69×10^{-7}
ZK79-3	27.00~27.30		1.90×10^{-5}

试验成果可以看出，III$_1$ 黏土透镜体的渗透系数 K_{20} 为 $1.90 \times 10^{-5} \sim 8.01 \times 10^{-7}$ cm/s，均值为 6.85×10^{-6} cm/s，属极微～弱透水地层。

（2）渗透破坏比降

渗透破坏比降值是通过模拟级配样的渗透变形试验取得的，预可研阶段针对 III$_{2+3}$（含③）进行了 4 组共 8 个试样的渗透变形试验，包括采用 ϕ280 型垂直渗透仪进行的垂直渗透试验 3 组共 6 个试样，采用 200 型水平渗透仪进行的水平渗透试验 1 组共 2 个试样；可研阶段目前针对 III$_3$、III$_2$ 及 II 层进行了 9 组共 20 个试样的渗透变形试验，采用的仪器为 ϕ300 及 ϕ400 型垂直渗透仪，分别完成了 17 个及 3 个试样的垂直渗透试验，试验成果见表 5.10。

表 5.10　III 层（下游围堰③层）模拟级配试样渗透变形试验成果表

研究阶段	试样		试样密度 ρ(cm³/g)	试验形式	渗透系数 K_{20}(cm/s)	临界比降 J_k	破坏比降 J_f	试验最大比降 J_{max}	破坏形式
预可研	III$_{2+3}$	平均线级配	2.27	垂直	1.75×10^{-2}	0.92	1.86	2.32	流土
					1.61×10^{-2}	0.91	1.24	1.33	流土
			2.27	水平	0.83×10^{-2}	0.94	2.19	3.28	流土
					2.26×10^{-2}	1.37	1.90	2.14	流土
		上包线级配	2.21	垂直	5.81×10^{-3}	1.54	2.80	3.91	流土
					8.68×10^{-3}	1.37	2.66	2.94	流土
			2.28	垂直	2.04×10^{-3}	2.14	4.09	5.01	流土
					2.43×10^{-3}	1.87	2.88	3.43	流土
可研	III$_3$	平均线级配	2.12	垂直	1.78×10^{-3}	1.26	1.80	2.10	流土
					1.32×10^{-3}	0.90	1.09	1.18	流土
			2.16	垂直	1.32×10^{-3}	—	1.56	1.61	流土
					7.14×10^{-4}	1.41	1.71	1.80	流土
			2.21	垂直	4.55×10^{-4}	1.79	2.31	2.52	流土
					4.67×10^{-4}	1.85	2.20	2.38	流土
		下包线级配	2.25	垂直	3.49×10^{-1}	0.56	>2.59	2.59	管涌
					5.84×10^{-1}	0.22	>1.05	1.05	管涌
	III$_2$	平均线级配	2.14	垂直	2.96×10^{-4}	1.04	3.85	4.08	流土
					2.98×10^{-4}	1.20	4.41	4.65	流土
			2.16	垂直	1.55×10^{-4}	1.15	9.31	9.92	流土
					1.36×10^{-4}	2.39	8.19	8.75	流土
					1.41×10^{-4}	3.77	>7.56	7.56	流土
					1.62×10^{-4}	4.32	>7.11	7.11	流土
		下包线级配	2.30	垂直	9.33×10^{-2}	1.03	5.03	6.07	管涌
					9.93×10^{-2}	0.52	4.97	5.28	管涌
	II	平均线级配	2.20	垂直	1.65×10^{-3}	0.89	1.05	1.15	流土
					1.72×10^{-3}	0.92	1.22	1.22	流土
		下包线级配	2.35	垂直	3.29×10^{-1}	0.44	>1.22	1.22	管涌
					1.90×10^{-1}	0.54	>2.99	2.99	管涌

渗透变形特性统计值见表5.11。

综合分析,渗透系数取平行试验之间的平均值,临界比降和破坏比降均取小值,可得覆盖层$Ⅲ_{2+3}$层平均线的渗透系数为10^{-2}cm/s量级,临界比降为0.91,破坏比降为1.24,破坏形式为流土;覆盖层$Ⅲ_{2+3}$层上包线的渗透系数为10^{-3}cm/s量级,临界比降为1.37,破坏比降为2.66,破坏形式是流土;覆盖层$Ⅲ_3$层平均线的渗透系数为$10^{-4}\sim10^{-3}$cm/s量级,临界比降为0.90,破坏比降为1.09,破坏形式也是流土;覆盖层$Ⅲ_3$层下包线的渗透系数为10^{-1}cm/s量级,临界比降为0.22,破坏比降>1.05,破坏形式为管涌;覆盖层$Ⅲ_2$层平均线的渗透系数为10^{-4}cm/s量级,临界比降为1.04,破坏比降为3.85,破坏形式是流土;覆盖层$Ⅲ_2$层下包线的渗透系数为10^{-2}cm/s量级,临界比降为0.52,破坏比降为4.97,破坏形式为管涌;覆盖层Ⅱ层平均线的渗透系数为10^{-3}cm/s量级,临界比降为0.89,破坏比降为1.05,破坏形式是流土;覆盖层Ⅱ层下包线的渗透系数为10^{-1}cm/s量级,临界比降为0.44,破坏比降>1.22,破坏形式为管涌。

表5.11　Ⅲ层(下游围堰③层)渗透变形特性统计值

试样		试验形式	干密度(g/cm³)	临界比降	破坏比降	破坏形式
$Ⅲ_{2+3}$	平均线	垂直	2.27	0.91	1.24	流土
		水平		0.94	1.90	
	上包线	垂直	2.21	1.37	2.66	
			2.28	1.87	2.88	
$Ⅲ_3$	平均线	垂直	2.12	0.90	1.09	
			2.16	1.41	1.56	
			2.21	1.79	2.20	
	下包线	垂直	2.25	0.22	>1.05	管涌

根据《水利水电工程地质勘察规范》(GB 50487—2008)附录G"土的渗透变形判别"中规定:无黏性土的允许比降的确定以土的临界水力比降除以1.5~2的安全系数;对于特别重要的工程可用2.5的安全系数。

依据该规定,流土取安全系数为2.5,管涌取安全系数为1.5,可得:覆盖层第$Ⅲ_3$层平均线级配试样的渗透破坏形式主要为流土,允许比降建议为0.36;下包线级配试样渗透破坏形式为管涌(亦即极端情况下局部可能存在管涌),相应允许比降为0.15。覆盖层第$Ⅲ_2$平均线级配试样的渗透破坏形式主要为流土,允许比降建议为0.42;下包线级配试样渗透破坏形式为管涌(亦即极端情况下局部可能存在管涌),相应允许比降为0.35。覆盖层第Ⅱ层平均线级配试样的渗透破坏形式主要为流土,允许比降为0.36,考虑到该层颗分取样的局限性(颗粒偏细),平均线级配允许比降建议为0.35;下包线级配试样渗透破坏形式为管涌(亦即极端情况下局部可能存在管涌),相应允许比降为0.29。

5.物理力学参数建议

根据有关规范的要求,河床覆盖层的物理力学参数应按以下原则进行取值:物理特性指标如密度、含水量、相对密度及颗粒组成等可采用平均值,抗剪强度指标和变形模量等可采用其小值或小值平均值,防渗体及其上游部分土石体的渗透系数取其大值或大值平均值,防渗体下游部分土石体的渗透系数及临界比降取其小值或小值平均值。

在进行室内试验时,在无法取得足够数量的室内力学试验所需的原位级配样时,根据规范建议,可采用原土材料现场级配和密实度制备试样。级配控制方法:根据钻孔取得的河床覆盖层原状样颗粒级配分析试验成果(根据前文分析,此级配成果仅代表覆盖层偏细部分颗粒组成),选择上包线级配、平均级配或下包线级配制备试样,再根据原状样干密度试验的成果控制试样密度。对试样中超出仪器尺寸允许的部分颗粒,按试验规程进行等量替代。从试样级配选择[采用级配包络线的上包线(或偏上包线)和平均线的模拟级配曲线]的角度分析,试验得到的覆盖层抗剪强度指标是留有余度的。

覆盖层参数建议,取试验的最小抗剪强度指标,III_3层:$c'=56kPa$,$\varphi'=37.5°$,$\varphi_0=43.8°$,$\Delta\varphi=5.1°$;III_2层:$c'=165kPa$,$\varphi'=39.1°$,$\varphi_0=50.8°$,$\Delta\varphi=8.3$;III_1层:$c'=30.9kPa$,$\varphi'=25°$;II层:$c'=98kPa$,$\varphi'=37.8°$,$\varphi_0=47.4°$,$\Delta\varphi=7.8°$。同时考虑到粗粒土颗粒间不具黏聚力,对线性抗剪强度的c'值进行大幅折减(仅取$0\sim25kPa$)。c'值进行大幅折减后,线性强度指标建议值明显低于试验非线性强度指标。因此,在取覆盖层线性抗剪强度建议值时,又对抗剪强度保留了余度。

综合分析,以地质宏观判断为前提,以规程规范为准则,以物理力学性质试验为依据,以覆盖层的物质组成为参考,并类比其他工程经验,提出上、下游围堰部位河床覆盖层各土层物理力学及渗透特性参数建议值见表5.12。

表 5.12　坝址河床覆盖层各层物理、力学及渗透性参数建议值

分层代号		密度		变形模量 E_0（MPa）	抗剪强度				渗透系数 K（cm/s）	允许比降 $[J]$	
		干 ρ_d	天然 ρ		线性		非线性（试验最小值）				
					c'(kPa)	φ'(°)	φ_0(°)	$\Delta\varphi$(°)		流土	管涌
		(g/cm³)									
上游围堰	III_3	2.12	2.25	30	$0\sim10$	37	43.8	5.1	5×10^{-2}	0.36	0.15
	III_2	2.16	2.30	40	$0\sim10$	39	50.8	8.3	1×10^{-2}	0.42	0.35
	III_1	1.56	1.98	5	$20\sim25$	20			5×10^{-6}	0.80	
	II	2.20	2.36	40	$0\sim20$	37	47.4	7.8	4×10^{-4}	0.35	0.29
	I	2.25	2.40	65	$0\sim10$	40	51.8	8.3	3×10^{-3}	0.30	0.25
下游围堰	③ 0~16m	与上游围堰III_3层参数相同									
	③ >16m	与上游围堰III_2层参数相同									
	②	2.23	2.35	55	$0\sim25$	35	45.0	6.0	3×10^{-5}	0.36	0.30
	①	与上游围堰I层参数相同									
说明		一般情况下,河床覆盖层的渗透破坏形式皆为流土;在极端情况下,局部可能出现管涌的破坏形式									

5.1.1.3　金坪子滑坡Ⅱ区深厚覆盖层

金坪子滑坡分为五个区,即:金坪子滑坡前缘江边的基岩离堆山(Ⅴ区),金坪子村之上、当多村之下的中部基岩梁子(Ⅳ区),基岩梁子之上的当多古崩塌堆积体(Ⅰ区),基岩梁子西侧的蠕滑变形体(Ⅱ区),基岩梁子之下的金坪子古滑坡堆积体(Ⅲ区),见图5.17、图5.18。

Ⅳ、Ⅴ区为雄厚的原位基岩,稳定性好。Ⅰ、Ⅱ、Ⅲ区均为第四系堆积体,其中Ⅰ区为古崩

塌堆积体,整体稳定性较好;Ⅱ区为强烈变形区,处于整体蠕滑状态,稳定性较差;Ⅲ区为深嵌于古河槽之中的古滑坡堆积体,稳定性好。

图 5.17　金坪子滑坡影像图

金坪子滑坡Ⅱ区上距坝址 2.5km,体积约 $2700×10^4 m^3$,分布高程 880～1400m。按物质组成与地质结构,自下而上可分为 4 层,见图 5.19～图 5.21。

(1)古冲沟碎块石、砂砾夹少量粉土(Q^{pl+col}),原岩成分多为 Pt_{21} 白云岩、灰岩、大理岩,及少量 Pt_{2hs} 千枚岩,成分混杂,粒径大小不一,结构松散～中密,该层分布于中下部古冲沟内,厚度 30～64m 不等。

(2)千枚岩碎屑土(Q^{del}),紫红色粉质黏土夹少量砾石、碎石,厚度一般为 2～9m(纵向上呈中下部厚、上部薄或缺失,横向上呈中间厚、两侧薄);滑带土为紫红、灰黑色粉质黏土夹砾石,土为紫红色粉质黏土,硬～可塑状,结构紧密,具明显挤压错动特征,可见光面及擦痕;砾石、碎石岩性为紫红色千枚岩,多呈次棱角～次圆状、圆状,含量为 20%～40%。

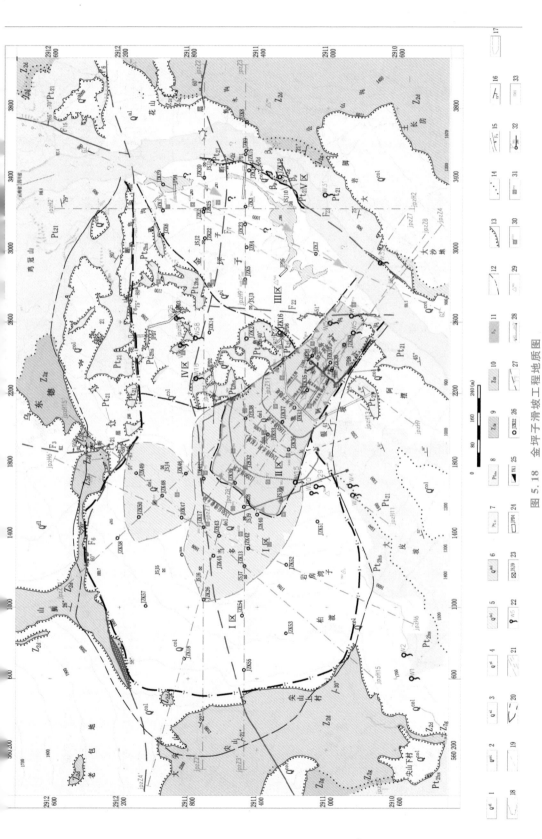

图 5.18 金坪子滑坡工程地质图

1—坡积物；2—崩塌堆积层；3—冲积物；4—洪积物；5—古滑坡堆积层；6—Ⅱ区滑坡堆积层；7—落雪组；8—黑山组厚层、中厚层灰岩、变质灰岩；9—观音岩组、泥质粉砂岩；10—灯影组、薄层白云岩、粉晶白云岩；11—辉绿岩脉；12—斜坡坡脚线；13—不整合界线；14—整合界线；15—断层、推测断层；16—岩层产状；17—稳定古滑坡边界线；18—蠕变滑坡范围界线；19—滑坡前剪出口线；20—分水岭；21—古河道；22—泉点及编号；23—竖井及编号；24—平洞及编号；25—坑道、坑槽及编号；26—钻孔及编号；27—斜坡分区界线及编号；28—剖面线及编号；29—监测基准点；30—视准线测点；31—地表监测点；32—钻孔倾斜仪；33—平洞伸缩仪

1—坡状大理岩及灰岩、中厚层灰岩、中厚层灰岩、大理岩化灰岩灰白色薄层状大理岩及灰岩绿色千枚岩

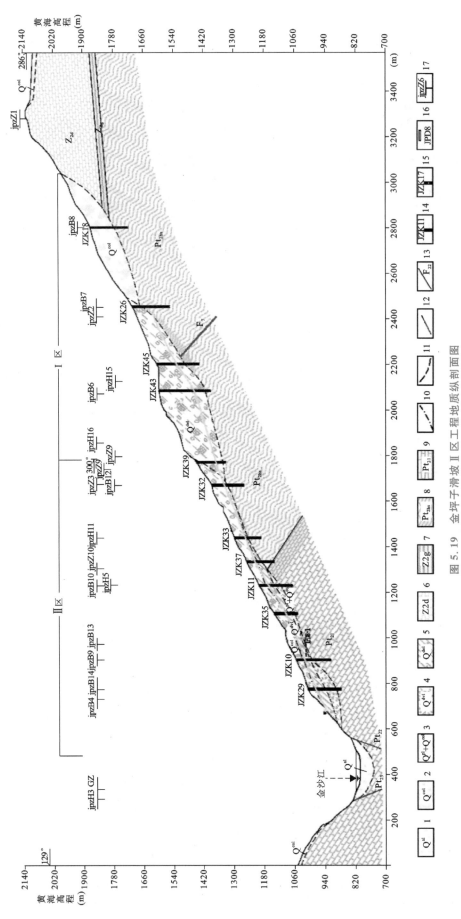

图 5.19 金坪子滑坡 Ⅱ 区工程地质纵剖面图

1—第四系冲积层；2—崩积物；3—滑坡堆积层；4—震旦系上统灯影组巨厚层中厚层层状白云岩；5—震旦系上统灯影组页岩、泥质灰岩；6—会理群黑山组千枚岩；7—会理群落雪组薄层灰岩、厚层灰岩、大理岩；8—第四系与基岩界线；9—基岩界线；10—断层界线及编号；11—泉水点及编号；12—地下水位线；13—断层及编号；14—第四系及编号；15—钻孔编号；16—勘探平洞；17—相交剖面

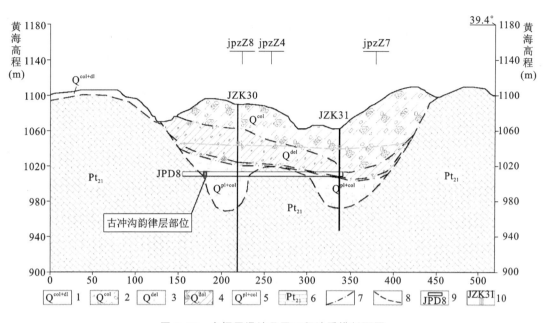

图 5.20 金坪子滑坡Ⅱ区工程地质横剖面图

1—崩坡积物;2—坡积物;3—滑坡堆积层:滑体物质为白云岩块石夹土;4—滑坡堆积层:滑体物质为千枚岩碎屑土;
5—洪崩积物;6—落雪组灰岩;7—基岩与第四系分界线;8—第四系内物质分界线;9—平洞及编号;10—钻孔及编号

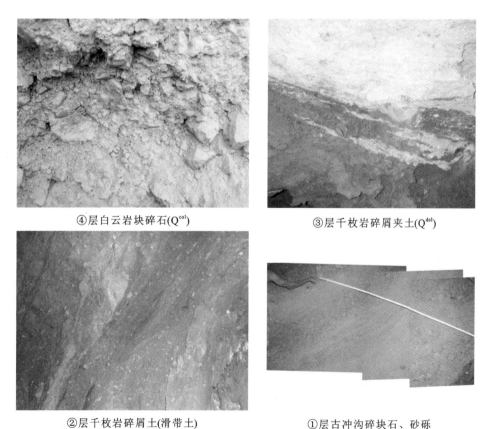

④层白云岩块碎石(Q^{col})　　　　　③层千枚岩碎屑夹土(Q^{del})

②层千枚岩碎屑土(滑带土)　　　　①层古冲沟碎块石、砂砾

图 5.21 金坪子滑坡Ⅱ区分层地质结构照片

（3）千枚岩碎屑夹土（Q^{del}），岩性为紫红色、灰黑色粉质黏土夹砾石、碎石，原岩为 Pt_{2hs} 千枚岩，成分单一，结构松散，颜色混杂，厚度一般为 $16\sim45m$，最小 $6m$，厚度总体上由前缘向后缘变薄。

（4）白云岩块石碎石夹少量粉土层（Q^{col}），分布在表层及后部，厚度 $20\sim61m$，块石碎石成分为 Z_d 白云岩、硅质白云岩，结构松散，有架空现象，其中块径大于 $20cm$ 的块石约占 $20\%\sim30\%$，块石含量呈从前向后递增趋势。

金坪子滑坡Ⅱ区中下部受基岩凹槽约束，后缘不存在突然大规模加载，前缘基岩面高悬，堆积体不受江水及未来白鹤滩库区水位影响，因此不具备发生突发性大规模失稳的条件。该区变形主要表现为千枚岩碎屑土层中、上部及其以上块石碎石层沿千枚岩碎屑土层下部的松脱式蠕滑变形，堆积体前缘陡坡的小规模坍塌，以及雨季冲沟内有小型泥石流活动。三维激光扫描监测表明每年蠕滑入江及局部沟内泥石流入江的总体积在 $10000m^3$ 左右，其中上部白云岩块石碎石层滑动入江的体积约 $2000m^3$，其中块径 $0.2m$ 以上的碎石、块石体积约 $400\sim600m^3$，大部分细径物质将随时被江水带走，不会形成堰塞坝而影响乌东德水电站的建设与运行。

5.1.1.4 地下厂房洞室群

地下厂房区三大洞室为高边墙、大跨度的地下洞室（群），三大洞室布置是枢纽布置的关键之一、地下厂房布置的核心所在，其原则是尽可能充分利用有利于大型洞室群稳定的 Pt_{21}^3 中厚及厚层灰岩、白云岩及大理岩（Ⅱ级岩体），并尽可能增大岩层走向与洞轴线夹角。经过大量勘探揭露、地质分析与布置优化，右岸地下厂房三大洞室可以全部布置于 Pt_{21}^3 岩体中，左岸三大洞室可以大部分位于 Pt_{21}^3 岩体中；右岸因 Pt_{21}^3 分布范围较小，布置选择的余地不大，尽可能使岩层走向与洞轴线保持相对较大的夹角，见图 5.22。

（1）左岸地下厂房洞室群

左岸地下厂房洞室群主要为 $Pt_{21}^{3-1}\sim Pt_{21}^{3-3}$ 中厚及厚层灰岩、白云岩及大理岩，仅主厂房山内侧约占 1/3 为 Pt_{21}^{2-3} 互层夹中厚层大理岩化白云岩，及主厂房局部 B 类角砾岩；岩层走向与洞轴线夹角以 $30°\sim40°$ 为主，局部夹角 $<30°$；层间剪切带 J_{2004} 斜穿主厂房；断层不发育，规模皆小，裂隙总体不发育；微新岩体为主，仅左岸主厂房局部 B 类角砾岩及 1# 尾调室穿顶山内侧为弱~微风化；岩溶不发育，但局部存在顺层溶蚀，多位于地下水位以下；低~中等地应力。围岩为陡倾角、中厚层为主的硬岩，围岩为Ⅱ类和Ⅲ类；主厂房Ⅱ类占 52%，Ⅲ类占 48%；主变洞Ⅱ类占 68%，Ⅲ类占 32%；尾水调压室Ⅱ类占 62%，Ⅲ类占 38%；总体上围岩的稳定性较好。见图 5.23~图 5.25。

左岸地下厂房三大洞室主要工程地质问题有：①局部层面走向与边墙夹角较小，存在高边墙的变形稳定问题；②块体稳定问题；③主厂房局部 B 类角砾岩（5#、6# 机组附近顶拱及岩锚梁）局部变形稳定问题；④地下洞室群交叉部位受层面切割及多面临空卸荷存在的稳定问题；⑤地下水位以下可能沿顺层溶缝或小溶洞形成局部脉状集中式涌水；⑥高 SO_4^{2-} 含量地下水带来的混凝土弱~中等结晶类硫酸盐型腐蚀问题。

（2）右岸地下厂房洞室群

右岸地下厂房洞室群主要为 $Pt_{21}^{3-1}\sim Pt_{21}^{3-5}$ 中厚及厚层灰岩、白云岩及大理岩，局部 A 类角砾岩及少量 B 类角砾岩；岩层走向与洞轴线夹角大部分为 $20°\sim30°$；断层 f_{42} 斜穿主厂房，裂隙总体不发育；微新岩体为主；岩溶不发育，但局部存在顺层溶蚀，多位于地下水位以下；低地应

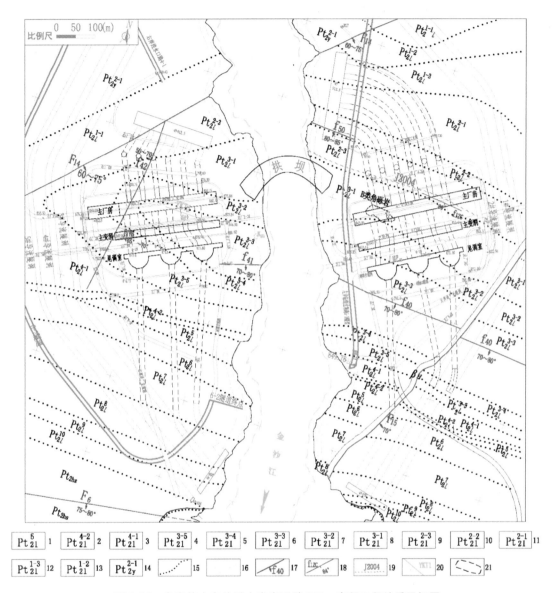

图 5.22 乌东德水电站引水发电系统 850m 高程工程地质平切图

1—落雪组第五段;2—落雪组第四段第二亚段;3—落雪组第四段第一亚段;4—落雪组第三段第五亚段;

5—落雪组第三段第四亚段;6—落雪组第三段第三亚段;7—落雪组第三段第二亚段;8—落雪组第三段第一亚段;

9—落雪组第二段第三亚段;10—落雪组第二段第二亚段;11—落雪组第二段第一亚段;12—落雪组第一段第三亚段;

13—落雪组第一段第二亚段;14—因民组第二段第一亚段;15—地层界线;16—推测弱、微卸荷下限;17—断层及编号;

18—开挖揭露小断层;19—剪切带及编号;20—溶蚀裂隙及编号;21—B类角砾岩范围

力。主厂房地质条件较左岸主厂房略差。围岩为陡倾角、中厚层为主的硬岩,围岩为Ⅱ类和Ⅲ类;主厂房Ⅱ类占 34%,Ⅲ类占 66%;主变洞Ⅱ类占 52%,Ⅲ类占 48%;尾水调压室Ⅱ类占 54%,Ⅲ类占 46%;总体上围岩的稳定性较好。见图 5.26～图 5.28。

右岸地下厂房三大洞室主要工程地质问题有:①层面走向与边墙夹角较小,存在高边墙的变形稳定问题;②6#尾调室距离落雪组第四段岩体较近,该部位围岩变形稳定问题较突出;

图 5.23　左岸主厂房影像图

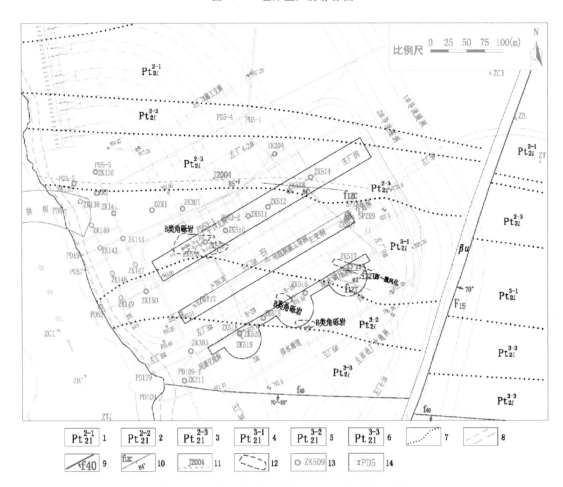

图 5.24　左岸三大洞室高程 850m 工程地质平切图

1—落雪组第二段第一亚段；2—落雪组第二段第二亚段；3—落雪组第二段第三亚段；4—落雪组第三段第一亚段；
5—落雪组第三段第二亚段；6—落雪组第三段第三亚段；7—地层界线；8—推测弱、微卸荷下限；9—断层及编号；
10—开挖揭露断层及编号；11—剪切带及编号；12—B 类角砾岩范围；13—钻孔及编号；14—平洞及编号

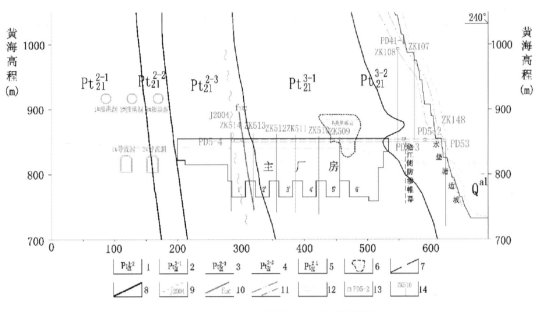

图 5.25　左岸主厂房轴线工程地质剖面图

1—落雪组第三段第二亚段；2—落雪组第三段第一亚段；3—落雪组第二段第三亚段；4—落雪组第二段第二亚段；
5—落雪组第二段第一亚段；6—B类角砾岩；7—第四系与基岩界线；8—地层界线；9—层间剪切带及编号；
10—断层及编号；11—推测弱、微卸荷带下限；12—推测地下水位线；13—平洞及编号；14—钻孔及编号

③块体稳定问题；④主厂房局部 f42 断层附近岩体完整性差（12♯机组附近上游边墙及顶拱），岩体基本质量级别为 $Ⅲ_2$ 级，存在局部变形稳定问题；⑤地下洞室群交叉部位受层面切割及多面临空卸荷影响存在的稳定问题；⑥地下水位以下可能沿顺层溶缝或小溶洞形成局部脉状集中式涌水；⑦高 SO_4^{2-} 含量地下水带来的混凝土弱～中等结晶类硫酸盐型腐蚀问题。

5.1.1.5　高位自然边坡

1.整体稳定性

（1）乌东德坝址区边坡岩体由前震旦系会理群褶皱基底和后期沉积盖层组成。边坡下部褶皱基底地层走向与河流近垂直，形成陡立的近横向谷；上部盖层地层走向与河流近平行，形成缓倾左岸的近纵向谷，在左岸形成逆向坡，虽在右岸形成顺向坡，但地层出露厚度有限且远离河谷；从河谷类型和地层结构上来看对边坡稳定有利。见图 5.29、图 5.30。

（2）高边坡岩体强度总体较高，强风化和强卸荷深度有限。局部坡段分布有崩坡积物，目前处于稳定状态。

图 5.26　右岸主厂房影像图

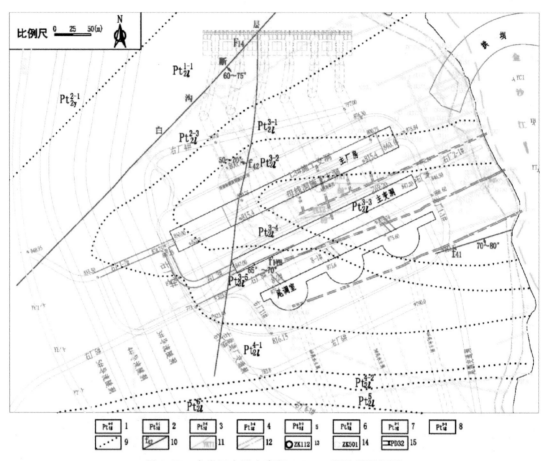

图 5.27　右岸三大洞室高程 850m 工程地质平切图

1—落雪组第四段第二亚段；2—落雪组第四段第一亚段；3—落雪组第三段第五亚段；4—落雪组第三段第四亚段；

5—落雪组第三段第三亚段；6—落雪组第三段第二亚段；7—落雪组第三段第一亚段；8—落雪组第二段第三亚段；

9—地层界线；10—断层及编号；11—溶蚀裂隙及编号；12—推测弱、微卸荷带下限；13—钻孔及编号；

14—投影钻孔及编号；15—平洞及编号

（3）乌东德坝址区高边坡主要发育 4 条断层，断层数量少、规模小，断层倾角一般在 60°～80°，断层走向多与边坡走向大角度相交，交角一般大于 60°，断层带宽 1～2m，对边坡的整体稳定性影响不大。

（4）左岸高程 1150～1200m 以上为一带状台地，台地地形平缓，宽 60～150m；右岸高程 1150～1200m 以上地形亦相对较缓。岸坡中部的这种缓台（坡）地形实际上将高约 1000m 的超高边坡分成了上、下两级高约 400～500m 的边坡，对边坡稳定性有利。

（5）据调查及裂隙统计结果，坝址区裂隙的发育规模多数较短小，根据坝址区高边坡影像资料和三维数码照相成果，长大裂隙数量较少（50～100m），裂隙多为方解石胶结或钙质及泥钙质胶结，胶结较紧密，裂面以平直稍粗面为主，裂隙宽度多小于 0.5cm，对高边坡整体稳定性影响较小。

（6）根据现场地应力测试结果，乌东德坝址区地应力水平不高。根据河谷地应力场分析计算结果及平洞揭示，两岸的应力松弛程度和范围不突出，高边坡的稳定状况良好。

综上所述，乌东德坝址区高边坡整体稳定状况良好。

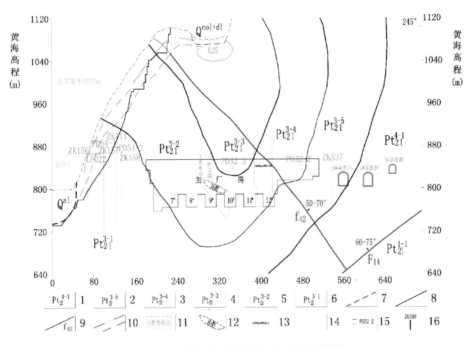

图 5.28 右岸主厂房轴线工程地质剖面图

1—落雪组第四段第一亚段；2—落雪组第三段第五亚段；3—落雪组第三段第四亚段；4—落雪组第三段第三亚段；
5—落雪组第三段第二亚段；6—落雪组第三段第一亚段；7—第四系与基岩界线；8—地层界线；9—断层及编号；
10—推测弱、微卸荷带下限；11—A类角砾岩范围（下游边墙）；12—B类角砾岩范围（下游边墙）；
13—层面附碳质薄膜白云岩；14—推测地下水位线；15—平洞及编号；16—钻孔及编号

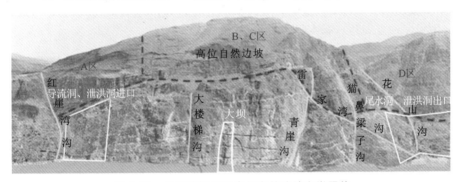

图 5.29 乌东德枢纽区高位自然边坡左岸照片

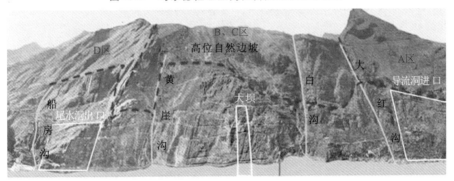

图 5.30 乌东德枢纽区高位自然边坡右岸照片

2.局部稳定问题

高位自然边坡局部稳定问题主要有5种类型:块体(或潜在不稳定倾倒岩体)、危石浮石、变形体、局部盖层顺向坡、堆积体。

块体是指由结构面完全或基本完全切割组合形成的可能产生向临空方向变形、滑移甚至失稳的岩体,即失稳模式为滑移型或坠落型的块体。块体主要分布于悬坡与陡峻坡段,破坏形式主要有如下几种:

①单面滑动型:主要发生在倾坡外结构面控制的岩体中,破坏方式为沿外倾结构面发生单面滑移。

②双面(楔形体)滑动型:多发生在边坡的块状岩体中,受两组或两组以上、倾向与坡面斜交,且其交线倾向坡外(倾角小于坡角)的结构面控制。破坏方式为沿两条底滑面组成的交棱线向临空方向滑移。

③坠落型:主要发生在具有倒悬的岩体中,表现为沿竖向结构面张拉破坏自由坠落,或沿陡峻斜坡滚落。

块体稳定状态主要取决于三个方面的因素:组成块体的结构面几何特征(产状和连通性等)、组成块体的结构面性状(粗糙起伏程度、张开度、充填物等)、组成块体的结构面卸荷松弛张开特征。对块体稳定性进行评价,分为稳定性差、较差、基本稳定、稳定4级。

潜在不稳定倾倒岩体是指结构面完全或基本完全切割组合形成的孤立的可能产生变形、倾倒的岩体,即失稳模式为倾倒型的块体。潜在不稳定倾倒岩体主要集中在左岸条带坡区,左岸其他部位及右岸少量分布。其特点为后缘裂隙陡倾,底面裂隙缓倾～中倾且部分临空,裂隙为泥钙质充填或充泥及碎屑。这种类型岩体水平埋深一般为2～3m,大者7m,稳定性一般较差。潜在不稳定倾倒岩体稳定性影响因素受地形、结构面特征、松弛特征影响,对其稳定性进行评价,分为稳定性差、较差、基本稳定、稳定4级。

5.1.2　深厚松散堆积层勘探与原位测试技术

5.1.2.1　钻进新工艺和取样新技术应用

(1)钻进效率提高与经济效益成果

通过研究钻进工艺方面相关改进与配套技术成果的投入应用,乌东德实施水上覆盖层钻孔全部采用优质泥浆和相应金刚石钻具,其覆盖层钻进效率从原采用普通钻进工艺阶段平均台月效率仅30余米提升到平均台月效率120余米,生产成本降低40％左右。乌东德可研阶段地勘工作水上钻孔完成近40个孔,其中砂卵石覆盖层进尺2200余米。

(2)取原状样成果

通过研究取心技术方面与研发新型取样器成果的投入应用,在乌东德实施的8个水上覆盖层钻孔的钻进与取样中,单孔覆盖层岩心采取率由原35％左右提高到68％～90％;使用一般取样器取出岩样79组、使用研发的新型取样器取出近似原状样109组。图5.31为研制的新型取样器获取的钻孔近似原状样照片;表5.13为应用前后钻孔取心、取样质量对比统计表。

图 5.31 研发的新型取样器获取的钻孔原状样照片

表 5.13 应用前后钻孔取心、取样质量对比统计表

孔号	实施阶段	孔深(m)	覆盖层深度(m)	覆盖层取心长度(m)	覆盖层采取率(%)	取样长度(m)	成功次数/取样次数成功率(%)	取心、取样情况	钻孔位置
ZK1	应用前阶段	220.10	65.51	24.24	37%	2.2	5/18 28%	结构破坏级配扰动	下围堰
ZK19	投入应用	121.96	69.16	47.02	68%	22.0	36/42 89%	原状结构级配保持	
ZK21	投入应用	86.23	57.25	41.22	72%	17.5	28/30 93%	原状结构级配保持	
ZK9	应用前阶段	85.26	72.75	21.10	29%	1.9	5/22 23%	结构破坏级配扰动	上围堰
ZK15	投入应用	100.35	57.30	40.11	70%	24.6	32/35 92%	原状结构级配保持	
ZK79	投入应用	95.18	76.48	71.13	93%	33.78	41/43 95%	原状结构级配保持	

5.1.2.2 可视化探测技术应用

可视化探测技术成果应用在乌东德水电站实施完成的上游围堰 ZK80♯、ZK83♯两个水上钻孔的覆盖层孔内摄像工作中,ZK80♯孔覆盖层深 63.71m,采用从上至下分段实施摄像方

式;ZK83♯孔覆盖层深63.80m,采取先从上至下、再从下至上补录的分段方式,分段长度一般为1～2m,少数达到3～4m。图5.32为乌东德枢纽水上钻孔覆盖层可视化图片。

图5.32　乌东德坝址区水上钻孔覆盖层可视化图片

5.1.2.3　电磁波CT

为了查明乌东德水电站河床深厚覆盖层中是否存在连续的软弱夹层,并为孔间地层界面分布的确定提供科学依据,在坝址河心选取ZK79及ZK41钻孔进行了覆盖层孔间电磁波透视CT扫描。扫描钻孔ZK79及ZK41位于开挖基坑的坡脚,覆盖层厚度分别为70.69m及75.44m,两孔水平间距19.77m,扫描成果见图5.33。

从孔间电磁波成果图看,CT扫描揭露的河床覆盖层结构、层位清晰,基本与钻孔勘探揭露的一致,界线误差一般小于1m,主要是受CT扫描边界效应的影响。从上至下电磁波的吸收系数总体呈递减趋势,表层吸收系数一般为0.20～0.28,局部大于0.28。吸收系数大于0.28的位置共有2处,一处位于ZK79钻孔下游,深21.5～27.7m处,长约8m,与钻孔揭露的黏土层透镜体(Ⅲ$_1$层)对应;另外一处位于ZK41钻孔上游,深度小于15m,为表层(Ⅲ$_3$层)河流松散堆积层。Ⅱ层吸收系数一般为0.16～0.20,根据开挖揭露和钻孔勘探,局部小于0.12的位置与崩塌大块石相对应;局部大于0.20的位置,与该层中发育的粉土质砾透镜体相对应。Ⅰ层吸收系数一般小于0.16,分析为该层古河流冲积物总体结构密实,物理力学性质较高;在ZK41钻孔底部附近吸收系数大于0.2,与该处砂砾石含量略高有关。

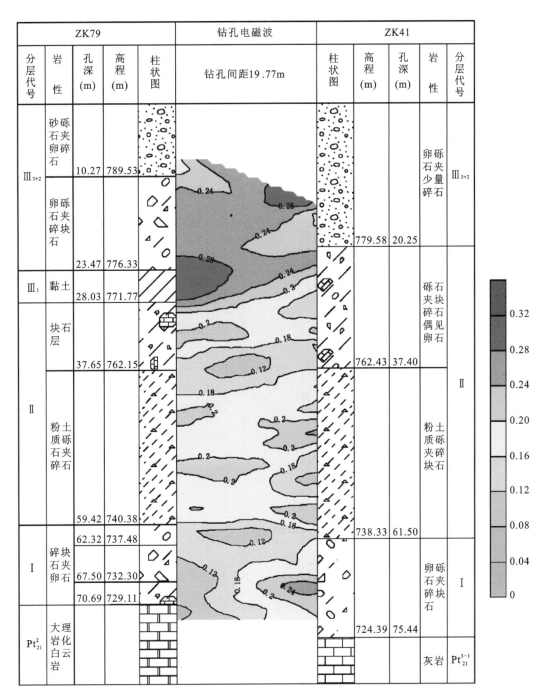

图 5.33   乌东德水电站河床覆盖层孔间电磁波典型成果图

5.1.2.4   深厚覆盖层动探、旁压、彩电、声波成果对比分析

（1）声波测试

乌东德水电站在20个河床钻孔中进行覆盖层声波纵波波速测试，测试成果见图5.34。从测试结果可以看出：

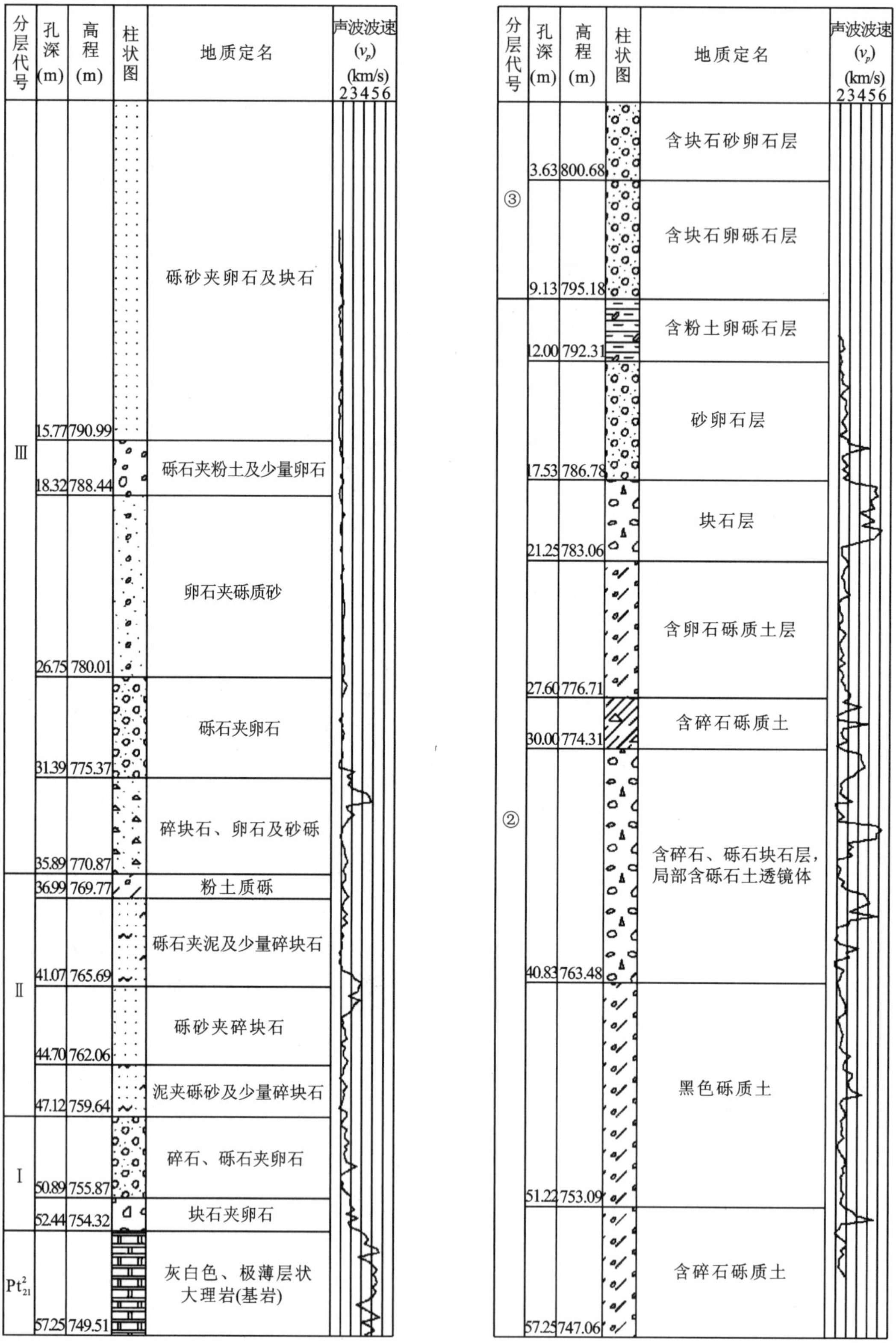

分层代号	孔深(m)	高程(m)	柱状图	地质定名	声波波速(vₚ)(km/s) 2 3 4 5 6
Ⅲ	15.77	790.99		砾砂夹卵石及块石	
	18.32	788.44		砾石夹粉土及少量卵石	
	26.75	780.01		卵石夹砾质砂	
	31.39	775.37		砾石夹卵石	
	35.89	770.87		碎块石、卵石及砂砾	
	36.99	769.77		粉土质砾	
Ⅱ	41.07	765.69		砾石夹泥及少量碎块石	
	44.70	762.06		砾砂夹碎块石	
	47.12	759.64		泥夹砾砂及少量碎块石	
Ⅰ	50.89	755.87		碎石、砾石夹卵石	
	52.44	754.32		块石夹卵石	
Pt²₂₁	57.25	749.51		灰白色、极薄层状大理岩(基岩)	

分层代号	孔深(m)	高程(m)	柱状图	地质定名	声波波速(vₚ)(km/s) 2 3 4 5 6
③	3.63	800.68		含块石砂卵石层	
	9.13	795.18		含块石卵砾石层	
	12.00	792.31		含粉土卵砾石层	
	17.53	786.78		砂卵石层	
	21.25	783.06		块石层	
	27.60	776.71		含卵石砾质土层	
	30.00	774.31		含碎石砾质土	
②	40.83	763.48		含碎石、砾石块石层，局部含砾石土透镜体	
	51.22	753.09		黑色砾质土	
	57.25	747.06		含碎石砾质土	

图 5.34　乌东德坝址河床典型钻孔声波曲线图

①河床覆盖层声波波速一般集中在 1850～2650m/s 区段,平均值为 2560m/s,大值一般为 4651～6190m/s,最大值为 6290m/s,为所含块石的反映,这与钻孔取心中存在的柱状岩心块石和可视化探测局部孔段发现块石的情况相一致;

②总体上河床覆盖层由浅及深声波纵波波速值呈缓慢递增趋势,说明河床覆盖层的密实度总体随深度的增加而增加,与土层密实度由稍密～中密～密实的变化相对应。

(2)动力触探

河床覆盖层 45 个钻孔内共计完成重型动力触探 1230 段、超重型动力触探 139 段。剔除试验数据中部分明显异常的试验值(如动力触探遇块石等)后,分别对重型和超重型动力触探进行整理统计(表 5.14、表 5.15)。

表 5.14　乌东德坝址河床覆盖层重型动力触探成果统计表

分层代号	$N_{63.5}$	$N'_{63.5}$	密实度	基本承载力 (kPa)	变形模量 E_0(MPa)
III₃	$\frac{16.18\sim50.56}{28.32(187/19)}$	$\frac{11.24\sim34.59}{19.48(187/19)}$	稍密～密实	704	43.6
III₂	$\frac{24.07\sim73.61}{39.34(146/19)}$	$\frac{15.36\sim47.04}{25.12(146/19)}$	中密～密实	852	52.7
II	$\frac{25.97\sim70.56}{40.27(346/20)}$	$\frac{14.83\sim38.85}{22.88(346/20)}$	中密～密实	802	49.3
I	$\frac{34.45\sim101.23}{56.36(64/12)}$	$\frac{16.33\sim49.81}{27.84(64/12)}$	中密～密实	898	56.3

注:1.表中击数修正采用机电部第三勘察研究院修正法;

2.密实度根据《岩土工程勘察规范》确定;

3.基本承载力及变形模量根据铁道部第二勘测设计院的研究成果(1988)确定;

4.表中分式表示:$\frac{小值平均值\sim大值平均值}{平均值(统计组数/统计孔数)}$。

表 5.15　乌东德坝址河床覆盖层超重型动力触探成果统计表

分层代号	N_{120}	N'_{120}	密实度	基本承载力 (kPa)	变形模量 E_0(MPa)
III₃₊₂	$\frac{44.6\sim70.7}{52.2(48/8)}$	$\frac{29.4\sim47.5}{35.0(48/8)}$	很密	>1000	>65.0
II	$\frac{44.3\sim66.8}{52.0(76/8)}$	$\frac{26.2\sim42.0}{32.2(76/8)}$	很密	>1000	>65.0
I	$\frac{49.0\sim91.8}{77.5(9/8)}$	$\frac{31.2\sim63.7}{42.0(9/8)}$	很密	>1000	>65.0

注:1.表中击数修正采用机电部第三勘察研究院修正法;

2.密实度、基本承载力及变形模量均根据《岩土工程试验监测手册》确定;

3.表中分式表示:$\frac{小值平均值\sim大值平均值}{平均值(统计组数/统计孔数)}$。

重型动力触探试验成果表明,河床覆盖层密实度随深度增加逐渐密实,总体为中密～密实状。在一些重型动力触探锤击无明显贯入的土层中,采用超重型动力触探进行试验,试验成果表明,这些部位土层的密实度多呈很密状态,反映出在这些土层中局部存在以碎块石为主的土层,这与钻孔取心中存在柱状块石岩心及可视化探测局部孔段发现块石的情况相一致。

（3）旁压试验

乌东德水电站在 9 个河床钻孔中进行旁压试验。对旁压试验成果分层进行统计（表5.16）。

表 5.16　乌东德坝址河床覆盖层旁压模量与变形模量分层统计表

分层代号	旁压模量 E_m（MPa）	变形模量 E_0（MPa）
III₃	$\dfrac{8.26\sim18.42}{12.17(13)}$	$\dfrac{20.66\sim46.06}{30.43(13)}$
III₂	$\dfrac{12.11\sim25.47}{18.05(9)}$	$\dfrac{30.28\sim63.68}{45.12(9)}$
II	$\dfrac{12.89\sim22.13}{15.40(13)}$	$\dfrac{30.68\sim52.26}{38.49(13)}$
I	$\dfrac{13.84\sim36.67}{23.99(9)}$	$\dfrac{34.61\sim91.67}{59.97(9)}$

注：表中分式表示：$\dfrac{\text{小值平均值}\sim\text{大值平均值}}{\text{平均值（统计组数）}}$

从表 5.16 可见，旁压模量、变形模量总体上有随深度增加的趋势，这与可视化探测揭示的覆盖层总体随深度增加越来越密实的情况相一致。

根据动力触探锤击数修正系数外延方法（机电三院法和麦-通拟合法），对乌东德水电站坝址区河床覆盖层重型、超重型动力触探试验锤击数据进行修正，并与旁压试验成果进行对比分析，如表 5.17 所示。

表 5.17　乌东德水电站坝址河床覆盖层动力触探锤击数修正成果统计表

分层代号		地质成因	厚度（m）	岩性	锤击数修正值 N				变形模量 E_0（MPa）						
					机电三院法		麦-通拟合法		机电三院法			麦-通拟合法			旁压试验
					$N_{63.5}$	N_{120}	$N_{63.5}$	N_{120}	α_1	α_2	加权平均	α_1	α_2	加权平均	算术平均
III	III₃	Q^al	8.5~16.0	砂砾石夹卵石及少量碎块石	$\dfrac{11.2\sim34.6}{19.5(187)}$	—	$\dfrac{11.3\sim25.2}{16.0(187)}$	—	43.6	—	43.6	39.0	—	39.0	30.43(13)
	III₂		7.8~19.9		$\dfrac{15.3\sim47.0}{25.1(146)}$	$\dfrac{29.4\sim47.5}{35.0(48)}$	$\dfrac{13.5\sim30.2}{20.8(146)}$	$\dfrac{8.6\sim15.4}{11.7(48)}$	52.7	65.0	59.5	48.1	59.3	54.3	45.12(9)
II		Q^al+col	11.2~41.3	块石、碎石夹少量含细粒土砾	$\dfrac{14.8\sim38.9}{22.9(346)}$	$\dfrac{26.2\sim42.0}{32.2(76)}$	$\dfrac{11.0\sim23.7}{16.4(346)}$	$\dfrac{7.1\sim14.0}{7.8(76)}$	49.3	65.0	58.2	39.8	45.6	42.9	38.49(13)
I		Q^al	2.5~16.4	卵、砾石夹碎块石	$\dfrac{16.3\sim49.8}{27.8(64)}$	$\dfrac{31.2\sim63.0}{42.0(9)}$	$\dfrac{15.2\sim34.1}{23.5(64)}$	$\dfrac{7.7\sim17.2}{10.9(9)}$	56.3	65.0	61.0	52.8	57.2	55.1	59.97(9)

与旁压试验测定的变形模量值相比较，根据机电三院法锤击数修正值确定的变形模量值总体上明显偏大，而依据麦-通拟合法锤击数修正值确定的变形模量值则较为接近，说明本文所提出的动力触探锤击数修正系数在乌东德水电站坝址深厚覆盖层动力触探试验中有一定的适用性，可供西部等河床深厚覆盖层地区动力触探测试参考借鉴。

5.1.2.5 金坪子滑坡Ⅱ区深厚覆盖层钻探技术[18]

金坪子滑坡Ⅱ区组成杂(上部为崩塌白云岩碎块石夹土、下部为滑坡千枚岩碎屑土)、厚度深(一般 60~100m,最大约 130m)、体积大(约 2700 万 m³),且勘察期变形在发展中,必须查明其基本地质特征,开展深部位移监测与地下水位长观,以准确预判其可能失稳方式、失稳规模,正确评价其工程影响。正鉴于此,金坪子滑坡钻探工作极具挑战性,精心策划、加强组织、认真落实,在确保钻探取心质量前提下,配合钻孔倾斜仪、渗压计安装,开展深部位移监测与地下水位长观。

1.钻探工艺设计

钻探工艺是针对金坪子滑坡Ⅱ区地质特征、基于钻进取心困难实际情况而制定,主要包括多层套管分层跟进护壁、金刚石与合金钻头结合、植物胶及优质泥浆循环、各类优质高效取心钻具配套。

(1)钻孔结构设计

金坪子滑坡Ⅱ区覆盖层厚度较大,钻孔设计深度多为 100m 左右,个别孔深达 200 余米,终孔要求进入基岩。钻孔结构设计为:首先,采用 ϕ150mm 钻具开孔钻穿表土层,下入 ϕ146mm 套管护壁;再采用 ϕ130mm 钻具钻进,随即下入 ϕ127mm 护壁管;然后用 ϕ110mm 钻具钻进至孔深中部,随即下入 ϕ108mm 护壁管;最后,下入 ϕ89mm 套管护壁,再用 ϕ75mm 钻具钻至终孔。

(2)钻压和转速选择

覆盖层钻进应避免盲目依靠大压力、高转速来追求进尺效率。由于覆盖层结构松散、软硬不均,故钻压不宜过大,孔底压力一般控制在 2~8kN,视孔内岩层软硬变化加以调整,以保持合理的进尺效率为原则;覆盖层钻进转速一般控制在 200~500r/min,基岩钻进可控制在 450~800r/min,可视钻具口径大小及钻孔岩层变化情况加以调整,仍应以保持合理的进尺效率为原则。

(3)冲洗液配置与泵量选择

冲洗液性能是覆盖层钻进中护壁防坍塌及提高岩心采取率的一个重要因素。全部选择采用了优质植物胶配制冲洗液,浓度配置为:植物胶为 1%~2.5%(即植物胶粉与清水的质量百分比),加入烧碱为 3%~5%(即烧碱与植物胶粉的质量百分比)。每班专人负责配制,并在钻进循环过程中注意随时调整保持浓度不下降,这样既增强冲洗液携粉能力,保持了孔底清洁和保护岩心作用,又达到和巩固了泥浆护壁作用,减少掉块和塌孔情况,提高了钻进效率。植物胶配制及使用过程如图 5.35 所示。

图 5.35 植物胶配制及使用过程

由于覆盖层结构松散,物质组成中含硬、脆、碎的岩石,泵量的选择十分重要。泵量小,不能携带岩粉,泵量大,岩心易被冲刷,降低了岩心采取率,故选择合理的泵量十分重要。一般选择 30～60L/min,可视岩石软硬、岩层变化、进尺快慢、岩粉多少及回水量变化等综合情况加以调整。

(4)配套钻具选择

针对金坪子滑坡Ⅱ区覆盖层及基岩特点,先后选择和试用了下面几种钻具:①双管双动内管超前/水压退心式钻具(规格为 $\phi130/110mm$,$\phi110/91mm$,$\phi91/73mm$;各口径均配套薄壁金刚石钻头和合金钻头),如图 5.36 所示。②双管底喷式、侧喷式双管单动钻具(规格为 $\phi130mm$、$\phi110mm$、$\phi91mm$,并配套适合块石层、软硬互层等钻进的各类金刚石钻头)。③单管钻具(规格为 $\phi130mm$、$\phi110mm$、$\phi91mm$,均为投球式取心)。④双管半合管式金刚石钻具(规格为 $\phi110mm$、$\phi91mm$,适用于软硬互层或软弱基岩),如图 5.37 所示。

图 5.36　双管双动内管超前钻具　　　　　图 5.37　双管半合管式金刚石钻具

一般情况下,应尽可能选择使用双管单动钻具,这类双管钻具的共同特点是内管在钻进过程中处于不回转状态,岩心进入内管后则受到保护,避免或减少了钻具对岩心的振动破坏及冲洗液对岩心的直接冲刷,而且内管均自带卡簧,提钻时能够自动卡取岩心防止岩心脱落,另外半合管式钻具还可在回次终了提钻后卸下内管打开半合管直接接触到岩心,避免了在敲打取出岩心过程中对破碎软弱岩心的扰动和人为破坏,从而提高岩心采取率。钻孔内若遇大块石、大粒径的砂卵石或漂石,则可使用单管钻具与薄壁电镀金刚石钻头快速通过。

(5)取心方法

为保证覆盖层取心质量,有多种取心方法供选用,主要有:①投珠球干烧取心(适用于强风化、松软、泥层等)。②双管内卡簧取心(适用于基岩、块石层、软硬互层等)。③单管钻具钻进、钢丝钻头捞心(适用于强风化、碎(块)石等)。

2.钻探过程控制

钻探过程控制是钻探工艺设计方案的具体落实,直接关系到钻探取心质量好坏与钻探工作的成败。在钻探实施过程中,主要把握以下几点:

(1)钻探作业前,必须制定详细作业计划,明确操作流程和执行规程,并做好相关设备、器材准备。

(2)以机组为单位,成立 QC 小组,由机长任组长、班长为骨干,以不断改进质量、降低成本消耗、提高工作效率。

(3)作业过程中,视地质条件选择钻探工艺,严格控制单回次进尺,不打懒钻,遇堵则提,保证岩心采取率达标或创优,一旦发现岩心采取率较低,即采取有效措施予以纠正。

(4)重视精心操作环节,合理配备钻具与选择压力、转速和水量等钻进参数,注意调节和保持冲洗液性能正常,并应随时根据孔内情况变化及时做出必要调整:①当钻孔逐渐加深、钻具自重大、岩石结构松散又较软时,应尽量使用双管单动钻具,配置底喷式金刚石钻头进行减压钻进。②当遇特别软弱夹层时,应采用半合管或薄壁钻具减压钻进,施以低转速、减压力、中等泵量等参数进行钻进。③当孔内沉淀多、阻力大时,应采取少钻多捞方式,保持孔内清洁。④若孔内漏失严重,出现孔口返浆量减少或不返浆时,应注意及时堵漏,不宜长时间顶漏钻进,否则易导致孔内事故发生。⑤覆盖层采用双管钻进,回次进尺低,岩心容易在短节管或卡簧座内堵塞,若遇岩心堵塞,可采取适当提动钻具、改变转速等处理方式;若处理无效时,应立即提钻。⑥钻孔能否变径、是否封孔或下套管,要视钻孔深度、岩层变化、孔内状况等情况综合分析,研究后再按步骤进行,以免造成后续工作受阻或导致孔内事故发生。

3.质量效果分析

在金坪子滑坡Ⅱ区松散堆积层最大厚度达130m以上,钻进过程中难免会遇到复杂地质情况,若处理不当,必然会出现掉块、塌孔、卡钻等问题,这不仅会影响钻探进度,而且会影响钻探质量,通过精心策划、加强管理、严格操作、迎难而上,取得岩心采取率达标与钻探的目的实现。

(1)针对水源缺乏、覆盖层深厚等情况,采用水泥封孔、植物胶护壁、裸孔钻进、严控进尺等措施,取得圆满成功,平均岩心采取率除 JZK31 岩为 72.13% 外,其余均在 76.73%～98.16% 之间,实现了岩心采取率全面达标或创优。

(2)金坪子滑坡Ⅱ区共完成钻孔 14 个、进尺 1636.32m(其中覆盖层 1118.43m),全面揭示了Ⅱ区地质结构与物质组成(自下而上):①古冲沟堆积。主要为碎石、碎屑夹砂层,局部明显韵律特征,大部呈砂砾石层及块石砂砾石混杂堆积,大块石架空区有砂砾石呈囊状分布,属强透水性。②滑坡积层。主要为紫红色、灰黑色千枚岩碎屑土,结构稍密～密实;底部为褐红色含碎屑黏土,结构紧密,呈硬塑状,该层黏土矿物(伊利石、蒙脱石和绿泥石)含量较高,占 55%～75%,属微～弱透水层。③崩坡积层。主要为块石碎石土,结构松散,从前缘至后部,层厚渐增,其中块径大于 20cm 的块石约占 20%～30%,其原岩成分主要为白云岩、硅质白云岩等,结构松散,有架空现象,属极强透水层。

(3)配合安装倾斜仪、渗压计 3 个钻孔,地下水长观 12 个钻孔(PVC 管),并采用多种洗孔方法(刮孔、刷孔、清水置换泥浆植物胶等),为钻孔彩电测试创造条件,并确保了彩电效果。

5.1.3　深埋地下厂房洞室群精准勘探技术[19]

5.1.3.1　地下厂房洞室群布置控制性边界精准勘探技术

1.地下厂房洞室群立体勘探方法

乌东德水电站枢纽区山高坡陡,地层古老,构造复杂,皱褶强烈,产状、岩性、层厚变化大,岩溶发育特殊,可供利用优良岩体分布范围有限(见图 5.38),采用传统勘察思路及勘探布置方法,很难查明如此复杂的地质条件。

首次利用地质测绘初建的三维模型进行立体勘探布置,提出了"嵌岩勘探路分层布置、上下勘探平洞交错布置、同层勘探洞网状布置、铅直钻孔跨层布置、水平(斜)孔适时布置、控制边界加密布置"的勘探布置新思路并形成立体勘探控制网(图 5.39),极大提高了勘探效率与控制效果。

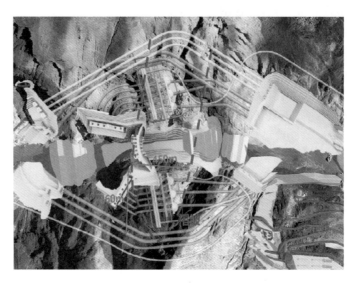

图 5.38　乌东德水电站地下厂房区强烈褶皱地层

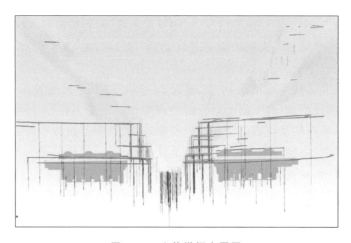

图 5.39　立体勘探布置网

　　"嵌岩勘探路分层布置",峡谷岸坡部位,基岩裸露,岸坡陡峻,在岩壁布置嵌岩勘探路,并根据地下厂房洞室群分布高程分层布置,分别在高程 830m、850m、880m 分层形成勘探路,实现地表地质测绘由线到面的控制,勘探路满足地质测绘的同时兼顾勘探进场道路;"同层勘探洞网状布置",在垂河向勘探平洞内布置顺河向或斜河向支洞,在平面上形成勘探控制网,并为钻探施工提供场地;"上下勘探平洞交错布置",是指结合地下厂房洞室群高程,在勘探路上布置垂河向勘探平洞时洞口应尽量交错布置,以避免上下不同高程勘探平洞施工期的相互干扰,由于需要难以避免的,可以设置出渣支洞或分期进行施工;"铅直钻孔跨层布置",是指在各层勘探平洞不同洞深处布置垂向钻孔,钻孔孔底高程应低于下一层勘探平洞高程,在立面上形成勘探控制网;"水平(斜)孔适时布置",是指在勘探平洞内或底部布置水平孔或倾斜孔,对陡倾岩层快速准确查明控制性地质界线,尤其对施工速度慢不能满足勘察工期要求时提前布置水平孔或倾斜孔大大提高工效;"控制边界加密布置",是指对关键地质条件及重要工程地质问题进行加密勘探,以确保重要地质条件及地质问题区域的勘察精度。

利用上述勘探布置新思路对地下厂房进行勘探布置,精准查明了右岸可利用优良岩体仅分布于垂江长度560m、顺江宽度450m的三角形区域,为地下电站三大洞室布置及优化提供了有力支撑,布置的右岸尾调室距离下游Ⅳ类围岩最近仅为19.3m(图5.40)。

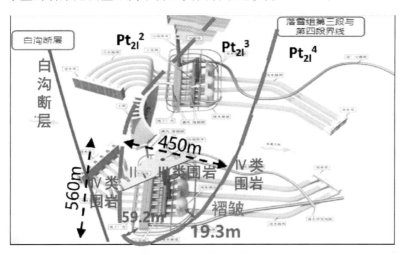

图5.40　乌东德水电站地下厂房洞室群布置于可利用优良岩体

2.水平(斜)深孔精准定向钻探技术

乌东德地下厂房洞室群位于深部褶皱部位,地层陡倾、近横河向展布,虽然采用平洞勘探针对有效,但在工期制约情况下难以快速揭露控制性边界,水平(斜)深孔为解决该难题提供了可能。

采用水平(斜)深孔勘探过程中,钻孔方位角及孔斜极易出现偏移,难以保证钻探精度,进而影响勘察成果的可靠性。为此,研发了一种用于水平孔和倾斜孔钻探的钻杆导向装置,装置由导向筒及插块组成(图5.41),导向筒直径与钻具直径一致。使用时,将插块插入导向筒,通过螺纹连接卡座与导向筒内壁,随后将导向筒的两端分别与钻杆母接头和公接头连接,并下入孔内,可避免钻杆由于自重及钻压发生偏移;施钻过程中可在钻杆加装多个导向装置,以保证钻具及钻杆始终在同一条直线上,进而实现水平(斜)深孔的精准钻探,提高了水平(斜)深孔勘探的精度。

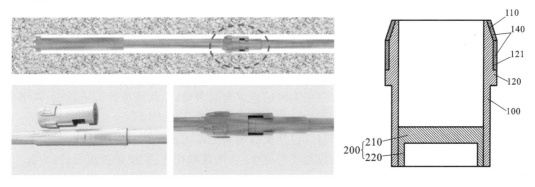

图5.41　一种用于水平孔和倾斜孔钻探的钻杆导向装置

100—导向筒;110—倒角斜面;120—弧形凸块;121—卡槽;140—合金块;200—插块;210—卡座;220—卡块

利用该技术,对右岸地下厂房水平孔及倾斜孔定向,250.55m孔深的钻孔方位角及孔斜偏移不到0.5%,充分利用水平孔与斜孔,准确查明了关键地质界线的空间展布,如6号调压室距Ⅳ级岩体,可研勘察距离为19.1m,开挖揭露距离为19.3m,开挖验证控制性地质界线误差仅0.2m,达到了亚米级勘察精度,见图5.42～图5.43。

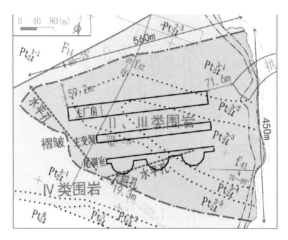

图5.42　水平孔与斜孔精准查明关键地质界线(右岸地下厂房顶拱高程平切示意图)

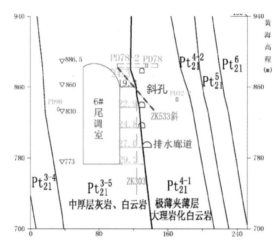

图5.43　斜孔揭示6号调压室距Ⅳ级岩体距离

3.多源信息融合的三维可视化分析管理方法

地下厂房工程地质勘察在信息管理及分析方面,采取传统非系统存储及图面分析方法进行海量多源地质信息管理及分析时,存在多源信息综合管理难,空间碰撞分析不直观、效率低、误差大的问题。

搭建了"多源信息集成化管理"平台,包括工程地质三维可视化信息管理系统开发平台、工程地质信息工作系统,开发了多源数据集成与融合、三维可视化表达、地质分析、勘测数据应用等模块,创建了多源信息融合的三维可视化分析管理系统,实现了多源海量地质信息高效综合管理与复杂地质体可视化高效精准三维地质碰撞分析。

工程地质三维可视化信息管理系统开发平台,是以工程地质业务需求为导向,采用Open-

GL 和 WebGL 技术研发的工程地质数字化孪生平台(图 5.44)。该平台具有强大的多源数据集成与融合、三维可视化表达、地质分析、勘测数据应用等模块。平台可对地表测绘信息、地形地貌数据、平洞编录信息、钻孔编录信息、空间地理信息、监测数据等多源数据进行集成管理,并可按需调取、统计相关数据,自动构建三维地质模型。

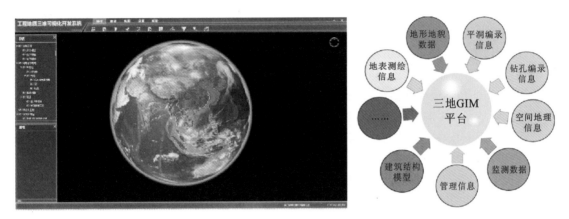

图 5.44 工程地质三维可视化信息管理系统开发平台

工程地质信息工作系统由工程地质数据采集模块、用于存储工程地质数据的数据库、用于野外地质勘察工作的外业工作平台、地质信息数据管理系统、三维地质建模系统及工程地质绘图系统构成,系统不仅能够为工程地质勘察工作提供一个完整的解决方案,而且可以进行功能扩展。

在乌东德地下厂房勘察中利用该系统对海量地质信息(地质测绘 6km²、钻孔 6070m/55个、平洞 6206m/25 条、原位与室内试验 2664 组、声波与彩电 11096m、图件 120 张、报告 10本)进行了三维可视化管理、分析,建立了地下厂房区高精度三维地质模型(图 5.45),通过三维模型推演复核地质成果的合理性及准确性,全面展现了复杂控制边界的空间形态与产状变化,分析了地下厂房布置的合理性,大幅提高了地质信息管理与分析的效率与精度。

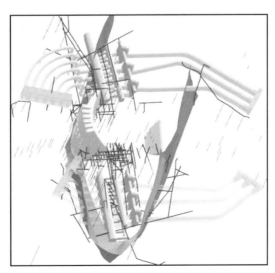

图 5.45 地下厂房勘探三维地质模型(黑色为勘探平洞、洋红色为钻孔)

5.1.3.2　地下厂房洞室群复杂结构岩体精细勘探技术

1.地下洞室可视化地质编录技术

勘探平洞或地下洞室常规地质编录方法,需采取米格纸编录,或依次进行室内拼接照片、现场地质编录、室内矢量化,存在编录精度及效率低且不直观的问题。

研发"小断面地下洞室数字图像采集和处理方法"及"大断面地下洞室地质勘探数字图像采集和处理方法"进行地下洞室的编录,利用数码摄影设备,按设定步长和幅面对洞室进行分段分幅拍摄,图像经校正后,拼接形成三维实景影像,进而对影像进行解译获取相关地质信息。平洞编录精度可达厘米级,编录效率提高约 2 倍。

（1）小断面地下洞室数字图像采集和处理方法

本发明是在沿平洞纵向轴线布置的轨道车上安放 360°全景数码摄像设备,并使得摄像头位于洞室断面中心,镜头中心线与洞室纵向轴线平行,按设定纵向移动步长对洞室进行分段拍摄,通过图像处理软件对图像进行校正、展开及拼接,获得三维影像,最终通过影像解译获取相关地质信息(图 5.46);解决了小断面洞室近景摄影的问题,显著提高了勘探平洞地层界线及结构面数据采集的效率和精度,可对平洞内大于 0.5m 的结构面产状、性状和位置进行全面数据采集,提高平洞编录效率近 2 倍。

图 5.46　小断面地下洞室数字图像采集和处理方法

（2）大断面地下洞室地质勘探数字图像采集和处理方法

本发明针对大断面地下洞室地质勘探数字图像采集,特征主要为:

①配置移动摄影车,移动摄影车上设置有垂直升降支架,垂直升降支架上端安设轴向旋转架,轴向旋转架的旋转轴线与垂直升降支架相垂直,轴向旋转架上安设数码摄影设备并配置照明灯具,数码摄影设备的镜头轴线与轴向旋转架的旋转轴线相垂直,数码摄影设备与计算机相连。

②设定洞室拍摄的纵向移动步长,按纵向移动步长将洞室分段,将各分段的洞壁划分成若干矩形拍摄投影幅面;移动调整移动摄影车,通过调整数码摄影设备的拍摄高度和角度,使得数码摄影设备的镜头中心位于每个矩形拍摄投影幅面的中心且镜头轴线与矩形拍摄投影幅面

相垂直。

③按步长和幅面对洞室进行分段分幅按序拍摄,左右各个分幅和前后各个分段所采集的图像相互衔接,移动摄影车按步长不断前移,直至拍摄完毕。

④将采集的数字图像输入计算机,通过计算机图像处理软件对采集的洞室图像进行校正和拼接。

本发明优点为:

①用移动摄影车定位数码摄影设备,并调整其拍摄的方位和角度,不仅定位准确,而且拍摄过程简便;

②将洞室的洞壁按步长和幅面进行分段分幅按序拍摄,每个幅面的拍摄距离相同,幅面大小相同,基本保证正射影像拍摄,这样采集的图像质量好,也便于采集后的图像拼接和编录;

③借助计算机的辅助,既能自动控制数码摄影设备的拍摄过程,同时通过图像处理软件进行自动的图像拼接,有效提高了图像拼接编录的效率和质量。

2.结构面性状精细描述方法

结构面性状是地下洞室围岩稳定性分析计算的重要依据,也是确定长大结构面的空间展布的重要因素。传统结构面性状描述主要采用素描图与文字说明的方式,存在不精细、不直观、效率低、无重现性等问题。

发明了一种基于正射影像结构面充填物细观地质编录方法(图 5.47),通过拍摄高分辨率正射影像,借助 AutoCAD 构建 1∶1 图形进行结构面充填物高精度解译与地质编录,精度可达 0.3mm。利用该方法,高效直观地实现了乌东德地下厂房结构面宽度、形态、充填物等特征的精细描述,为结构面分类、力学参数及长大结构面空间展布的确定奠定了基础,为围岩稳定性分析计算提供了重要依据。

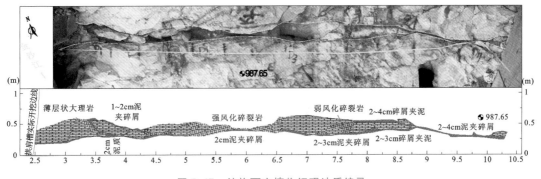

图 5.47 结构面充填物细观地质编录

传统米格纸手工编录方法是现场通过肉眼识别,对结构面进行绘制编录图,但对于结构面内充填物进行描绘时,现场很难进行肉眼识别,且在米格纸上绘制充填物精度过低。本发明通过现场拍照获取高分辨率正射影像,影像中包含结构面及顺结构面走向和垂直结构面走向的尺寸标记,内业处理中,借助 AutoCAD 对影像进行处理,利用尺寸标记,构建与现场 1∶1 的图形,而后对高分辨率影像通过放大照片的方式进行结构面充填物高精度解译与地质编录,突破了传统手工编录无法精细化绘制结构面充填物的难题,获取的编录资料更为直观、可靠。

其特征在于包括如下具体步骤:①利用高清相机或无人机拍摄高清结构面照片;②对照片处理,获取结构面正射影像,利用尺寸标记,构建 1∶1 图形;③结构面性状正射影像精细解译。

3.复杂结构岩体内部三维几何边界分析方法

岩体结构分析是地下洞室围岩稳定性分析的关键基础。乌东德水电站地下厂房岩体结构复杂、结构面发育庞杂,长大结构面空间展布搜索比对、随机结构面分布特征确定难度大。传统岩体结构分析方法效率低、误差大。

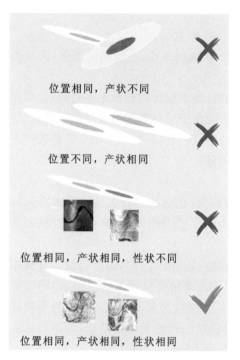

图 5.48　长大结构面连通性判据

结构面搜索软件利用"位置相当、产状相近、性状相似"原理(图 5.48),通过空间几何分析和性状匹配,实现测绘和勘探揭露结构面信息的自动比对。所谓位置相当,就是指结构面按产状在空间延伸后,可直接到达比对结构面所在位置附近;产状相近,就是指比对的结构面产状容差一般在 10°以内;性状相似,就是指结构面的形成原因、充填物、溶蚀、张开等性状基本一致。软件能够对测绘和勘探揭露同时满足上述条件的结构面进行自动比对,确定其连通性(图 5.49),并绘制剖面。相比传统图面分析法,结构面自动比对效率提高 2 倍,比对可靠度提高 50%。

发明专利"一种基于高清钻孔彩电的岩体结构面的搜索方法",自动搜索长大结构面,包括以下步骤(图 5.50):

(1)根据高清钻孔彩电解译,获取结构面性状类型、空间坐标及产状

根据地质测绘、勘探平洞地质编录和高清钻孔彩电解译资料,提取岩体结构面的性状类型及产状,

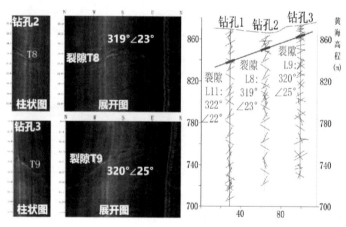

图 5.49　长大结构面自动搜索连通

并换算各结构面在平洞或钻孔内揭露点的空间坐标,其中,平洞中揭露结构面的揭露点空间坐标采用该结构面在平洞底板中线上的空间坐标。

(2)根据岩体结构面空间坐标及产状,求解结构面空间平面几何方程

假定某结构面揭露点的空间坐标为(x_0, y_0, z_0),产状 $dd°∠dip°$,则该结构面空间平面方程的点法式可以写为:

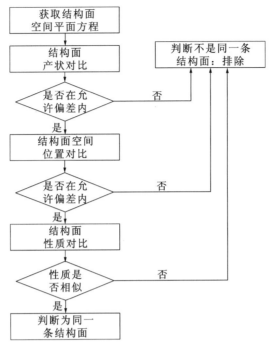

图 5.50　长大结构面自动搜索流程

a(x−x0)+b(y−y0)+c(z−z0)=0

其中:a=sin(dip)*sin(dd);b=sin(dip)*cos(dd);c=cos(dip);写成平面方程的一般式,则有:ax+by+cz+d=0;d=−ax0−by0−cz0;

(3)产状对比

对要比较的两条结构面分别进行倾向、倾角对比,如果两条结构面的倾向和倾角的差值均在设定的容许偏差范围内,则转入下一步骤,否则判断两条结构面不是同一条。

(4)空间位置对比

用点面距判断两条结构面延伸后空间位置是否一致,判断步骤如下:

①根据其中一条结构面在勘探揭露点的空间坐标,计算该点到所要比较结构面的平面距离;

②根据另一条结构面在勘探揭露点的空间坐标,计算此点到另一所要比较结构面的平面距离;

③如果①和②所得距离均在设定的容许偏差范围内,则判断空间位置一致,转入下一步骤,否则判断两条结构面不是同一条。

(5)性状对比

对空间位置比对一致的结构面进行性状对比,如果性状相同或相似则判断两条结构面是同一条,否则判断两条结构面不是同一条。

乌东德水电站利用该专利与软件,对拱座抗力体范围内 76 条平洞、60 个钻孔以及地表结构面数据 8 万余组进行比对搜索分析,获得 10 条长度大于 30m 的结构面。利用该方法查明了乌东德水电站地下厂房缓倾角结构面总体不发育,不存在控制顶拱整体稳定的长大缓倾角结构面,为地下厂房顶拱不设系统锚索支撑提供了地质支撑。

5.1.4　高位自然边坡可视化勘测技术[20]

5.1.4.1　无人机高清三维影像地质问题识别技术应用

1."重点分区、层次分类"地质问题识别思路

乌东德枢纽区环境边坡范围高陡宽广、地质条件复杂,根据其地质特征进行了分区调查工作。地层包括褶皱基底、沉积盖层及覆盖层,以边坡走向与岸坡的关系为主要分类依据,分为四种类型。基底陡倾横向坡(1类):褶皱基底,岩性坚硬,岩层陡倾,倾角 70°～85°,岩层走向与边坡方向大角度相交,地形陡峭-陡峻,主要为悬坡-陡峻坡,主要分布于右岸及左岸少部分区域。盖层缓倾反向坡(2类):沉积盖层,岩层缓倾,倾角 15°～30°,岩层走向与边坡方向小角度相交,缓倾坡内偏上游,地形较缓,主要为斜坡地形,局部悬坡-陡峻坡,主要分布于左岸大部分区域。盖层缓倾顺向坡(3类):沉积盖层,岩层缓倾,倾角 15°～30°,岩层走向与边坡方向小角度相交,缓倾坡外偏上游,地形平缓,为斜坡地形,局部分布于右岸乌东德村台地。覆盖层边坡(4类):为斜坡地形,分布于左岸钱窝子堆积体及右岸梅子坪堆积体。

在基底陡倾横向坡(1类)的基础上,以结构面与边坡方向的关系为依据,将基底陡倾横向坡(1类)分为三个亚类。1-①亚类:顺坡向、倾坡外裂隙不发育,为主要类型,分布范围广。1-②亚类:顺坡向、倾坡外裂隙较发育。1-③亚类:冲沟方向顺向坡。

左、右岸环境边坡分别分为 6 个、8 个区,具体分区位置及存在的主要工程地质问题见图5.51、表 5.18,每个分区具有相同的工程地质问题,有针对性地采取了相同的调查手段与评价方法。

表 5.18　乌东德枢纽区环境边坡"重点分区"表

岸别	区段	类型		主要地质问题
		代号	特征	
左岸	条带坡	2 类	盖层缓倾反向坡	潜在不稳定倾倒岩体与块体问题,悬坡崩塌掉块
	张家梁子斜坡			滚石
	花山沟下游段			块体问题,崩塌掉块
	青崖沟至花山沟段	1-①类	基底陡倾横向坡	块体问题,崩塌掉块
	花山沟上游段	1-③类	冲沟方向顺向坡	块体问题
	钱窝子堆积体	4 类	覆盖层	中部陡崖产生向临空方向的崩落
右岸	大红沟至马鞍子段	1-①类	基底陡倾横向坡,顺坡向、倾坡外裂隙不发育	极薄-薄层岩体松弛脱落,块体问题
	马鞍子至白沟段			块体问题,悬坡崩塌掉块
	黄崖沟两侧段			薄层岩体松弛脱落,块体问题
	船房沟上游段			滚石
	鸡冠山梁子	1-③类	冲沟方向顺向坡	三面临空,卸荷深度大;块体数量较多、方量较大
	乌东德村台地	3 类	盖层缓倾顺向坡	滚石
	乌东德村上游			滚石
	梅子坪堆积体	4 类	覆盖层	前缘陡崖产生向临空方向的崩落

乌东德枢纽区环境边坡按局部工程地质问题分为五类,分别为块体、盖层顺向坡、倾倒变形体、堆积体、坡面危石或浮石,见表 5.19。"点"为块体稳定问题,广泛分布于陡峻边坡上,采取了现场调查与三维影像技术结合识别,并对每个块体进行了稳定性评价。"面"为盖层顺向坡、小块体集中区及坡面危石或浮石,进行了系统性的地质调查与分析,有针对性查明其范围与特征并进行宏观评价。"体"为倾倒变形体、堆积体,开展了地质调查与勘探及试验结合等专门勘察研究工作。

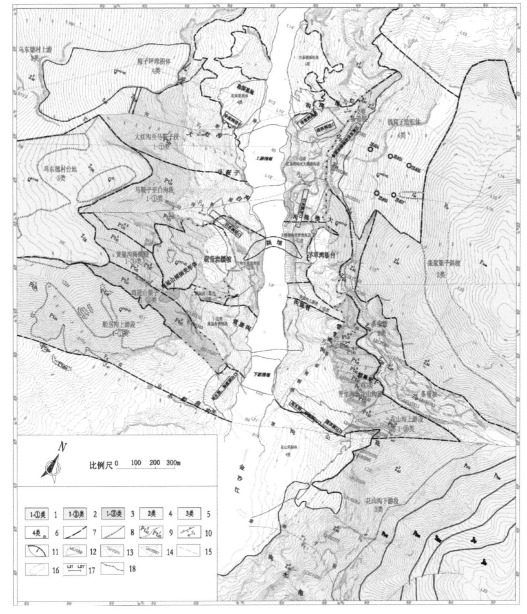

图 5.51　乌东德枢纽区自然边坡分区图

1—1-①类(基底陡倾横向坡—外倾裂隙不发育);2—1-②类(基底陡倾横向坡—外倾裂隙较发育);3—1-③类(基底陡倾横向坡—冲沟方向顺向坡);4—2类(盖层缓倾反向坡);5—3类(盖层缓倾顺向坡);6—4类(覆盖层);7—分区界线;8—不整合地层界线;9—地层界线及代号;10—断层编号及产状;11—倾倒变形体;12—万方级块体和潜在不稳定倾倒岩体及编号;13—千方级块体和潜在不稳定倾倒岩体及编号;14—500～1000m³ 块体和潜在不稳定倾倒岩体及编号;15—高位边坡下限;16—缓台(坡)界线;17—剖面及编号;18—人工边坡开口线

2.无人机高清三维影像地质问题识别

乌东德枢纽区环境边坡高陡,长约 1.8km,高约 600～800m,坡度以 35°～80°为主;左岸环境边坡上部为沉积盖层构成的缓倾反向坡,中下部为褶皱基底构成的陡倾横向坡,右岸主要为褶皱基底构成的陡倾横向坡;两岸边坡岩体强度总体皆较高,风化及卸荷作用总体皆较轻微。较大规模的红沟断层(F₃)、白沟断层(F₁₄)、雷家湾断层(F₁₅)及花山断层(F₆)均与边坡大角度相交,对边坡的整体稳定性影响小;裂隙发育一般短小,对高位边坡整体稳定性影响小。两岸自然边坡整体稳定性较好,局部工程地质问题为块体与潜在不稳定倾倒岩体、盖层顺向坡、倾倒变形体、堆积体、坡面危石或浮石。

表 5.19　乌东德枢纽区环境边坡"问题分类"表

问题分类		影像	地质剖面	稳定性评价
"点"	块体			稳定性较差
"面"	盖层顺向坡			整体稳定
"体"	倾倒变形体			整体稳定,局部稳定性较差,可能剥落或局部弯曲拉裂变形
	堆积体			整体稳定,中部"似角砾岩"陡崖可能崩落

　　块体稳定问题为乌东德枢纽区环境边坡主要且突出工程地质问题,因块体呈"点"广泛分布于陡峻边坡上,需采取针对性手段识别块体;因大部分边坡高陡不能进行近距离调查,采取无人机高清三维影像地质问题解译与现场块体调查结合的手段,对块体进行识别。

　　利用"基于小型无人机录像的三维影像获取方法"、"基于无人机的岩石高边坡远程信息采集设备"等专利方法,大幅提高了无人机获取高清三维影像的效率和精度;利用"一种基于无人机的块体识别方法",对高清影像进行三维影像匹配合成,获取调查区带有真三维坐标的高清影像,并可直接在三维影像中提取坐标、尺寸、结构面产状等信息,从而识别并评价块体等工程地质问题。

　　左岸环境边坡共识别 398 个块体,右岸环境边坡共识别 275 个块体。分布见图 5.52、图 5.53。

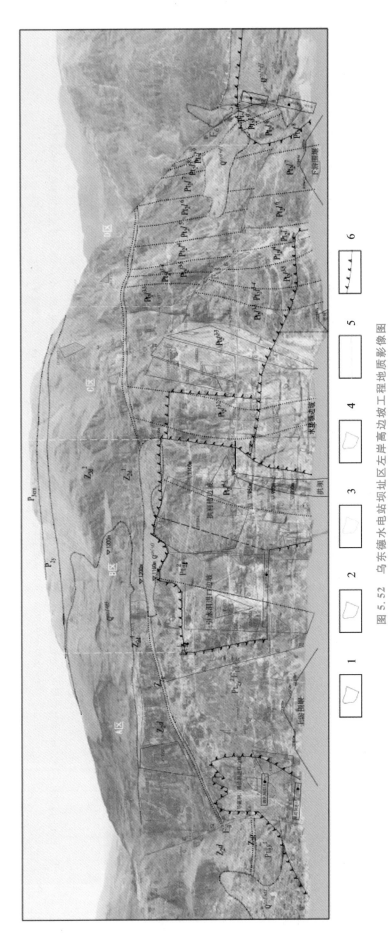

图 5.52　乌东德水电站坝址区左岸高边坡工程地质影像图

1—体积大于 10000m³ 块体或潜在不稳定倾倒岩体；2—体积 1000~10000m³ 块体或潜在不稳定倾倒岩体；3—体积 100~1000m³ 块体或潜在不稳定倾倒岩体；4—体积小于 100m³ 块体或潜在不稳定倾倒岩体；5—高位自然边坡危岩体；6—人工边坡开口线

图 5.53 乌东德水电站坝址区右岸高边坡工程地质影像图

1—体积大于 $10000m^3$ 块体或潜在不稳定倾倒岩体;2—体积 $1000\sim10000m^3$ 块体或潜在不稳定倾倒岩体;3—体积 $100\sim1000m^3$ 块体或潜在不稳定倾倒岩体;
4—体积小于 $100m^3$ 块体或潜在不稳定倾倒岩体;5—高位自然边坡;6—人工边坡开口线

在乌东德坝址区环境边坡水垫塘上方高程 1150～1400m 段边坡采取"无人机的块体识别方法",过程为:选取 6 个基准点,利用免棱镜全站仪对基准点进行测量,对边坡进行了拍摄,利用 Smart 3D Capture 软件对照片进行了三维影像生成,对所需识别构成块体的结构在三维影像上获取不在一条直线上的 3 个点的坐标,计算得到结构面的产状 T1 为 65°∠65°,T2 为 341°∠30°,根据多角度拍摄照片,确定结构面充填物为泥钙质与碎屑夹泥,由此取得了清晰、真实的地质资料。然后通过测得的结构面与已知层面(160°∠80°)组合切割形成块体(见表 5.20),利用软件对块体进行计算,最终得出该块体失稳模式为单面滑动型,体积约 14437m³,最大水平埋深约 13.9m,稳定系数 K_c=1.08,稳定性较差。

表 5.20 典型块体照片及特征综合一览表

 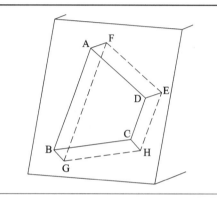

	照片							立体示意图			
编号	出露高程	方量(m³)	最大水平埋深(m)	稳定性评价	破坏模式	处理建议	滑动面产状(°)		结构面特征		
							倾向	倾角	编号	产状	特征
										倾向	倾角
RC12S143	1223～1289	14437	13.9	较差	单面滑动	锚固为宜	65	65	ABCD	65	65	临空

(continued with structure face details)

编号	倾向	倾角	特征
ABCD	65	65	临空
ABGF	160	80	临空
CDEH	160	80	临空
EFGH	65	65	平直稍粗,部分张开 1cm,充填泥钙质
ADEF	341	30	平直稍粗,张开 3～8cm,局部 10cm,充碎石
BCHG	223	32	临空

高位自然边坡分布大于 10000m³ 块体共 3 个,1000m³～10000m³ 块体共 20 个,采取上述方法对这些块体进行识别与稳定性评价如下:

RC14S168 块体位于右岸鸡冠山梁 1500m 高程附近,由灰色厚层灰岩(Pt_{21}^8)组成,空间上呈五面体形,稳定性主要受底面(BCEF 面)控制,产状为 50°∠35°,裂隙平直、稍粗,张开 0.2～0.5cm,部分充泥钙质。该块体体积约 18121.18m³,受底面控制,可能产生向观音岩缓坡方向的楔形体滑动,目前处于稳定状态(K_c=1.70,K_0=1.13),见图 5.54。

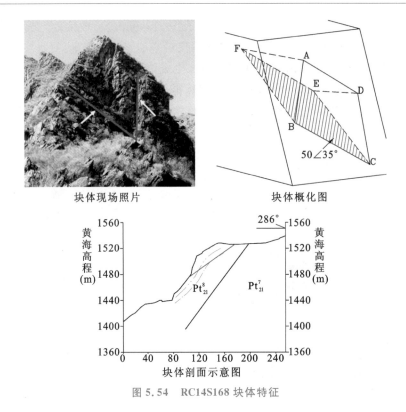

图 5.54 RC14S168 块体特征

块体 LD11S281 位于左岸彪水沟上游 1093～1113m 高程,由浅灰色厚层白云岩(Z_{2d}^2)组成,空间上呈五面体形。其稳定性受后缘裂隙(BCEF 面)控制,产状为 220°∠50°,BCEF 面平直稍粗,张开 1～5cm,局部张开 10～20cm,充泥钙质。该块体体积约 1277m³,最大水平埋深约 8m,该块体可能产生平面滑动型破坏,稳定性差(K_c=1.03),见图 5.55。

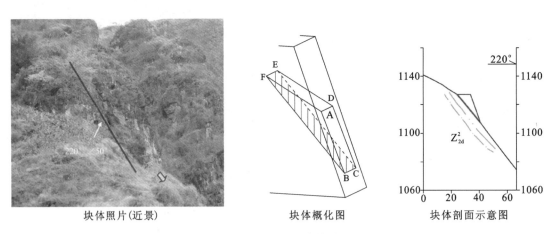

图 5.55 LD11S281 块体特征

LA11T252 潜在不稳定倾倒岩体分布于红崖湾沟下游侧,左岸导流洞上部,分布高程 1100.9～1227.0m,由浅灰色厚层微晶白云岩(Z_{2d})组成,空间上呈六面体形,下游侧临空,块体下部岩体局部为强风化泥岩。其稳定性受后缘裂隙(EFGH 面)和底面(BCHG 面)控制,产状分别为 300°∠80°、25°∠12°。EFGH 面平直、稍粗,张开一般 2～5cm,大者 10cm,充泥及碎屑,部分无充填;BCHG 面平直、稍粗,张开 0.1~0.2cm,充泥钙质,部分闭合。体积约 32759.8m³,最大水平埋深约 5m,后缘裂隙近直立,底面裂隙较缓,可能产生倾倒型破坏,稳定性较差,见图 5.56。

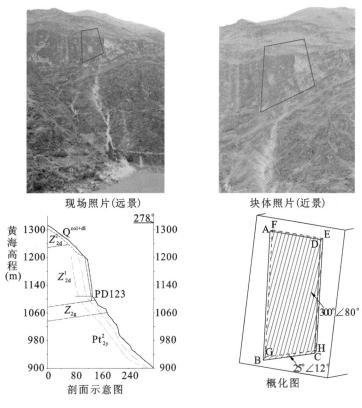

图 5.56　LA11T252 潜在不稳定倾倒岩体特征

块体 LD10S284 位于左岸花山沟下游 1068~1090m 高程,由浅灰色厚层白云岩(Z_{2d}^2)组成,空间上呈五面体形。其稳定性受后缘裂隙(BCEF 面)控制,产状为 225°∠45°,BCEF 面起伏,粗糙,张开 2~5cm,充泥钙质。该块体体积约 5906m³,最大水平埋深约 20m,该块体可能产生平面滑动型破坏,目前处于基本稳定状态($K_c=1.21$),见图 5.57。

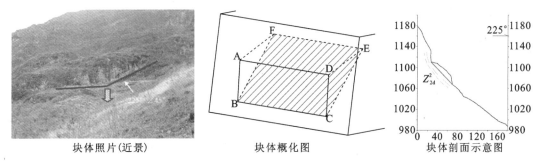

图 5.57　LD10S284 块体特征

块体 LD10S286 位于左岸花山沟下游 1040~1110m 高程,由浅灰色厚层白云岩(Z_{2d}^2)组成,空间上呈三棱柱形。其稳定性受后缘裂隙(ABFE 面)控制,产状为 255°∠60°,ABFE 面张开约 1~5cm,充泥钙质。该块体体积约 6407m³,最大水平埋深约 12m,该块体可能产生平面滑动型破坏,稳定性较差($K_c=1.08$),见图 5.58。

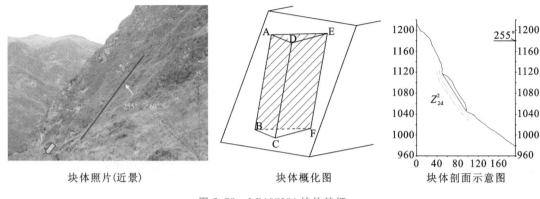

图 5.58　LD10S286 块体特征

　　块体 LD10S292 位于左岸花山沟下游 1042～1064m 高程,由浅灰色厚层白云岩(Z_{2d}^2)组成,空间上呈五面体形。其稳定性受后缘裂隙(BCEF 面)控制,产状为 330°∠60°,BCEF 面平直稍粗,张开 2～10cm,无充填,局部充填泥钙质。该块体体积约 1091m³,最大水平埋深约 5m,该块体可能产生平面滑动型破坏,稳定性差($K_c=1.05$),见图 5.59。

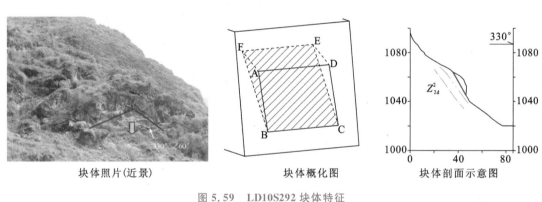

图 5.59　LD10S292 块体特征

　　块体 LD10S301 位于左岸花山沟上游 1060～1085m 高程,由深灰色中厚层灰岩(Pt_{21}^{10})组成,空间上呈六面体形。其稳定性受后缘裂隙(EFGH 面)控制,产状为 150°∠82°,EFGH 面为层面,平直稍粗,张开约 0.2～0.5cm,充岩屑夹泥。该块体体积约 1595m³,最大水平埋深约 3m,该块体可能产生平面滑动型破坏,稳定性差($K_c=1.05$),见图 5.60。

　　块体 LD10S302 位于左岸花山沟上游 1066～1090m 高程,由深灰色中厚层灰岩(Pt_{21}^{10})组成,空间上呈六面体形。其稳定性受后缘裂隙(EFGH 面)控制,产状为 150°∠82°,EFGH 面为层面,平直稍粗,张开 0.1～0.2cm,充岩屑夹泥。该块体体积约 2167m³,最大水平埋深约 3m,该块体可能产生平面滑动型破坏,稳定性较差($K_c=1.12$),见图 5.61。

　　块体 LD12S321 位于左岸雷家湾沟下游 1244～1262m 高程,由灰色中厚层灰岩(Pt_{21}^{3-5})组成,空间上呈三棱柱形。其稳定性受底面裂隙(ABFE、BCDF 面)控制,ABFE 面产状为 155°∠75°,BCDF 面产状为 280°∠50°,交棱线产状为 237°∠39°。这两条裂隙均张开约 0.3～0.6cm,充泥夹岩屑。该块体体积约 2167m³,最大水平埋深约 15m,该块体可能产生平面滑动型破坏,稳定性较差($K_c=1.05$),见图 5.62。

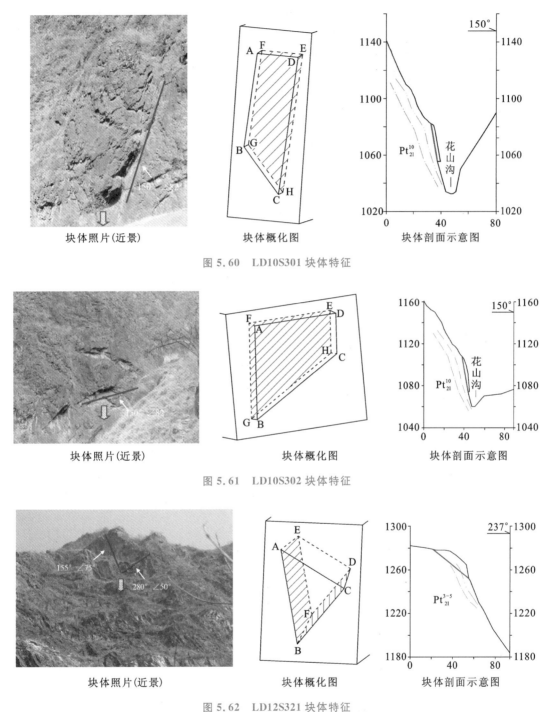

图 5.60 LD10S301 块体特征

图 5.61 LD10S302 块体特征

图 5.62 LD12S321 块体特征

块体 LD10S322 位于左岸雷家湾沟下游 1083~1100m 高程，由灰色厚层灰岩（Pt_{21}^{3-4}）组成，空间上呈六面体形。其稳定性受底面裂隙（BCHG 面）控制，产状为 285°∠25°。BCHG 面张开 0.1~0.5cm，充岩屑夹泥。该块体体积约 1222m³，最大水平埋深约 10m，该块体可能产生平面滑动型破坏，目前处于基本稳定状态（K_c=1.18），见图 5.63。

块体 LD10S323 位于左岸雷家湾沟下游 1083~1100m 高程，由灰色薄层灰岩（Pt_{21}^4）组成，

 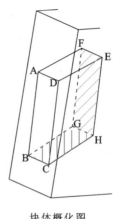 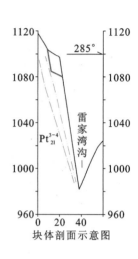

块体照片(近景) 　　　　块体概化图 　　　　块体剖面示意图

图 5.63　LD10S322 块体特征

空间上呈四面体形。其稳定性受底面裂隙(BCD 面)控制,产状为 285°∠40°。BCD 面张开约
0.2～0.5cm,充岩屑夹泥。该块体体积约 2488m³,最大水平埋深约 20m,该块体可能产生平
面滑动型破坏,目前处于基本稳定状态(K_c=1.19),见图 5.64。

 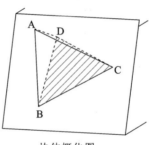 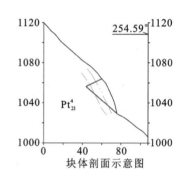

块体照片(近景) 　　　　块体概化图 　　　　块体剖面示意图

图 5.64　LD10S323 块体特征

　　块体 LD10S327 位于左岸猫鼻梁子 1036～1064m 高程,由灰色中厚层灰岩(Pt_{21}^6)组成,空
间上呈六面体形。其稳定性受底面裂隙(BCHG 面)控制,产状为 260°∠40°。BCHG 面张开
约 0.1～0.2cm,局部张开约 0.5cm,充岩屑夹泥。该块体体积约 1568m³,最大水平埋深约
4m,该块体可能产生平面滑动型破坏,目前稳定性较差(K_c=1.13),见图 5.65。

　　块体 LD10S330 位于左岸猫鼻梁子 1058～1080m 高程,由灰色厚层灰岩(Pt_{21}^8)组成,空间
上呈六面体形。其稳定性受底面裂隙(BCHG 面)控制,产状为 260°∠30°。BCHG 面张开 0.2
～0.4cm,充岩屑夹泥。该块体体积约 3469m³,最大水平埋深约 20m,该块体可能产生平面滑
动型破坏,目前处于基本稳定状态(K_c=1.24),见图 5.66。

　　块体 LB12S331 位于左岸条带坡区、茅草湾缓台上游侧,分布高程约 1200～1240m,由灰
色厚层夹薄层白云岩(Z_{2d}^1)组成,空间上呈六面体形。后缘裂隙(EFGH 面)产状为 210°∠60°,
张开一般 0.5～1cm,局部张开 2～3cm,充岩屑夹泥。块体体积约 9950m³,最大水平埋深约
20m。该块体下部岩体为薄层观音崖组粉砂质泥岩,岩体较破碎,在该块体的推力作用下可能
使该处岩体失稳,从而导致块体滑移,该块体目前处于基本稳定状态,见图 5.67。

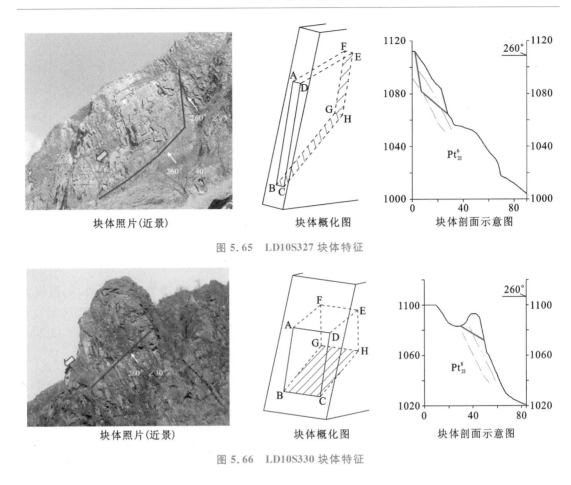

图 5.65　LD10S327 块体特征

图 5.66　LD10S330 块体特征

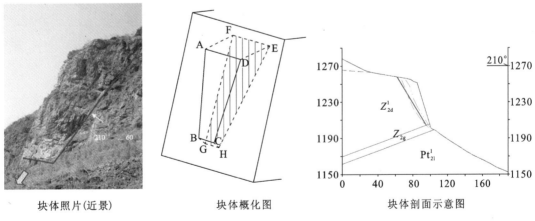

图 5.67　LB12S331 块体特征

　　块体 RB13S139 分布于上坝线上部 1350m 高程附近,由灰色厚层微晶灰质白云岩(Pt_{21}^{3-5})组成,空间上呈五面体形。其稳定性受后缘裂隙(BCEF 面)控制,其产状为 $60°\angle66°$,BCEF 面平直稍粗,张开 1~2cm,充泥钙质。该块体体积约 2640m³,最大水平埋深约 8.8m,该块体后缘裂隙陡倾,可能产生平面滑动型破坏,稳定性较差($K_c=1.10$),见图 5.68。

　　块体 RD11S167 分布于鸡冠山梁 1150m 高程附近,由灰色厚层灰岩(Pt_{21}^{8})组成,空间上呈

块体照片(近景)

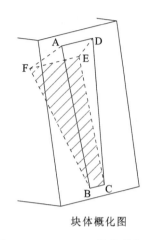
块体概化图

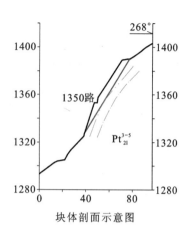
块体剖面示意图

图 5.68　RB13S139 块体特征

六面体形。其稳定性受底面裂隙与层面控制,潜在破坏模式为楔形体型滑动,底面裂隙
(BCHG 面),产状为 $90°\angle30°$,平直稍粗,张开 $0.5\sim1$cm,部分充泥钙质,层面(CDEH 面),平
直稍粗,张开 $0.5\sim1$cm,部分充泥钙质。该块体体积约 2072.1m³,最大水平埋深约 14.9m。
该块体目前基本稳定($K_c=1.21$),但在强降雨、人为扰动等外界因素的影响,内聚力 c 值失效
的情况下,可能失稳($K_0=0.73$),见图 5.69。

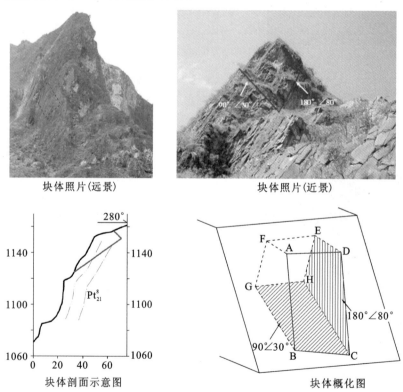
块体照片(远景)　　　　　　　　块体照片(近景)

块体剖面示意图　　　　　　　　　块体概化图

图 5.69　RD11S167 块体特征

　　块体 RC13S170 位于右岸鸡冠山梁子 $1335\sim1350$m 高程,由灰色厚层灰岩(Pt_{21}^8)组成,空
间上呈六面体形。其稳定性受后缘裂隙(EFGH 面)控制,产状为 $70°\angle50°$。EFGH 面局部张

开约 0.2～0.3cm,充岩屑夹泥。该块体体积约 1156m³,最大水平埋深约 8m,该块体可能产生平面滑动型破坏,稳定性较差($K_c=1.10$),见图 5.70。

块体照片(近景)

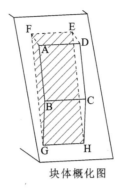

块体概化图

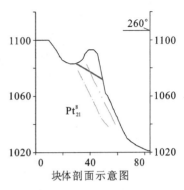

块体剖面示意图

图 5.70　RC13S170 块体特征

潜在不稳定倾倒岩体 LA11T255 分布于红崖湾沟下游侧,由浅灰色厚层微晶白云岩(Z_{2d})组成,空间上呈六面体形,下游侧临空。其稳定性受后缘裂隙(EFGH 面)和底面(BCHG 面)控制,其产状分别为 180°∠80°和 10°∠15°,EFGH 面平直稍粗,张开约 1～2cm,充泥及碎屑,BCHG 面平直稍粗,大部分临空,局部张开约 0.5cm,充泥钙质。该潜在不稳定倾倒岩体体积约 1067.7m³,最大水平埋深约 4.8m,后缘裂隙陡倾,底面缓倾坡外,可能产生向前缘临空方向的倾倒破坏,稳定性较差,见图 5.71。

现场照片(远景)

现场照片(近景)

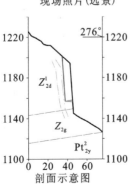

剖面示意图

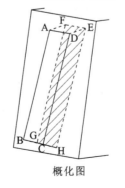

概化图

图 5.71　LA11T255 潜在不稳定倾倒岩体特征

　　LC12T263 潜在不稳定倾倒岩体分布于茅草湾缓台下游侧,由浅灰色厚层微晶白云岩(Z_{2d})组成,空间上呈六面体形,上游侧及顶部临空,底部部分临空。其稳定性受后缘裂隙(EF-GH 面)和底面(BCHG 面)控制,其产状分别为 200°∠80°和 30°∠20°,EFGH 面平直稍粗,局部张开 2~5cm,充填泥钙质,BCHG 面平直稍粗,大部分临空,局部张开约 0.2cm,充泥钙质。该潜在不稳定倾倒岩体体积约 2374.1m³,最大水平埋深约 2.6m,后缘裂隙陡倾,底面缓倾且部分临空,可能产生倾倒破坏,目前处于基本稳定状态,见图 5.72。

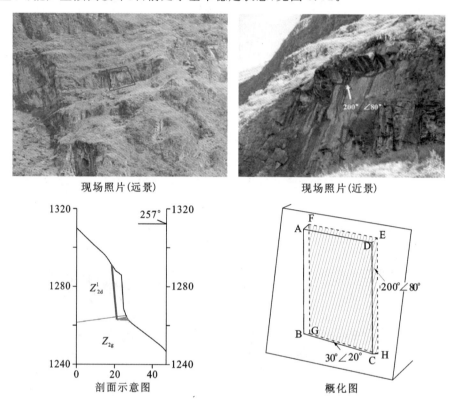

现场照片(远景)　　　　　　　　现场照片(近景)

剖面示意图　　　　　　　　概化图

图 5.72　LC12T263 潜在不稳定倾倒岩体特征

　　潜在不稳定倾倒岩体 LC12T265 分布于雷家湾断层下游侧,由浅灰色厚层微晶白云岩(Z_{2d})组成,空间上呈六面体形,上游侧临空,底部大部分临空。其稳定性受后缘裂隙(EFGH 面)控制,其产状为 200°∠80°,EFGH 面平直稍粗,张开 1~2cm,充泥钙质。该潜在不稳定倾倒岩体体积约 1041.1m³,最大水平埋深约 2.4m,后缘裂隙陡倾,底面缓倾且大部分临空,可能产生倾倒破坏,稳定性较差,见图 5.73。

　　潜在不稳定倾倒岩体 LD13T270 分布于青崖沟与花山沟之间 1350m 高程附近,由浅灰色厚层微晶白云岩(Z_{2d})组成,空间上呈三棱柱形,底部大部分临空。其稳定性受后缘裂隙(DEF 面)控制,其产状为 241°∠74°,DEF 面平直稍粗,张开 0.2~0.5cm,充泥钙质。该潜在不稳定倾倒岩体体积约 1697.2m³,最大水平埋深约 4.1m,后缘裂隙陡倾,底面缓倾且大部分临空,可能产生倾倒破坏,稳定性较差,见图 5.74。

　　潜在不稳定倾倒岩体 RB11T164 分布于白沟断层下游侧 1150m 勘探路附近,由灰色中厚层微~细晶灰岩(Pt_{2l}^{3-2})组成,空间上呈六面体形。其稳定性受后缘裂隙(EFGH 面)和底面裂隙(BCHG)控制,其产状分别为 140°∠80°和 245°∠25°,EFGH 面平直稍粗,张开 0.1~

图 5.73   LC12T265 潜在不稳定倾倒岩体特征

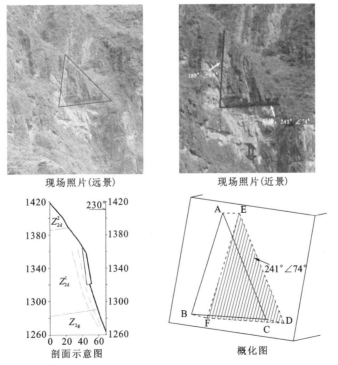

图 5.74   LD13T270 潜在不稳定倾倒岩体特征

0.5cm,充泥钙质,BCHG 面平直稍粗,局部张开 1cm,充泥钙质。该潜在不稳定倾倒岩体体积约 1258.9m³,最大水平埋深约 2.9m,后缘裂隙陡倾,底面裂隙稍缓,可能产生向白沟方向的倾倒型破坏,目前处于基本稳定状态,见图 5.75。

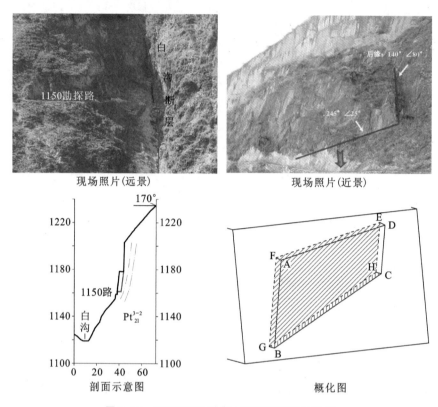

现场照片(远景)　　　　　　　　现场照片(近景)

剖面示意图　　　　　　　　概化图

图 5.75　RB11T164 潜在不稳定倾倒岩体特征

5.1.4.2　快速精细可视化编录技术应用

乌东德坝址区环境边坡因边坡高陡,通过现场常规地质编录手段获得岩体结构面信息难度大,采取基于 Windows 的平板式施工地质可视化快速编录方法,获取了边坡地层岩性、断层或层间剪切带或裂隙等结构面、风化与岩溶等地质特征,为评价边坡整体稳定性与局部稳定问题提供了基础,见图 5.76。

乌东德坝址区环境边坡基于 Windows 的平板式施工地质可视化快速编录具体步骤为:

(1)在边坡面上布设控制点,所述控制点作为地质编录图边框控制点;

(2)用全站仪测量控制点三维坐标;

(3)根据控制点及设计方案分析确定地质编录平面,建立编录坐标系;

(4)采用工程地质编录程序,将控制点三维坐标自动换算为编录坐标,在 AutoCAD 中自动绘制地质编录图边框;

(5)用数码相机对已布设控制点的开挖面进行拍摄,每幅图像应至少包含四个控制点,相邻图像应有重叠,并对照片依次编号;

(6)根据控制点的编录坐标,对拍摄到的数码图像进行几何校正处理;

(7)根据控制点的编录坐标,在 AutoCAD 中自动插入校正后的图像作为地质编录图的

背景;

（8）现场编辑处理地质编录图并进行地质信息数字化采集,获取地层岩性、断层或层间剪切带或裂隙等结构面、风化与岩溶等地质信息。

对边坡稳定性存在影响的控制性结构面,如断层、层间剪切带、软弱夹层,分布范围大,且性状不均匀,采取常规地质编录,仅能编录个别点的性状,不能反映整个结构面性状。采取了正射影像的结构面充填物细观地质编录方法,利用正射影像的全景与高清可视化特征,对结构面充填物进行细观地质编录,有利于分析评价控制性结构面对边坡稳定性的影响。

地层界线　断层或剪切带　裂隙　块体

图 5.76　可视化快速地质编录

乌东德坝址区高边坡基于正射影像的结构面充填物细观地质编录步骤如下:

（1）根据地质编录需求,确定结构面现场编录的范围、垂直所要编录的结构面布置尺寸标记。

（2）利用高清数码相机或无人机对所要编录的结构面进行正摄拍照,拍照应尽量垂直编录面,且范围包括顺结构面及垂直结构面的尺寸标记;若需要分段拍摄,需保证相邻照片有15%～30%的重合部分。

（3）对现场拍摄的结构面正摄照片进行拼接,利用正摄照片中结构面的尺寸标记,借助AutoCAD软件将照片缩放至1∶1的比例。

（4）借助高分辨率的正摄影像,在AutoCAD软件中以描图的形式,对结构面的平面形态及充填物进行地质解译,形成解译编录展示图,见图5.77。

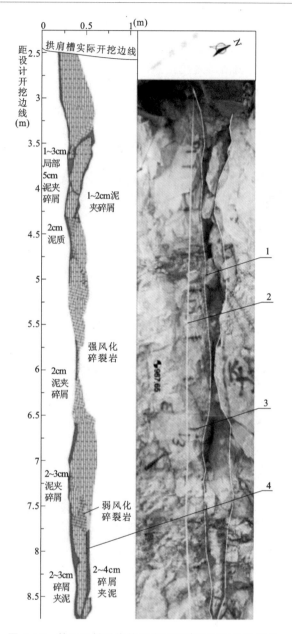

图 5.77　基于正射影像的结构面充填物细观地质编录

5.2　滇中引水工程

5.2.1　工程地质[21]

　　滇中引水工程从金沙江上游石鼓河段取水,是解决滇中区水资源短缺问题的特大型跨流域引(调)水工程,也是云南省可持续发展的战略性基础工程。滇中引水工程由石鼓水源工程和输水工程组成,总体工程布置见图 5.78,其主要任务是向滇中城镇生活及工业供水,兼顾农业与生态补水。该工程多年平均引水量 34.03 亿 m³,受水区包括丽江、大理、楚雄、昆明、玉溪、红河六个州(市)的 35 个县(市、区),国土面积 3.69 万 km²。

图 5.78 滇中引水工程布置示意图

石鼓水源工程为无坝取水,采用提水泵站取金沙江水,设计抽水流量 135m³/s,共安装 12 台混流式水泵机组,其中备用机组 2 台。主要建筑物包括引水渠、进水塔、进水流道及调压室、地下泵房及主变洞、出水隧洞、出水池和地面开关站等,地下泵站布置于金沙江支流冲江河右岸竹园村上游山体中,按一级地下泵站布置,设计抽水流量 135m³/s,最大提水净扬程 219.16m,总装机容量 480MW。

输水总干渠全长 664.24km,进口高程 2035m,出口高程 1400m,经石鼓泵站提水后可实现全线自流,从丽江石鼓渠首由北向南布设,经香炉山隧洞穿越金沙江与澜沧江流域分水岭马耳山脉后到大理州鹤庆县松桂,后向南进入澜沧江流域至洱海东岸长育村;在洱海东岸转而向东南,经祥云在万家进入楚雄,在楚雄北部沿金沙江、红河分水岭由西向东至罗茨,进入昆明;经昆明东北部城区外围转而向东南经呈贡至新庄,向南进入玉溪杞麓湖西岸;在旧寨转向东南进入红河建水,经羊街至红河蒙自,终点为红河新坡背。

输水总干渠主要输水建筑物共计 118 座,由隧洞、渡槽、倒虹吸、暗涵及消能电站组成。其中,隧洞 58 座,长 611.99km,占输水总干渠全长的 92.13%。输水总干渠划分为大理Ⅰ段、大理Ⅱ段、楚雄段、昆明段、玉溪段及红河段共 6 段。其中,大理Ⅰ段香炉山隧洞是滇中引水工程输水总干渠首个建筑物,是全线最具代表性的深埋长隧洞,为滇中引水工程总工期控制性工程。

香炉山隧洞是滇中引水工程隧洞最长、埋深最大、地质条件最为复杂的输水隧洞,长约 62.6km,埋深一般为 600~1000m,最大埋深达 1450m,埋深大于 600m、1000m 的洞段长度分别达 42.175km、21.427km,分别占隧洞总长的 67.38% 和 34.23%。沿线断层构造、岩溶发育,具线路长、埋深大、勘察工作范围广、地形高陡、地质条件复杂等特点(图 5.79)。

香炉山隧洞穿越打锣箐、白汉场谷地、汝南河、花椒箐、银河等水系,常年流水。沿线出露泥盆系下统冉家湾组(D_1r)、中统穹错组(D_2q)、二叠系玄武岩组($P\beta$)、黑泥哨组(P_2h)、三叠系下统青天堡组(T_1q)、中统(T_2^a、T_2^b)、北衙组(T_2^b)、上统中窝组(T_3z)、松桂组(T_3sn)、燕山期不

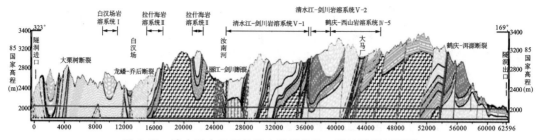

图 5.79　滇中引水工程香炉山隧洞线路工程地质纵剖面图

连续分布的侵入岩、第三系(E+N)及第四系(Q)等地层,岩性主要包括灰岩类、泥砂岩类、玄武岩类、片岩类等;穿越软岩长 13.107km,占比 20.94%,可溶岩长 17.866km,占比28.5%。区内褶皱、断裂发育,沿线分布的断裂有:NNE-NE 向的大栗树断裂(F9)、龙蟠—乔后断裂(F10)、丽江—剑川断裂(F11)、鹤庆—洱源断裂(F12);近 SN 向的 F_{II-17}、F_{II-32}、F_{II-10},近 EW向 F_{II-3}、F_{II-4}、F_{II-5}、F_{II-6}、F_{II-7}、F_{II-8}、F_{II-9} 及 F_{II-35}、F_{II-37} 等,其中 F10、F11、F12 为全新世活动断裂。另发育多条规模相对较小的断层。

香炉山隧洞区分布 I 白汉场岩溶水系统、II 拉什海岩溶水系统、IV 鹤庆西山岩溶水系统IV-5 子系统、V 清水江—剑川岩溶水系统 V-1 与 V-2 子系统。

灰岩类强溶蚀风化带厚度一般为 200~400m,灰岩夹片岩类强风化厚度一般为 20~50m,局部呈夹层风化,玄武岩类强风化厚度一般为 20~40m,局部 50m 以上。隧洞深埋洞段应力量级主要为中等~高地应力水平,局部为极高地应力水平。局部存在高地温,黑泥哨组煤层有自燃倾向性。

香炉山隧洞围岩详细分类为:III$_1$ 类围岩长 7.595km,占隧洞长度的 12.13%;III$_2$ 类围岩长 13.015km,占隧洞长度的 20.79%;IV 类围岩长 28.237km,占隧洞长度的 45.11%;V 类围岩长 13.749km,占隧洞长度的21.97%。IV、V 类围岩合计长约 41.987km,约占隧洞长度的67.08%,围岩稳定问题突出。

香炉山隧洞主要存在以下工程地质与环境地质问题:

①高地震烈度抗震与穿越活动性断裂抗断问题:香炉山隧洞穿越的龙蟠—乔后断裂带(F10-1,F10-2)、丽江—剑川断裂带(F11-2、F11-3、F11-4)及鹤庆—洱源断裂(F12)为全新世活动断裂,属工程活动断层,存在高地震烈度及隧洞穿越活动断裂抗断问题。

②岩溶水文地质与地下水环境影响问题:隧洞深埋于马耳山分水岭部位的地下水弱~滞循环带内,深部岩溶已不发育,隧洞穿越因遭遇强烈岩溶而引发的地下水疏干风险已很小。隧洞穿越岩溶地层、断裂破碎带、向斜核部及玄武岩地层等富水洞段时,存在高外水压力及洞室较大渗涌水甚至突水突泥问题,处置不当还有可能造成环境影响。据统计隧洞存在涌水的洞段累计长 12.484km,约占隧洞长度的 19.9%。

③深埋状态下硬岩岩爆、软岩大变形及高外水压力问题:综合判断香炉山隧洞发生中强岩爆可能性较大的洞段有 6 段,累计洞段长 4.494km,占隧洞总长的 7.18%;隧洞穿越软岩及大的断裂破碎带累计长度 13.107km,占隧洞长的 20.94%,据统计易发生极严重变形洞段长4.830km,占比 36.85%;严重变形洞段长 3.870km,占比 29.53%,深埋状态下软岩大变形问题较为突出;香炉山隧洞共有 28 段存在高外水压力,累计洞段长度 29.940km,约占隧洞长的47.83%,高外水压力一般为 1.00~2.50MPa,最大 3.76MPa。

④特殊岩土的工程地质问题:隧洞穿越黑泥哨组(P_2h)及松桂组(T_3sn)含煤系地层,成洞问题突出,穿越煤层可能存在有毒有害气体与腐蚀性地下水问题;出口段松桂组全风化泥页岩存在膨胀稳定问题。

⑤香炉山隧洞还存在常规的隧洞围岩稳定,包括覆盖层洞段稳定、浅埋洞段稳定、缓倾层(流)面顶拱稳定、隧洞轴向与岩层(断层带)走向小角度相交稳定、砂岩夹泥岩洞段稳定、凝灰岩夹层与破碎玄武岩稳定、出口段灰岩强溶蚀风化洞段稳定、柱状节理发育玄武岩(局部)卸荷松弛、随机块体稳定等局部稳定问题,及出口边坡稳定问题。

5.2.2 深埋地质体勘探与原位测试技术[22]

5.2.2.1 深孔勘探技术

1.概况

目前,国内矿产勘察应用千米级深钻孔勘探较为广泛,但水利行业勘察深埋长隧洞利用千米级深钻孔勘探相对匮乏,随着输水隧洞的埋深增加,勘探深度也逐渐加深,尤其是特大型跨流域引调水工程,由于地形条件和交通条件限制,深埋长隧洞钻探工作困难很大。近年来,随着千米级取心钻孔特别是绳索取心技术的广泛应用,大大提高了千米级深孔钻探的效率。为了查清香炉山隧洞深埋部位基本地质条件及水文地质条件,国内引调水工程中香炉山隧洞首次采用了千米级深钻孔绳索取心技术。

2.深孔绳索取心技术应用

工程地质钻探是最原始也是最直接的勘察方法,能够钻取岩心,直接了解深部地层岩性、地质构造、地下水位与水质、岩溶等基本地质条件,通过钻孔可以进行各种原位测试和水文地质试验,并取样进行岩石物理力学试验,此外,还可以对物探成果进行验证。在深埋隧洞勘察中,选择合适位置布置一定数量的深钻孔是非常必要的。

深钻孔绳索取心技术在深埋长隧洞勘察工作中具有以下优点:一是可以较准确地查明深部地层岩性、地质构造、岩体风化、岩体完整性、地下水位及岩溶发育情况等基本地质条件及岩体放射性及有害气体的赋存特征;二是可以减少升降钻具的辅助时间,增加纯钻进时间,提高钻进效率,发生岩心堵塞时可以立即打捞,减少了岩心磨蚀,并且在钻杆柱内打捞岩心平稳,减少了岩心脱落的机会,岩心采取率高;该技术只有更换钻头时才提钻,减少了频繁升降和拧卸时钻头的磕碰及扫孔磨损等现象,可以延长金刚石钻头的使用寿命,减少了升降孔内钻杆柱次数,大大减轻工人劳动强度,改善了劳动条件;减少了钻探机械升降系统的磨损与动力消耗,减少了因升降钻杆柱冲洗液对孔壁的冲击、抽吸作用,使孔内更安全;三是在保证较好成孔条件下,可提供千米级深孔水文地质参数测试、千米级地应力测试等原位测试平台。

深孔岩心钻探与普通岩心钻探的区别,不仅仅体现在孔深的增加,更体现在钻孔难度和单位钻进成本的增加,因此,深埋长隧洞勘察不可能布置太多深钻孔。必须精心设计,将钻孔布置在深埋隧洞的关键部位或是地质代表性强的部位及问题较集中、突出的部位,以便研究深埋隧洞可能遇到的最严重的工程地质问题,并尽量一孔多用,除取心外常常利用钻孔开展物探综合测井、地应力测量、孔内变形试验、孔内电视以及地温、放射性测量等测试工作。

(1)复杂岩溶区千米级深孔绳索取心技术应用

按照"收集关键地质信息、经济合理性、一孔多用"的原则,香炉山隧洞前期勘察工作中精心布置并选取了隧洞沿线最为复杂的两个岩溶水系统开展千米级钻孔勘探点位,即鹤庆西山岩溶水系统(DL I-Ⅳ)、清水江-剑川岩溶水系统(DL I-Ⅴ),分别布置 1 个千米级深孔,钻孔 XLZK13 终孔孔深 942.50m、钻孔 XLZK16 终孔孔深 950.43m,钻孔分布见图 5.80,现场勘探及取心情况见图 5.81~图 5.83,基本查明了可溶岩强以及弱溶蚀风化带、地下水位埋深,同时结合大型示踪试验成果,初步查明了复杂岩溶区地下水分水岭,为工程选线提供重要地质依据,同时,有效解决了千米级深孔利用率低的难题,并在孔内获取了深埋岩体关键原位试验参数,主要包括深部岩体水文地质参数(压水试验)、地应力测试等原位试验参数。

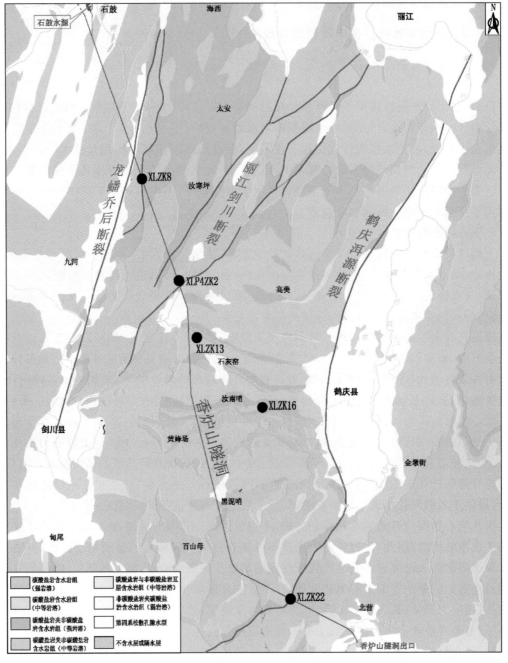

图 5.80　香炉山隧洞复杂岩溶区及活动断裂部位深孔布置图

图 5.81 千米级深钻孔钻塔

图 5.82 千米级深孔岩心照片(宏观)

图 5.83 千米级深钻孔岩心照片(局部)

(2)区域性宽大活动断裂带深孔绳索取心技术应用

香炉山隧洞先后穿过龙蟠—乔后断裂、丽江—剑川断裂、鹤庆—洱源断裂 3 条全新世宽大活动断裂(图 5.80),隧洞抗剪断问题十分突出,同时还存在遭遇断裂破碎带涌水突泥、软岩大变形等工程地质问题,断裂带岩体破碎软弱,采用普通钻探存在取心质量差、成孔难度大等问题,较大程度影响了断层破碎带构造岩的地质鉴定及判断,也不能准确揭示断裂带的工程性状;在滇中引水工程前期勘察工作中,在龙蟠—乔后断裂、丽江—剑川断裂、鹤庆—洱源断裂均布置了深钻孔并采用绳索取心工艺,基本查明了各断裂带构造岩的物质组成(图 5.84~图 5.86)、力学性质及岩体透水性,为隧洞穿越断层破碎带涌水、软岩大变形等问题预测分析及隧洞围岩支护、抗剪断措施应对等提供了重要地质依据。

图 5.84 断裂带构造岩:碎粉岩、碎粉岩夹角砾岩岩心照片

5.2.2.2 深孔压水试验技术

深孔压水试验装置与钻孔压水试验多通道转换快速卸压装置及相关测试技术在滇中引水工

图 5.85　断裂带角砾岩岩心照片:左为胶结程度较差,右为胶结程度较差

图 5.86　断裂影响带岩心照片:左为软岩,右为硬岩

程深埋长隧洞工程中得到了较好应用,为工程的勘察、设计和施工的安全提供了有力技术支撑。

勘察阶段利用本装置与相关技术在香炉山隧洞区 XLZK17 深孔中进行了高压压水试验(图 5.87～图 5.89),该钻孔终孔孔径 75mm,测试深度 500m,测试压力达到 1.50MPa,试验成果见表 5.21,压水试验 P-Q 曲线见图 5.90。

表 5.21　香炉山隧洞 XLZK17 孔高压压水试验成果表

序号	试验起止深度(m)	试验段长(m)	P-Q 曲线类型	透水率(Lu)	备注
1	500～495	5	E(充填)型	6.78	孔口压力 0.6MPa
2	486.5～481.5	5	E(充填)型	4.89	孔口压力 1.35MPa
3	476～471	5	—	10.51	孔口压力 0.3MPa
4	457.4～462.4	5	—	7.61	孔口压力 0.15MPa
5	435.2～430.2	5	—	11.44	孔口压力 0.14MPa
6	408～403	5	E(充填)型	4.46	
7	391～396	5	E(充填)型	4.26	
8	360～365	5	E(充填)型	1.09	孔口压力 1.5MPa
9	341.5～346.5	5	D(冲蚀)型	0.23	孔口压力 1.5MPa
10	328～333	5	E(充填)型	2.44	
11	312～317	5	E(充填)型	3.57	
12	298.4～303.4	5	—	10.84	孔口压力 0.1MPa
13	298.4～303.4	5	—	4.91	孔口压力 0.1MPa
14	271.4～276.4	5	E(充填)型	4.57	
15	260～265	5	E(充填)型	4.85	
16	244.2～249.2	5	—	11.81	孔口压力 0.1MPa

图 5.87　现场压水试验场景(1)

图 5.88　现场压水试验场景(2)

图 5.89　滇中引水工程与引江补汉工程应用实例

利用改进后的深孔压水试验装置在引江补汉工程前期勘察钻孔 GEK08 和 LEK09 进行了钻孔高压压水试验(图 5.91),两钻孔均采用绳索钻进工艺,终孔孔径 75mm,测试深度分别为 612.80m 和 840.90m,测试压力达到 6.60MPa。

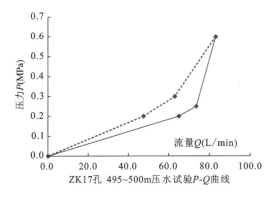
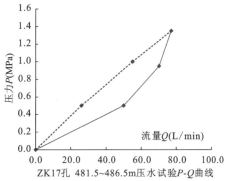

ZK17孔　495~500m压水试验P-Q曲线　　　　　　　ZK17孔　481.5~486.5m压水试验P-Q曲线

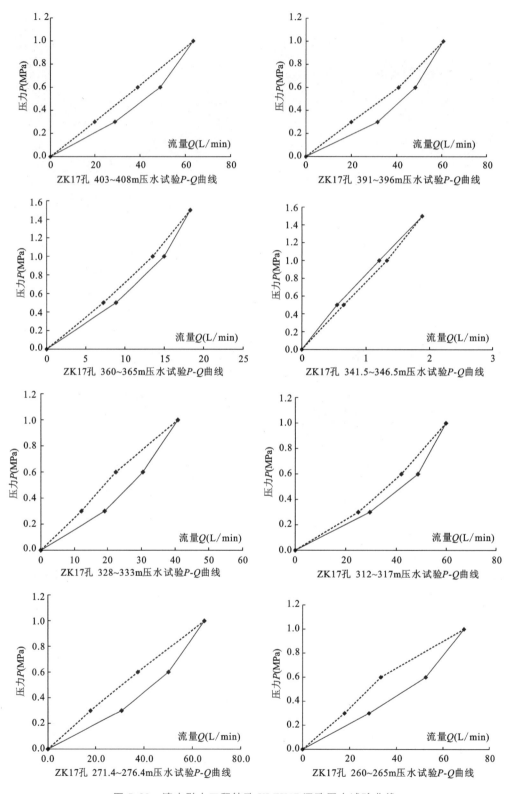

图 5.90　滇中引水工程钻孔 XLZK17 深孔压水试验曲线

GEK08 孔位于归安线桩号 K75+000 附近,孔深 655.80m,地层岩性为寒武系中统覃家庙群薄层至中厚白云岩、白云质灰岩,寒武系下统石龙洞组厚至巨厚层白云质灰岩、灰岩,天河板组薄至中厚层泥质条带灰岩夹页岩、粉砂岩,石牌组页岩、砂质页岩夹薄层细砂岩,水井沱组薄至中厚层灰岩、炭质灰岩及炭质页岩,震旦系上统灯影组中至厚层白云质灰岩、白云岩;LEK09 孔位于龙安 2 线桩号 K123+000 附近,孔深 902.2m,地层岩性为中生界三叠系下统嘉陵江组厚层白云岩、白云质角砾岩为主夹灰岩及白云质灰岩。GEK08 孔完成压水试验 54 段,LEK09 孔完成压水试验 108 段,两个钻孔高压压水试验成果见表 5.22。

图 5.91   引江补汉工程深孔压水试验应用实例

表 5.22   深孔压水试验成果统计表

钻孔编号	深度 (m)	试段 (m)	岩性	$P\text{-}Q$ 曲线类型	透水率 (Lu)	最大压力 (MPa)
LEK09	719.7~724.2	4.5	T_{1j} 白云岩	D(冲蚀)型	0.41	6.6
	747.9~752.4	4.5	T_{1j} 角砾岩	D(冲蚀)型	1.23	5.9
	765.7~770.2	4.5		D(冲蚀)型	1.56	5.0
	786.3~790.8	4.5	T_{1j} 碎裂岩	D(冲蚀)型	1.04	6.0
	799.1~803.6	4.5	碎裂岩夹泥岩	D(冲蚀)型	1.04	6.0
	821.2~825.6	4.4	T_{1j} 白云岩夹碎裂岩	D(冲蚀)型	1.84	5.1
	827.0~831.5	4.5	碎粉岩	—	1.45	5.5
	836.4~840.9	4.5	碎粉岩	—	1.61	5.3
GEK08	539.0~543.6	4.6	Z2dn 白云岩	A(层流)型	0.29	5.5
	550.3~554.9	4.6		E(填充)型	0.28	5.5
	562.0~566.6	4.6		E(填充)型	0.31	5.5
	573.5~578.1	4.6		A(层流)型	0.24	5.5
	583.9~588.5	4.6		A(层流)型	0.29	5.5
	596.9~601.5	4.6		A(层流)型	0.60	5.4
	608.2~612.8	4.6		A(层流)型	0.28	5.5

5.2.2.3　深孔地应力测试新技术[23]

1. 试验概况

滇中引水工程香炉山隧洞穿越部位地形地质条件极为复杂,隧洞最大埋深达1450m,长江科学院在勘察期隧洞部位深钻孔 XLZK10(孔深590.5m)、XLZK11(孔深781.5m)、XLZK16(孔深950.4m)、XLZK18(孔深681m)均采用绳索取心钻杆内置式双回路水压致裂地应力测试技术进行了地应力测试,试验效果良好,图5.92为现场地应力测试工作场景。

图 5.92　欠稳定地层深钻孔绳索取心钻杆地应力测试技术

现场测试主要操作步骤如下:

①设备安装:在孔口,将管卡和卡环装入特制钻杆接头内,管卡锁紧与钻杆长度匹配的粗细高压软管并放入绳索取心钻杆内,特制钻杆接头螺纹连接绳索取心钻杆,将变接头与封隔器连接,绳索取心钻杆底端螺纹连接变接头,分别连接粗细高压软管、绳索取心钻杆,吊装下放连接有粗细高压软管的绳索取心钻杆,将封隔器放到选定孔深,地面接有液压泵的细高压软管、粗高压软管连接到封隔器,粗高压软管连通封隔器中心杆并连通封隔器间压裂段孔壁。

②坐封加压:液压泵从高压入口对细高压软管注水加压使其膨胀、坐封于孔壁上,形成承压段空间,对粗高压软管注水加压,承压段受压。

③岩壁破裂:在足够大的液压作用下,孔壁沿阻力最小的方向出现破裂,该破裂将在垂直于截面上最小主应力平面内延伸,与之相应,当泵压上升到临界破裂压力值,岩体破裂压力值急剧下降。

④关泵卸压:关闭压力泵,压裂液渗入到岩层,粗高压软管通道内压力缓慢下降,当压力降到使裂缝处于临界闭合状态时的压力,即垂直于裂缝面的最小主应力与液压回路达到平衡时的压力,打开压力阀卸压,使裂缝完全闭合,该过程通过压力传感器、采集仪和计算机自动采集数据并存储。

⑤重张解封:按上述①~③步骤连续进行多次加压循环,取得多次压裂参数,判断岩石破裂和裂缝延伸的过程,压裂完毕后,解除粗高压软管压力,使封隔器内液体通过细高压软管回流并降低压力,封隔器解封。

⑥破裂缝记录:上述过程完成后,通过连接印模器、钻杆和单根高压软管并放至孔内选定深度,通过印模器及其定向装置记录破裂缝的形态,获得应力方向。

2.典型深钻孔地应力试验成果

(1)钻孔 XLZK10

XLZK10 终孔孔深 590.5m,地下水位埋深 80m;孔深 114.10～351.40m 段为弱溶蚀风化带,岩性为灰白色、浅灰色白云质灰岩;孔深 351.4～395m 段为弱溶蚀风化带,岩性为玄武岩;孔深 395～590.5m 段为微新玄武岩,孔深 395～520m 段岩体破碎,该孔有效测试范围为 192～296.3m、520～560m。测试取值及结果见表 5.23、钻孔主应力量值与孔深变化关系如图 5.93所示。其孔口压力测量记录曲线如图 5.94 所示。

表 5.23 XLZK10 钻孔水压致裂法地应力测试结果

序号	孔深(m)	P_b(MPa)	P_r(MPa)	P_s(MPa)	P_0(MPa)	σ_t(MPa)	σ_H(MPa)	σ_h(MPa)	σ_z(MPa)	λ	σ_H 方位(°)
1	197.0	4.7	3.4	2.1	1.2	1.3	5.7	4.1	5.1	1.1	
2	211.6	5.6	4.8	2.5	1.3	0.8	5.6	4.6	5.5	1.0	
3	225.2	7.2	6.8	3.3	1.5	0.4	6.2	5.6	5.9	1.1	
4	239.5	5.1	3.2	2.2	1.6	1.9	6.6	4.6	6.2	1.1	
5	252.4	6.4	5.2	3.4	1.7	1.2	8.3	5.9	6.6	1.3	
6	267.5	8.1	7.4	4.8	1.9	0.7	10.5	7.5	7.0	1.5	35°
7	281.5	6.5	5.7	4.7	2.0	0.8	12.0	7.5	7.3	1.6	
8	522.5	7	5.7	4.5	4.4	1.3	13.8	9.7	13.6	1.0	
9	560.0	7.6	7.3	6.1	4.8	0.3	17.4	11.7	14.6	1.2	42°

注:测试时水位约 80m。

测深 197.0～560.0m 范围最大水平主应力为 5.7～17.4MPa,最小水平主应力为 4.1～11.7MPa,铅直应力 σ_z 为 5.1～14.6MPa,最大水平主应力方向为 35°和 42°,测点最大水平主应力方向的侧压系数(σ_H/σ_z)为 1.0～1.6,均值为 1.21。应力量值一般具有 $\sigma_H>\sigma_z>\sigma_h$ 特征,应力场中水平应力起主导作用。

(2)钻孔 XLZK11

XLZK11 终孔孔深 781.5m,地下水位埋深约 410m。绳索取心钻杆钻进,孔深 412m 以下钻孔直径为 75mm。

孔深 0.00～6.20m 为残坡积层,孔深 6.2～132.2m 为北衙组一段泥质灰岩,孔深 132.2～437.0m 段为北衙组二段灰岩,孔深 437.0～781.5m 段为北衙组二段泥质条带灰岩、泥质灰岩夹泥质粉砂岩;孔深 6.20～437.0m 为强溶蚀风化带,孔深 437～685.0m 为弱溶蚀风化带,孔深 685.0～781.5m 为微溶蚀风化带。

利用绳索取心钻杆内置式双回路水压致裂地应力测试技术、气体坐封双管法测试完成了该孔的 15 个测段的地应力测量。测试成果见表 5.24,钻孔测点应力

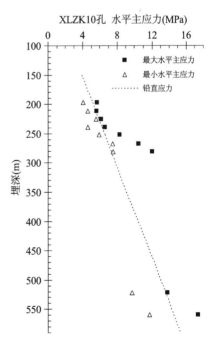

图 5.93 XLZK10 钻孔主应力量值与孔深变化关系

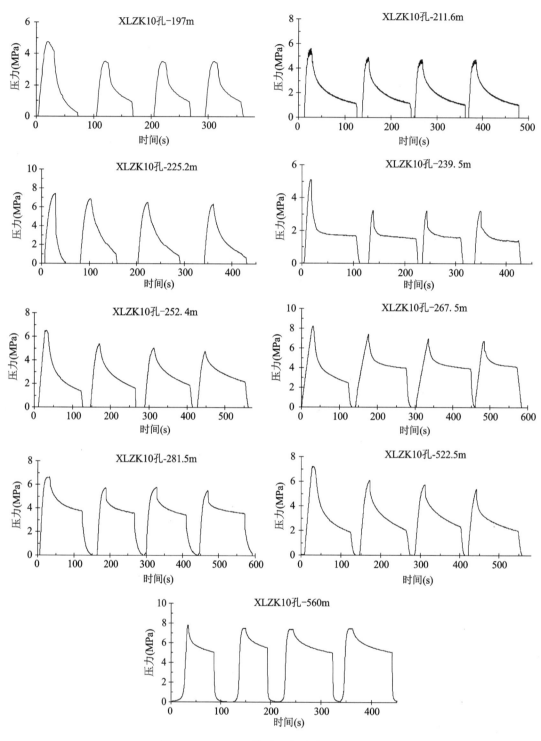

图 5.94　XLZK10 钻孔压力测量记录曲线图

量值与孔深关系见图 5.95，量值沿孔深分布规律符合地壳浅层地应力场的一般分布规律。

测深 463.5～723.5m 范围岩心完整测点（图 5.96、图 5.97）的最大水平主应力为 14.0～

22.5MPa,最小水平主应力为7.7～13.6MPa,铅直应力 σ_z 为12.1～18.8MPa。最大水平主应力方向为29°～40°,完整测点最大水平主应力方向的侧压系数(σ_H/σ_z)为1.1～1.3,均值为1.15。应力量值具有 $\sigma_H>\sigma_z>\sigma_h$ 特征,应力场中水平应力起主导作用。

表 5.24　XLZK11 钻孔水压致裂法地应力测试结果

序号	孔深 (m)	P_b (MPa)	P_r (MPa)	P_s (MPa)	P_0 (MPa)	σ_t (MPa)	σ_H (MPa)	σ_h (MPa)	σ_z (MPa)	λ	σ_H方 位(°)
1	463.5	4.6	4.0	3.1	0.5	0.6	14.0	7.7	12.1	1.2	
2*	497.3	—	2.3	0.8	0.9	—	9.2	5.8	12.9	0.7	
3*	527.1	—	1.8	0.6	1.2	—	9.4	5.9	13.7	0.7	
4	551.7	5.0	4.3	3.4	1.4	0.7	15.5	8.9	14.3	1.1	33
5	572.7	6.3	5.5	4.3	1.6	0.8	17.2	10.0	14.9	1.2	
6	587.5	6.6	5.7	4.7	1.8	1.1	18.6	10.6	15.1	1.2	
7	602.6	6.7	5.7	4.6	1.9	1.0	18.2	10.6	15.7	1.2	
8	618.2	8.4	7.3	5.8	2.1	1.1	20.4	12.0	16.1	1.3	29
9	633.4	6.0	4.9	4.2	2.2	1.1	18.1	10.5	16.5	1.1	
10*	648.5	3.9	2.0	1.2	2.4	1.9	12.2	7.7	16.9	0.7	
11	663.3	6.4	5.9	4.7	2.5	0.5	18.9	11.3	17.2	1.1	
12	678.6	7.1	6.5	5.2	2.7	0.6	20.0	12.0	17.6	1.1	
13	693.4	9.6	8.6	6.7	2.8	1.0	22.5	13.6	18.0	1.2	
14	708.5	6.5	5.7	4.7	3.0	0.6	19.4	11.8	18.4	1.1	40
15	723.5	7.7	7.0	5.4	3.1	0.7	20.5	12.6	18.8	1.1	

注:"*"标注测段孔壁完整性较差,未参与测试结果分析。

(3)钻孔 XLZK16

终孔深度950.4m,为滇中引水工程地应力试验孔深最大测孔。钻孔揭示岩性为白云质灰岩、灰岩,孔深0～202.8m 为强溶蚀带;孔深 202.8～950.4m 为弱溶蚀带;全孔溶隙、溶孔、溶槽较发育。

根据岩心情况,选择岩心相对完整的深度区间,利用绳索取心钻杆内置式双回路水压致裂地应力测试技术、气体坐封双管法测试。测试成果见表 5.25。钻孔测点应力量值与孔深关系如图5.98所示,大部分测试曲线(图5.99)的形态符合水压致裂法测试的一般规律。

测深501.5～850.0m 范围的最大水平主应力为13.6～25.9MPa,最小水平主应力为 7.7～14.0MPa,铅直应力 σ_z 为13.3～22.1MPa。最大水平主应力方向为11°～43°,最大水平主应力方向的侧压系数(σ_H/σ_z)为0.9～1.7,主要为1.2。多数测点应力量值具有 $\sigma_H>\sigma_z>\sigma_h$ 特征,测深范围内水平应力起主导作用。

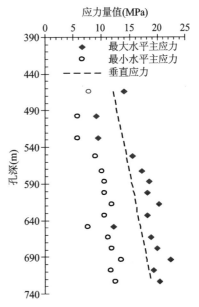

图 5.95　XLZK11 钻孔主应力量值
与孔深变化关系

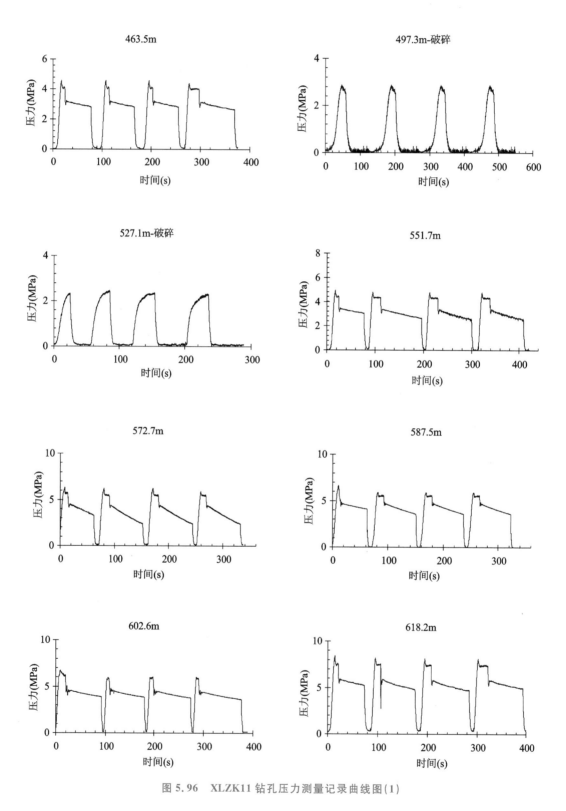

图 5.96 XLZK11 钻孔压力测量记录曲线图(1)

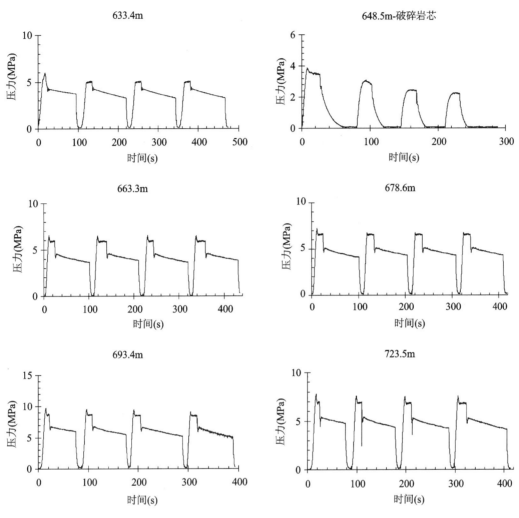

图 5.97 XLZK11 钻孔压力测量记录曲线图(2)

表 5.25 XLZK16 钻孔水压致裂法地应力测试结果

序号	孔深 (m)	P_b (MPa)	P_r (MPa)	P_s (MPa)	P_0 (MPa)	σ_t (MPa)	σ_H (MPa)	σ_h (MPa)	σ_z (MPa)	λ	σ_H 方 位(°)
1	501.5	7.2	5.1	3.8	0.0	2.1	16.3	8.8	13.3	1.2	
2	510.5	8.3	6.7	4.5	0.0	1.6	17.0	9.6	13.5	1.3	
3	524.6	12.9	11.7	7.5	0.0	1.2	21.3	12.7	13.9	1.5	
4	540.5	6.4	5.9	3.9	0.1	0.5	16.5	9.3	14.3	1.2	
5	544.0	6.6	5.7	4.5	0.1	0.9	18.6	9.9	14.4	1.3	
6	560.5	3.8	3.6	2.1	0.3	0.2	13.6	7.7	14.9	0.9	
7	574.5	9.7	7.3	4	0.4	2.4	15.8	9.7	15.2	1.0	
8	580.5	—	9.8	8.2	0.5	—	25.9	14.0	15.4	1.7	
9	590.0	10.4	9.4	5.4	0.6	1.0	18.0	11.3	15.6	1.2	

续表 5.25

序号	孔深(m)	P_b(MPa)	P_r(MPa)	P_s(MPa)	P_0(MPa)	σ_t(MPa)	σ_H(MPa)	σ_h(MPa)	σ_z(MPa)	λ	σ_H方位(°)
10	636.1	8.1	6.1	4.2	0.0	2.0	19.2	10.6	16.5	1.2	30
11	690.4	—	2.7	2.3	0.0	—	18.0	9.2	18.0	1.0	
12	708.5	—	4.2	3.9	0.0	—	21.7	11.0	18.4	1.2	11
13	835.2	—	2.0	1.8	0.2	—	20.0	10.2	21.7	0.9	
14	850.0	—	5.2	3.7	0.3	—	22.6	12.2	22.1	1.0	43

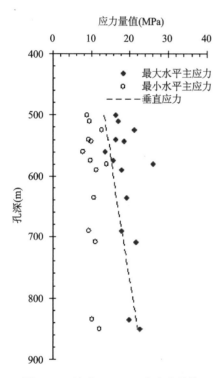

图 5.98 钻孔 XLZK16 主应力量值
与孔深变化关系

5.2.2.4 EH-4 探测技术

(1)概况

滇中引水工程香炉山隧洞研究区断层构造、岩溶现象发育,地质条件极为复杂。香炉山隧洞近场区分布 24 余条区域性长大断裂,其中,全新世活动断裂 3 条,即龙蟠—乔后断裂、丽江—剑川断裂、鹤庆—洱源断裂;香炉山隧洞沿线地表大范围出露北衙组灰岩和白云岩,碳酸盐岩广泛分布,地表岩溶类型齐全,地表溶沟、溶槽、落水洞、岩溶漏斗、岩溶洼地,地下岩溶管道、洞穴等较发育。在可溶岩分布地段,地下水丰富,开挖时可能遇到涌水、涌砂、溶洞、地下岩溶塌陷等地质问题,因此查清隧洞区断层构造空间位置、规模与富水程度,以及地下岩溶发育位置及程度、与地表水系的连通情况,是隧洞工程勘察的首要任务,对于保证隧洞安全施工、避免环境地质灾害的发生特别必要。目前,对于深埋长隧洞的勘探,主要是采用地质测绘、地质钻探的方法来控制地层和断层。对于深部岩溶,目前比较成熟的研究方法有地震反射波法和大地电磁测深法(CSAMT、EH-4)。根据工程区地形条件、地质特征和勘探目的,选用了大地电磁测深法(EH-4)作为地面勘探的主要方法。大地电磁探测主要是通过观测、研究地下岩石电阻率的分布规律,根据正常岩体与岩溶洞穴、断层破碎带等电阻率差异,推测断层、岩溶发育的空间位置及规模等。一般情况下,存在断层、岩性发生变化、岩溶、裂隙发育、岩石破碎含水时视电阻率会呈现相对低阻状态,岩体完整、贫水状态下会表现为高阻反映,一些物探异常区域可以此辅助来判定,具体情况应结合实际地质测绘资料来进行判断。

香炉山隧洞利用大地电磁测深(EH-4)技术,长江地球物理探测(武汉)有限公司开展了大量物探剖面测试工作,各勘察阶段累计探测剖面总长 397.86km,其测试结果对查明线路区地质条件、指导隧洞选线发挥了重要作用。据统计分析,探测电阻率低值区(55~400Ω·m)一般对应断裂破碎带、影响带及富水区、岩体破碎带和富水区、岩溶中等至强烈发育等部位;探测

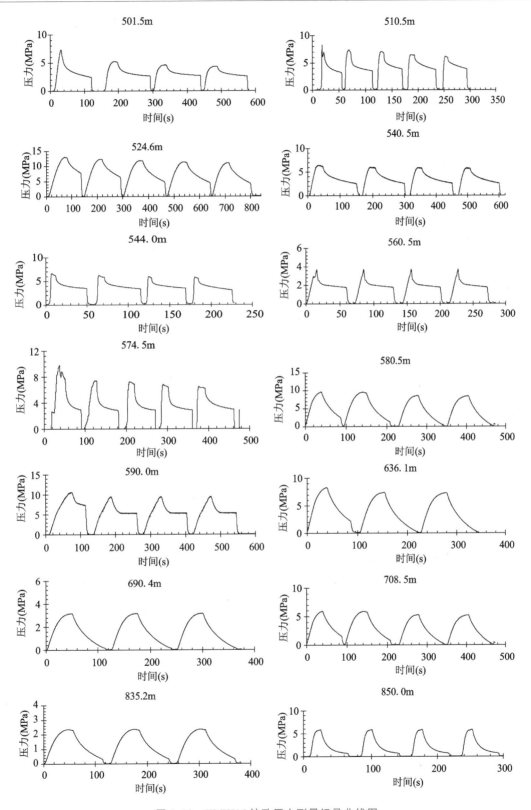

图 5.99 XLZK16 钻孔压力测量记录曲线图

电阻率值一般至较高区(400～1500Ω·m)表明岩体完整性相对较好,富水性为一般至较差;探测电阻率为高至极高值区(1500～7500Ω·m)表明岩体较完整至完整、地下水富水性差。通过对隧洞沿线区域采用大地电磁测深(EH-4)进行勘探,有效控制了区域性长大断裂特别是全新世活动断裂空间位置、规模,以及大的岩溶发育位置与程度,地质测绘、钻探和遥感成果所揭示的断层构造、岩溶现象等基本都位于大地电磁的异常范围内。

结合工程勘察实际应用情况,下面重点从复杂岩溶区水系统边界探测、区域性宽大断裂带边界勘察和边界探测及复杂岩溶区地下分水岭判别、大型地下洞室位置与轴线布置等几个方面分别阐述大地电磁测深技术(EH-4)在滇中引水工程中的应用。

(2)复杂岩溶区岩溶水系统边界探测

香炉山隧洞研究区岩溶水文地质条件复杂,区内岩溶发育强烈,地下水丰富,两侧鹤庆盆地、剑川盆地边缘均有大量泉点出露,沿线共穿越白汉场岩溶水系统、拉什海岩溶水系统、鹤庆西山岩溶水系统、清水江—剑川岩溶水系统4个大的岩溶水系统,其中鹤庆西山岩溶水系统、清水江—剑川岩溶水系统是香炉山隧洞沿线最复杂的两个岩溶水系统。隧洞穿越的马耳山两侧的鹤庆盆地与剑川盆地高程约2200m左右,地势平坦,人口众多,马耳山两侧邻山麓地带丰富的泉水是平坝区人民生产生活的主要水源,隧洞穿越岩溶地区,埋深大,而且还低于两侧排泄基准面200m以上,隧洞穿越可能存在较高的外水压力,可能产生突水、突泥等重大工程地质问题,处置不当还有可能引发岩溶地下水疏干问题进而导致环境影响,前期勘察工作中对于岩溶水系统边界、深部岩溶发育程度的初步探测尤为重要。

勘察期间,在鹤庆西山岩溶水系统、清水江—剑川岩溶水系统部位布置了大地电磁测深勘探剖面,测试结果如图5.100所示。东甸岩溶洼地位于清水江—剑川岩溶水系统内,探测的深部岩溶水系统边界较清晰,其下部存在分布范围广、纵向延伸深度大的岩体视电阻率低值区,岩溶发育程度强,地下水丰富,马厂岩溶洼地位于鹤庆西山岩溶水系统内,探测的深部岩溶水系统边界较清晰,下部亦分布有范围较广、深度大的视电阻率低值区,线路从该部位穿过,遭遇岩溶突水、突泥甚至导致周边地下水疏干等风险性高。

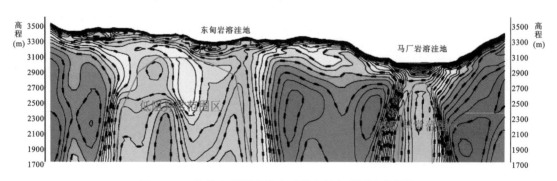

图5.100　香炉山隧洞岩溶水系统大地电磁测深解译图

(3)区域性宽大断裂带边界勘察和边界探测

滇中引水工程香炉山隧洞研究区地处滇西北地区,位于青藏高原东南部,位于"滇藏歹字型构造体系"与南北向构造体系及北东向构造体系交接复合部位,区域构造复杂,长大断裂发育,近场区分布有24条区域长大断裂,隧洞穿越有全新世活动断裂3条,分别为龙蟠—乔后断裂、丽江—剑川断裂、鹤庆—洱源断裂,这些活动断裂,规模(宽度、断距)巨大,分支断裂多,断裂构造岩特性和运动学特征复杂,常规的勘察手段(地表测绘、勘探、坑槽探等)很难全面查清断裂边界特征,勘察期采用大地电磁测深(EH-4)对隧洞沿线穿越的区域性宽大活动断裂带进行了测试,并结合地质测绘、钻孔勘探成果基本查明了宽大活动断裂带在隧洞区内的边界及规模(图5.101中所示的蓝、绿色区域),为隧洞的工程地质分段评价奠定了坚实基础。

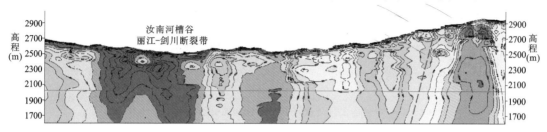

图 5.101　香炉山隧洞穿丽江—剑川断裂带大地电磁测深解译图

(4)复杂岩溶区地下分水岭判别

鹤庆西山岩溶水系统、清水江—剑川岩溶水系统是香炉山隧洞沿线最复杂的两个岩溶水系统;区内岩溶发育强烈,地下水丰富,两侧鹤庆盆地、剑川盆地边缘均有大量泉点出露。勘察期间通过千米级深孔勘探基本查明了岩溶水系统区内强、弱溶蚀风化带底界及地下水位埋深,同时开展了大型地下水示踪连通试验,较清晰地查明了区内的地下水运移通道,并利用大地电磁测深(EH-4)初步探明了区内地下岩石电阻率的分布规律及岩溶发育程度的总体趋势,通过三种勘察技术的综合分析论证,初步查明了隧洞穿越区的地下分水岭,尽可能降低地下水对工程的影响程度,为工程选线提供重要的地质依据。

复杂岩溶区大地电磁测深(EH-4)剖面布置见图5.102,测试成果见图5.103。

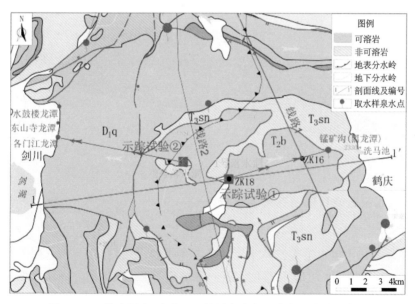

图 5.102　鹤庆西山、清水江—剑川岩溶水系统水文地质示意图

在示踪试验①、②点下方深部岩体出现了较为明显的低阻异常区(显示为蓝、绿色),电阻率值均小于 $400\Omega \cdot m$,电阻率等值线出现分离现象,初步分析该部位为岩溶相对发育导致的低阻异常区,在两处示踪试验点的中部出现了较为明显的高值区(显示为红色),初步推断该段

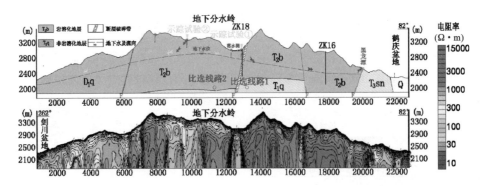

图 5.103 复杂岩溶区工程地质横剖面及大地电磁测深电阻率分布图(1-1′)

岩体完整性好,且深部岩溶发育较弱(甚至极微),进一步验证了区内地下分水岭位于两示踪试验的中间地带的可能。

(5)大型地下洞室位置与轴线布置

滇中引水工程水源工程位于云南省丽江市玉龙县石鼓镇,为无坝取水,采用一级地下泵站提取金沙江水,主要由引水渠、进水塔、进水隧洞、进水箱涵、地下泵站、出水系统等建筑物组成。其中,地下泵站是以主泵房为核心的大型地下洞室群,主泵房开挖尺寸222m×23.4m×48m(长×宽×高),是目前世界上开挖规模最大的地下泵房。在前期勘察阶段,对主泵房的位置及轴线选择开展了大量勘察设计研究工作,泵站区布置了多条大地电磁测深(EH-4)测试纵横剖面,对泵房顶拱高程部位岩体视电阻率值进行平切分析(图 5.104),为主泵房的位置及轴线的最终选择提供了宏观地质依据。

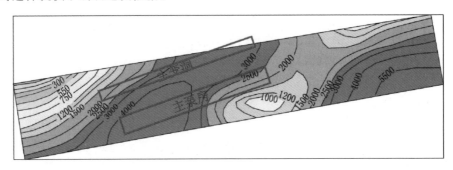

图 5.104 石鼓水源主泵房顶拱 1824.35m 高程视电阻率等值线平切图

5.2.3 深厚松散堆积层钻孔可视化技术

(1)地质概况

冲江河箱涵是滇中引水工程石鼓水源的重要建筑物,箱涵长约820m(图 5.105),埋置深度达27～44m,施工难度极大,某种程度上制约着水源工程建设工期。冲江河为金沙江右岸一级支流,河谷最宽约1.2km,河床覆盖层最厚达129m,物质成分以冲洪积砂砾卵石夹漂石、黏性土为主,中等～强透水性为主,箱涵以何种工法穿越河床深厚覆盖层,是初步设计阶段勘察设计一项非常重要的研究工作。目前国内外工程实践中,穿越深厚覆盖层的施工工法主要有大开挖法、冷冻法及盾构法,三种工法下需重点查明的覆盖层地质参数不尽相同。大开挖法需重点查明覆盖层物质成分与渗透系数,为基坑降排水措施提供理论依据;冷冻法则要求覆盖层中地下水流速小于3m/d,否则冷冻极大可能失效;而盾构法则需重点查明覆盖层粒径占比尤其是粗颗粒含量与原岩强度等,粗颗粒粒径、含量过大,原岩强度高,则对刀盘及刀具磨损大,盾构掘进难度较大。

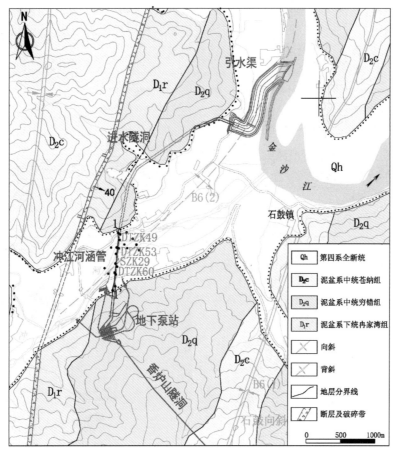

图5.105 石鼓水源工程地质平面图

(2)新技术应用

冲江河涵管部位河床覆盖层最厚达129m,物质成分主要为第四系冲洪积砂砾卵石夹漂(块)石层夹黏土、黏土质砂、粉砂等透镜体等(图5.106)。通过钻孔取心可以初步判断覆盖层中粗颗粒含量和原岩成分,但受钻进工艺影响,很难反映涵管穿越部位河床覆盖层颗粒级配的真实情况,采用坑槽探也仅能查明覆盖层表层和上部颗粒级配与原岩成分;目前,钻孔彩色电视录像技术在基岩勘察钻孔中应用广泛,而在覆盖层尤其是砂砾卵石地层中的勘察应用很少,且实施难度大。本次勘察工作中通过应用深厚覆盖层孔内可视化新技术——深厚松散层的可视化探测方法,基本查明了冲江河河床深厚覆盖层中物质颗粒的级配。

试验前,选择透明有机玻璃套管组装搭接保护孔壁(图5.107),与孔内护壁钢套管依次完成对接,钻进过程中严格采用清水钻进,确保解译质量。选取冲江河主河槽左、右岸箱涵区完成的DTZK49、DTZK53、DTZK60三个钻孔作为试验孔,基本实现了全孔段覆盖层内可视化录像与解译,清晰度高,冲江河主河槽钻DTZK53、DTZK49覆盖层孔内可视化技术解译结果见图5.108、图5.109。

该项技术的成功应用较准确地查明了冲江河河床覆盖层中的颗粒级配,尤其是粗颗粒含量,箱涵区覆盖层颗粒级配及粗颗粒占比与原岩成分统计分析见表5.26。由此可见,冲江河涵管区内覆盖层中>50cm、20~50cm、2~20cm、<2cm 颗粒占比分别为2%~3%、9%~12%、58%~64%、24%~27%;同时结合钻孔取心情况,查明了覆盖层中粗颗粒物质原岩与岩石强度,为盾构法实施的可行性提供了重要地质依据。粗颗粒原岩主要为花岗岩、玄武岩与砂岩,岩质坚硬,对刀盘及刀具磨损大,盾构掘进难度较大。

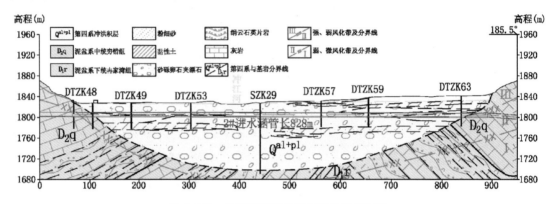

图 5.106　冲江河涵管轴线工程地质剖面图

图 5.107　冲江河涵管段钻孔内玻璃套管的下放及试验安装过程

表 5.26　冲江河涵管区覆盖层颗粒组成

鉴别方法		覆盖层组成	漂(块)石、卵石原岩	坚硬程度	覆盖层各粒径占比(%)			
					>50cm	20~50cm	2~20cm	<2cm
钻孔彩电	DTZK49 全孔	砂砾卵石夹漂(块)石等	花岗岩、玄武岩、砂岩	坚硬	3%	9%	64%	24%
	DTZK49 管身部位(孔深18~26m)				2%	12%	61%	25%
	DTZK53 全孔				3%	11%	59%	27%
	DTZK53 管身部位(孔深17~25m)				2%	10%	60%	28%
	DTZK60 全孔				3%	12%	58%	27%
	DTZK60 管身部位(孔深22~30m)				2%	10%	60%	28%
总体情况	全孔/涵管段				2%~3%	9%~12%	58%~64%	24%~27%

涵管管身（孔深17～25m 段）范围内卵石含量约为60%，砂含量约为15%，黏土质砂含量约为13%（主要集中在 23.0～
24.6m 段）；卵石大小一般为 8～18cm（约占 85%），可见大小最大约 28cm（19.5～20m 段），涵管段颗粒＞50cm、20～
50cm、2～20cm、＜2cm 占比分别约 2%、10%、60%、28%。

图 5.108 冲江河河槽钻孔 DTZK53 孔内可视化技术解译成果

孔深 5.13～9.38m   孔深 9.38～14.65m   孔深 14.65～20.16m   孔深 20.16～25.21m

涵管部位（孔深 18～26m）可见范围内卵石含量约为 59%，砂质含量约为 15%，黏土质砂含量约为 13%（集中在 23.4～25.2m 段）；卵石大小一般为 5～12cm（约占 82%），可见大小最大约28.3cm（19.2～19.6m 段），涵管段颗粒＞50cm、20～50cm、2～20cm、＜2cm 占比分别约 2%、12%、61%、25%。

图 5.109 冲江河河槽钻孔 DTZK49 彩电解译成果

5.3 旭龙水电站

5.3.1 工程地质[24]

旭龙水电站位于云南省德钦县与四川省得荣县交界的金沙江干流上游河段，距下游奔子栏镇 72.8km,距上游昌波坝址 75.5km,南距香格里拉和虎跳峡分别约 156km 和 247km,东南距昆明直线距离约 600km。工程开发任务以发电为主,是西电东送骨干电源点之一。

水库正常蓄水位 2302m,总库容约 8.29 亿 m³,死水位 2297m,调节库容 0.8 亿 m³。电站装机容量 2400MW,多年平均年发电量约 101.14 亿 kW·h。枢纽工程由大坝、泄水建筑物及地下引水发电系统等组成。挡水建筑物为混凝土双曲拱坝,坝顶高程 2308m,建基面最低高程 2095m,最大坝高 213m(图 5.110)。

图 5.110　旭龙水电站坝址区全景

5.3.1.1　工程地质概述

1.区域地质条件

旭龙水电站地处滇西北横断山山地,坝址位于金沙江褶皱束(Ⅲ12)内,区域断裂构造发育,无活动断裂及规模较大断裂穿过坝址,不存在大坝抗断问题;历史地震对坝址最大影响烈度为Ⅶ度,小于地震基本烈度Ⅷ度;坝址位于德仁多—地巫稳定性较差区。坝址区 50 年超越概率 10% 水平向基岩地震动峰值加速度为 0.176g,地震基本烈度为Ⅷ度。坝址基岩场地 50年超越概率 5% 水平向地震动峰值加速度值为 0.238g,100 年超越概率 5%、2%、1% 水平向地震动峰值加速度值分别为 0.301g、0.410g、0.497g。

2.枢纽区工程地质条件

坝址河段金沙江河势较顺直,河谷横断面为"V"形,两岸对称性较好。河谷宽高比为1.82。坝址区主要为印支期侵入花岗岩(γ_5^1)、中元古界雄松群三段(Pt_{2X}^3)混合岩与斜长角闪片岩,均为坚硬岩石,见图 5.111。高程 2500m 以下全强风化带缺失,岩体多呈弱风化至微新状。坝址区断层较发育,规模多较小,断层走向以与河流近正交为主,地应力总体属中等地应力水平。高程 2300m 以下两岸边坡除浅表部、孤立山嘴及地形突出部位见强卸荷现象外,岸坡岩体主要表现为弱卸荷,其水平卸荷深度 15～35m;高程 2300m 以上陡崖发育有强卸荷带,强卸带宽度一般小于 30m。主要建坝岩体质量以ⅡA 类为主,部分为ⅢA 类;花岗岩与混合岩岩体基本质量为ⅡA～ⅢA 类;斜长角闪片岩岩体基本质量以ⅡA～ⅢA 类为主,局部片岩接触带为Ⅳ类。

坝址区主要工程地质问题为高边坡稳定问题、拱座抗滑稳定问题、洞室围岩稳定问题。坝址区自然边坡大部分基岩裸露,山势雄厚、构造稳定,且主要以花岗岩、混合岩、斜长角闪片岩等坚硬岩为主,岸坡岩体风化、卸荷总体较弱,未发现大型倾向坡外的软弱带(面),河谷自然岸

图 5.111 坝址区工程地质图

坡总体稳定,自然岸坡浅表部的 204 处危岩体、6 处第四系松散堆积体、4 处强烈卸荷松弛区等使环境自然边坡的局部稳定问题突出。人工边坡包括大坝拱肩槽边坡、水垫塘边坡、电站进出口边坡、导流洞进出口边坡、料场边坡等,边坡开挖最大高度近 300m,人工边坡总体稳定,存在的主要问题为各类结构面组合形成的块体稳定问题及小角度相交陡倾小断层局部变形稳定问题,导流洞出口左侧边坡顺向坡存在开挖切脚顺片理面的变形稳定问题。左岸以 f_{57} 断层、花岗岩/片岩接触带为侧滑面,以 f_{75}、f_3 断层、自然岸坡为临空面,以缓倾角裂隙为底滑面,对左岸拱座块体进行稳定性分析,多数块体仍有较大安全裕度,仅 L5 号块体的结构抗力与作用效应比值不满足设计要求,需通过工程措施进行加固。地下电站三大洞室主要布置于相对完整的花岗岩中,围岩以 Ⅱ 类为主,少量为 Ⅲ 类,围岩稳定条件较好,厂房区地应力总体以中等应力为主,局部地段应力集中达到高地应力水平,主要工程地质问题为各类结构面组合形成的块体稳定问题,局部高地应力区域可能存在片帮、剥离、岩爆等。

3. 主要建筑物工程地质条件及评价

大坝建坝岩体主要为花岗岩,断层和裂隙较发育,在 2300m 高程以下强卸荷不发育,主要以弱卸荷为主,弱卸荷水平宽度为 15.0～35.0m,弱卸荷岩体以 Ⅲ$_{1A}$ 类为主,未卸荷岩体以 Ⅱ$_A$ 类为主;河床垂直卸荷深度一般为 4.5～10.7m,卸荷岩体质量较差,属 Ⅲ$_{1A}$ 类岩体,未卸荷岩体以 Ⅱ$_A$ 类为主。两岸拱端宜利用未卸荷岩体,中高高程 2245m 高程以上可利用部分弱卸荷岩体,河床宜利用未卸荷岩体。中低高程 2245m 以下嵌深 13.3～31.4m,高程 2245～2308m 嵌深 25.0～31.7m,河床建基面最低高程 2095m。坝基岩体以 Ⅱ$_A$ 类为主,占 90.8%,Ⅲ$_{1A}$ 及 Ⅲ$_{2A}$ 类占 9.2%。对拱座抗滑稳定有影响的主要包括 6 条 Ⅲ 级结构面和片岩/花岗岩接触带,各种荷载组合下块体抗滑稳定控制指标均满足要求,仅左岸 L5 号块体的结构抗力与作用效应比值不满足设计要求,通过降低块体扬压力,设置抗剪洞,能够明显提升块体的抗滑稳定性。两岸拱肩槽边坡岩质坚硬、弱卸荷与未卸荷岩体,岩体质量以 Ⅲ 级与 Ⅱ 级为主,无大规模控制边坡整体稳定的断层,小断层和裂隙较发育,边坡整体稳定;人工边坡主要存在结构面组合形成的(半)定位与随机块体及开口线附近卸荷裂隙、小角度相交陡倾角断层、云母富集带、片岩条带等。防渗帷幕端点接弱透水岩体($q<3Lu$),帷幕下限河床及近岸段接微透水岩体($q<1Lu$)顶板高程,远岸段接弱透水岩体($q<3Lu$)顶板。

地下厂房距岸边 240～295m,上覆岩体厚度 260～410m;围岩为微新与未卸荷花岗岩及少量混合岩等,岩性走向与主厂房轴线夹角为 30°～40°;断层不发育,规模皆小,裂隙总体不发育,主要发育一组 NE 走向陡倾裂隙,与厂房轴线呈小角度相交;围岩稳定性较好,中等地应力水平,局部高地应力,与厂房轴线小角度相交;主厂房Ⅱ、Ⅲ类围岩分别占 83.3%、16.7%;主变室Ⅱ、Ⅲ类围岩分别占 82.4%、17.6%;尾水调压室Ⅱ、Ⅲ类围岩分别占 83.3%、16.7%;主厂房、主变室与尾水调压室主要存在半定位块体及随机块体稳定问题。主厂房区中等地应力为主,下游调压室局部应力集中,为中等～高应力水平;最大主应力方向与厂房轴线方向小角度相交,有利于洞室围岩稳定,存在局部地应力集中引起的围岩稳定问题,局部高地应力引起轻微岩爆水平为主,尾调室轻微～中等岩爆水平,局部高地应力区域围岩存在片帮脱落、剥离、岩爆等问题。大部分洞室位于地下水位以下,主要为裂隙水,可能沿长大裂隙、小断层等进入地下厂房,局部形成脉状涌水。引水隧洞围岩以Ⅱ类为主,约占 87%,少量为Ⅲ类,约占 13%;尾水洞隧洞围岩以Ⅱ类为主,约占 70%,部分为Ⅲ类,约占 25%左右,Ⅴ类围岩(F_1 断层带)约占 5%。进水口与尾水出口边坡岩质坚硬、弱卸荷与未卸荷岩体,岩体质量以Ⅲ级与Ⅱ级为主,进水口上游侧面坡局部强卸荷Ⅳ级岩体,无大规模控制边坡整体稳定的断层,小断层和裂隙较发育;人工边坡主要存在结构面组合形成的块体及开口线附近强卸荷岩体、小断层等局部稳定问题。

5.3.1.2 环境自然边坡

1. 整体稳定性

坝址区无大型断裂穿越,历史及现今地震活动以弱震为主,对边坡整体稳定有利。

坝址区自然边坡以岩质边坡为主,基岩从老至新有中元古界雄松群三段(Pt_{2x}^3)斜长角闪(片)岩和混合岩、三叠系印支期侵入的花岗岩(γ_5^1),岩质多坚硬,对边坡整体稳定有利。

坝址区断层规模多较小,多陡倾,缓倾角断层少,规模最大的三条断层(F_1、F_2 及 f_3 断层)走向近横河向,且陡倾。断层的这些发育特征对边坡的整体稳定影响较小。

坝址区裂隙以片理及卸荷裂隙为主。片理多集中发育在下游左岸斜长角闪片岩区域,卸荷裂隙整体发育深度有限,缓倾角裂隙整体多不发育,且多为无充填的硬性结构面。裂隙的发育特征对边坡的整体稳定影响小。

坝址区两岸一级自然岸坡岩体多呈微风化状,弱风化岩体零星出露,范围较小,有利于边坡的整体稳定;二级岸坡各风化带均有分布,考虑其地形相对较缓,对边坡整体稳定影响不大。

坝址区自然边坡岩体强卸荷多发育于一级岸坡坡顶及混合岩、斜长角闪片岩岸坡,且深度不大;弱卸荷带岩体内卸荷裂隙张开宽多小于 1cm,延展性亦差,对边坡的整体稳定影响较小。

坝址区地应力总体属中等地应力水平,局部应力集中部位为中等～高应力水平,对边坡的整体稳定影响小。

坝址区自然高边坡多处于地下水位以上,降水和冰雪融水多以地表径流的形式排入金沙江,有利于边坡的整体稳定。

总之,坝址区自然边坡构造稳定、岩石坚硬程度、断层裂隙发育情况、岩体风化与卸荷特征、地应力水平及水文地质条件等方面皆对整体稳定影响不大,因此坝址区自然边坡不存在整体稳定问题。

2. 自然边坡分区

坝址区高边坡指枢纽布置区所在峡谷的自然边坡及人工边坡。其顺河向范围自上游 F_2 断层至下游徐龙冲沟,长度 2km 左右;高程自河床 2150m 左右至二级岸坡坡顶 4000m 左右(范围由高程 2150m 至二级岸坡 2700m 左右)。

右岸边坡在坝肩上游出露混合岩,坝肩以下至尾水洞出口出露花岗岩,尾水洞出口下游出露斜长角闪片岩;构造上,发育两条二级断层结构面(F₁、F₂),F₁断层与F₂之间Ⅲ级结构面以NE~NEE向为主;岩体结构上,边坡岩体以块状结构为主,混合岩条带附近及一级岸坡坡肩强卸荷区等局部呈次块状结构~碎裂结构;边坡形态上,2500m以上二级岸坡为斜坡及陡坡,2500m以下一级岸坡多为峻坡、悬坡,坡度50°~85°。F₁断层与F₂断层之间部分悬坡呈三级台阶状,第一阶级分布于高程2170~2220m之间,第二阶级主要分布于高程2220~2350m,第三阶级分布于高程2350~2500m。

左岸边坡基岩主要为花岗岩,上游低高程出露少量混合岩,F₁下游侧出露斜长角闪片岩;构造上,发育断层以走向NE~NEE、NW向为主;岩体以块状结构为主,坝肩下游部分卸荷带花岗岩岸剪裂隙发育,呈似层状结构,2450m以上山脊两侧岩体则多呈碎裂结构,F₁下游斜长角闪片岩呈层状、块裂结构;在边坡形态上,2450m高程以下一级岸坡较陡立,坡度60°~88°,2450m以上二级岸坡为斜坡、陡坡地形。

通过对边坡的地貌、岩性、结构面及岩体结构等特征的分析,并考虑坝址区建筑物布置,对边坡进行工程地质分区,见表5.27、图5.112。

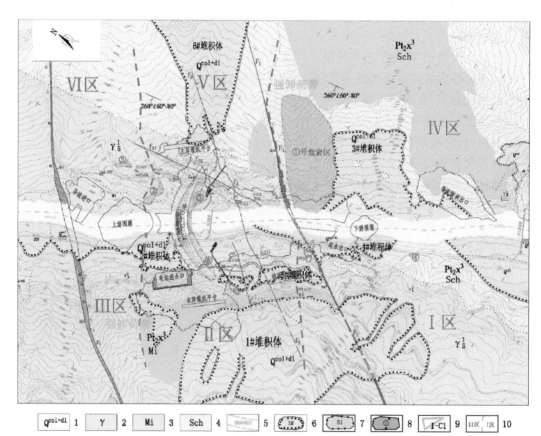

图5.112　自然高边坡分区示意图

1—崩坡积物;2—花岗岩;3—混合岩;4—斜长角闪片岩;5—岩性界线;6—强卸荷区;7—堆积体及编号;
8 强烈卸荷松弛区及编号;9—危岩体及编号;10—分区界线

表 5.27 自然边坡各分区特征表

分区编号	范围		地形地貌	地层岩性	岩体结构	涉及的工程边坡	主要地质问题
I	右岸	F₁断层下游	两级岸坡,整体坡向约60°,一级岸坡坡度55°~65°,二级岸坡坡度30°~45°	花岗岩为主	一级岸坡块状结构为主,局部强卸荷区为块裂结构,二级岸坡坡脚为碎石土边坡	尾水洞出口边坡	浅表层块体稳定问题;二级岸坡堆积体前缘局部稳定问题
II		F₁断层上游至2♯堆积体上游界线	两级岸坡,坡向60°左右,一级岸坡坡度50°~70°,二级岸坡坡度30°~45°	花岗岩为主,该区上游部分为混合岩	一级岸坡块状结构岩质边坡为主,局部强卸荷区为块裂结构岩质边坡,二级岸坡局部为碎石土边坡	大坝及水垫塘、电站进水口、缆机平台边坡	浅表层块体稳定问题,尤其是坡肩强卸荷区;2♯堆积体稳定问题;1♯堆积体前缘切脚稳定问题
III		2♯堆积体上游界线至F₂断层	坡向60°左右,上游靠F₂沟槽一侧坡向达0°左右,整体坡度45°~75°	混合岩	块状、次块状结构为主,强卸荷区岩体见镶嵌结构	上游围堰	强卸荷区坡表松弛块体稳定问题
IV	左岸	F₁断层下游	凹面坡形态,坡向约240°,堆积体地表坡度30°~38°,堆积体以上岸坡坡度较陡立,平均达65°	斜长角闪片岩	层状结构为主	导流洞出口边坡、下游围堰	①号危岩区稳定问题;3♯堆积体整体稳定问题;浅表层块体稳定问题
V		F₁断层上游至②号危岩体	两级岸坡,坡向240°左右,一级岸坡坡度一般50°~70°,二级岸坡坡度30°~45°	花岗岩	块状结构为主	大坝、水垫塘、缆机平台边坡	浅表层块体稳定问题,尤其是坡肩强卸荷区;②、③号危岩体稳定问题;6♯堆积体前缘切脚稳定问题
VI		②号危岩体上游至F₂断层	坡向250°左右,一级岸坡为坡度50°~70°的峻坡、悬坡;二级岸坡坡度30°~40°	花岗岩、混合岩	块状结构为主	导流洞进口边坡、上游围堰	浅表层块体问题,尤其是坡肩强卸荷区;⑤号危岩体稳定问题

3.局部稳定性

综合采用地质测绘、无人机航拍、勘探、物探、试验等手段,勘察成果表明,坝址区自然高边坡局部稳定问题主要有三类,即危岩体(区)、堆积体、强烈卸荷松弛区,针对危岩体进行论述。

(1)危岩体的规模

坝址区危岩体(区)255处,其中左岸109个,右岸146个。两岸发育万方级危岩体(区)少(6个,占2.4%),千方级危岩体较少(20个,占7.8%),百方级危岩体多(137个,占53.7%),百方级以下危岩体较多(91个,占36.1%)。

(2)分布特征

对建筑物有较大影响的共有5处危岩体及1处危岩区(表5.28)。①号危岩区规模大,且位于雾雨区,对二道坝、基坑、下游围堰构成威胁;③号、⑥号危岩体在大坝工程边坡范围挖除;②号危岩体位于坝前正常蓄水位以下,施工期对基坑安全构成威胁;④号危岩体离枢纽建筑物较远,但威胁施工道路安全。

表 5.28　坝址主要大型危岩体特征一览表

编号	位置	前缘/后缘 高程(m)	面积 (10^4m^2)	体积 (10^4m^3)	地质特征
①	坝轴线 下游左岸	2165/2600	6.57	约 145	较大的斜长角闪片岩山脊,三面临空,主要发育两组结构面,纵横交错,张开,岩体破碎,稳定性差,危岩体下游山体历史上曾发生过崩塌
②	坝轴线 上游左岸	2185/2255	0.19	10.0	危岩体受 f_{24}、f_{25}、f_{46} 三条断层切割控制。f_{24} 为底部控制结构面(滑移面):262°∠21°～40°,裂隙上陡下缓,张开度 10～20cm,充填岩块、岩屑;f_{46} 为后缘控制结构面(拉裂面):192°∠83°,起伏,近直立临空面走向 N60° W。该危岩体已脱离母岩,可能出现滑移式失稳破坏
③	坝轴线 上游左岸	2195/2255	0.20	1.8	花岗岩,突出坡外,且发育一组顺坡向中缓倾角裂隙及一组陡倾角裂隙。可能发生局部或整体崩塌,稳定性较差
④	右岸尾 水出口	2170/2244	0.04	1.6	斜长角闪片岩,突出山嘴,受断层 f_1 及后缘顺片理面卸荷裂隙切割,可能出现倾倒型破坏
⑤	左岸导流 洞进口	2330/2415	0.4	4.9	以岩块岩屑型中倾角断层 $f79$(产状 310°∠34°)为底滑边界,以陡倾顺坡向卸荷裂隙为侧滑边界,可能发生滑移失稳
⑥	右岸 坝轴线	2251/2303	0.06	0.54	危岩体上下游侧临空,下部大面积掏空,仅部分基座支撑,危岩体可能错断后缘结构面后滑移失稳,稳定性较差

两岸其余中、小型危岩体 250 个,分布有如下特征:

左岸无 10000m³ 以上危岩体分布,1000～10000m³ 危岩体主要分布于拱肩槽上游侧陡崖中上部(3 个)、下游侧水垫塘部位(3 个)及 S2 强烈卸荷松弛区(1 个),1000m³ 以下危岩体分布无明显规律,散布于坝址区高边坡不同位置。

右岸 10000m³ 危岩体,一个位于水垫塘末端边坡 2180m 高程附近,另一个位于地面开关站前缘,2315m 高程附近;1000～10000m³ 危岩体主要分布于坝肩下游侧;1000m³ 以下危岩体分布无明显规律,散布于坝址区高边坡整个区域。

总体而言,岸坡(2500m 以下)危岩体多分布于坡肩及边坡中上部位置,边坡中下部及坡脚相对较少。

(3)失稳破坏类型及稳定性

旭龙水电站危岩体失稳破坏模式主要包括表 5.29 所示几种类型。

表 5.29　失稳破坏模式分类

类型	结构面	地貌	受力状态	起始运动型式
倾倒式	多为陡倾结构面	直立岸坡、悬崖	主要受倾倒力矩作用	倾倒
滑移式	有倾向临空面的结构面	陡坡通常大于 55°	滑移面主要受剪切力	滑移
拉裂式	多为风化裂隙和垂直拉张裂隙	上部突出的悬崖	拉张	拉裂

将危岩体稳定性分为稳定、基本稳定、稳定性较差、稳定性差四个级别,评价标准如表5.30所示。

表 5.30 危岩体稳定性分级标准

稳定性分级	定 义	稳定性系数	
		基本工况	特殊工况
稳定	在基本工况条件下和特殊工况条件下,都是稳定的	$K_f > 1.2$	$K_f > 1.1$
基本稳定	在基本工况条件下是稳定的,在特殊工况条件下其稳定性有所降低,有可能产生局部变形,整体仍然是稳定的,但安全储备不高	$1.2 > K_f > 1.1$	$1.1 > K_f > 1.05$
稳定性较差	目前状态下稳定,但安全储备不高,略高于临界状态。在基本工况条件下其向不稳定方向发展,在特殊工况条件下游可能整体失稳	$1.1 > K_f > 1.05$	$1.05 > K_f > 1.0$
稳定性差	目前状态下即接近于临界状态,且向不稳定方向发展。在特殊工况条件下将整体失稳,且失稳诱发临界值较低	$1.05 > K_f > 1.0$	$K_f < 1.0$

5.3.1.3 河床覆盖层

上游围堰部位河床冲洪积物(Q^{pal})厚32~35m,主要物质成分为碎块石或漂卵石夹砾砂,中密状,原岩成分为混合岩、斜长角闪片岩、石英岩等。右岸为2♯堆积体,堆积体主要为碎块石夹土,厚7~12m,中密状,原岩物质以花岗岩为主夹混合岩、角闪岩。受白格堰塞湖影响,堆积体前缘大多被洪水冲走,中上部开挖为羊拉公路路基填方所用,目前该堆积体基本稳定。下伏基岩为混合岩(Mi)和花岗岩(γ_5^1),岩质坚硬,块状结构,属完整岩体(图5.113、图5.114)。上游围堰堰基覆盖层渗透系数$K > 1.0$cm/s,属极强透水地层;左岸近岸段高程2140m以上属于中等透水地层,高程2140m以下属弱透水地层;右岸高程2135m以上属中等透水地层,高程2135m以下属于微~弱透水地层。上游围堰河床及右岸堰基覆盖层具强渗透性,对该段进行防渗处理,覆盖层中夹大块石,防渗墙施工具一定难度。堰基下伏基岩表层约10~15m范围为弱卸荷岩体,透水性较强,进行防渗处理,帷幕下限进入相对完整基岩。

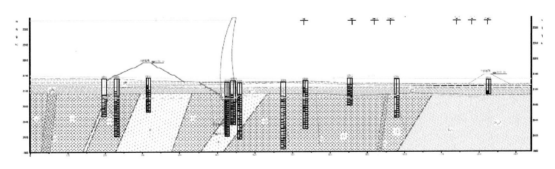

图 5.113 顺河床工程地质剖面图

下游围堰部位河床冲洪积物(Q^{pal})主要为碎块石或漂卵石夹砾砂,中密状,原岩成分为混合岩、斜长角闪片岩、石英岩等变质岩和花岗岩等火成岩,XZK19钻孔揭露覆盖层厚度31.0m。右岸为4♯崩坡堆积体(Q^{col+dl}),厚2~12m,主要为碎块石夹土,松散状。下伏基岩

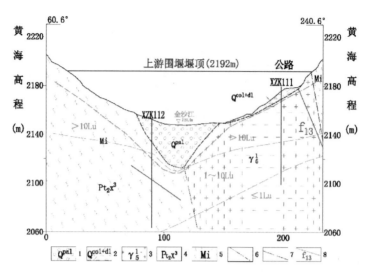

图 5.114　上游围堰轴线工程地质纵剖面图

1—冲洪积物；2—崩坡积物；3—花岗岩；4—混合岩；5—中元古界雄松群三段；

6—岩性分界线；7—断层及断层编号；8—透水率界线

为斜长角闪片岩(Sch)和花岗岩(γ_5^1)，岩质坚硬，属较完整岩体(见图 5.115)。下游围堰堰基为漂卵石夹砾砂，渗透系数 $K \geqslant 1\text{cm/s}$，属极强透水地层。下伏基岩为弱卸荷斜长角闪片岩和花岗岩，属微～弱透水地层。右岸第四系堆积体结构松散，且具极强渗透性，存在渗漏问题，围堰防渗帷幕需延长至两岸基岩并进入透水率 $q<3$ 的弱透水地层，河床覆盖层局部有大块石，防渗墙施工可能存在难度。

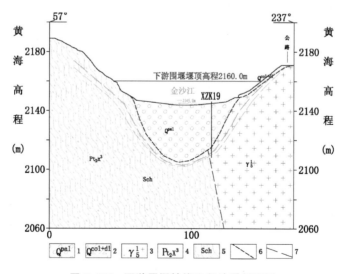

图 5.115　下游围堰轴线工程地质剖面图

1—冲洪积物；2—崩坡积物；3—三叠系印支期花岗岩；4—中元古界雄松群三段；5—斜长角闪片岩；

6—第四系与基岩分界线；7—岩性分界线

旭龙水电站坝址区与施工区发育大量堆积体，洒茂顶堆积体位于金沙江右岸，上距坝址约 2.4km，前缘至金沙江临江冲积平台，高程 2180～2190m，后缘至高程 2350m，面积约 21.9×

$10^4 m^2$,平均厚度约 60m,最厚 120m,体积 $1350 \times 10^4 m^3$(见图 5.116)。纵向上发育较明显的两级平台,平台之间为坡度 35°~45°的斜坡。堆积体主要由左岸崩滑堆积而来,堆积于金沙江平缓的阶地部位,并造成了一定时期的堵江等。物质主要为灰绿色、灰黄色碎块石土及砂卵石等,碎块石原岩主要为绿片岩、大理岩等。堆积体坐落于平缓阶地上,下伏基岩面呈座椅形态,后缘陡、中前缘缓,前缘在高程 2190m 有基岩出露;加之堆积体物质成分主要碎块石类土层,强度高,堆积体区基本干燥等,均有利于堆积体整体稳定。堆积体目前未见明显变形迹象,整体稳定;但是堆积体前缘地形陡峻、斜坡高度大,表层的松散堆积层在雨季时局部有小范围溜滑和坡面泥石流破坏现象发生。

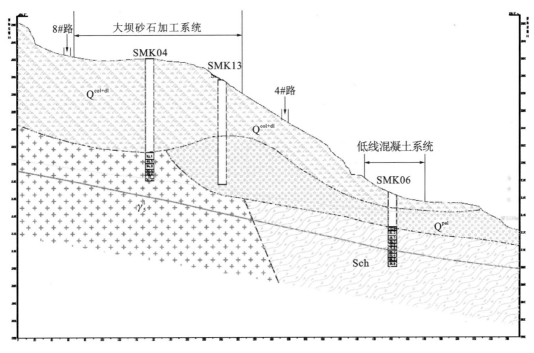

图 5.116 洒茂顶堆积体工程地质剖面图

5.3.1.4 地下厂房区地应力

为查明地下厂房区地应力场特征,共进行了 12 个钻孔地应力测试,完成了 152 段(点)地应力测试:水压致裂法有 117 段,其中单孔水压致裂法有 43 段,三孔水压致裂法有 74 段;浅孔三维应力解除法有 35 点。

根据钻孔地应力实测成果综合分析(表 5.31),地下厂房区分别对 9 个孔采用三孔交汇测试、3 个铅直孔采用水压致裂法进行测试,共 152 段(点)地应力测试成果进行分析可以看出,厂房区最大水平主应力为 8.2~21.1MPa,最小水平主应力为 1.5~13.0MPa;最大水平主应力方向一般为 N51°~66°E(平均 N57°E)。地应力测试表明总体最大水平主应力 <20MPa,最大水平主应力 >20MPa 主要分布于 3 处,分别为:XZK80 孔深 52.7m(高程 2125m)、XZK82 孔深 48.1m(高程 2129m)最大水平主应力分别为 20.1MPa、21.1MPa;下游 XPD26 洞底测试点受 F₁ 断层影响,XZK117 孔深 66~72m(高程 2110~2116m)最大水平主应力 22.9~32.5MPa。地下厂房区地应力总体为中等应力水平,局部应力集中部位为高应力水平(图 5.117)。

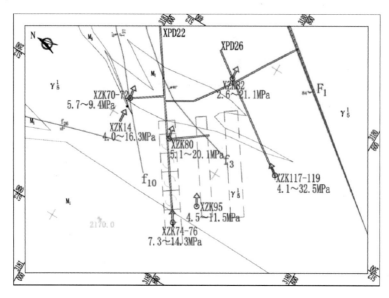

图 5.117　厂房区地应力测试成果示意图

表 5.31　厂房区各钻孔应力值汇总表

孔号	测试深度范围(m)	最大水平主应力 σ_H(MPa)	最大水平主应力方向	最小水平主应力 σ_h(MPa)	铅直应力 σ_z(MPa)	侧压力系数
XZK70	全孔	5.7~9.4	77°~84°	2.6~8.5	—	1.2~1.5
XZK71						
XZK72						
XZK74	全孔	7.3~14.3	51°~66°	4.9~11.5	—	0.7~1.2
XZK75						
XZK76						
XZK117	全孔	4.1~32.5	27°~47°	2.8~18.1	—	0.4~2.7
XZK118						
XZK119						
XZK80	15.6~77.2	5.1~20.1	62°~76°	3.4~13.0	9.1~10.7	0.5~2.0
XZK82	20.3~76.0	2.6~21.1	67°~84°	1.5~11.7	4.9~6.4	0.5~3.7
XZK95	25.0~113.3	4.5~11.5	40°~60°	2.6~6.1	9.9~12.3	0.4~1.1

　　勘探平洞 XPD26(尾水调压室下游、横河向平洞,高程 2180m)与 XPD22-2(尾水调压室外侧、顺河向平洞,高程 2180m)勘探过程中部分洞壁可见片帮、剥离等应力释放现象,见图5.118;勘探钻孔局部见岩心饼化现象,零星随机分布,XZK95 孔深 111.1~112.0m(高程 2110~2111m)、XZK82 孔深 67.9~68.3m(高程 2110m)见岩心饼化,见图 5.119;其他钻孔偶见零星(约厚 0.2m)岩心饼化。表明地下厂房区存在局部应力集中现象,具随机分布特征。

　　综合地应力测试成果与局部应力集中现象表明,地下厂房区地应力总体为中等应力水平,局部应力集中为高应力水平。

图 5.118 尾调室下游平洞片帮剥离

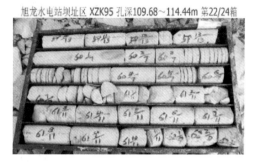

图 5.119 钻孔局部岩心饼化现象

5.3.2 环境自然边坡勘探技术

5.3.2.1 无人机高清三维影像地质问题识别技术应用[25]

旭龙水电站坝址区自然边坡大部分基岩裸露、山势雄厚、构造稳定,且主要以花岗岩、混合岩、斜长角闪片岩等坚硬岩为主,岸坡岩体风化、卸荷总体较弱,未发现大型倾向坡外的软弱带(面),自然岸坡总体稳定;局部工程地质问题为危岩体、强烈卸荷松弛区、松散堆积体、坡面危石或浮石。环境自然边坡的局部稳定问题突出。

危岩体稳定问题为旭龙枢纽区环境自然边坡主要且突出的工程地质问题,因危岩体呈"点"广泛分布于陡峻边坡上,需采取针对性手段识别危岩体;因大部分边坡高陡不能进行近距离调查,采取无人机高清三维影像地质问题解译与现场块体调查结合的手段,对危岩体进行识别。

利用"基于小型无人机录像的三维影像获取方法"、"基于无人机的岩石高边坡远程信息采集设备"等专利方法,大幅提高了无人机获取高清三维影像的效率和精度;利用"一种基于无人机的块体识别方法",对高清影像进行三维影像匹配合成,获取调查区带有真三维坐标的高清影像,并可直接在三维影像中提取坐标、尺寸、结构面产状等信息(见图 5.120),从而识别并评价危岩体等工程地质问题。

图 5.120 高清三维影像读取危岩体信息

左岸开口线以上环境自然边坡共识别 109 个危岩体,右岸环境自然危岩体共识别 146 个块体,分布见图 5.121、图 5.122,代表性块体特征见表 5.32。

左岸

大型危岩体及编号   危岩体及编号   强烈卸荷松弛区   堆积体   设计开挖线   建筑物轮廓线

图 5.121 旭龙水电站坝址区环境自然边坡左岸影像图

图 5.122 旭龙水电站坝址区环境自然边坡右岸影像图

表 5.32　典型块体照片及特征综合一览表

危岩体编号		ZⅥ016									稳定性评价及处理措施建议
危岩体基本特征	位置	导流进口上游侧	危岩体照片							立体示意图	稳定性评价:该块体底部控制性结构面缓倾,上游侧及后缘结构面陡倾,局部张开,块体易发生滑移失稳,块体基本稳定。处理措施建议:锚固
	分布高程(m)	2200~2245									
	形态	类四棱柱									
	体积(m³)	6500									
	岩性	混合岩									
	最大水平埋深(m)	10									
	失稳模式	滑移式									
控制点坐标	编号	高程	x	y	控制结构面	编号	产状		抗剪断强度			描述
							倾向(°)	倾角(°)	f'	c'(MPa)	f	c(MPa)	
	O	2226	512242	3181730		ADHE	201	88					上游控制性结构面,陡倾,局部张开
						EFGH	281	88					后缘控制性结构面,陡倾,局部张开
						CDHG	267	33	0.3	0.13	0.2	0	底部控制性结构面,中缓倾,局部张开

5.3.3　河床覆盖层可视化探测技术

可视化探测技术成果应用在旭龙水电站实施完成坝基、上下游围堰水上钻孔的覆盖层孔内摄像工作,采取先从上至下、再从下至上补录的分段方式,分段长度一般为 1~2m,少数达到 3~4m。图 5.123 为旭龙水电站水上钻孔 XZK107 河床覆盖层可视化图片。

在旭龙水电站施工区洒茂顶堆积体勘察中,针对超百米覆盖层钻孔,进行了可视化探测技术的试验与应用工作,于 SMK02♯孔获取 120 余米钻孔深度的覆盖层摄像资料,图 5.124 为彩电图片。

5.3.4　地应力测试技术[26]

旭龙水电站坝址区河流走向近 N40°W,河床高程约 2120~2130m,地下厂房长轴线走向为 N55°E,地下厂房洞身高程约 2110~2180m。地应力测试工作主要在右岸地下厂房区累计 12 个钻孔内进行。完成了地下厂房区 XPD22-1 平洞、XPD22 平洞、XPD26 平洞内三组测孔的水压致裂法(每组含 1 个铅直孔及 2 个近水平孔,完成常规水压致裂法的同时还进行了三孔交汇法,获得测区三维地应力状态)及套心解除法地应力测试(每组含 2 个近水平孔);完成了地下厂房区 XPD22-3 平洞、XPD26 平洞、XPD10 平洞内各 1 个铅直孔的水压致裂法测试,下面以 XPD26 平洞地应力测试为例进行介绍。

5.3.4.1　测孔简介

铅直孔 XZK117、水平孔 XZK118 与 XZK119 分别位于 XPD26 平洞洞底的底板(距离岸坡约 370m)、掌子面及左边墙(下游方向),XZK117 孔口铅直埋深约 393m。三个测孔揭露的

图 5.123 旭龙水电站河床覆盖层钻孔彩电图片

岩心以花岗岩为主,测段范围均选自孔内相对完整区间,各孔岩心描述如下:

XZK117 孔:孔深 0～56.7m 为微新岩体,岩性为浅灰、灰白色花岗岩,中细晶体结构,块状构造,岩质坚硬、完整;56.7～80.8m 为深灰色混合岩,岩质坚硬,岩体新鲜完整,为微新岩体,混合岩以斜长角闪岩为主,夹较多灰色长英质条带。该段裂隙不甚发育,以中陡倾角为主,部分高倾角,一般无充填。孔深 75.4～76.0m 岩心较破碎。

XZK118 孔:孔深 0～30.2m 为微新岩体,岩性为灰白色花岗岩,局部夹混合岩,岩质坚硬,裂隙不发育,岩体完整,裂隙一般无充填。其中,18.7～23.7m、28.1～30.2m 为深灰色混合岩,岩质坚硬,新鲜完整,其余孔深为灰白色花岗岩。

XZK119 孔:孔深 0～30.1m 为微新岩体,岩性为灰白色花岗岩,岩质坚硬,岩体完整,裂隙不发育。其中,孔深 10.6～10.8m 夹一层深灰色斜长角闪长岩,坚硬,完整。

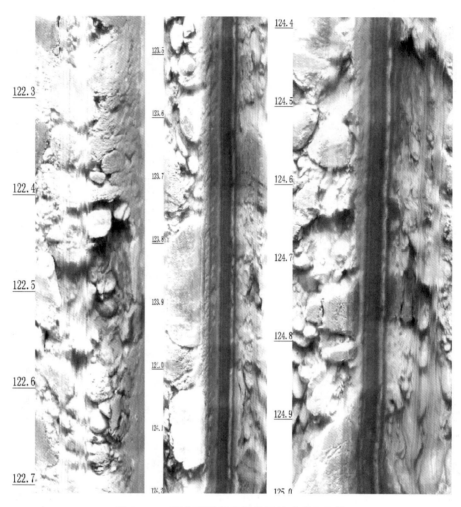

图 5.124　洒茂顶堆积体覆盖层钻孔彩电图片

5.3.4.2　测试结果

(1)水压致裂法

　　XPD26 平洞进行了一组三孔交汇式三维水压致裂法地应力测试,各个钻孔测试结果及三维应力计算结果见表 5.33～表 5.36。

表 5.33　铅直孔 XZK117 水压致裂法地应力测试结果

测段序号	高程(m)	测深(m)	P_b(MPa)	P_r(MPa)	P_s(MPa)	P_0(MPa)	σ_H(MPa)	σ_h(MPa)	σ_z(MPa)	$\lambda=$ σ_H/σ_z	σ_H方位(°)
1	2157.6	24.1	10.4	6.3	4.0	0.0	6.2	4.2	11.3	0.6	
2	2144.1	37.6	16.1	6.5	4.2	0.0	6.8	4.6	11.6	0.6	N27°E
3	2135.1	46.6	13.3	5.6	3.3	0.1	5.1	3.8	11.9	0.4	
4	2126.1	55.6	18.4	12.7	7.9	0.2	11.9	8.5	12.1	1.0	N40°E
5	2121.6	60.1	21.2	15.7	9.7	0.2	14.4	10.3	12.2	1.2	

续表 5.33

测段序号	高程（m）	测深（m）	P_b（MPa）	P_r（MPa）	P_s（MPa）	P_0（MPa）	σ_H（MPa）	σ_h（MPa）	σ_z（MPa）	$\lambda=\sigma_H/\sigma_z$	σ_H方位（°）
6	2117.1	64.6	—	20.0	12.6	0.3	18.8	13.2	12.4	1.5	
7	2115.6	66.1	23.4	20.7	17.4	0.3	32.5	18.1	12.4	2.6	
8	2114.1	67.6	20.6	17.2	16.1	0.3	32.1	16.8	12.4	2.6	N47°E
9	2112.6	69.1	—	13.7	12.6	0.3	25.2	13.3	12.5	2.0	
10	2109.6	72.1	—	19.6	13.8	0.4	22.9	14.5	12.6	1.8	

注：孔口埋深约393m，孔口高程▽2181.7m，测试时水位距孔口37m。

表 5.34　水平孔 XZK118 水压致裂法地应力测试结果

测段序号	测深（m）	P_b（MPa）	P_r（MPa）	P_s（MPa）	P_0（MPa）	σ_A（MPa）	σ_B（MPa）	压裂缝产状 走向/倾向/倾角
1	10.0	10.2	3.5	2.3	0.0	3.4	2.3	
2	11.5	10.5	8.2	4.4	0.0	5.0	4.4	
3	15.0	11.6	10.1	8.4	0.0	15.1	8.4	
4	16.5	16.2	8.7	7.3	0.0	13.2	7.3	N40°E/SE/67°
5	19.5	12.6	10.5	8.6	0.0	15.3	8.6	
6	22.5	15.5	11.2	7.2	0.0	10.4	7.2	
7	25.5	23.1	15.3	7.9	0.0	8.4	7.9	N40°E/SE/76°
8	28.0	16.8	12.4	6.5	0.0	7.1	6.5	

注：孔口埋深约391m，孔口高程▽2183.0m。

表 5.35　水平孔 XZK119 水压致裂法地应力测试结果

测段序号	测深（m）	P_b（MPa）	P_r（MPa）	P_s（MPa）	P_0（MPa）	σ_A（MPa）	σ_B（MPa）	压裂缝产状 走向/倾向/倾角
1	6.0	7.2	6.5	3.6	0.0	4.3	3.6	
2	7.5	8.7	5.1	3.3	0.0	4.8	3.3	
3	12.0	9.3	5.9	4.3	0.0	7.0	4.3	N48°W/SW/77°
4	13.5	10.7	4.0	3.3	0.0	5.9	3.3	
5	16.5	8.1	4.8	3.0	0.0	4.2	3.0	
6	21.0	6.7	3.1	2.1	0.0	3.2	2.1	N48°W/SW/40°
7*	24.5	7.9	2.3	1.3	0.0	1.6	1.3	

注：孔口埋深约391m，孔口高程▽2182.8m。

表 5.36　三维水压致裂法地应力计算结果(XZK117、XZK118、XZK119 孔)

空间应力分量(MPa)						水平主应力		
σ_x	σ_y	σ_z	τ_{xy}	τ_{yz}	τ_{zx}	σ_H(MPa)	σ_h(MPa)	α_H(°)
10.3	10.3	8.9	−2.2	0.3	1.3	12.5	8.1	45

空间主应力								
第一主应力 σ_1			第二主应力 σ_2			第三主应力 σ_3		
量值(MPa)	倾角(°)	方位角(°)	量值(MPa)	倾角(°)	方位角(°)	量值(MPa)	倾角(°)	方位角(°)
12.6	11	42	9.7	52	297	7.3	36	140

(2)浅孔应力解除法

XZK118 孔及 XZK119 孔的浅孔应力解除法计算参数见表 5.37～表 5.39。根据测试应变值和室内试验所测定的弹性模量、泊松比等参数,计算出测试部位的应力状态。

表 5.37　XPD26 平洞解除法三维地应力计算参数取值及其修正系数

测孔编号	岩石名称	抗压强度(MPa)	弹性模量(GPa)	泊松比	修正系数			
					K_1	K_2	K_3	K_4
XZK118	花岗岩	132.8	53.2	0.23	1.144783	1.195086	1.094128	0.917848
XZK119		159.5	57.9	0.23	1.146370	1.198720	1.095103	0.916947

表 5.38　XPD26 平洞解除法的测试应变值　　　　　　　　　　(单位:$\mu\varepsilon$)

测孔编号	测段编号	测点深度(m)	应变片编号								
			1	2	3	4	5	6	7	8	9
XZK118	XZK118-1	7.5	60	64	89	103	120	250	64	123	303
	XZK118-2	9.5	97	70	103	67	154	306	131	99	294
	XZK118-3	10.3	155	113	217	66	166	303	68	109	301
	XZK118-4	11.3	131	101	240	114	139	312	69	117	292
	XZK118-5	12.3	109	135	112	66	181	292	93	173	247
	XZK118-6	14.7	121	88	87	106	126	335	138	112	309
	XZK118-7	15.8	126	52	118	170	93	324	91	114	300
XZK119	XZK119-1	6.5	28	50	112	46	78	219	57	150	265
	XZK119-2	8.5	35	52	144	26	81	226	10	141	279
	XZK119-3	9.3	29	56	157	40	62	252	44	146	237
	XZK119-4	10.3	33	25	197	37	61	274	39	46	250
	XZK119-5	11.3	40	54	178	38	109	279	63	101	245
	XZK119-6	13.1	25	45	175	39	101	211	26	110	264
	XZK119-7	14.3	10	86	184	18	110	234	20	116	255

表 5.39 XPD26 平洞解除法地应力测试结果表

测段编号	测点深度 (m)	空间应力分量 (MPa)						水平面主应力 (MPa)			孔深 (m)	第一主应力 σ₁			第二主应力 σ₂			第三主应力 σ₃		
		σ_x	σ_y	σ_z	τ_{xy}	τ_{yz}	τ_{zx}	σ_H	σ_h	α_H (°)		量值 (MPa)	倾角 (°)	方位角 (°)	量值 (MPa)	倾角 (°)	方位角 (°)	量值 (MPa)	倾角 (°)	方位角 (°)
XZK118-1	7.5	5.3	4.0	6.7	-0.9	-0.2	-0.4	5.7	3.6	27	7.5	6.8	73	187	5.6	16	30	3.6	6	298
XZK118-2	9.5	6.2	4.6	7.2	-1.2	0.4	-0.4	6.8	4.0	29	9.5	7.6	55	212	6.5	34	26	4.0	3	118
XZK118-3	10.3	6.8	6.2	7.3	-0.5	0.4	-0.5	7.1	5.9	29	10.3	7.9	49	213	6.6	40	21	5.9	6	116
XZK118-4	11.3	6.9	6.6	7.1	-0.5	0.2	-0.03	7.3	6.1	37	11.3	7.4	31	221	7.1	57	23	6.1	8	126
XZK118-5	12.3	6.9	5.3	7.0	-1.4	0.1	0.3	7.7	4.5	31	12.3	7.7	15	30	7.0	74	232	4.5	6	121
XZK118-6	14.7	7.4	4.4	7.6	-1.7	0.1	0.1	8.1	3.7	25	14.7	8.1	1	25	7.7	88	258	3.7	2	115
XZK118-7	15.8	6.8	5.0	7.1	-1.6	-0.1	0.4	7.8	4.0	31	15.8	8.0	24	30	7.0	66	214	4.0	1	121
XZK119-1	6.5	4.0	4.0	6.2	-0.1	0.3	0.7	4.1	3.9	41	6.5	6.5	72	338	4.1	3	238	3.7	17	147
XZK119-2	8.5	4.2	3.9	6.4	-0.6	0.2	0.7	4.6	3.4	38	8.5	6.6	75	359	4.5	11	223	3.3	10	131
XZK119-3	9.3	4.5	4.3	6.1	-0.3	1.0	0.8	4.7	4.1	37	9.3	6.7	64	307	4.7	0	37	3.5	26	127
XZK119-4	10.3	4.0	3.9	6.1	-1.1	0.2	-0.04	5.0	2.8	44	10.3	6.1	81	238	5.0	9	43	2.8	2	134
XZK119-5	11.3	4.9	4.6	6.6	-0.4	0.3	0.04	5.2	4.4	33	11.3	6.6	79	251	5.1	8	30	4.4	7	121
XZK119-6	13.1	4.7	3.7	6.0	-0.7	-0.3	0.2	5.1	3.4	26	13.1	6.1	72	38	5.0	17	204	3.4	4	295
XZK119-7	14.3	4.4	4.2	6.3	-1.0	-0.03	0.2	5.3	3.3	43	14.3	6.4	81	30	5.3	8	224	3.3	2	133

注：轴 x 为正北向，轴 y 为正西向，z 轴垂直向上，右手系。

5.3.4.3　测试结果分析

(1)应力量值

①二维水压致裂法

铅直孔 XZK117 孔在 24.1～72.1m 测试范围内水平主应力分区现象明显,即在测深小于 50m 时,最大水平主应力为 5.1～6.2MPa,最小水平主应力主要为 3.8～4.2MPa;测深大于 50m 时,最大水平主应力为 11.9～32.5MPa,最小水平主应力主要为 8.5～18.1MPa。铅直应力为 11.3～12.6MPa。测深大于 50m 范围内各主应力分量呈 $\sigma_H > \sigma_z > \sigma_h$ 特征,测深小于 50m 内各主应力分量主要呈 $\sigma_z > \sigma_H > \sigma_h$,表明测深大于 50m 范围内受构造应力场控制,浅部则表现为自重应力场为主导。测试部位以花岗岩为主,根据室内实验取其单轴饱和抗压强度平均值 $R_c = 146$MPa,依据水力发电规范,测深小于 50m 时,$R_c/\sigma_m = 10.3～11.0$,应力量级属于低应力水平,测深大于 50m 时,$R_c/\sigma_m = 3.3～8.9$,应力量级主要为中等～高应力水平。因此,测试部位岩体应力水平除了浅部较低外,应力集中程度显著部位表现为中等～高应力水平。

水平孔 XZK118 孔在 10.0～28.0m 测试范围内钻孔横截面最大主应力主要为 3.4～15.3MPa,最小主应力主要为 2.3～8.6MPa。其中,在水平测深 15.0～23.0m 范围内存在一定程度的应力集中,大于该埋深范围则量值趋于稳定。

水平孔 XZK119 孔在 6.0～24.5m 测试范围最大主应力主要为 4.2～7.0MPa,最小主应力主要为 3.0～4.3MPa。其中,水平测深大于 17m 时存在应力松弛现象,这与临近 100m 处发育 F_1 陡倾断层有关。

②三维水压致裂法

依据铅直孔 XZK117、水平孔 XZK118 与 XZK119 的常规水压致裂法结果,最大水平主应力为 12.5MPa,最小水平主应力为 8.1MPa,铅直应力为 8.9MPa。最大主应力 σ_1 为 12.6MPa,最小主应力 σ_3 为 7.3MPa。

③浅孔应力解除法

水平孔 XZK118 孔在 7.5～15.8m 测试范围内最大水平主应力为 5.7～8.1MPa,最小水平主应力为 3.6～6.1MPa,铅直应力为 6.7～7.6MPa。最大主应力 σ_1 为 6.8～8.1MPa,最小主应力 σ_3 为 3.6～6.1MPa。

水平孔 XZK119 孔在 6.5～14.3m 测试范围内最大水平主应力为 4.1～5.3MPa,最小水平主应力为 2.8～4.4MPa,铅直应力为 6.0～6.4MPa。最大主应力 σ_1 为 6.1～6.7MPa,最小主应力 σ_3 为 2.8～4.4MPa。

综上,不同方法获得的最大水平主应力范围主要为 4.1～32.5MPa,最小水平主应力范围主要为 2.8～18.1MPa。同时,解除法获得的空间最大、最小主应力分别为 6.1～8.1MPa、2.8～6.1MPa,较三维水压致裂法结果略低,这与测试方法原理及测试深度差异有关,但量值水平基本一致。

(2)应力方向

铅直孔 XZK117 常规水压致裂法获得的最大水平主应力方向为 N27°～47°E(平均 N38° E),与解除法所得结果(平均 N34°E)及三孔交汇水压法所得结果(N45°E)一致。结果表明,测试范围内最大水平主应力方向呈 NE 向。

（3）地应力量值与测深的关系

各测孔横截面主应力量值随测深（H）变化关系见图 5.125～图 5.127。可以看出，铅直孔 XZK117 测深 50m 附近（高程 ▽ 2130m），应力集中现象显著，这与前述铅直孔 XZK74 在测深 47.6m 处应力量值突增现象一致。水平孔 XZK118 孔在 15.0～23.0m 范围内存在应力集中，其余测点量值比较稳定，这与洞室围岩应力重分布规律相符；水平孔 XZK119 孔在测深大于 17m 时存在应力松弛现象，推断其与临近局部地质构造 F_1 有关，其余测点量值比较稳定。

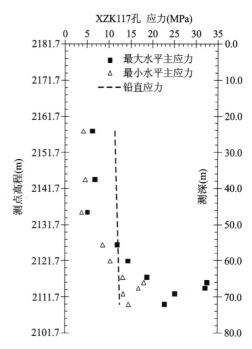

图 5.125　铅直孔 XZK117 水平主应力量值沿测点高程/测深的分布

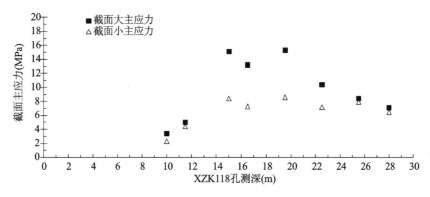

图 5.126　水平孔 XZK118 截面主应力量值沿测深的分布

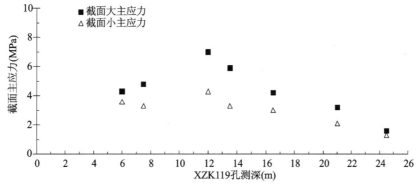

图 5.127　水平孔 XZK119 截面主应力量值沿测深的分布

5.4　长江穿越工程

5.4.1　忠县—武汉输气管道长江穿越工程[27]

5.4.1.1　工程地质概况

忠县—武汉输气管道工程是我国西气东输战略工程的重要组成部分,是国家"十五"期间的重点建设工程。该工程起点位于重庆市忠县,终点位于湖北省武汉市,并有湖北襄樊、黄石、湖南株洲三条支线,干线长719km,干支线总长1345km。输气管道工程总体顺长江布置,因干、支线总体布置需要,分别在重庆市忠县、湖北宜昌红花套、湖南岳阳城陵矶三处实施隧道穿越长江。这些穿江工程是整个工程的控制性工程,决定全线工程的进展和成败。

忠县—武汉输气管道长江穿越三座隧道长1~3km不等,洞径约3m。工程采取了钻爆法、盾构法等施工方法。隧道分别穿越了泥质粉砂岩、泥岩等红层软岩,灰岩、白云岩等可溶岩地层和黏性土、粉细砂、卵石及漂石等深厚覆盖层。隧道施工面临地质条件复杂、竖井、隧洞埋深及外水压力大,井壁、洞壁稳定及涌水问题突出等诸多难点问题。

1.各穿越段地质条件简介

(1)湖北宜昌红花套长江穿越

穿越段河流岸线较顺直,河床断面呈不对称宽"U"形,南岸稍陡、北岸平缓。枯水期江面宽800m(水位36.3m),洪水期江面宽1200m(水位50.0m)。穿越区地表冲积层厚16.0~28.0m,从上至下依次为:①黏性土,分布于两岸,厚6.0~16.0m;②粉细砂,分布于河漫滩表部,厚1.0~3.5m;③卵石,分布于两岸黏性土层下部及河床表部,厚1.5~24.0m,东厚西薄。下伏基岩为白垩系上统红花套组黏土质粉砂岩夹钙质细砂岩及含砾砂岩。设计隧道长1372m,主要从卵石和基岩层内通过。

(2)重庆市忠县长江穿越

穿越段河道较弯曲,河床断面呈北陡南缓的不对称宽"U"形。枯水期水位117m,洪水期水位145m。穿越区河床及岸坡覆盖层厚度不大,碎石土、黏性土一般厚1.0~11.0m,分布于两岸,砂卵石分布于长江河床及南岸漫滩,厚1~4.75m。下伏侏罗系上统蓬莱镇组砂岩、泥质粉砂岩、泥岩。设计隧道长1560m,主要从基岩层内通过。

(3)湖南岳阳城陵矶长江穿越

穿越段河道宽阔,岸线顺直,河床断面呈宽浅的"U"形。枯水期水位为19.0m,江面宽1500m左右;一般洪水期水位为30m,江面宽2480m;历史最高洪水位33.84m(1998年),江面宽2506m。两岸均有长江重要堤防分布。穿越区地表覆盖层主要由黏性土、细砂及卵石构成,北岸厚约33m,南岸厚约23m,河床厚度变化较大,从南向北由薄逐渐变厚,一般为5~22m。下伏基岩主要为元古代冷家溪群易家桥组上段浅变质岩,岩性以绿泥石泥质板岩为主,部分为白云石质泥质板岩,局部分布浅变质粉砂岩。设计隧道长2908m,主要从基岩层内通过。

2.主要工程特点简介

(1)盾构法穿越卵石层:湖北宜昌红花套长江穿越段河床中部及北侧长约600m范围内

（沿穿越轴线方向）分布厚度较大的卵石、漂石。由于卵石层结构松散、透水性强，盾构施工面临严重的洞壁稳定及涌水问题；另外，穿越段水流湍急，受河流动态淤积影响，不同部位，卵石层的密实度、粒径及级配存在较大差异，这为穿越施工进一步增加了难度。当时在国内还没有成功穿越的先例。

（2）穿越构造发育地段：湖南岳阳城陵矶长江穿越段地质构造极复杂，沙胡—湘阴断裂带距工程场址仅 2km；工程区周边地质调查发现断层达 14 条。横穿隧洞的断层，一方面破坏了岩体完整性，导致洞壁围岩稳定性降低；另一方面若其与上伏强透水层贯通，则可能成为集中的地下水渗漏通道，导致洞室大量涌水，对施工安全威胁极大。

（3）深竖井施工：湖南岳阳城陵矶长江穿越段北岸设计竖井井深达 64.2m，其规模国内罕见。其中，覆盖层厚 33m，从上至下依次为粉质黏土、细砂及卵石。下伏基岩为绿泥石泥质板岩，强风化带结构松软，厚 5.4～6.6m，中等及微风化带岩石完整性相对较好，局部分布层间剪切带。从地质条件上来看，覆盖层及强风化基岩结构松软，自稳能力差，井周稳定问题突出，特别是细砂及卵石层，透水性强，且与江水水力联系紧密，竖井开挖时，在地下水压力下，还存在涌水、涌砂、坍塌的可能，施工难度极大。

（4）高水头下洞、井涌水问题：忠县—武汉输气管道长江穿越各段，上伏水体厚度均较大，水头较高，其中，重庆市忠县长江穿越段达 60～80m；湖北宜昌红花套长江穿越段达 20～30m；湖南岳阳城陵矶长江穿越段达 45～55m。在高水头压力下，江水将顺强透水层或脉状透水体直接涌入隧洞，对隧洞稳定及施工安全极为不利。

5.4.1.2　深厚松散层勘探技术

忠县—武汉输气管道长江穿越各段均分布厚度较大的覆盖层及强风化基岩等松散岩土层，其结构松散，自稳定能力差，穿越隧道的竖井及洞室布置于其内，存在较严重的井（洞）壁稳定问题。尤其是湖北宜昌红花套长江穿越段首次运用盾构法在卵石层内实施穿越，为国内首例；湖南岳阳城陵矶长江穿越段北岸竖井深达 64.2m，上部 35m 范围内均分布松散岩土层，井壁自稳能力极差。因此，查明隧洞沿线或竖井井壁松散岩土层的分布、结构特征及配比等主要地质条件，成为选择合理穿越方式、层位和采取恰当防护措施的重要前提条件。

常规的勘察方法，是通过钻探手段来获得心样，通过观察心样来获得地层信息。但传统的单管钻探技术，在深厚松散岩土层内螺旋钻进，往往难以获得心样，或者取心率极低，造成判断地层物质组成及结构特征巨大困难，是地质勘察中的主要技术难题。

忠县—武汉输气管道工程各长江穿越段勘察，在大型长输管道穿越工程深厚松散岩土层勘察中采用了先进的 101 双管单动薄壁钻具、双管单动等钻探工艺和松散岩土层可视化探查方法，有效地提高了深厚松散岩土层的勘察精度，为穿越工程顺利实施和建设成功提供了可靠的地质依据。

（1）双管单动钻探

在忠县—武汉输气管道工程长江穿越段勘察初期，常规钻进工艺岩心获得率仅为 10%～30%，难以满足质量要求，此后虽然以增大岩心直径的办法使取心有所改善，但钻进速度慢，岩心受扰动，钻探质量依然得不到较好的保证。针对此种情况，长江三峡勘测研究院有限公司（武汉）立即改进技术方案，采用先进的双管单动钻探技术，以提高心样获得率。

其工作原理是利用钻机传递动力使钻具回转，外管连接钻头的切割刃或研磨材料消磨岩土体，而内管（即取心管）在钻进过程中保持不动，这样取出的岩心避免了扰动，可基本保持原始状态和完整度。

通过实践发现,普通的国内双管单动钻具壁较厚,在双管间距较小的情况下,较厚的钻具壁依然对内管心样有一定扰动,影响了内管取心效果。通过调研,引进"101双管单动薄壁钻具",在薄壁钻具的钻进引导下基本消除了内管心样的扰动,取心取得了良好的效果,岩心获得率达60%以上,采取率达90%以上。改良钻探工艺取心率见表5.40。

表5.40 改良钻探工艺取心率

孔号	平均回次进尺(m)	岩芯获得率(%)	岩芯采取率(%)	外管尺寸(mm)	内管尺寸(mm)
46#	1.1	53	95		
47#	1.2	63	93	110	101
50#	1.47	72	94		

孔号	使用钻具	钻进转速(r/min)	钻孔冲洗液	冲洗液量(L/min)
46#	101双管单动薄壁钻具 (钻头外径110mm、 钻头内径100mm)	108~187	SM植物胶	50~110
47#		108~187	SM植物胶	50~110
50#		108~267	泥浆	50~110

(2)松散岩土层可视化探查

忠县—武汉输气管道工程长江穿越勘察研究中,针对部分受钻孔工艺自身局限难以查清的重点工程部位,如大颗粒卵石层,运用了可视化探查技术。

本方法主要采用透光率92.8%以上的高透明PMMA管(PMMA管也称亚克力管,有机玻璃管,英文为Acrylic Tube,耐紫外线和大气老化,机械强度和韧性良好,最高使用温度为80℃),制作与钻孔孔径相匹配的各种不同口径的护壁器,并通过电视摄像,了解松散层的物质组成和结构特征。其具体实施步骤如下(图5.128):

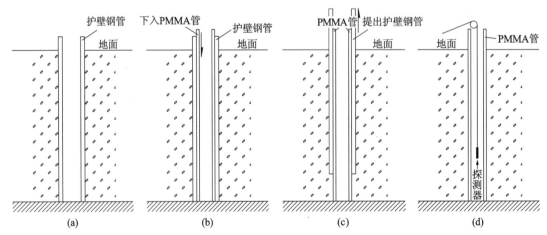

图5.128 松散层可视化探查示意图
(a)钢管护壁至孔底;(b)下入PMMA管;(c)提出外层钢管;(d)在PMMA管内电视摄像

①在松散层使用常规的钻进和护壁方法钻进,也就是每钻进一段,钢管护壁跟进一段,钢管护壁至孔底;

②将 PMMA 护壁器从上至下分段下入孔内;

③在要进行电视摄像的孔段将外层钢管提出(这时 PMMA 护壁器起到护壁的作用);

④对下入护壁器的孔段实施清洗;

⑤清洗完毕在有 PMMA 护壁器的孔段对松散层进行电视摄像。

可视化探查技术,可不计较心样的完整性,真实、直观地反映穿越段松散岩土层的结构特征和配比(图 5.129),大大提高了地质原始资料的准确性。

图 5.129　钻孔可视化解析成果图

(3)实施成果

通过采用先进的韩国 101 薄壁钻具双管单动钻探取心技术和可视化探查方法,有效地解决了松散地层钻孔取心差、难以获得详细地质信息的问题。

在湖北宜昌红花套长江穿越段勘察过程中,准确查明了卵石层的卵石含量、级配、直径及空间分布,结合原位测试及水文地质试验,摸清了穿越段卵石层的分布、结构特征及水文地质条件。大胆提出盾构隧洞在卵石、漂石层中穿越的施工方案,为方案设计选择合适的穿越层位及路径,采取合理的洞壁支护及止水措施提供了可靠的地质依据,开创了盾构施工法在卵石层中成功穿越的先河。

在湖南岳阳城陵矶长江穿越勘察过程中,准确查明了北岸深竖井井周松散岩土层的分布及结构特征,结合水文地质条件,对竖井可能出现的坍塌、流砂、管涌及砂土液化等进行了详细分析和评价,预测了在施工中可能遇到的各种问题,为施工方案的设计和采取有效的应对措施提供了可靠的地质依据。

5.4.1.3　钻孔全景彩电探测技术

忠县—武汉输气管道工程各长江穿越段隧洞大部从基岩层内通过,岩体内分布的断层一方面破坏了岩体完整性,导致洞壁围岩稳定性降低;另一方面若其与上伏强透水层贯通,则可能成为地下水渗漏通道,导致洞室大量涌水,对施工安全威胁极大。特别是湖南岳阳城陵矶长江穿越段,地质构造极复杂,沙胡—湘阴断裂带距工程场址仅 2km,工程区周边地质调查发现断层达 14 条,其隧洞沿线可能存在大量断层分布。

常规的勘察方法,通过观察心样来判断断层的分布。既可能因取心不完整,致使破碎的断层构造岩缺失,影响地质判断,又存在断层发育产状、规模等信息难以获得的情况,是地质勘察中多年普遍存在的问题。

在忠县—武汉输气管道工程各长江穿越段勘察期间,首次在大型长输管道穿越工程中引入了全景彩电探测技术,有效地查明了长江穿越段基岩内主要构造体,如断层、层间剪切带的分布、产状及规模等情况,为施工方案设计提供了可靠的地质依据。其具体实施步骤如下:

①以常规的钻进方法进行钻进和护壁。②对下入彩电探测器的空段实施清洗,以排除水流清澈不混浊为准。③清洗完毕即下入彩电探测器。④用探头自带的方位仪,读取断层孔内出露最高点和最低点方位;在确定方位上将探测器分别移动至断层顶、底面,计算测绳长度差。最低点方位即为断层倾向;同方位上断层顶、底差即为断层宽度;最高点与最低点之差除以孔

径即为倾角正切值。⑤进入室内编辑,分析影像成果(图 5.130)。

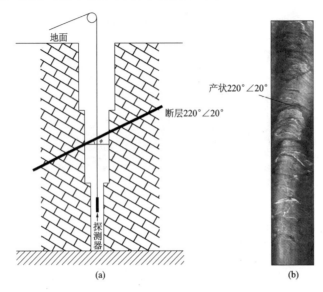

图 5.130　钻孔彩电全景探测实施及成果影像图
(a)松散层可视化探查示意图;(b)孔内彩电成果影像图

钻孔全经影像资料,可不计较钻孔取心的完整性,获得常规钻探工艺不能取得的埋藏于地下的断层、层间剪切带产状、规模等信息,意义重大。

在湖南岳阳城陵矶长江穿越隧道勘察过程中,除传统勘察手段外,在大型水域管道隧洞勘察中,首次引入了先进的钻孔全景彩电探查技术,查明了隧道沿线 28 条断层和 24 条层间剪切带的分布、走向、规模及透水性,精确划分了穿越隧洞的围岩类别,查明并准确预测了脉状透水体的分布及涌水量,创造性地提出在围岩稳定性总体较好的洞段(以Ⅲ类为主)采用钻爆和在围岩稳定性较差的洞段(以Ⅳ类为主)采用盾构相结合的施工方法,以现场试验确定盾构型式和爆破参数。

5.4.2　黄冈—大冶输气管道长江穿越工程

5.4.2.1　工程地质概况

黄冈—大冶天然气输气管道为鄂东地区连接西气东输、川气东送两条国家级输气干线的支干线,是湖北省正在建立中的天然气网络中最早启动的一个支网,也是湖北省拟建立的天然气调控网络中的第一颗"棋子",并将满足黄冈、黄石、鄂州 3 市日益增长的对天然气的需求。黄大线输气管道全长 76km,输气管道管径为 $\phi610$,设计压力为 6.3MPa,年输气量为 4.86 亿 m^3。

输气管道采用定向钻的施工方法于黄冈巴河镇和鄂州燕矶镇之间穿越长江。该穿越工程是整个管道工程的重难点控制性工程,决定全线工程的进展和成败。穿越隧道长度近2.7km,穿越处长江江面常水位宽度约 1700m,江堤之间的宽度约 2290m。区域性大断裂襄樊—广济断裂、巴河断裂分别从穿越段南端和近场区通过,穿越段沿线还分布深厚覆盖层(厚度近 30m,主要地层有黏性土、砂、圆砾及卵石)、可溶性岩灰岩、软硬不均砾岩、极坚硬钙质砂岩、沿断裂侵入的火山岩,以及泥质砂岩、泥岩、钙质砂岩等多种岩层。长江复杂的地理特点及穿越段特有的复杂地质条件给勘察、设计、施工带来诸多难题,定向钻穿越施工面临:襄樊—广济大断裂断裂带边界、构造岩及侵入岩体情况复杂,定向钻施工困难、风险较大;可溶岩灰岩层内发育岩溶,定向钻施工风险较大;砾岩层岩体软硬不均,定向导向困难等诸多难题。

穿越段两岸地势开阔平坦,水陆交通便利。覆盖层厚度11~35m,总体呈北厚南薄状。从上至下依次为黏性土、粉细砂及卵砾石等。下伏基岩为白垩~第三系东湖群、二叠系栖霞组及茅口组地层,走向与穿越轴线陡立近直交,岩性复杂,以中厚~厚层浅灰钙质砂岩、砾岩、紫红色泥质砂岩居多,其次为含绢云母粉砂岩、灰质白云岩、碳质灰岩、钙质砂岩、泥岩,以及沿襄樊—广济断裂侵入的安山质火山岩等。襄樊—广济断裂从穿越河段南岸通过,在穿越断面上的推测水平宽度大于300m,构造岩主要由碎块岩、含角砾碎裂岩、碎粉岩、含角砾糜棱岩组成,岩体破碎、性状较差。穿越岩体风化整体上具垂直分带性,从上自下可分为强风化带、中等风化带、微风化带。强风化带岩体分布不连续,铅直厚度一般为0.5~4.5m,受襄樊—广济断裂影响,穿越段南侧分布厚度较大,达2.5~8.5m,襄樊—广济断裂主断带强风化带岩体铅直厚度在30m以上;中等风化带岩体铅直厚度一般为3~12m,南岸襄樊—广济断裂影响带一般呈中等风化状;微风化带本次勘察未揭穿。长江是该区域的最低排泄基准面,地表水总体上向长江排泄。地下水按埋藏和径流条件可分为孔隙水、基岩裂隙水和岩溶水等。

5.4.2.2　定向钻法施工穿越

黄冈—大冶天然气输气管道长江穿越段地质条件十分复杂,以定向钻法穿越施工存在一系列问题,如孔壁稳定、泥浆外泄及地下水涌漏、砂土液化、突变界面及软硬不均岩体定向钻施工及导向困难等,这些问题在存在地质缺陷的区域性断裂带、岩溶发育区及软硬不均砾岩层内体现得尤为突出,是整个工程的重难点,能否合理、有效地解决这些重难点问题,是整个工程能否顺利实施的关键。

(1)区域性断裂带定向钻穿越

区域性断裂襄樊—广济大断裂从穿越段南端通过,定向钻需穿越断裂带至少300m。区域断裂特有的复杂多变的地质条件,给定向钻施工提前预判并制定有效处理措施,同时随时调整钻进参数等带来了难题,之前国内外尚无大型水域定向钻穿越成功实施经验,制约着定向钻穿越施工的成败。为此,在勘察期间采用了钻探、水文实验,并结合声波、高密度电法及全息透视井下电视探测技术等综合手段,准确查明了断裂带的空间展布,构造岩和沿断裂侵入岩体的特征及分布规律,充分研究了定向钻施工可能遇见的问题,以及各种问题存在的部位,并提出了切实可行的设计与施工建议,为定向钻方案决策,及施工方案的设计和采取有效的应对措施提供了可靠的依据。根据施工过程的实践检验,勘察成果与实际情况吻合性好,为首次实现大型水域定向钻成功穿越区域性断裂奠定了最坚实的基础。

(2)可溶岩灰岩层定向钻穿越

穿越段沿线分布厚约120m可溶岩灰岩及灰质白云岩,岩体内发育的溶洞、脉状透水体等使定向钻施工面临巨大风险,存在掉钻、卡钻、泥浆外泄或地下水涌漏等问题。勘察期间,在前述综合勘察手段基础上,建立了以钻孔连续水文试验及井下全息彩电探测技术为基础的钻孔全孔分段岩溶及脉状透水体分析方法,精确查明了河床南侧下伏的可溶岩岩体内溶洞及脉状透水体分布规律、发育规模、延伸走向及透水性等重要地质条件及水文条件,通过空间分析,优选并推荐了最佳穿越路径,分析和预测了穿越过程中可能遇见的问题,并提出了相应应对措施,合理地降低了定向钻施工风险,保证了定向钻穿越工程建设成功。

(3)砾岩层定向钻穿越

穿越段河床中部分布厚约 480m 砾岩。砾岩基质与砾石软硬不均,是定向钻导向施工的一大难题,同时砾石原岩大部为灰岩、石英质岩,岩质坚硬,且部分颗粒较大,定向钻钻进施工难以将其破碎,还为施工排渣带来较大困难。因此,能否准确查明砾岩内砾石成分、颗粒大小、含量及强度等参数,从而制定合理、有效的施工处理方案显得尤为重要。传统的试验分析方法一般是磨碎分离、筛分,但穿越段砾岩成岩胶结极好,岩体难以进行磨碎分离,勘察实践过程中,首次在大型水域定向钻穿越勘察研究中引入了全息数字化技术,利用岩体切片建立了砾岩数字化模型,准确查明了砾岩内砾石颗粒大小、含量等重要参数,为定向钻施工方案设计和采取有效应对措施提供了可靠地质依据。

(4)技术创新

定向钻特殊的施工方法,对地质勘察精准程度要求颇高,是为了便于根据不同地段的不同地质条件制定相应施工处理措施和调整施工参数而采用的施工方法。黄大线长江穿越段地质条件极为复杂,定向钻穿越施工难度之高位于目前国内外定向钻大型水域穿越工程之首。勘察期间,采取并建立了多种先进的勘察方法和研究手段,以提高勘察精度,为工程论证、工程决策及工程建设提供了坚实的技术支撑,保证了黄大线定向钻长江穿越的建设成功。技术创新对工程建设的贡献主要体现在以下几方面:

①通过改进钻探技术及水文试验方法,并结合声波、高密度电法及先进的全息透视井下电视探测技术等综合手段,准确分析了襄樊—广济断裂带构造岩及侵入岩体分布规律、软硬程度及突变界面等重要地质条件,为方案比选阶段定向钻方案决策,以及施工图阶段为定向钻施工制定相应施工处理措施提供了可靠依据。

②建立了以钻孔连续水文试验及井下全息彩电探测技术为基础的钻孔全孔分段岩溶及脉状透水体分析方法,准确分析了河床下伏可溶岩内溶洞及脉状透水体分布规律、发育规模、延伸走向及透水性等重要地质条件及水文条件,通过空间分析法,优选并推荐了最佳穿越路径,在降低了施工风险的同时亦减少了工程投资。

③引入了全息数字化技术,建立了砾岩数字化模型,查明了砾岩内砾石颗粒大小、比例和强度等重要地质参数,为定向钻穿越施工采取有效应对措施提供了可靠的地质依据。

5.4.3　荆州-石首输气管道江陵长江穿越工程

5.4.3.1　工程地质概况

荆州—石首天然气管道江陵长江穿越工程位于荆州市公安县境内,地处长江中下游枝城—石首河段之荆江段,河床地面黄海高程 5~20m,拟采用定向钻穿越长江河道与荆南长江干堤,穿越段水平全长 1800m,穿越深度 200 余米。该河段河床覆盖层深厚,最大厚度达 130m以上,属于第四系全新统和更新统的河湖相沉积,具二元结构,上部为黏性土和砂性土,厚约50~70m,下部为砂卵石,厚约 60~80m,卵石含量 50%~60%,磨圆度高,主要成分为石英岩和石英砂岩,少量为岩浆岩,粒径一般<8cm;下伏基岩为砂砾岩及泥岩,属半成岩。

5.4.3.2　深厚松散堆积层勘探技术

(1)钻进新工艺及新型取样器

砂卵石层钻探与软岩取心是工程地质勘察常遇到的技术难题之一,尤其是在长江及其支流河床部位砂卵石厚一般达数十米,大者可达上百米乃至数百米,加之物质组成与结构特殊,钻进过程中孔壁易垮塌卡钻或埋钻,导致钻探难度大、周期长、成本高。江陵长江穿越工程深厚砂卵石层钻探与半成岩取心等工作,采用新型加强型复合片钻头与自主研发专用取样器,较成功地解决了深厚砂卵石层钻进困难与半成岩取样不易的钻探技术难题。

①采用新型加强型复合片钻头

为了克服普通金刚石钻头、合金钻头缺陷,提高钻探效率、降低生产成本,后期水上钻探工作中试用了新型加强型复合片钻头(见图5.131),实践证实这种新型钻头能够较好地适用于本工程地质条件,取得了良好效果。

新型加强型复合片钻头与普通金刚石钻头的区别在于钻头前端的切削体:普通金刚石钻头前端切削体为孕镶金刚石颗粒,靠高速研磨岩体钻进,而复合片钻头前段切削体为超高强度圆形合金片,这种结构上的改变可以减少对砂卵石结构的扰动,降低切削体和卵砾石之间的磕碰、摩擦,降低嵌入金刚石颗粒之前摩擦带来的磨损,大大提高钻头的耐用性,有效节约成本,同时,在钻头内外侧加上加强片也起到了二次研磨保径扩径的作用。

②自主研制专用取样器

针对胶结差、强度低的半成岩-砂砾岩和泥岩钻,利用现场材料专门研制了一个重力式无扰动原状样取样器,如图5.132所示。

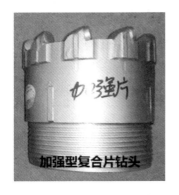 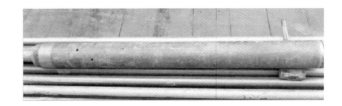

图5.131 加强型复合片钻头　　　　图5.132 专用取样器示意图

该取样器主要由异径接头、排水孔、取样管、取样钻头四部分组成。异径接头既可以连接钻杆使整个取样器做旋转运动,又可以上接重力锤进行贯入作业;排水孔的作用是保证整个取样器在重力贯入过程中取样器内部冲洗液可以顺利排出以免造成样本上下压差过大损伤样本;取样管的作用是保证样本在管内无扰动或轻微扰动;取样钻头是由高强度合金钢加工而成,前端经过特殊打磨和淬火以便贯入软岩中。取样过程如下:当钻进到取样层段时,提起钻具拆下岩心管,换上专用取样器,上端接上动力触探试验设备,然后下至孔底,再用重力锤击打取样器一直到钻杆出现反弹,取下打锤开动钻机干烧一小段再提钻取出样品。

荆州—石首天然气管道江陵长江穿越工程超百米砂卵石覆盖层及胶结差、强度低的半成岩中难以获取覆盖层原状样,新型取样器成果应用到该工程所布置的三个河床孔中,其中完成:①JDZK02♯孔:孔深221.40m,覆盖层深度133m、取样10组,并在覆盖层做成部分孔段的声波测试。②JDZK03♯孔:孔深220.30m,其中覆盖层深度117.80m、取样9组。③JDZK06♯孔:孔深201.90m,其中覆盖层深度138.40m、取样9组。表5.41为三个孔取样数据统计表。图5.133为取样照片。

表 5.41　取样数据统计表

取样孔号	取样孔深 (m)	取样长度 (cm)	采取率	取样器口径 (mm)	样本描述	备注
JDZK02#	123.24	40	100%	91	粉状泥砂	分层段取样
	130.40	60(20+40)	100%	91	含砾细砂	分层段取样
	143.72	50	100%	91	粉砂质泥岩	分层段取样
	146.70	50	100%	91	疏松砂岩	分层段取样
	147.50	30	100%	91	泥岩	分层段取样
	160.46	40	100%	91	含砾细砂	分层段取样
	178.01	30	100%	91	疏松砂岩	分层段取样
	201.40	50	100%	91	未描述	分层段取样
	204.24	50	100%	91	未描述	分层段取样
JDZK03#	84.10	45	100%	110	灰绿色粉质黏土与粉细砂混合物	
	104.60	40	100%	110	粉细砂混合少量黏土	
	113.60	50	100%	110	卵砾石混合泥砂	分层段取样
	118.00	50	100%	91	灰绿色粉质黏土与粉细砂混合物	特征性取样
	144.20	50	100%	91	黄泥夹杂少量砂	分层段取样
	151.00	45	100%	91	粉质细砂	分层段取样
	176.00	45	100%	91	夹砾粉质砂岩	分层段取样
	190.50	60	100%	91	粉质黏土夹杂少量泥砂	分层段取样
	216.00	50	100%	91	疏松砂岩	分层段取样
JDZK06#	108.40	30	100%	110	粉质黏土夹杂砾石	分层段取样
	129.50	40	100%	110	疏松砂岩	分层段取样
	141.40	40	100%	91	泥岩	分层段取样
	156.90	40	100%	91	疏松砂岩	分层段取样
	163.00	50	100%	91	泥岩	特征性取样
	167.60	40	100%	91	黄泥夹杂粉细砂	分层段取样
	168.00	60	100%	91	粉质砂岩	特征性取样
	179.50	60	100%	91	疏松砂岩	分层段取样
	195.40	40	100%	91	疏松砂岩	特征性取样

(2)可视化探测技术

　　为查明河床覆盖层结构,选取北岸 ZK22 钻孔作为第四系覆盖层可视化观测孔,采用有机玻璃透明管进行观测岩性特征和地层分界面,砂层稍密状,下部卵石层呈中密~密实状,如图5.134所示。

图 5.133 取样照片

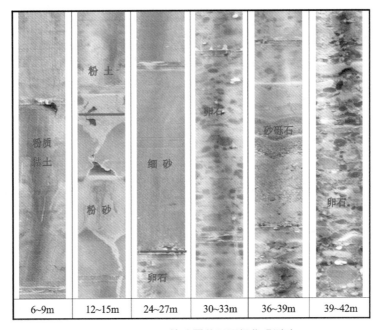

图 5.134 ZK22 钻孔覆盖层可视化观测孔

（3）水域地震反射法

本工程勘察阶段完成水域地震反射剖面 1 条,可清晰识别出 3 组连续、稳定的强反射波组 T1、T2、T3(图 5.135),解析长度合计 2.135km,未发现同相轴明显错断、杂乱等现象,在 T2 与 T3 层之间夹多条连续性较差的同相轴,推测为卵石层不规则反射所导致。结合前期物探、钻探等资料,进行时深转换,得到深度剖面,有效探测深度约为 70m。反射波组 T1 为水底反射界面,江水深度在 5.74~17.02m 之间,平均深度约为 13.21m,层平均波速约为 1430m/s;反射波组 T2 为覆盖层底界面,该层主要为卵石,厚度在 2.03~4.88m 之间,平均约为 2.88m,波速在 1800~2000m/s 之间;反射波组 T3 为强风化基岩底界面,该层主要为泥质粉砂岩夹粉砂质泥岩,厚度在 0.70~12.61m 之间,平均约为 9.05m,波速在 2200~2400m/s 之间。下伏基岩为中风化泥质粉砂岩夹粉砂质泥岩,波速＞2700m/s,基岩面标高在 19.41~31.19m。

覆盖层厚度在 2.03~4.88m 之间,平均厚度约为 2.88m。下伏基岩为中风化泥质粉砂岩,波速＞2700m/s,基岩面标高在 19.41~31.19m 之间,平均值约为 23.41m。

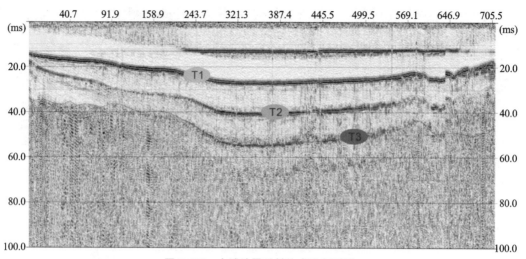

图 5. 135　水域地震反射法成果剖面图

6 结语

水力资源时空分布不均、东西部发展不均衡,促生国家发展战略——"西电东送"工程成为"西部大开发战略"的标志与支柱,于20世纪末开始付诸实施,向家坝、溪洛渡、小湾、锦屏、乌东德、白鹤滩等一批大型水电站陆续开工建设并投入运行;"国家水网"作为水安全有力保障,于21世纪初开始加快构建,南水北调、引额济克(乌、哈)、引汉济渭、滇中引水等一批引调水工程付诸实施。

积极响应国家战略发展形势要求,更好服务西部大开发或国家水网建设,就必须针对西部特殊或复杂环境地质条件,以及引发的众多工程地质或环境地质问题,开展工程勘察技术创新、引领工程勘察专业发展。本书聚焦山高谷深(或深切峡谷)区枢纽工程、跨流域引调水工程常遇复杂地质条件——深厚松散堆积层、深埋地质体、高陡环境边坡,基于特征、特点与重点、难点,以问题为导向,结合金沙江乌东德水电站、云南省滇中引水等工程地质勘察实践,开展了二十余年的系列工程勘察技术创新与应用,实现了深厚松散堆积层"钻得穿,取得出,看得清,测得到"、深埋地质体"钻可达,探可得,试可做"、高陡环境边坡"飞得近,看得见,查得明"等系统性技术突破,为工程设计提供了可靠地质依据,为乌东德水电站等"大国重器"铸造奠定了重要基础。

6.1 创 新 成 果

6.1.1 深厚松散堆积层勘探与原位测试

针对深厚松散堆积层的厚度大、分布不均、物质组成及结构复杂、成因多样的特点,及工程地质勘察中遇到的各类难题,从钻探取样、物探测试、原位试验等方面进行勘探与测试技术创新,主要创新成果如下:

(1)"高效成孔、原状取样"钻探取样技术

深厚松散堆积层高效钻进工艺,解决了深厚覆盖层成孔难、钻进慢的技术难题,大幅提高了深厚覆盖层钻进效率;研制了强度高、适宜于密实砂卵石(碎石土)地层取样的双管内筒式锤击取样器,解决了深厚松散堆积层原状及原级配样品采取困难、难以满足室内试验要求的问题。

(2)"孔壁高清可视、孔间高精可测"物探测试技术

透明护壁套管、有效的洗孔方法、改进钻孔电视图像拼接的处理技术、提高钻孔电视光照性能的照明装置、探头防雾保护装置及浑水钻孔电视成像辅助装置等,解决了覆盖层可视化测试钻孔成孔及高质量影像获取的技术难题,深厚松散覆盖层可视化探测方法,弥补了钻探取心的局限

性;确定了覆盖层电磁波 CT 探测钻孔护壁材料及有效钻孔间距,首次成功地进行了深厚覆盖层孔间电磁波 CT 测试,为准确确定河床深厚覆盖层中是否存在连续软弱夹层及孔间物质界面分布的形态提供了依据。

(3)"超常规动力触探修正、高压大旁胀旁压试验"原位测试技术

确定了重型及超重型圆锥动力触探试验杆长适用范围,取得了杆长超 20m 的锤击数杆长修正系数及计算方法,填补了国内岩土工程勘察中动力触探试验锤击数杆长修正系数(杆长＞20m)外延的空白;研发了一种端部滑移式高压大旁胀量的旁压仪新型探头,解决了粗粒土为主的河床覆盖层旁压试验的难题,不仅可测得试验土层的临塑压力及极限压力,而且大大提高了试验的成功率。

6.1.2　深埋地质体勘探与原位测试

针对深埋地质体如软岩、断层破碎带、差异性风化破碎岩体、岩溶及地下水等的复杂性,基于深部不良地质体和深部地应力场分布特征与深埋岩体工程特性、深部岩体渗透性研究的重要性,从深孔钻探、深孔(高压)压水试验、深孔地应力测试、EH-4 探测等方面进行勘探与测试技术创新,主要创新成果如下:

(1)深孔钻探工艺

基于绳索取心工艺在不同复杂地层中钻头、钻具、钻杆的组合优选以及结合利用特制三层管钻具、套制技术、三通管等钻探工艺的超深孔勘探技术,解决了普通钻进工艺在深孔钻进过程每回次取心起下钻具工序占比时间过大、岩心采取率低、深孔成孔保证率低等难题,有针对性解决了软岩、断层破碎带、承压水、复杂岩溶地层等深埋(不良)地质体特有的深孔钻进技术难点。

(2)EH-4 探测技术

EH-4 外业工作方法,形成了一套系统的资料整理与成果分析优化技术,在复杂岩溶水系统边界探测、区域性深大断裂边界勘探、复杂岩溶区地下分水岭判别、大型地下洞室布置方案比选等地质勘察工作中取得良好应用,为前期勘察工作钻孔布置及建筑物设计、施工期隧洞超前地质预报等提供重要地质分析依据。

(3)深孔(高压)压水试验技术

深孔双塞高压压水试验系统——串联双塞的气/液压加卸压系统,对原压水系统的强度和刚度进行局部改进,实现了封隔气囊、压水管路两个管路系统的单独工作,形成了一套压力、流量自动采集分析系统,解决了千米级的钻孔高压压水试验难题。

深孔压水试验装置及测试方法,按不同工序过程需求适时高压充水、适时解除的单向阀结构,实现了千米级深孔全孔段连续压水试验;深孔压水试验多通道转换快速卸压装置与技术,解决了压水试验中胶囊栓塞卸压困难造成卡孔的技术难题,实现了深孔全孔单次多点灵活依次分段压水,获取深部岩体水文地质参数,解决了目前复杂地质条件下深钻孔,特别是千米级超深钻孔中地下水埋深大、内外水头高压差条件下的钻孔压水试验过程中止水胶囊卸压困难造成卡孔的技术难题,在大埋深隧洞水文地质参数测试技术方面取得了重大突破。

(4)深孔地应力测试技术

采用绳索取心钻杆内置式双回路水压致裂地应力测试方法,较好地适用于复杂地质条件下深孔地应力测试频繁遇到千米级、钻孔深水位、钻孔欠稳定、绳索取心钻进工艺和极高应力等极端测试条件,解决了深埋地质体常见的软岩或软硬相间地层千米级欠稳定钻孔的地应力测试问

题,拓展了水压致裂测试技术的适用范围,为复杂水文地质条件下深埋岩体的地应力测试提供了新的手段。

6.1.3 高陡环境边坡可视化勘测

针对高陡环境边坡勘察面临的巨大风险与难题,建立了高陡环境边坡可视化勘测成套技术,解决了特高陡环境边坡远距离地质问题识别难度大、编录精度差的难题,达到了"飞得近,查得清"的效果,主要创新成果如下:

(1)高清三维影像地质问题快速识别技术

无人机快速航拍高清三维影像获取方法,大幅提高了无人机采集影像的速率;发明了无人机小比例尺测绘方法和航空倾斜摄影照片控制点装置,显著提升了无人机获取三维实景影像的精度;提出了在高清三维影像中进行结构面识别和块体识别的方法,破解了无人机调查无法精细识别块体或危岩体的难题。

(2)快速精细可视化地质编录技术

包括照片自动拼接可视化地质编录方法、正射影像细观解译地质编录方法,基于 Windows 的平板式施工地质可视化快速编录方法,现场一次性完成地质编录,解决了传统米格纸编录不直观的问题,免除了纸质图件扫描与矢量化步骤,可快速高效完成地质问题编录工作。

6.2 应 用 前 景

6.2.1 深厚松散堆积层勘探与原位测试

我国水电开发有金沙江、雅砻江、大渡河和澜沧江等多个超大型的水电梯级群,占我国水电资源的半壁江山。从钻探、物探及测试等方面总结形成的深厚松散堆积层勘探与测试技术,能够较好地解决水电开发所面临的深厚松散堆积层勘察这一难题,为水电工程设计提供可靠的地质参数,进而确保工程的安全及顺利实施。

深厚松散堆积层勘探与测试技术成功应用于乌东德水电站勘察中,并推广应用于旭龙、金沙、苏洼龙、丹巴、仲达等巨型(大型)水电工程及滇中引水等巨型(大型)水利工程,取得了重大经济和社会效益,显著提升了深切峡谷巨型水电工程的勘察、科研水平,可以为类似工程提供借鉴,具有良好的推广应用前景。

6.2.2 深埋地质体勘探与原位测试

我国能源战略布局和节能减排需求推动了水能资源的大规模开发利用,水利水电工程建设中大埋深、长距离引调水工程越来越多,如引江补汉工程、引汉济渭工程、引大入秦工程、引黄入晋工程、新疆 ABH 工程,以及规划中的南水北调西线等引调水工程,具有"长、大、深"等特点的水工隧洞呈现不断涌现趋势。

深埋地质体勘探与测试创新技术在乌东德水电站、滇中引水、旭龙水电站、引江补汉等工程建设中成功应用,在探明深部岩体工程地质与水文地质条件、查明深埋隧洞主要工程地质问题及风险、提高工程建设效率等方面发挥了重要作用,为在建及拟建的类似隧洞工程提供了新思路、新技术、新方法和实用设备,为类似隧洞工程建设提供了有力的技术支持,具有广泛推广应用价值,经济效益、社会效益及生态效益显著。

6.2.3　高陡环境边坡可视化勘测

我国西部地区已建或在建一批巨型水电工程,两岸边坡高陡,边坡地质条件复杂,岩体卸荷深度大,松弛破碎,物理地质现象发育,稳定状况差,岸坡崩塌、滑坡等地质灾害频发。水电工程规模巨大,因各类工程建筑物布置需要,不可避免地实施开挖形成大量边坡工程,工程边坡之上的环境边坡安全稳定问题尤为突出。

高清三维影像地质问题快速识别与快速精细可视化地质编录技术在西部水电工程建设中有广阔的应用前景,现已在金沙江乌东德水电站、金沙江旭龙水电站、乌江构皮滩水电站、巴基斯坦Karot 水电站等国内外大中型重点水利水电工程中得到成功应用,为西部复杂条件下水电开发提供强有力的技术支撑,对支撑雅鲁藏布江下游水电开发等国家战略具有重要作用,在公路、铁路、矿山等工程领域中也具有广阔的推广应用前景。

参考文献

[1] 博思数据.我国各项水力资源均居世界第一:附水能资源分布图[EB/OL],2015-12-21.

[2] 中宏网官微.7张图"画"出中国2025新模样[EB/OL],2021-3-11.

[3] 雷晓辉.如何实现大型调水工程的智慧调控[EB/OL],2022-8-6.

[4] 李国英.在2022年全国水利工作会议上的讲话[EB/OL],2022-1-8.

[5] 李原园.国家水网加快构建 水安全保障更有力[EB/OL],2022-10-11.

[6] 伍法权.中国21世纪若干重大工程地质与环境问题[J].工程地质学报,2001,09(02):118.

[7] 王运生,黄润秋,段海澎,韦猛.大中国西部末次冰期一次强烈的侵蚀事件[J].成都理工大学学报(自然科学版),2006,33(1):33.

[8] 长江勘测规划设计研究有限责任公司,长江科学院.河床深厚覆盖层勘探新技术与动探击数修正研究[R]//超百米级覆盖层上高土石坝坝基变形控制技术:子课题.2015:34-46.

[9] 长江勘测规划设计研究有限责任公司,长江科学院.河床深厚覆盖层勘探新技术与动探击数修正研究[R]//超百米级覆盖层上高土石坝坝基变形控制技术:子课题.2015:46-66.

[10] 长江勘测规划设计研究有限责任公司,长江科学院.河床深厚覆盖层勘探新技术与动探击数修正研究[R]//超百米级覆盖层上高土石坝坝基变形控制技术:子课题.2015:30-32.

[11] 长江三峡勘测研究院有限公司(武汉),广东省水利电力勘测设计研究院有限公司,等.水利水电工程水平定向钻探规程[R].2022:5-27.

[12] 长江勘测规划设计研究有限责任公司.复杂地质条件大埋深超长越岭隧洞勘察关键技术与应用[R].2021:35-52.

[13] 长江勘测规划设计研究有限责任公司.复杂地质条件大埋深超长越岭隧洞勘察关键技术与应用[R].2021:53-61.

[14] 长江勘测规划设计研究有限责任公司.复杂地质条件大埋深超长越岭隧洞勘察关键技术与应用[R].2021:78-84.

[15] 长江勘测规划设计研究有限责任公司,长江三峡勘测研究院有限公司(武汉).水电工程特高陡环境边坡高效防治关键技术研究报告[R].2021:15-26.

[16] 长江勘测规划设计研究有限责任公司,长江三峡勘测研究院有限公司(武汉).水电工程特高陡环境边坡高效防治关键技术研究报告[R].2021:27-29.

[17] 长江勘测规划设计研究有限责任公司.工程地质[R]//金沙江乌东德水电站可行性研究报告:第四篇.2015:380-383,451-471,472-475,609-610,660-661.

[18] 李会中,焦新发,等.金沙江乌东德水电站金坪子滑坡Ⅱ区深厚覆盖层钻探技术实践[J].人民长江,2014,28(4):524-526.

[19] 长江勘测规划设计研究有限责任公司,长江三峡勘测研究院有限公司(武汉).乌东德水电站地下厂房洞室群复杂围岩精准勘察技术科技成果报告[R].2022:17-35.

[20] 长江勘测规划设计研究有限责任公司,长江三峡勘测研究院有限公司(武汉).水电工

程特高陡环境边坡高效防治关键技术研究报告[R]. 2021:38-46.

[21] 长江勘测规划设计研究有限责任公司.工程地质综述[R]//输水工程大理I段:第一分册//工程地质勘察报告:第二册//滇中引水工程初步设计报告.2018:212-216.

[22] 长江勘测规划设计研究有限责任公司.复杂地质条件大埋深超长越岭隧洞勘察关键技术与应用[R]. 2021:112-133.

[23] 长江勘测规划设计研究有限责任公司,长江科学院.香炉山隧洞地质勘察报告[R]//输水工程大理I段-第二分册//滇中引水工程初步设计报告.2017:79-89.

[24] 长江勘测规划设计研究有限责任公司.工程地质[R]//金沙江上游旭龙水电站可行性研究报告:第四篇.2020:552-563,666-675.

[25] 长江勘测规划设计研究有限责任公司.工程地质[R]//金沙江上游旭龙水电站可行性研究报告:第四篇. 2020:564-566.

[26] 长江科学院.金沙江旭龙水电站可行性研究阶段地应力测试研究报告[R]. 2020:19-46.

[27] 长江勘测规划设计研究有限责任公司.忠县—武汉输气管道工程大型河流穿越勘察技术研究技术总结报告[R]. 2014:6-10.